U0262847

Fusion-Bonded Epoxy (FBE)

A Foundation for Pipeline Corrosion Protection

熔结环氧粉末涂层

管道防腐保护基础

〔美〕艾伦·凯尔(J. Alan Kehr) 著

冯少广 译

科学出版社

北 京

图字: 01-2021-3747

内 容 简 介

本书针对环氧粉末涂料在管道防腐领域的应用,系统介绍了环氧粉末的结构及性能、单层及多层熔结环氧粉末涂层、三层结构聚烯烃外涂层、熔结环氧粉末内涂层、管道定制与修复涂层、管道补口涂层等内容;针对钢管环氧粉末涂敷,重点介绍了工艺控制、表面处理、性能检测与质量保证、涂层修补等内容。在管道运输与铺设方面,重点介绍了管道的装卸、运输与安装等内容;在运行领域,详细介绍了管道涂层与阴极保护的匹配性、技术标准与规范制定、涂层失效、原因分析及预防等内容。

本书可供油气管道、输水管道、海上钢管桩、消防管道、钻井及油气集输等行业从事钢管防腐、检验检测、材料研发、工程设计、管道建设与运营管理等相关工作的技术人员、研究人员与管理人员参考,也可作为普通高等院校腐蚀防护、油气储运、防腐材料及石油工程等专业领域的研究生、本科生教材。

图书在版编目(CIP)数据

熔结环氧粉末涂层:管道防腐保护基础/(美)艾伦·凯尔(J. Alan Kehr)著;冯少广译. —北京:科学出版社,2021.7

书名原文:Fusion-Bonded Epoxy (FBE): A Foundation for Pipeline Corrosion Protection

ISBN 978-7-03-063657-7

Ⅰ. ①熔… Ⅱ. ①艾… ②冯… Ⅲ. ①管道防腐–环氧树脂涂层–涂层保护 Ⅳ. ①U177.2

中国版本图书馆 CIP 数据核字(2021)第 127350 号

责任编辑:刘 冉 孙静惠 / 责任校对:杜子昂
责任印制:吴兆东 / 封面设计:北京图阅盛世

科 学 出 版 社 出版
北京东黄城根北街 16 号
邮政编码:100717
http://www.sciencep.com

北京中石油彩色印刷有限责任公司 印刷
科学出版社发行 各地新华书店经销

*

2021 年 7 月第 一 版 开本:720×1000 B5
2021 年 7 月第一次印刷 印张:32 1/4
字数:650 000

定价:198.00 元
(如有印装质量问题,我社负责调换)

译　　序

国内外均普遍采用钢质管道进行石油、天然气及水资源的输送。管道是一个国家的基础工程，其长期安全可靠运行不仅涉及经济问题，还与人民的生命与财产安全息息相关。作为钢质管道抵抗外界腐蚀的有效措施，良好的涂层系统可起到 99% 以上的保护作用。

熔结环氧粉末（fusion-bonded epoxy，FBE）是国内外普遍采用，并经实践验证，性能优异的防腐涂层材料。其应用范围涵盖了油气输送、输水、消防、钻井、钢管桩、环氧涂层钢筋、钢结构等诸多领域。相关领域的研发、设计、涂敷、检测、施工及环氧粉末生产等从业人员较多，但目前，国内尚无相关专业书籍可供参考，极大影响着粉末涂料、涂装及防腐行业的良好发展。

尽管国内自 20 世纪就从国外引进了熔结环氧粉末和三层结构聚乙烯管道防腐层涂敷技术，但至今对一些涂敷过程中关键环节的理解和控制与国外仍有不少差距。近年来，随着国内大量管道工程项目的开工建设以及在役管道已经出现的腐蚀风险，管道的防腐有效性问题也变得越来越突出。此书为国际管道防腐涂层领域的经典著作，涵盖了熔结环氧粉末涂层基础理论以及源于生产一线的应用实践经验，是管道防腐涂层领域非常实用的专业书籍。此书在熔结环氧粉末及应用领域方面，主要包括熔结环氧粉末的结构及性能、单层及多层熔结环氧粉末涂层、三层结构 FBE——聚烯烃涂层、熔结环氧粉末管道内涂层、定制涂层和管道修复涂层、管道补口涂层等；在管道涂敷工艺方面，重点介绍了熔结环氧粉末的涂敷工艺控制、性能检测与质量保证等内容；在管道铺设方面，重点介绍了管道的装卸、运输与安装等内容；在运行领域，详细介绍了管道涂层与阴极保护的匹配性等内容。

为了促进我国管道防腐涂敷、建设及运营管理水平的提升，国家管网集团北方管道有限责任公司管道科技研究中心的冯少广将此书译成了中文。在翻译、编辑和出版过程中，王向农、骆鹏飞、宋丽芸、刘国豪、李东阳、刘圣男、张莺影和张文明等人给予了许多帮助，协助进行了大量文字编辑及校对工作；科学出版社的刘冉、孙静惠为本书的编校、出版付出了辛勤的劳动，在此深表谢意。

感谢我的家人在翻译本书过程中给予的理解和支持。整个翻译过程耗费了大量时间和心血，也牺牲了许多与家人和孩子在一起的美好时光，我深感愧疚。

感谢科学出版社、北方管道有限责任公司及其管道科技研究中心对本书出版给予的大力支持。

感谢我的同事、业内专家等诸多人员对我的帮助，以及与我进行大量有益的探讨和交流。

由于本书涉及领域广泛，时间仓促以及译者的水平有限，书中难免存在许多不妥之处，敬请广大读者批评指正。

冯少广

2021 年 4 月于河北廊坊

前　言

编写本书的初衷是许多人需要了解更多关于管道涂层的基本知识，尤其是熔结环氧粉末（FBE）涂层，他们需要有个起点。我的目标就是提供这样一部与有用信息相关的基础教程，这将有助于大家了解熔结环氧粉末涂料的用途和涂敷工艺，清楚它们在管道防腐领域中的地位。

开始编写本书时，我自信地认为自己已十分了解熔结环氧粉末涂料，包括其涂敷工艺和用途。然而，提笔后我再也不那么认为了，因为需要了解的知识太多了！编写本书使我有更多的机会与那些专家讨论交流，并在编写过程中将大量分散的数据分专题组合在一起。

我发现我的许多同事研究过熔结环氧粉末涂料并且发表了许多论文，使我有机会能够与大家分享他们的研究成果。然而，要想把他们的许多发现和见解汇编在一起并整合成某种理念确实是个挑战！很可能读者通过本书有机会探究本行业不同专家的见解。与我交流过的专家，无一例外都毫无保留地让我分享了他们宝贵的知识。

我试图提供不同层次的信息。读者快速浏览插图和标题，就能够获得一些基本概念；再看一下表格和注解，就能获得进一步的信息。正文部分无疑将有助于读者了解更详尽的信息，使这些基本概念更加具体化。本书每章单独设计成文，涵盖基本知识，尽管可能在其他章节可以更详尽地了解这些知识。因此，某些图表可能在不同章节中会重复出现。

我勤奋地编写本书，努力把各种事实与见解准确地汇编在一起。然而，难免还有许多不足之处，甚至某些见解将来可能被证实是错误的。欢迎读者提出建议和意见，以便将来再版时进一步完善。

艾伦·凯尔

2002 年 9 月

致　　谢

感谢我的夫人罗莉和我的孩子戴维、艾比、约翰在我编写本书期间的包容和支持！

感谢下列专家拨冗审阅本书各章节，感谢他们奉献了宝贵的时间和他们的知识、洞察力和见解。审阅书稿的专家有：

Pio Anzalone, Jim Banach, David Baratto, Kurtis Breeding, Ron Carlson, Benjamin Chang, Ian Collins, Jamie Cox, Keith Coulson, Neil Daman, J. D. Davis, David Enos, Dave Fairhurst, Gian Pietro Guidetti, Jim Huggins, Bryan Johnson, Alexei Kataev, Ian Lancaster, Russ Langley, Dean LaRose, Leif Leiden, Don Lovett, Peter Mayes, Howard Mitschke, Dennis Neal, David Norman, Richard Norsworthy, Carl Oliver, Trish O'Riley, Andy Paul, Joe Payer, Toni Pfaff, Ed Phillips, Gian Luigi Rigosi, Hugh Roper, Dieter Schemberger, Boyd Schow, Al Schupbach, Richard Scott, Louie Shen, Al Siegmund, Dave Sokol, John Stimson, Rupe Strobel, Paul Sutherland, Dale Temple, Kay Teeter, Ken Tator, Kuru Varughese, Phil Venton, Ron Verbeck, Dave Weaver, Dave Webster, Vic Welch, Jim Williams, Martyn Wilmott, Mehrooz (Zee) Zamanzadeh.

特别感谢阿尔·舒普巴赫，他阅读了全书各章初稿。感谢理查德·诺斯沃西，他是美国腐蚀工程师协会(NACE)国际指派的第一位审稿人。我的儿子约翰，15岁已有抱负当艺术家，协助我绘制了本书中的许多插图。感谢我的朋友和导师汤姆·方特勒罗伊，1990年我们俩合作编著了《熔结环氧粉末涂敷工艺》一书，可惜汤姆于2001年去世了。感谢CPP管理团队的理查德·斯科特，他是我在3M公司的同事，允许我利用工作期间获得的知识，用我自己的时间编写本书。他们提供了许多有价值的编辑修改意见。他们没有提供有关主题或者内容方面的"指导意见"——编写中的疏忽是我自己造成的。

除了诸多审稿人之外，本行业的多位专家为手稿贡献了大量资料。人数太多，恕不一一列举，但是你们谁也不会被遗忘。

目　　录

第 1 章　熔结环氧防腐涂层导论

1.1　本 章 简 介

➢ 熔结环氧粉末(FBE)管道防腐涂层
➢ 管道与管道防腐涂层简史
➢ 管道防腐涂层系统
➢ 本书其余各章概览

1.2　熔结环氧粉末(FBE)管道防腐涂层

　　早在二十世纪五十年代，人们已经针对许多实际需求(如电气绝缘)，开始使用熔结环氧粉末涂层[1]。1959 年，R. Strobel 提出用具有电气绝缘特性的树脂作为管道涂层来进行防腐保护的理念[2-4]。1960 年 2 月，在美国的新墨西哥州阿尔伯克基建造了第一座涂敷熔结环氧粉末涂层的管道防腐预制厂，随后，在得克萨斯州铺设了第一条采用熔结环氧粉末外防腐涂层的管道[5]，如图 1.1 所示。慢慢地，这个防腐涂层理念逐渐为大家所接受。为了满足管道防腐涂层特定的性能要求，许多供应商开始调整自己的熔结环氧粉末涂层配方[6, 7]。与此同时，随着项目实施和经验积累，相关的熔结环氧粉末涂敷设备与涂敷工艺不断得到改进与完善。这些实践活动最终促成熔结环氧粉末防腐涂层变化的分水岭，使粉末涂层不仅在性能上超越了其他防腐涂层，而且极具价格竞争优势[8]。在八十年代以及九十年代初期，熔结环氧粉末作为管道防腐涂层的用量快速增长。在北美洲，熔结环氧粉末已成为新建管道使用最多的防腐涂层[9, 10]。

　　自从管道工业引入 FBE 涂层以来，它不仅被用于管道外防腐，还被用于管道环焊缝区域的补口防腐以及直管段以外的其他管道部件的定制涂层[11]。管道修复过程往往使用多组分液体(MCL)涂层。有些 FBE 涂层被用作三层聚烯烃外防腐涂层系统的底层，有些 FBE 涂层被用作管道内防腐涂层[12]。

　　防腐涂层在管道工业中的成功应用，需要与阴极保护和腐蚀防护系统中其他设计单元协同发挥作用。技术规范编制人员必须了解这个特点，才能够在各种可用材料中做出明智的选择。一旦做出选择，就必须编制相应的技术规范并严格执行。为此，应充分了解涂敷工艺，精心实施，并采用有效的质量控制体系。对于熔结

图 1.1　1960 年 2 月，在美国得克萨斯州铺设的第一条熔结环氧粉末(FBE)外防腐涂层管道

(照片由 R. F. Strobel 提供)

环氧粉末材料，经过四十年实践，已经形成了由供应商、防腐涂层涂敷企业、咨询工程师、第三方检验服务部门构成的系统网络，已经完全能够满足这些准则要求。

　　本书涉及所有这些相关领域，并特别关注了阴极保护与 FBE 涂层的结合应用。本书还探讨了装卸和安装的正确程序。此外，还阐述了采用 FBE 涂层埋地管道的现场施工经验和相关的企业内部质量测试。

1.3　管道与管道防腐涂层简史

　　古代的沟渠，也就是管道的前身，出现在大约 6000 年前的波斯，呈隧道状，即坎儿井这样的暗渠。3500 年前，印度河流域的城市，给排水采用陶土或者石头砌成的管子。美索不达米亚(底格里斯河与幼发拉底河之间的两河流域)的城市里，依然在用那个年代陶土制作的管道。古埃及则使用敲打成型的铜管。

　　史前欧洲，人们用空心的树干作为导管的基本材料。十九世纪中叶，使用铸铁输水干线管道成为欧洲的标准做法。在北美，大约 1754 年开始用钻孔原木输水[13]。1853 年，加拿大开创性地铺设了一条 25km 长的铸铁输气管道。世界上第一条金属输油管道是在 1862 年铺设的，其将加拿大安大略省的彼得罗利亚油田与萨尼亚市连接起来[14]。二十世纪二十年代后期，随着管道施工技术的改进，建设长距离输送管道才变得切实可行。从 1926 年至 1932 年，美国建造了十条重要的输气干线管道[15]。

1860 年，利物浦的铸铁管用煤焦油复合涂料进行了防腐[13]。自那以后，人们研发了许多防腐涂层系统来保护管道。

地下构筑物的有效防腐需要结合可靠的防腐涂层和阴极保护。总防腐成本包括防腐涂层成本和阴极保护系统成本。防腐涂层的选择在很大程度上会影响阴极保护的成本[16]。

1.4　管道防腐涂层系统

阴极保护系统的成本与管道涂敷防腐涂层的电阻率有关。电阻率取决于防腐涂层的电气特性，以及防腐涂层损坏裸露钢材的表面积。对于所有防腐涂层，随着时间的推移，保护管道所需要的电流量也会增加。如果防腐涂层初始所需要的保护电流量最低，且使用过程中具有最大的稳定性(即在使用期间需要的保护电流量变化最小)，那么，就能最大限度地降低阴极保护系统的安装与运行成本[17]。

使用环境(土壤电阻率、温度等)不同，保护电流的需要量也会大不相同。保护电流的需要量也会受不同防腐涂层系统的影响。图 1.2 所示是加拿大一家大型输气公司实测的各种管道防腐涂层体系相对的保护电流需要量。由图可见，需要的保护电流量($\mu A/m^2$)自高到低，依次为沥青玛蹄脂(AM)、沥青瓷漆(AE)、煤焦油瓷漆(CTE)、聚乙烯胶黏带(PE)和熔结环氧粉末(FBE)。尽管此图没有管道三层聚烯烃外防腐涂层的相关信息，但是，正常情况下，三层聚烯烃外防腐涂层需要的保护电流量是比较低的。由于阴极保护需要的设备数量非常少，所以三层聚烯烃外防腐涂层管道阴极保护系统的安装、维护和运行成本与熔结环氧粉末防腐涂

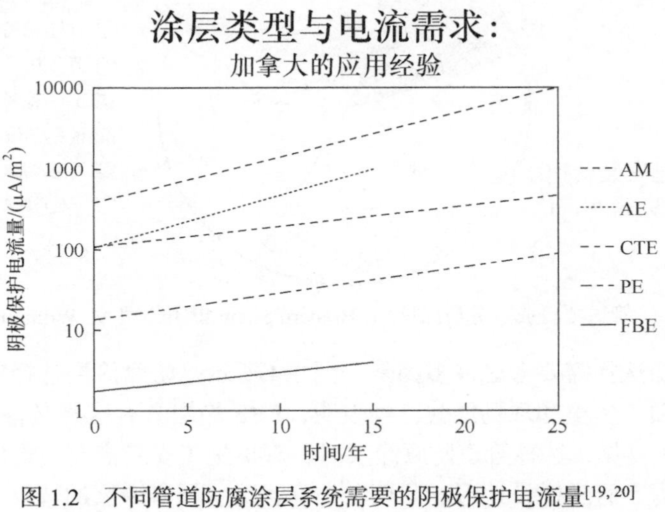

图 1.2　不同管道防腐涂层系统需要的阴极保护电流量[19, 20]

层管道大致相同[18]。

　　防腐涂层的选择决策需要考虑许多因素，成本只是其中之一[21, 22]。由图 1.3 可见，在管道项目成本中，安装占 67%，管理占 3%，材料占 30%。这个"材料"成本中，钢管占 85%，涂层占 10%，其他占 5%。这个"涂层"系统的成本包括原材料、涂敷施工、涂层修补以及环焊缝的补口[23]。在已经完成铺设安装的管道成本中，管道涂层仅占 4%，其他成本包括管道施工作业带(勘察、清障、破坏恢复)、工程/检测、税务/运输、除防腐涂层以外的材料、劳动力、其他(法律、法规)。防腐涂层对管道寿命至关重要，管道使用寿命越长，相对成本就越低。在管道成本中，防腐涂层原材料成本仅是其中相当小的一部分。防腐涂层系统的性能分析还应当包括防腐涂层系统的经济竞争性，这样才能在决策过程中，做出更好的评价。

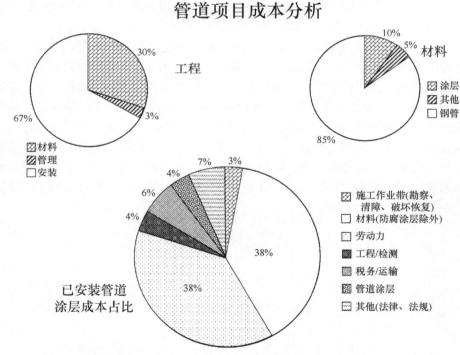

图 1.3　管道项目成本分析(图片由 Bredero Shaw 集团公司 M. Wilmott 提供)

　　防腐涂层选择需要考虑许多因素，图 1.4 所示是防腐涂层选择时必须考虑的若干重要事项。历史和现场经验已经表明，FBE 涂层具有这些必备的重要特性。

　　由图 1.4 可见，选择管道防腐涂层时，管道施工安装需要考虑涂层的抵抗外部破坏的能力、管道铺设地形、回填、土壤状况、补口涂层的选择，涂敷作业需要考虑流程与质量评估,管道运行寿命需要考虑涂层的阻抗稳定性、非阴保屏蔽、管道运行温度、土壤状况(耐化学和土壤应力作用)、应力腐蚀开裂和生命周期成本等问题。

管道涂层的选择

安装:
- 抵抗外部破坏的能力
- 管道铺设地形
- 回填
- 土壤状况
- 补口涂层的选择

涂敷:
- 流程
- 质量评估

运行寿命:
- 阻抗稳定性
- 非阴保屏蔽
- 管道运行温度
- 土壤状况: 耐化学和土壤应力作用
- 应力腐蚀开裂
- 生命周期成本

图 1.4　管道防腐涂层的选择(照片由 B. Brobst 提供)

选择某种特定的防腐涂层有许多理由,其中,防腐涂层与阴极保护系统的兼容性是非常重要的。防腐涂层需要有很高的电阻,并且应当有能力在管道寿命期间维持这样的高电阻。假如防腐涂层失效,防腐涂层决不可屏蔽阴极保护电流,不可阻碍保护电流到达管道钢材表面。有许多因素可以确保电阻的稳定性,由此可以使阴极保护电流需求量降到最低。在这些影响因素中,包括主管道涂层的涂敷质量,与之兼容的环焊缝补口涂层的有效性。决不能容许防腐涂层形成导致钢材应力腐蚀开裂(SCC)的环境。

本书其余章节将从多个方面讨论 FBE 涂层在管道防腐中的应用。

1.5　本书其余各章概览

1.5.1　第 2 章　FBE、聚烯烃、底漆和液体修补体系的化学知识

- 简要回顾环氧类涂料、聚烯烃、酚醛树脂和聚氨酯涂料的化学知识

- 这些材料作为管道防腐涂层的发展历史
- 对管道防腐涂层性能的影响

用作管道防腐涂层的所有 FBE 涂料产品各不相同[24, 25]。这些涂料最终的性能特征取决于为获得某些特性而计算出的各组分的配比以及所发生的化学反应。配方研发过程中需要采取某些折中措施，才能达到特定的目标。管道业主或者他们的代表有必要了解这些产品的差异，并要了解它们对性能的影响。这就意味着他们应当彻底了解测试方案和测试结果所代表的意义。他们必须有能力在涂料选择过程中熟练地应用这些知识来满足特定的管道涂层要求。对于聚烯烃体系、底漆和多组分液体(MCL)体系，同样也要做出类似的取舍。

虽然不要求所有人都深刻理解这些材料的化学背景，但是，大体了解这些相关的化学知识，可为涂料应用决策提供更好的基础。

1.5.2　第 3 章　单层、双层及多层 FBE 管道外涂层

- 单层 FBE 外涂层性能
- 双层 FBE 外涂层性能
- FBE 涂敷
- FBE 补口涂层
- 用于管件的 FBE 定制涂层

作为一项技术，FBE 管道涂层一直在蓬勃发展。其优异的耐化学性、方便使用以及具有竞争力的价格优势，使得 FBE 作为防腐涂层的应用非常成功，全球市场份额也在逐步扩大。在各种工业或环境应用的过程中 FBE 涂层始终良好地满足了用户的各种要求。FBE 作为管道防腐涂层满足了中东高腐蚀性环境、北极极寒冻土区域以及沼泽、深海多种工况下的应用，适用于在全世界范围内使用。

为了持续满足管道行业的新需求，新技术的出现使得新型 FBE 涂层系统和具有用户定制性能的多层 FBE 涂层体系得到了发展。通过腐蚀控制系统来延长管道服役寿命的愿望已经开启，并将持续推动 FBE 技术的进一步发展。

1.5.3　第 4 章　三层结构 FBE：聚烯烃涂层

- 三层结构聚烯烃防腐涂层系统由熔结环氧粉末(FBE)底层、聚烯烃胶黏剂中间层和聚烯烃面层组成(通常为聚乙烯或聚丙烯)
- 特殊的多层管道涂层体系：用于高温工况的涂层体系，由特殊设计的高玻璃化温度(T_g)FBE 涂层和改性聚丙烯涂层构成；用于定向钻穿越的增厚涂层；用于保温管道的四层或更多层体系；用于防止混凝土配重层滑移的表面粗糙化聚烯烃防滑涂层；取代混凝土配重涂层使用的高填充聚丙烯涂层

- 在役管道涂层性能和预期服役寿命
- 涂层涂敷、修补和补口涂层

当管道存在高涂层损伤风险(厚的聚烯烃材料具有良好的抗冲击性能)或可能在高温运行时(聚烯烃外层的热传导和水蒸气渗透率更低)，基于三层聚烯烃的管道防腐涂层是一种有效的解决方案[26]。

在管道装卸和建设时可能会发生涂层破损，涂层具有高介电强度和好的抗机械损伤性能对确保管道有效防腐是非常必要的，这是三层结构聚烯烃涂层的理论基础[27]。三层聚烯烃涂层在欧洲应用情况良好。设计合理的三层涂层系统可适应更多环境下管道施工的需求，能够满足高温或低温环境下的管道建设[28]。

三层涂层系统最大的优势可能还是在于它可以承受更高的管线服役温度。PP材料高熔点和低水蒸气渗透率特性，同时配以高交联度的酚醛环氧底漆，可在超过 120℃操作温度条件下，提供性能优异的管道涂层系统[29]。

1.5.4　第 5 章　FBE 管道内涂层

- 为什么要使用以及什么情况下需要使用内涂层
- 内涂层的选择：取决于用途
- FBE 内涂层
- 内涂层性能测试与评价方法
- FBE 内涂层涂敷
- 管道内焊缝和接头处的 FBE 涂层、液体内防腐涂层或机械接头

在油气开采领域，管道内涂层已经使用了许多年，已证实可有效提升介质输送的水力效率，降低管壁的结垢和蜡沉积风险，并防止腐蚀。尽管有多种材料体系可作为管道内涂层使用，但相比而言 FBE 涂层的应用更为广泛。这主要是由于可供选择的 FBE 类型很多，从而能够满足多种特定的使用环境和操作条件的要求。

1.5.5　第 6 章　定制涂层和管道修复涂层

- 定制涂层材料的选择
- 定制涂层粉末涂敷工艺
- 多层 FBE 定制涂层
- 多层聚烯烃定制涂层
- 液体涂层涂敷
- 管道涂层修复及更换

对于整个管道系统而言，除了直管道，还有一些特殊的管件(如弯管和三通)也需要进行防腐保护。这些管件也可以使用 FBE 涂层涂敷，但需要特殊的配方

设计才能与涂敷工艺相匹配。由于直管道形状对称且简单，因此可以使用自动化装备进行涂敷。直管道涂敷效率高、成本低，能够适应市场竞争中的成本要求。直管道 FBE 涂敷产品的胶化时间和固化时间都比较短。相比而言，由于管件形状各异，往往无法通过自动化方式进行涂敷，通常只能采用手工涂敷。此外，涂敷时异型工件装卸、移动更加困难，手工操作导致涂敷工艺速度要慢得多。基于此，就需要对涂层材料的涂敷特性(胶化时间和固化速度)进行重大调整，才能达到与自动化涂敷工艺相媲美的涂层性能。

液体环氧和液体聚氨酯涂料、双层 FBE 和三层聚烯烃涂层也同样适用于管件防腐。每种涂层都有其独特的涂敷流程和要求。管道修复时，经常选择双组分液体环氧树脂或液体聚氨酯(MCL)涂层体系。

1.5.6　第 7 章　补口涂层与内涂层

- FBE 作为 FBE 主管道的补口涂层
- 非 FBE 的其他补口涂层
- 三层结构涂层管道的补口防腐
- 内衬/内涂层管道系统的内补口防腐

本章回顾了可作为 FBE 管道的各种防腐补口涂层方案。最佳的解决方案是使用与主管线涂层(工厂涂敷)相同的防腐材料。通过便携式喷涂设备的使用，FBE 已被广泛应用于大量工程的现场防腐补口。整个装置包括专门设计的喷砂清洁单元、用于管道预热的感应线圈以及沿管道周向旋转的粉末喷涂装置。本部分还探讨了 FBE 管道的其他补口方式。

三层涂层管道需要更精确、细致的补口操作才能确保获得令人满意的结果。但由于聚烯烃胶黏剂熔点较低，限制了涂敷过程中管道所能承受的最高加热温度。大多数防腐涂料均不能与聚烯烃形成良好粘接，这为补口时的涂层粘接带来了挑战。本章还探讨了几种补口程序和可用的涂层材料。

FBE 管道内壁焊缝预留区同样需要进行防腐保护。第一种解决方案是将整个管道内表面使用涂层涂敷，然后用机械接头连接，这样就没有裸露的金属了。第二种解决方案是使用带涂层的现场焊接接头。第三种解决方案是，使用机器人系统对管道焊接区域喷涂 FBE 或液体涂层。最后，如果管径足够大，工人就可进入管道内，进行人工方式液体涂料涂敷。

1.5.7　第 8 章　FBE 涂敷工艺

- FBE 涂层涂敷工艺介绍，包括抛丸清洁、表面处理、加热、粉末涂敷、固化、冷却、检测和修补
- 影响涂层性能的涂敷因素：孔隙率、异常现象、厚度、网纹、成膜速率

和覆盖率

FBE 的涂敷过程虽简单明了，但成功涂敷仍需全程关注每一环节的各个细节。这包括预先检查钢管有无损坏或涂敷问题，监测钢管表面清洁度和用于钢管表面清理的相关设备，检查钢管的预热温度和涂敷过程，关注固化状况、冷却、检测、修补和装卸等。必须严格控制钢管涂敷的各个环节，以确保成功涂敷。

1.5.8　第 9 章　FBE 管道涂层涂敷过程中的质量保证：厂内检查、测试和误差

- 涂敷过程中的厂内检查
- FBE 粉末实验室测试
- 涂层非破坏性测试
- 涂层和裁切管环试样的破坏性测试
- 显著影响测试结果因素的评价
- 在质量保证过程中收集的数据用以涂敷优化的技术

质量控制程序的核心是为防止缺陷发生而建立的管理体系。它并不依赖最终涂层的缺陷检测来评价产品质量。本章的目的是提供工厂涂敷工艺的概述并验证和观察质量控制程序的有效性[30]。

1.5.9　第 10 章　管道装卸与安装

- 管道防腐厂：堆放场装卸——测试，叉车和吊装设备的使用
- 装运程序：垫块与支撑条、隔条、捆扎带的使用
- 运输方法：海洋运输、铁路运输和卡车运输
- 安装程序：漏点检测、修补、弯曲、焊接、管道的现场切割、施工作业带管道的装卸和储存
- 安装过程：沟下安装、定向钻穿越、驳船安装

合适的装卸作业能够在最大限度上减少防腐管道在装载、运输和安装过程中的损伤。尽管 FBE 和三层聚烯烃外防腐涂层都具有一定的韧性和抗损伤性，但也无法承受野蛮作业。采取合理的操作程序进行钢管和防腐涂层保护，可以在最大限度上减少管道下沟铺设前的修补量。此外，这也会最终影响管道防腐蚀需要的阴极保护电流量。

1.5.10　第 11 章　FBE 涂层与阴极保护的协同应用

- 阴极保护：历史、原理、腐蚀
- 阴极保护：对防腐涂层的要求和保护准则
- 阴极保护：保护电流用量与成本计算

阴极保护应用腐蚀电化学原理来实现管道保护。它把产生电流的设备与绝缘

组件结合在一起。在这种互补关系中，FBE 涂层系统已经被证明具有卓越的防腐特性。虽然市售的熔结环氧粉末涂料性能各有差异，但是，总体上来讲，它们都是经济效益很好的涂料，能够适应优化的阴极保护系统。

1.5.11　第 12 章　技术规范与标准

- 总结了技术规范的组成部分
- 通过最终用户文件示例的摘录，讨论了技术规范的组成要素及要求

一份综合性的技术规范应当是由业主、防腐厂、质量检验部门，可能还包括咨询机构通力合作的结果。如果能够得到粉末涂料制造商的指导建议，这也是很有用的，他们的经验有助于解决将来可能遇到的问题[31]。

即使选择了最好的涂料，也未必能够保证最终生产的防腐管是最好的。一份好的技术规范，还需要形成介绍熔结环氧粉末原料供粉与涂敷工艺的书面要求[32]。所制定的技术规范必须严格执行。

1.5.12　第 13 章　涂层失效、原因分析及预防

- 涂层失效：定义和机理
- 应力腐蚀开裂和涂层
- FBE 和三层聚烯烃涂层失效如何避免？
- 涂层失效、失效预防及涂层和阴极保护权衡的实用总结

施加阴极保护(CP)的新建管道，通过如下操作可显著提高涂层的性能：

- 选择具有良好抗阴极剥离性能的涂层
- 控制管道涂敷过程：清除表面污染物(化学清洗)、形成良好的表面粗糙度、优化涂敷温度和涂层厚度
- 最大限度降低管道的运行温度
- 在达到安全防腐的前提下，尽可能将阴极保护电压降至最低

上述要求意味着选择时应权衡经济因素和实际情况。例如，降低管道运行温度的成本可能非常昂贵(尤其是对于海上深水管道)，这时找到能够应对挑战的特定涂层和/或通过增加涂层厚度而不是降低管道运行温度可能更合乎逻辑。因此，在做出决定前，设计方必须充分考虑到所有的环境、安装和操作条件。

当通过维护高的阴极保护电压来弥补涂层缺陷时，也同样需要进行权衡。例如，当新管段连接到旧管道时，新管段可能会承受不必要的高阴极保护电压。通过管土电位测量发现，尽管新管段阴极保护电流要求低，但旧管段部分可能需要更高的阴极保护电位来实现薄弱区域的保护。因此，同时使用新旧管道涂层的整条管道，就需要施加同样高电位水平的阴极保护。

另外，管道建设时可能会尽可能降低阳极地床的大小或数量。为了弥补这一

问题，就需要已建的阳极地床能够提供更多的阴极保护电流，从而导致新建管道承受不必要的高电位。这可能是选择具有更好抗阴极剥离性能或增加涂层厚度的另一因素。

1.6　参 考 文 献

[1] J.G. Dickerson, Fifty Years of Epon Resins: The Story of Shell's Epoxy Resin Business, unpublished from J.G. Dickerson (Houston, TX: 2000).

[2] R.F. Strobel, "Coated Pipe and Process," US Patent 3,161,530, Dec. 15, 1964.

[3] R.F. Strobel, S. Backlund,"Method and Apparatus for Coating Articles with Particulate Material," US Patent 3,208,868, Sep. 28, 1965.

[4] R.F. Strobel, R.G. Eikos,"Apparatus for Cooling (SIC-Coating) Articles with Particulate Material," US Patent 3,361,111, Jan. 2, 1968.

[5] R.F. Strobel, 3M, letter to T. Hopkins, Jun. 10, 1992.

[6] G.L. Groff, J.L. Ridihalgh,"Thermo-Curing Coating Powder Composition," US Patent 3,506,598, Apr. 14, 1970.

[7] J.A. Kehr,"Thermosetting Epoxy Resin Powder Highly Filled with Barium Sulfate, Calcium Carbonate, and Mica," US Patent 3,876,606, Apr. 8, 1975.

[8] R.O. Probst, C.R. Thatcher, N.M. Zupan,"Electrostatic Method for Coating with Powder and Withdrawing Undeposited Powder for Reuse," US Patent 3,598,626, Aug. 10, 1971.

[9] D.P. Werner, S.J. Lukezich, J.R. Hancock, B.C. Yen, "Survey Results on Pipeline Coatings Selection and Use," MP 31, 11 (1992): pp. 16-21.

[10] B.R. Appleman, J. Rex, "Facts about Coatings," Gas Utility and Pipeline Industries (Gas Utility Manager as of January 2001) 42, 6 (1998): pp. 16-19.

[11] J.G. Dickerson, "FBE Evolves to Meet Industry Need for Pipe Line Protection," Pipeline and Gas Industry 84, 3 (2001): pp. 67-72.

[12] A. Kehr, "Fusion Bonded Epoxy Internal Linings and External Coatings for Pipelines," Piping Handbook, ed. M. Nayyar, 7th ed. (New York, NY: McGraw-Hill, 2000), pp. B.481-B.505.

[13] W. James, "A Historical Perspective on the Development of Urban Water Systems," University of Guelph, Guelph, Ontario, Canada, http://www.cos.uoguelph.ca/james/wj437hi.html (Feb. 27, 2002).

[14] P. McKenzie-Brown, G. Jaremko, D. Finch, "The Great Oil Age," http://www.businesshistory.com/oilage.htm (Jan. 2, 2001).

[15] "Pipelines," Compton's Interactive Encyclopedia Deluxe CD-ROM (San Diego, CA: The Learning Company, Inc., 1998).

[16] G. Friberg, P.A. Blome, "Environmental and Economical Aspects of Multilayer Coatings" Corrosion Prevention of the European Gas Grid System, Mar. 31-Apr. 1, 1992.

[17] R.L. Bianchetti, "Economics," Control of Pipeline Corrosion, eds. A.W. Peabody, R.L. Bianchetti, 2nd ed. (Houston, TX: NACE, 2001), p. 295.

[18] J. Kallis, CorrPro Australia, personal discussion, November 1999.

[19] J. Banach, "FBE: An End-User's Perspective," NACE Tech Edge, Using Fusion Bonded Powder Coating in the Pipeline Industry (Houston, TX: NACE, 1997).

[20] J.L. Banach, "Evaluating Design and Cost of Pipe Line Coatings: Part 1," Pipe Line Industry(1988), pp.62-67.

[21] M.Wilmott, J.Highams, R. Ross, A. Kopystinski, "Coating and Thermal Insulation of Subsea or Buried Pipelines," J.Prot. Coatings Linings 17, 11(2000): pp.47-54.

[22] N. Perrott, "Pipeline Coatings: A Technical Overview," 2001(Kembla Grange, NSW, Australia: Bredero Shaw Australia, 2001).

[23] M. Wilmott, "Selecting Appropriate Coatings for Pipeline Integrity-Plant and Field Applied Systems" Shaw Pipe Protection Limited Technical Seminar 2001 (Calgary Alberta Apr.26.2001).

[24] D.G. Temple, K.E.W. Coulson, "Pipeline Coatings, Is It Really a Cover-up Story? Part 1" CORROSION 84, paper no 355 (Houston, TX: NACE, 1984).

[25] D.G. Temple, K.E.W. Coulson, "Pipeline Coatings, Is It Really a Cover-up Story? Part 2" CORROSION 84, paper no 356 (Houston, TX: NACE, 1984).

[26] G.P. Guidetti, G.L. Rigosi, R. Marzola, "The Use of Polypropylene in Pipeline Coatings," Prog Org. Coatings 27(1996): pp 79-85.

[27] P. Blome, G. Friberg, "Multilayer Coating Systems for Buried Pipelines," MP 30 (1991): pp.20-24.

[28] G.L. Rigosi, R. Marzola, G. P. Guetti,"Polypropylene Coating for Low Temperature Environments" Fourth Annual Conference on the European Gas Grid System (Amsterdam, May 3-4, 1995).

[29] G.P. Guidetti, J.A. Kehr, V. Welch, "Multilayer Polypropylene Systems for Ultra-High Operating Temperature," BHR 12th International Conference on Pipeline Protection (London: BHR Group, 1997).

[30] T. Fauntleroy, J.A. Kehr, "Quality Control," Fusion-Bonded Epoxy Application Manual (Austin, TX: 3M, 1991).

[31] A. Szokolik, "The Making of a Qualified Specification Writer," J. Prot. Coatings Linings 13, 4 (1996): pp. 64-71.

[32] J. Lichtenstein, "Good Specifications—The Foundation of a Successful Coating Job," MP 40, 4 (2001): pp. 46-49.

第 2 章　FBE、聚烯烃、底漆和液体
修补体系的化学知识

2.1　本 章 简 介

➢　简要回顾环氧类涂料、聚烯烃、酚醛树脂和聚氨酯涂料的化学知识
➢　这些材料作为管道防腐涂层的发展历史
➢　对管道防腐涂层性能的影响

　　并非所有 FBE 的生产过程都一样[1]，聚烯烃也是这样。这些材料中每一种都有很宽的适用于管道防腐涂层的特性范围。这些特性来源于原材料以及配方化学。简要了解涂料化学的基本理论有助于涂料施工人员、技术规范编制人员、管道业主等知晓这些可以利用的特性，从而可以采取折中措施，研发出有效的管道防腐涂层。本章有关环氧类涂料、聚烯烃、酚醛树脂和聚氨酯涂料的概述不涉及任何专利问题。

2.2　FBE 化学

　　"环氧基树脂"这个术语源于分子中具有最强反应活性的基团，即三元环，通常被称为环氧基团(epoxy group)。这种结构的其他术语包括 1,2-环氧化物或者环氧乙烷，如图 2.1 所示[2]。1936 年，P. Castan 在瑞典利用邻苯二甲酸酐固化的双酚 A(BPA)基环氧树脂研发成功第一个环氧体系。1943 年，他获得了第一个有关环氧树脂制备过程与固化的美国专利[3]。1942 年 12 月，S. O. Greenlee 首次在美国人工合成了环氧树脂[4, 5]。

　　FBE 涂料配方经过调整，能够满足管道防腐许多不同的性能要求，如图 2.2 所示[6]。一方面，环氧(epoxy)树脂与固化剂(curing agent)的选择对性能特性影响最大。另一方面，配方中的其他组分——颜料(pigment)、填料(filler)、催化剂(catalyst)、添加剂(additive)也发挥了非常重要的作用。FBE 涂料是单组分热固化的热固性环氧涂料，可设计用于金属防腐与电气绝缘。如图 2.2 所示，与所有涂料体

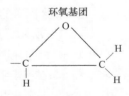

图 2.1　环氧或环氧乙烷环易与多种类型的固化剂反应

系一样，FBE 涂料性能特征取决于所用原材料的化学结构，继而其又依靠配方设计，通过各组分——环氧树脂、固化剂、催化剂、填料、颜料、添加剂——之间相互作用及相互平衡来实现预期的性能。

熔结环氧涂层是:

一种单组分、热固化的热固性环氧涂层，用于金属防腐和电气绝缘

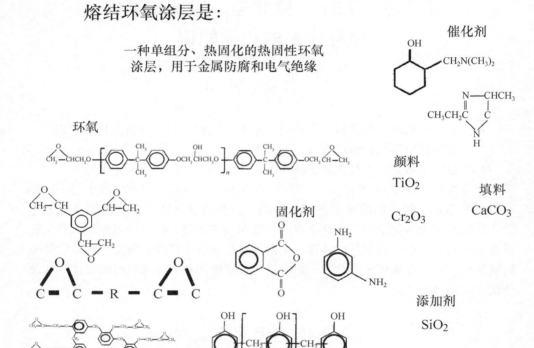

图 2.2　FBE 涂料的组成

图 2.3 所示是理想的涂敷特性示例。除了防腐性能外，管道防腐涂层体系的设计还必须考虑以下方面:

- 生产和储存
- 涂敷工艺
- 涂敷管道的运输和施工

如图 2.3 所示，FBE 必须同时具备一些特性来满足涂敷工艺的要求。胶化时间(gel time)和固化时间(cure time)必须能够满足不同管道防腐厂预期的生产效率要求。粉末的处理与喷涂能力必须与现有设备形成有效匹配。粉末的熔融与流动特性决不能以牺牲边缘覆盖率或者产生涂层流挂为代价。

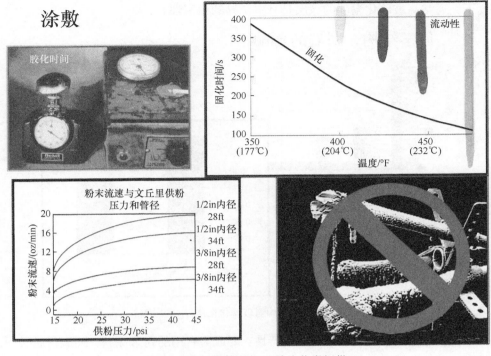

图 2.3　FBE 涂敷工艺(照片由作者提供)

1psi=6.89476×10³Pa

2.2.1　环氧树脂

以双酚 A(BPA)为基础的树脂是管道防腐涂料中使用最为广泛的环氧材料, 但为了进一步提高粉末性能, 需要添加或者更换成其他类型树脂[7]。环氧树脂主要包括:

- 双酚 A 二缩水甘油醚
- 苯酚和甲酚环氧酚醛树脂
- 溴化双酚 A 环氧树脂
- 酚醛加合物的缩水甘油醚
- 酚烃酚醛树脂的缩水甘油醚
- 脂肪二醇的缩水甘油醚
- 芳香缩水甘油胺
- 杂环缩水甘油酰亚胺和酰胺
- 缩水甘油酯
- 氟化环氧树脂

交联密度增加, 可提高涂层的玻璃化温度(T_g)。如图 2.4 所示, 高玻璃化温度涂层的耐化学及耐磨性能更为优异, 但涂层的柔韧性有所降低。在较高的操作温度下, 通常高玻璃化温度的涂层具有更优异的稳定性。

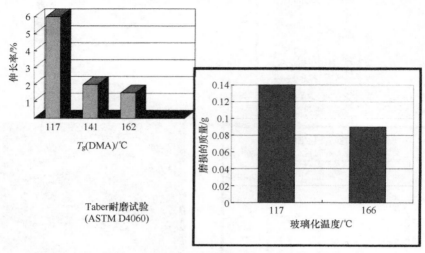

化学结构: 对T_g的影响

图 2.4 化学结构对玻璃化温度(T_g)的影响

树脂能够赋予环氧体系的主要特性: 要成为有用的粉末涂料, 环氧树脂必须具有足够的分子量, 使其能够在环境温度下呈脆性固体(以便磨成粉)。而在钢管涂敷温度(通常大约为 240℃)下, 又必须有足够低的分子量, 以便环氧粉末能够熔融、流淌和润湿钢质底材。

双酚 A 缩水甘油醚是大多数 FBE 管道防腐涂层的主要组分, 其分子量范围很宽。在较低的分子量范围内, 其为液体; 而在较高的分子量范围内, 其为脆性固体, 这在粉末涂料制粉生产过程中是很有用的。所选择的分子量必须具有足够高的软化点, 从而允许将其磨成粉末, 之后以粉末状态储存起来。

增加分子量就可能会降低固化过程中的交联密度。改变交联密度的其他方法包括内部增塑和用有长侧链的活性改性剂。增加交联密度, 可以改善涂层的耐热性能和耐化学性能。图 2.4 给出了玻璃化温度对涂层性能的影响。减小交联密度则可以改善其韧性和柔性[8]。

2.2.2 固化剂

固化剂的作用仅次于环氧树脂, 固化后 FBE 涂层主要性能归因于固化剂以及其与环氧树脂的鲁棒反应程度[9]。固化剂或者通过与分布在环氧分子主链的环氧基团或者羟基基团共同反应形成交联, 或者通过催化环氧树脂的均聚反应发挥作用。每种固化剂都将使最终涂层体系具有独特的性能。图 2.5 是常用固化剂的结构示例。如图 2.5 所示，固化剂具有多种形式，如二酰肼(dihydrazide)、双氰胺(dicyandiamide)、脂肪族二胺(aliphatic diamines)、酸酐(anhydride)、芳香胺(aromatic amine)。固化剂的选择可以改变反应后涂层的状态并影响其性能，诸如交联密度、耐化学性能、柔韧性、抗阴极剥离性能[8]。

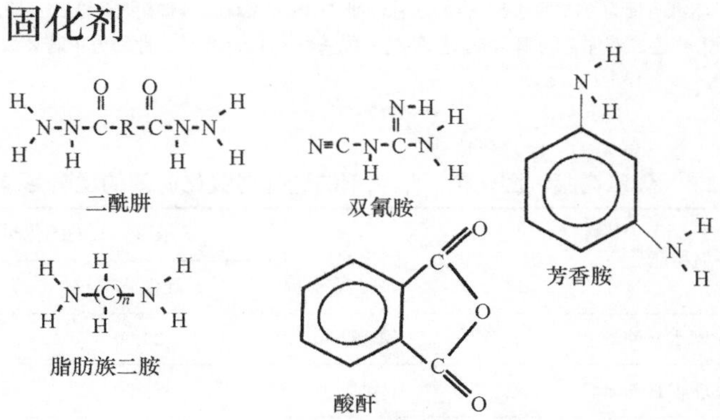

固化剂

二酰肼　　双氰胺　　芳香胺

脂肪族二胺　　酸酐

图 2.5　常用固化剂的多种形式

多功能共反应固化剂的示例包括：
• 　脂肪胺和芳香胺
• 　二羧酸酐
• 　聚酰胺
• 　氨基塑料
• 　酚醛塑料

固化剂的另一种分类方法是按照酸类和碱类来划分的。碱类固化剂(硬化剂)包括芳香胺、脂肪胺、酰胺和二酰肼。酸类固化剂包括有机酸酐、有机酸、酚醛。虽然两类固化剂都能够生成耐化学性优异的涂层，但是，碱类固化剂在高 pH 值环境中性能更好。实施阴极保护的管道上，防腐涂层破损部位具有较高的 pH 值。为了在这样的环境中发挥有效作用，不仅必须选择适宜的固化剂，而且必须通过实验确定合适的用量来达到最佳的综合性能。固化剂与环氧树脂的配比对胶化、拉伸强度、柔韧性等性能的影响见表 2.1。环氧树脂、固化剂、催化剂的选择对反应速率特性的影响见表 2.2。

表 2.1　固化剂当量与环氧当量比值对防腐涂层性能的影响 ᴬ

羧基当量/环氧当量	胶化时间(205℃)/s	拉伸强度/MPa	断裂伸长率/%
0.8	14	48.7	15
1.0	12	52.4	24

续表

羧基当量/环氧当量	胶化时间(205℃)/s	拉伸强度/MPa	断裂伸长率/%
1.2	11	52.7	16
1.4	12	54.5	16

(A)配方组成：环氧当量为 975 的双酚 A=缩水甘油醚(DGEBA)200g；咪唑催化剂 2g；添加剂 2g。羧基当量为 175 的偏苯三酸酐/聚乙二醇加合物固化剂。按环氧和羧基当量 1：1 配比，此配方中若环氧树脂为 975g，则应加入固化剂 175g[10]。

表 2.2　环氧树脂、固化剂、催化剂的选择对胶化时间的显著影响[11]

环氧树脂	固化剂	在 150℃的胶化时间/(min: s)	
		无催化剂	0.5%镍咪唑酯
双酚 A 缩水甘油醚	四氢苯酐	25:00	2:00
双酚 A 缩水甘油醚	双氰胺	15:00	1:32
双酚 A 缩水甘油醚	己二酰肼	1:36	0:56
酚醛环氧树脂	四氢苯酐	28:00	1:20
酚醛环氧树脂	双氰胺	8:00	1:03
酚醛环氧树脂	己二酰肼	1:48	0:42
脂环族环氧	四氢苯酐	6:15	0:55
脂环族环氧	双氰胺	34:00	18:25
脂环族环氧	己二酰肼	46:30	17:00

2.2.3　催化剂

催化剂或促进剂可以分为两大类——路易斯酸和路易斯碱。上文列出的许多固化剂在其他固化体系中也起到了催化剂的作用。其他催化剂包括咪唑、BF_3 复合体、季铵化合物、无机金属盐、苯酚和砜等。

催化剂具有两大功能。首先，它们会引导内衬或者涂层体系的固化机理。例如，用 2, 4, 6-三(N, N-二甲基氨甲基)苯酚这样的碱催化酸酐固化的 FBE 涂层的最终特性与辛酸亚锡这样的金属盐催化的最终特性显著不同。其次，催化剂控制着固化反应的速率。催化剂体系的选择对涂敷工艺是非常重要的，会直接影响钢管防腐生产线的涂敷速度与生产率。

催化剂主要用于控制或者加速涂料的胶化和固化过程。表 2.3 所示是催化剂组合示例以及它们对涂料配方反应活性的影响。为满足管道防腐厂的工艺要求，涂料体系往往会有不同牌号，它们的区别可能仅仅是胶化时间和固化时间的不同。一种加快固化反应的方法是增加催化剂的含量，但其效果很快就会出现递减，如图 2.6 所示。

表 2.3 某些催化剂组合对环氧树脂与固化剂的反应速率有协同效应
——两者中任何一种催化剂单独使用也可适度改善体系的胶化时间 A

催化剂(酸/酐)	在 204℃的胶化时间/s	
	单纯的酸/酸酐催化剂(无辛酸亚锡)	配有辛酸亚锡的酸/酸酐助催化体系
己二酸	54	6
四氢化邻苯二甲酸	45	8
琥珀酸	45	8
壬二酸	45	10
四氢邻苯二甲酸酐	46	5
琥珀酸酐	42	4
无酸/酐催化剂(控制)	73	24

(A)组合催化剂体系可以显著缩短胶化时间。示例配方为当量 625 的双酚 A 的缩水甘油醚 625g；4,4-亚甲基二苯胺 60g。催化剂用量为 7g 酸/酸酐和 7g 金属盐辛酸亚锡(使用时)的组合[12]。

催化剂含量水平对胶化时间的影响(150℃)

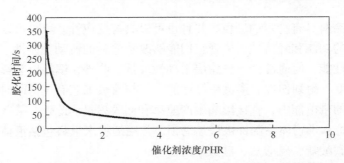

图 2.6 在 150℃时，催化剂含量对粉末胶化时间的影响

由图 2.6 可见，提高催化剂浓度，通常会加快反应的交联速率。该测试体系中含有 10g 液态的双酚 A 缩水甘油醚环氧树脂和 0.7g 双氰胺，镍基咪唑酯催化剂按树脂的质量分数(PHR)添加，即添加 1g 催化剂为 10PHR。无催化剂体系的胶

化时间超过了 30min(1800s)[11]。

很多人都在呼吁应关注快速胶化的 FBE 体系。胶化时间过短，熔体流淌不充分，就有可能在钢管锚纹底部产生涂层空洞。这个问题不仅在理论上有可能，而且在很多已发生预反应(老化)的粉末中也可能存在。但对于良好设计的配方体系，这并不是问题。表 2.4 表明催化剂仅加快了固化反应速率，但并未显著影响涂层性能。通过改变管道防腐涂层配方中的催化剂体系，可用来调整粉末的胶化时间和固化时间。如表 2.4 所示，除胶化时间外，所有测试值均处于正常实验变化范围以内，因此利用催化剂加速 FBE 涂料的反应速率，并不会改变管道防腐涂层的常规性能。

表 2.4　催化剂对 FBE 涂料反应速率和涂层性能的影响[13]

性能		涂料样品 1	涂料样品 2	涂料样品 3
在 204℃的胶化时间/s		8	13	42
质量损失(ASTM D4060 标准 5000 次)/g		0.113	0.118	0.118
拉伸强度(ASTM D2370 标准)/(kg/cm²)		622	622	629
阴极剥离/mm	90d, 1.5V, 23℃	11.4	11.9	11.4
	90d, 6V, 23℃	6.9	8.4	6.4
	2d, 3V, 65℃	1.9	1.9	1.9

2.2.4　颜料与填料

颜料可使涂料具有特定的颜色，并且也可以具有反应性。填料可以改善内衬与外涂层体系的功能和经济性。尽管它们能够改善涂料的流动控制性、耐化学性和耐热水浸泡性能，但通常会导致涂层柔韧性降低。此外，填料也会影响涂层的硬度、冲击强度、耐划伤性、渗透率等性能。其与涂敷工艺有关，同时还会显著影响最终产品的带电能力，直接影响生产速率和回收粉量。此外，某些填料犹如磨料，导致喷枪和供粉体系部件被快速磨损。常用的粉末填料包括液体涂料配方体系中常见的碳酸盐、硫酸盐、硅酸盐等。

由图 2.7 可见，和大多数涂料配方一样，选择和添加填料时，需要在各种涂层性能之间进行权衡。在这个特殊示例中，增加填料量可有效改善涂层的抗阴极剥离性能，但会导致涂层柔韧性降低。图中，阴极剥离试验在室温下进行了 30天，使用 ASTM G8 标准规定的电解质溶液和–1.5V 电压[14,15]。涂层的弯曲试验依据芯轴方法进行。

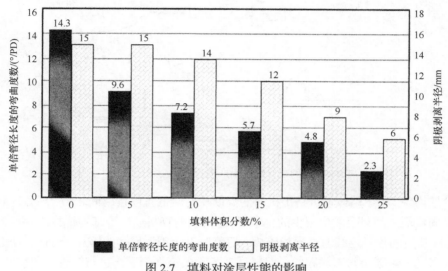

图 2.7　填料对涂层性能的影响

2.2.5　添加剂

大多数添加剂属于专利产品。在粉末生产过程中，挤出熔体里包含流动控制剂。广泛采用的添加剂类型包括低分子量丙烯酸丁酯聚合物或者丙烯酸乙酯/2-丙烯酸乙基己酯共聚物。像安息香这类固体增塑剂能够使涂层表面更加光滑，并使气泡在树脂胶化前释放出来[16]。如果在粉末粉碎之后或者粉碎过程中加入气相二氧化硅，可以改善粉末的加工性能并增加边缘覆盖率。

2.2.6　环氧粉末的生产

早期的粉末生产工艺包括一个原料的干混过程(球磨机)，后来被停用，代之以熔融混配法，首先将大多数组分熔融混合入软化的环氧树脂中，冷却后再粉碎成粉末。有一种使用大型橡胶磨粉机批量生产的方法[17]。随着粉末生产工艺技术的迅速发展，现在已改用挤出机将各组分熔融混配，如图 2.8 所示。整个FBE 生产过程涉及各组分的干粉混合、挤出机熔融混合、粉碎、包装和入库各环节。

首先，将各组分原料按照配方进行混配，然后用高强度或者中等强度混料机进行预混合。如果使用高强度混料机，可允许加入少量液体。然后，用高剪切挤出机将各组分压实，使它们受热和熔融。熔体受到机械剪切作用可使得各组分彻

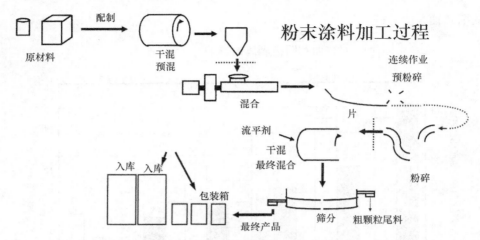

图 2.8　FBE 涂料的现代制粉生产流程(3M 公司的生产工艺流程)

底分散均匀。由于熔体通过挤出机时的温度相对较低且停留时间较短，因此环氧树脂与固化剂之间只会发生很少的化学反应。挤出的物料通过冷却辊形成冷却后的片材。冷却后的片材连续通过预粉碎机，切碎加工成较大尺寸的碎片，再送入研磨机粉碎来进一步减小粉末颗粒粒径。最后加入干的流平剂后再进行筛选和包装[16]。

2.3　聚　烯　烃

　　管道防腐领域所用的聚烯烃材料主要是聚乙烯(PE)和聚丙烯(PP)。它们是半结晶、蜡状外观，属于乙烯或者丙烯庞大聚合物材料家族中一部分[18]。聚烯烃材料的性能差异巨大，主要取决于分子量、分子量分布、支化和支化的均匀性，以及所使用的共聚物单体和添加剂的种类[19]。若在生产过程中加入了丁烯这类共聚单体作为支化单元，就能使聚烯烃材料具有特别的性能[20]。

2.3.1　聚乙烯

　　如图 2.9 所示，聚乙烯(polyethylene)的名称源自其生产过程，即用乙烯(ethylene)作为单体分子，在一定的温度和压力下生产出的聚合物。乙烯分子是由两个碳原子和四个氢原子构成的。其实际结构是聚亚甲基$(CH_2)_n$，在此，n 可以从 4 到超过 100。聚合过程中，可能会发生支化发生，所形成的聚乙烯树脂为含有支链(branch)的线形聚合物。

　　1. 聚乙烯的历史

　　聚乙烯材料发展历程中的关键是发现了可以使乙烯分子发生聚合的化学过

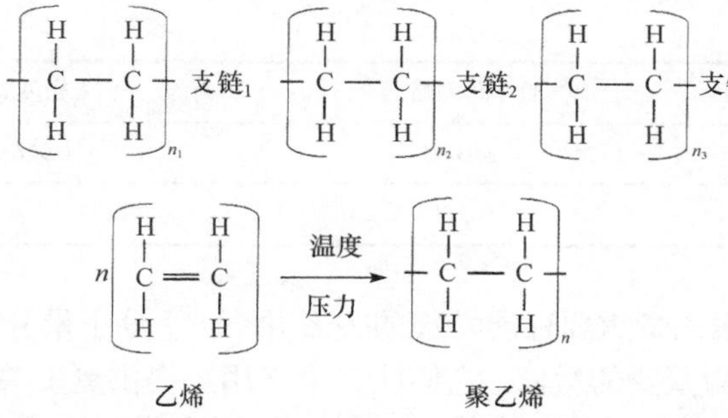

图 2.9　聚乙烯的化学结构

程和生产工艺。

大事年表：

1898 年，Von Pechmann 由重氮甲烷合成了聚乙烯。

1935 年，Perrin 用非常高的压力实现了乙烯聚合。1938 年在英国生产出商用低密度聚乙烯(LDPE)。

20 世纪 50 年代，Hogan 与 Banks 研发出了 Phillips 催化剂，可以在更加中等温度和压力条件下实现乙烯聚合。所生产的聚乙烯具有高的结晶度和更高的密度。

1953 年，Ziegler 研发出含有钛卤化物和烷基铝化合物的催化剂体系，甚至可以在更温和的温度和压力条件下生成高密度聚乙烯(HDPE)。这个工艺允许乙烯单体与有乙烯基双键的 α-烯烃($—CH_2—CHR—$)共聚反应。所生产出的聚乙烯具有更加宽泛的性能。

1976 年，Kaminsky 与 Sinn 发现单活性催化剂体系(茂金属催化剂)，它能够使分子实现均匀且可控的支化聚合[21]。这些聚合物就是大家所熟知的线形低密度聚乙烯(LLDPE)和中密度聚乙烯(MDPE)。该类聚合物的性能与由它们共聚生成的支化聚合物是不同的。

2. 聚乙烯的分类与特性

表 2.5 所列的基于聚乙烯密度的分类方法是以二十世纪五十年代容易测量的密度参数为基础的，所采用的测试方法为 ASTM D1248[22]，它是区分聚乙烯树脂比较简单的方法。总体来说，随着密度增加，聚乙烯的硬度和高温尺寸稳定性也增加。

表 2.5　根据聚乙烯密度的分类表

名称	首字母缩略词	密度/(g/cm³)
低密度聚乙烯	LDPE	0.910~0.925
线形低密度聚乙烯	LLDPE	0.915~0.925

续表

名称	首字母缩略词	密度/(g/cm³)
中密度聚乙烯	MDPE	0.926~0.940
高密度聚乙烯	HDPE	≥0.941

然而，密度与聚乙烯重要性能特征的关系并不大。分子量分布(MWD)和平均分子量才是两个更为重要的量值，它们能为最终用户提供更多关于加工和树脂性能的有用信息。诸如核磁共振(NMR)、红外光谱(IR)和凝胶渗透色谱(GPC)等分析技术，都可用于测量聚合物的组成和分子量。

另外，一些有用的物理参数与这些特性是相关的，据此能够迅速识别该聚合物分子量和分子量分布的特性：

- 熔融指数(也称 MI 或者 I2)是指在 190℃和 2.16kg 荷载条件下，10min 内通过 2.095mm 直径口模所流出的熔融聚合物的质量。该测量值能够体现聚合物的平均分子量。
- 熔体流动比率(MFR)是指分别用 21.6kg 和 2.16kg 荷载测试时，两个熔融指数 MI 的比值。该测量值能够体现分子量分布。

密度、分子量及分子量分布影响着聚乙烯的大多数性能，如软化点、刚性、硬度、冲击强度和撕裂强度等。

(1) 密度：α-烯烃共聚单体的量，是决定催化聚合聚乙烯结晶度或密度的主要因素。

(2) 分子量：反应温度或者链转移取决于生产工艺，进而影响聚乙烯的分子量。熔融指数是分子量的表征参数。表 2.6 所示是分子量(熔融指数)对材料机械性能的影响。

表 2.6 聚乙烯分子量(用熔融指数 MI 表示)和支化对材料机械性能的影响[21]

性能	线形 HDPE-1	线形 HDPE-2	支化 HDPE-1	支化 HDPE-2	LDPE-1	LDPE-2
支化度/1000 碳原子	约 1	约 1	约 3	约 3	20	20
熔融指数(190℃，2.16kg)/(g/10min)	5	1.1	6	0.9	7	1.0
密度/(g/cm³)	0.968	0.966	0.970	0.955	0.918	0.910
拉伸强度/MPa	20	30	22	30	8.5	10.5
最大伸长率/%	900	990	1000	1000	500	400
冲击强度(23℃)/(kJ/m²)	9	50	2	30	—	—

(3) 分子量分布(MWD)：常用熔体流动比率来代表 MWD。MWD 主要取决于所用催化剂的类型。用 Phillips 催化剂合成的聚乙烯 MWD 范围很宽，熔融指数超过 100。用 Ziegler 催化剂合成的聚乙烯，其熔融指数范围为 25～50。使用茂金属催化剂，聚合物的熔融指数范围在 15～25。双峰 HDPE 是被专门设计成分子量分布很宽的聚合物，通常需要在多级反应器中反应或采用多种催化剂组合的方式。双峰 HDPE 是长支化高分子量组分与几乎无支化低分子量组分的组合，具有抵御长期开裂和裂纹生长的特性。

3. 聚乙烯耐环境性

(1) 耐溶剂性：室温条件下，在任何已知溶剂中，线形低密度聚乙烯(LLDPE)、低密度聚乙烯(LDPE)、高密度聚乙烯(HDPE)都不会被溶解。但 LDPE 和 LLDPE 在某些溶剂中会发生溶胀，并失去其原有的机械强度。在较高温度下，大多数聚乙烯能够在某些芳烃、脂肪族烃、卤代烃中分解。某些表面活性剂会促使聚乙烯的受力部位发生开裂。在任何浓度的碱性溶液中以及在含有氧化剂的盐溶液中，聚乙烯的特性依然稳定。尽管聚乙烯能够耐酸，但浓硝酸或者硝酸与硫酸的混合液会使聚乙烯硝化。当聚乙烯作为管道防腐涂层应用时，它们对一般土壤中的化学物质均具有耐受性。

(2) 热降解和热氧化降解：受热时，聚乙烯相对比较稳定。当温度高于 250℃ 时，LLDPE 开始降解。大约到 290℃ 时，伴随着自由基碳-碳键断裂，HDPE 开始发生热开裂。热降解使聚乙烯分子量减小，并产生双键，导致聚乙烯变脆，机械强度降低。当有氧存在时，甚至在 150℃ 的低温下，聚乙烯就可能开始发生降解，使羟基和羧基被引入聚合物链中。在聚乙烯配方中添加如萘胺、受阻酚、醌类、烷基亚磷酸酯等物质时，能够起到抑制氧化自由基的作用。通常它们是企业专有的稳定剂，需根据预期的生产工艺和使用环境进行调整。

(3) 光氧化：室温条件，当聚乙烯暴露于阳光下时，会很快发生光氧化降解，导致聚乙烯变色，机械性能明显降低。享有专利权的光稳定剂，能够吸收紫外线辐射并终止自由基链式反应。在涂层中加入紫外光稳定剂，可以将有害的紫外能量转换成更多无害的热能。这些添加剂都是结构复杂的化学物质，虽然是以不同的方式发挥作用，但都有相似之处，它们都能与因 UV 辐照而断链形成的大量不同分子量的分解产物发生反应。当前主流的自由基捕获剂能够与初始的紫外线分解自由基发生反应，使它们不再分解聚烯烃分子链。协同抗氧剂能与次生自由基发生反应并终止它们。对于聚乙烯树脂，炭黑也是一种有效的 UV 保护助剂。

(4) 渗透性：相比而言，聚乙烯树脂对水的渗透性是比较低的，而对氧气的渗透性是比较高的。随着密度的增加，聚乙烯对水和氧气的渗透性均有降低。图 2.10 所示是 23℃ 和 0%相对湿度(RH)条件下实测的氧气渗透性(oxygen

permeability)[23-27]，单位为 cm³·100μm/(m²·d·atm)。38℃和 100%相对湿度(RH)条件下实测的水蒸气渗透性(water-vapor permeability)[25-27]，单位为 cm³·10μm/(m²·d·atm)。由图 2.10 可见，聚乙烯材料的选择影响着涂层的抗渗透性能。与 LDPE 相比，HDPE 的氧气渗透性和水蒸气渗透性都更低。

高密度聚乙烯：低渗透性

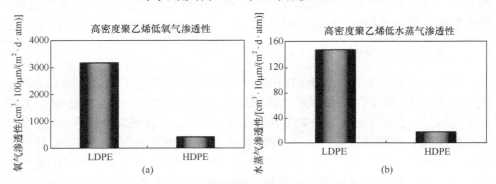

图 2.10　不同密度聚乙烯的氧气渗透性和水蒸气渗透性

2.3.2　聚丙烯

聚丙烯(PP)是以丙烯单体(图 2.11)为基础的高分子量线形加成聚合物，如图 2.12 所示。大多数市场上能够买到的聚丙烯材料都是高结晶度的，往往需要通过共聚改性来降低其结晶度[28]。但纯 PP 材料也很少有超过 70%结晶度的。在商用聚合物中，PP 的密度是最低的。其特性与 HDPE 相似，但刚性更大，耐热性更强。也能够耐受环境应力开裂，并有很高的冲击强度[18]。

PP：结构和立体化学

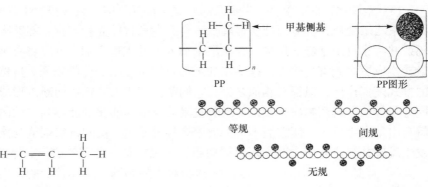

图 2.11　丙烯分子结构　　　　图 2.12　聚丙烯的结构和立体化学

聚丙烯的立体化学显著影响其性能特征。1954 年，Giulio Natta 确定了 PP 的三种结构[29]，如图 2.12 所示。PP 的三种立体化学结构分别为：等规立构体(isotactic)、间规立构体(syndiotactic)和无规立构体(atactic)。

- 等规立构体——聚丙烯分子中所有下垂的甲基均具有相同的立体化学，丙烯分子的键接是完全相同的。
- 间规立构体——丙烯分子有规律地交替键接，形成交替立体化学。
- 无规立构体——单体的无规键接造成甲基随机排布，聚丙烯呈一种非结晶形态。

市场上可以买到的大多数聚丙烯是半结晶、等规立构体。等规立构和间规立构使 PP 具有良好的机械性能。

1. 聚丙烯的发展史[30]

1953 年，德国马克斯·普朗克研究所的 Karl Ziegler 教授发现了一种催化剂可使乙烯聚合。

1954 年，米兰工业化学研究院主任 Giulio Natta 教授发现并确定了聚丙烯的特性[29]。

1957 年，首次实现了聚丙烯工业化生产。

1963 年，Ziegler 和 Natta 获得诺贝尔化学奖。

新型催化剂和催化剂制备技术的发展，为 PP 材料提供了良好的立规结构和聚合效率，并由此促进了 PP 生产工艺的持续进步[31]。新的生产工艺已成为特种商用 PP 体系开发的关键。

2. 聚丙烯的特性

分子量、分子量分布、分子链的规整度、结晶度、共聚单体都会影响 PP 的机械特性[32]。表 2.7 与表 2.8 所示是均聚与共聚 PP 对加工性能与机械特性影响的示例。本章中许多关于聚乙烯工艺技术的叙述也同样可用于描述聚丙烯的特征。

表 2.7　用于特定加工工艺和材料性能的聚丙烯均聚物[29,34-38]

性能	ASTM 试验方法	聚丙烯 A	聚丙烯 B	聚丙烯 C
熔融指数(2.16kg，230℃)/(g/10min)	D 1238L	0.8	4	12
密度/(g/cm³)	D 792A-2	0.90	0.90	0.90
拉伸屈服强度/MPa	D 638	35	35	35
缺口悬臂冲击强度(23℃)/(J/m)	D 256A	100	45	35

表 2.8　用于特定加工工艺和材料性能的聚丙烯共聚物[29,34-38]

性能	ASTM 试验方法	共聚物 A	共聚物 B
熔融指数(2.16kg，230℃)/(g/10min)	D 1238L	2	10
密度/(g/cm³)	D 792A-2	0.90	0.90
拉伸屈服强度/MPa	D 638	26	29
缺口悬臂冲击强度(23℃)/(J/m)	D 256A	>500	90

嵌段共聚物是由不同的聚合物链段连接在一起所构成的[33]。无规共聚物由各单体随机分布共聚而构成。根据这些共聚单元的重复方式来进行识别，分别为嵌段共聚物、无规共聚物和接枝共聚物，分别如图 2.13(a)、图 2.13(b)和图 2.14 所示。

—A—A—A—A—B—B—B—B—A—A—A—B—B—B—

(a) 嵌段共聚物是由均聚分子链首尾相接所构成的

—A—B—A—B—A—B—B—B—A—B—A—B—A—B—

(b) 无规共聚物是由各单体单元无规分布所构成的

图 2.13　嵌段共聚物和无规共聚物

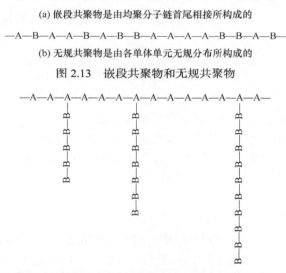

图 2.14　接枝共聚物由沿着聚合物主链接枝的重复单元或无规长度单元所构成

根据生产工艺、催化剂类型和加入共聚单体的不同，各单体能够形成沿着聚合物主链无规或者交替地分布的结构。对于共聚聚丙烯，除了增加了共聚单体外，其制备工艺与无规共聚物是相同的。另一种工艺是采用两步法，第一步先制备均聚物，第二步再加入共聚单体形成共聚物。

2.4　三层结构聚烯烃管道涂层

在三层结构聚烯烃管道防腐涂层体系中，中间胶黏剂层采用接枝共聚物，能够为其与 FBE 防腐底层提供更多的化学反应点。三层结构聚烯烃体系由 FBE 底层、聚烯烃外层和聚烯烃胶黏剂中间层所构成，各自的化学特性为管道提供了一个有效的防腐体系，并充分发挥了每种组分的性能优势。例如，与聚烯烃相比，FBE 涂料具有卓越的抗氧气渗透性，但它抗水蒸气渗透性相对较差，详见表 2.9。有关三层结构聚烯烃管道防腐体系的详细介绍，可以参见"第 4 章　三层结构 FBE：聚烯烃涂层"。

表 2.9　不同 FBE 和聚烯烃材料的抗氧气渗透性和抗水蒸气渗透性

聚合物类型	渗透性	
	氧气(23℃，0%RH)/ [cm³·100μm/(m²·d·atm)]	水蒸气(38℃，100%RH)/ [cm³·10μm/(m²·d·atm)]
双酚 A 环氧/胺 A	12	160
低密度聚乙烯 B	3200	150
高密度聚乙烯	433	20
聚丙烯	590	20

(A)氧气的相对湿度为 100%RH。(B)测试温度为 25℃。

注：表中数据不具备直接的可比性，因为各数据是不同温度和湿度条件下测试的[25-27]。

2.5　酚醛底漆

如果井下油管在高温高压并存在硫化氢和二氧化碳的恶劣环境中服役，那么，可能需要在 FBE 涂层下面再增加一层酚醛底漆。它们通常以苯酚-甲醛化学为基础，反应后能够形成一层高度交联且不易吸收气体的阻隔层。早在 1872 年，就有人开始了针对苯酚-甲醛的研究。然而直到 1907 年 7 月，在 L. H. Baekeland 获得了相关专利后，其才实现了首个商业化的成功应用。从名称上就可以看出，苯酚-甲醛就是苯酚与甲醛的反应物。在最终固化前，先将反应暂停并使产物溶解在溶剂中。随后涂敷该底漆并加热管道，才能真正完成最终的热固性反应[39]。

2.6　液体修补体系(多组分液体)

2.6.1　液体环氧体系

用于涂层修补、管道涂层修复和管件涂敷的液体环氧涂料其相关化学知识与上述 FBE 涂层类似。涂敷前(一般接近室温)，通常固化剂和环氧树脂均为液体。某些情况下，环氧树脂或固化剂也可以是溶解在溶剂中的固体。大多数是双组分体系，使用前固化剂与环氧树脂要分开储存。在液体环氧的涂敷特性中，对适用期与固化时间进行权衡是很重要的。

适用期就是从两种组分混合开始到涂料达到无法再使用程度时，中间可利用的时间。对于需要预先将两种组分混合的施工方法，涂料具备较长的适用期是比较理想的。然而，一旦涂料开始涂敷后，能够实现快速固化是大家更为希望的，这样可使装卸和安装管子或者管件时，涂层不易被损坏。通常具有较长适用期的涂料配方，组分之间的反应活性会降低，从而需要更长的固化时间。

固化时间的定义：往往将充分固化定义为涂料达到最佳性能要求所需要的交联度。另一种定义方法为涂层达到正常装卸程度前所需要的时间。在管沟现场进行涂料涂敷作业时，将之称为"回填时间"。回填时间是指从涂料涂敷，到涂层已经具备足够强度能够承受回填土填入管沟的影响所需要的时间。尽管此时涂料可能还没有固化完全，但是已经具有足够强度来承受正常的管道安装及回填程序。假如温度足够高，涂料会在地下或者水下继续固化。

要达到较长的适用期并能够实现快速"固化"的一种方法是使用溶解在溶剂中的高分子量固体环氧。溶剂减慢了反应速率，但是，当涂料一旦涂敷，溶剂会迅速挥发掉，使环氧树脂与固化剂转换成固体。固化反应随之发生，直至涂层具有足够强度来承受正常的装卸作业。达到快速固化更好的办法是使用专用涂敷设备，例如多组分喷涂系统，它能将两种组分瞬间混合并立刻涂敷到钢管上。由于混合后的树脂直接就涂敷了，所以不需要考虑涂料适用期的问题。

2.6.2　液体聚氨酯体系

1849 年，有人发现异氰酸酯与乙醇反应能够生成尿烷[40]。自二十世纪三十年代起，氨基甲酸酯聚合物就已经在应用了。聚氨酯涂料中的反应物质是多元醇和异氰酸酯。图 2.15 所示是异氰酸酯的一个例子：甲苯二异氰酸酯(TDI)。今天，更常用的异氰酸酯是 4,4-亚甲基双苯基异氰酸酯(MDI)或者聚亚甲基聚苯异氰酸酯

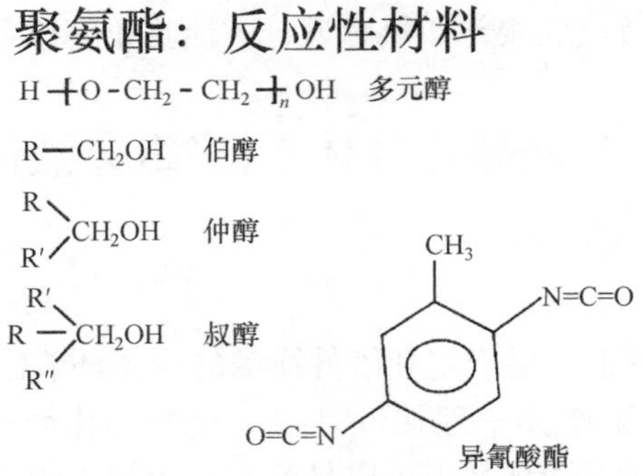

图 2.15　聚氨酯涂料中的活性成分

(PMDI)。多元醇的一个例子是聚乙二醇(PEG)。催化剂包括辛酸亚锡和叔胺——常称为催化剂体系。添加剂包括表面活性剂，它能使涂层表面更加光滑[41]。与液体环氧一样，涂料着色要加入颜料，为了具有特定的性能并降低成本，往往还需要加入填料。

由图 2.15 可见，聚氨酯涂料中的活性成分是多元醇和异氰酸酯，如甲苯二异氰酸酯。双组分聚氨酯涂料还含有填料、颜料、催化剂和添加剂。醇的活性不尽相同：伯醇<仲醇<叔醇。

有时用聚氨酯作为 FBE 涂层的面漆，来防止环氧粉末涂层在阳光下发生粉化，并且使涂层共有理想的颜色。为了防止涂层出现泛黄和变色以及增强涂层的耐候性能，暴露在户外的聚氨酯涂料通常以脂肪族异氰酸酯为基料，以丙烯酸或者聚酯多元醇为固化剂。聚氨酯也常被用作高温管道的泡沫保温层。在这些体系的发泡和固化阶段，有许多相互竞争的化学反应，要用组合催化剂来对这些化学反应进行平衡。水是常用的发泡剂——其与异氰酸酯反应会生成二氧化碳。卤烃类物质也可用作发泡剂，或者用来代替水。随着人们关注氯氟碳对环境的影响，戊烷和环戊烷类发泡剂也已开始被广泛应用。

2.7　本章小结

用作管道防腐涂层的所有 FBE 涂料产品各不相同[42,43]。这些涂料的最终性能特征取决于为获得某些特性而计算出的各组分配比以及所发生的化学反应。配方研发过程中需要采取某些折中措施，才能达到特定的目标。管道业主或者他们的代表有必要了解这些产品的差异，并要了解它们对性能的影响。这就意味着他们应当彻底了解测试方案和测试结果所代表的意义。他们必须有能力在涂料选择过程中熟练地应用这些知识来满足特定的管道涂层要求。对于聚烯烃体系、底漆和多组分液体(MCL)体系，同样也要做出类似的取舍。

虽然不要求所有人都深刻理解这些材料的化学背景，但是，大体了解这些相关的化学知识，可为涂料应用决策提供更好的基础。

2.8　参考文献

[1] D.G. Temple, K. E. W., Coulson "Pipeline Coatings, Is It Really a Cover-up Story? Part 2," CORROSION 84, paper no.356 (Houston, TX: NACE, 1984), p.1.

[2] J. Gannon, "Epoxy Resins," Kirk-Othmer Encyclopedia of Chemical Technology, http://www. interscience.wiley.com (Feb. 16, 2001).

[3] P. Castan, "Process of Preparing Synthetic Resins," US patent 2,424,483, Jul. 20, 1943.

[4] J.G. Dickerson, Shell Chemical, retired, "Fifty Years of EPON Resins: A History of the Epoxy Resin Business," unpublished book, Feb. 28, 2001.

[5] S.O. Greenlee, "Synthetic Drying Composition," US Patent 2,456,408, Dec. 14, 1948.

[6] C A. May, ed., "Epoxy Resins Chemistry and Technology," (New York: Marcel Dekker, 1988), p. 772.

[7] J.W. Muskopf, S.B. McCollister, "Types of Epoxy Resins," Ullmann's Encyclopedia of Industrial Chemistry, http://jws-edck.interscience.wiley.com (Feb. 16, 2001).

[8] H. Lee, K. Neville, "Handbook of Epoxy Resins," (New York: McGraw-Hill, 1982 reissue).

[9] J.W. Muskopf, S.B. McCollister, "Epoxy Resins -Curing and Processing Technology" Ullmann's Encyclopedia of Industrial Chemistry, http://jws-edck.interscience.wiley.com (Feb. 16, 2001).

[10] C. Whittemore, R. Spangler, "Shelf-Stable Epoxy Resin Composition of Epoxy Resin and Adduct of Trimellitic anhydride and Polyalkylene Glycol," US Patent, 3,639,345, Feb. 1, 1972.

[11] B.K. Hill, J.A. Kehr, "Metal Imidazolate-Catalyzed Systems," US Patent 3,792,016, Feb. 12, 1974.

[12] G.L. Groff, J.L. Ridihalgh, "Thermo-Curing Coating Powder Composition," US Patent 3,506,598, Apr. 14, 1970.

[13] J.A. Kehr, "Fast Gel, Fusion-Bonded Epoxies for Protecting Pipelines," J. Prot. Coatings Linings 6, 6 (1989).

[14] ASTM G 8-96, "Standard Test Methods for Cathodic Disbonding of Pipeline Coatings,"(West Conshohocken, PA: ASTM, 1996).

[15] J.A. Kehr, "Thermosetting Epoxy Resin Powder Highly Filled with Barium Sulfate, Calcium Carbonate, and Mica," US Patent 3,876,606, Apr. 8, 1975.

[16] D.S. Richart, "Coating Processes, Powder Technology," Kirk-Othmer Encyclopedia of Chemical Technology, http://www.interscience.wiley.com (Feb. 16, 2001).

[17] J.G. Dickerson, "FBE Evolves to Meet Industry Need for Pipe Line Protection," Pipeline and Gas Industry 84, 3 (2001).

[18] C A. Harper, ed., "Handbook of Plastics and Elastomers, " (New York: McGraw-Hill,1975).

[19] Y.V. Kissin, "Olefin Polymes," Kirk-Othmer Encyclopedia of Chemical Technology, http://www.interscience.wiley.com (Feb.8.2001).

[20] G.P. Guidetti, Basell, email to author, Jul.20.2001.

[21] K.S. Whiteley, T.G. Heggs, H. Koch, R.L. Mawer, W. Immel, "Polyolefins-Polyethylene" Ullmann's Encyclopedia of Industrial Chemistry, http://jws-edck.interscience.wiley.com (Feb.8.2001).

[22] ASTM D1248-00a "Standard Specification for Polyethylene Plastics Materials For Wire and Cable " (West Conshohocken, PA: ASTM 2000).

[23] ASTM D3985-95 "Oxygen Gas Transmission Rate Through Film and Sheeting Using a Coulometric Sensor, "(West Conshohocken, PA: ASTM.1995).

[24] ASTM D1434-82(latest revision) "Determining Gas Permeability Characteristics of Plastic Film and Sheeting, " (West Conshohocken, PA: ASTM).

[25] N.L. Thomas, "The Barrier Properties of Paint Coatings," Prog. Org. Coatings 19 (1991):

pp.101-121.

[26] J.A. Dean, Lange's Handbook of Chemistry, 15th ed. (New York, NY: McGraw-Hill, 1999), pp. 10.66-10.68.

[27] C.H. Hare, "The Permeability of Coatings to Oxygen, Gases, and ionic Solutions," J. Prot. Coatings Linings (1997): pp. 66-80.

[28] K.S. Whiteley, T.G. Heggs, H. Koch, R.L. Mawer, W. Immel, "Polyolefins -Polypropylene" Ullmann's Encyclopedia of Industrial Chemistry, http://jws-edck.interscience.wiley.com(Feb 8.2001).

[29] R. B. Lieberman, "Polypropylene," Kirk-Othmer Encyclopedia of Chemical Technology, http://www.interscience.wiley.com (Feb. 8, 2001).

[30] E. P. Moore, "Introduction," Polypropylene Handbook: Polymerization, Characterization, Properties, Processing, Applications, ed. EP. Moore (Cincinnati, OH: Hanser/GardRer Publications, 1996), pp. 1-10.

[31] E. Abizzati, U. Giannini, G. Collina, L. Noristi, L.Resconi, "Catalysts and Polymenzations," Polypropylene Handbook: Polymerization, Characterization, Properties, Processing, Applications, ed. E.P. Moore (Cincinnati, OH: Hanser/Gardner Publications, 1996), pp. 11-111.

[32] D. Del Duca, E.P. Moore, "End-Use Properties, " Polypropylene Handbook: Polymerization, Characterization, Properties, Processing, Applications, ed. E.P. Moore (Cincinnati, OH: Hanser/Gardner Publications, 1996), pp. 237-254.

[33] P.C. Painter, M.M. Coleman, "Fundamentals of Polymer Science: An Introductory Text," 2nd ed. (Lancaster, PA: Technomics, 1997).

[34] G.L. Rigosi, Basel, email to author, January 2002.

[35] ASTM D1238-01 "Standard Test Method for Melt Flow Rates of Thermoplastics by Extrusion Plastometer," (West Conshohocken, PA: ASTM, 2001).

[36] ASTM D792-00 "Standard Test Methods for Density and Specific Gravity (Relative Density) of Plastics by Displacement," (West Conshohocken, PA: ASTM, 2000).

[37] ASTM D638-01, "Standard Test Method for Tensile Properties of Plastics," (West Conshohocken, PA: ASTM 2001).

[38] ASTM D256-00 "Standard Test Methods for Determining the Izod Pendulum Impact Resistance of Plastics," (West Conshohocken, PA: ASTM, 2000).

[39] "Major Industrial Polymers, " http://www.britannica.com (Jun.9.2001).

[40] D. Dieterich, K. Uhlig, "Polyurethanes-Basic Reactions, " Ullmann's Encyclopedia of Industrial Chemistry, http://jws-edck.interscience.wiley.com(Feb.8.2001).

[41] H. Ulrich, "Urethane Polymers," Kirk-Othmer Encyclopedia of Chemical Technology, http://www.interscience.wiley.com(Feb.8.2001).

[42] D.G. Temple, K.E.W. Coulson, "Pipeline Coatings, Is It Really a Cover-up Story? Part 1" CORROSION 84, paper no 355(Houston, TX NACE 1984).

[43] D.G. Temple, K.E.W. Coulson, "Pipeline Coatings, Is It Really a Cover-up Story? Part 2" CORROSION 84, paper no 356 (Houston, TX NACE 1984).

第 3 章　单层、双层及多层 FBE 管道外涂层

3.1　本　章　简　介

➢ 单层 FBE 外涂层性能
➢ 双层 FBE 外涂层性能
➢ FBE 涂敷
➢ FBE 补口涂层
➢ 用于管件的 FBE 定制涂层

"FBE 看似好像已经发展得很完善了，但实际上 FBE 依然还有很大的发展空间。"[1,2]FBE 涂层自 1960 年首次使用以来，一直在被广泛使用，因此经常被误认为是一种已经非常成熟不变的技术。但事实与此相去甚远。今天的 FBE 配方与之前，甚至几年前的配方都大不相同。当前管道铺设的自然环境条件更加恶劣，涂层预期性能随时间的衰减也在逐渐加剧。这都需要 FBE 涂层不断更新，性能不断提升，以应对这些新挑战[3]。

　　FBE 是一种单组分、热固性环氧树脂粉末，利用加热熔融、交联反应与金属基材形成粘接，具体反应过程如图 3.1 所示[4]。FBE 涂层具有优异的粘接强度和韧性，表面光滑还耐磨，具有良好的抗化学降解和土壤应力破坏能力。它是一种

熔结环氧涂层：

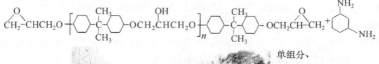

单组分、热固化的热固性环氧涂层，用于金属腐蚀防护

图 3.1　FBE 管道涂层是一种单组分、热固性树脂粉末，利用环氧基团特性来提供防腐性能。每个粉末颗粒中都含有环氧树脂、固化剂和其他组分。在应用过程中，粉末颗粒熔化、流动、固化，最终形成管道涂层(照片由 3M 公司提供)

100%无溶剂固体粉末涂料[5]。这些特性，尤其是使用方便以及良好的物理和化学耐久性，使得 FBE 涂层成为防腐涂层最为理想的选择，而被广泛应用于多种环境工况下，如图 3.2 所示[6]。

图 3.2　FBE 具有管道涂层所必需的许多特性，如柔韧性、耐磨性、抗冲击性和附着力。(a) 涂层钢管缠绕在卷筒式铺管船上，用于海底管道敷设。对于涂层柔韧性的要求取决于管道尺寸和卷筒直径，但涂层的断裂伸长率一般要求为 1.5%～2.5%[7,8]。(b) 定向钻穿越要求涂层具有良好的韧性和耐划伤性能[9]。(c) 事故时有发生，在这种情况下，管道堆垛坍塌并未在 FBE 管道涂层中造成漏点(涂层中的针孔)，优异的抗冲击性减少了敷设时的损伤。(d) 对于埋地或海底管道，涂层会直接暴露在水中，当管道运行温度较高时，湿热环境下 FBE 涂层粘接的持久性是涂层性能的关键，尤为重要(照片由 B. Brobst、3M 公司和作者提供)

在发达国家，腐蚀的直接和间接成本估计约占国民生产总值的 3%～4%[10]。为了将此类成本降至最低，选择经济有效的防腐技术来减轻腐蚀影响是一项尤为关键的设计决策。

通过涂层来保护管道、阀门、管件和补口区域的外部腐蚀，以确保其长期安全运行，能够最大限度地减少维护成本，并防止代价巨大的服务中断、伤亡等事故的发生。尽管防腐费用只占管道系统总成本的很小一部分，但这些保护措施却是极为重要的。FBE 涂层已为多种服役工况下各类产品的防腐保护提供了良好的解决方案，这就是 FBE 涂层会成为世界各地许多天然气公司、石油公司和水务部门防腐基石的原因。

3.2　管道外涂层

选择管道外涂层时，应考虑多种性能因素，主要包括[11,12]：

- 物理和化学稳定性
- 抵抗土壤应力作用的能力
- 粘接强度和抗冲击性能
- 抗阴极剥离性能

FBE 能够满足上述对管道外涂层的所有性能要求，这就是 FBE 能够作为管道涂层被大量使用的主要原因。单层 FBE 涂层的厚度通常为 350～500μm。业主为了进一步提高涂层性能，可能会要求将涂层厚度增加到 1500μm。增加厚度能提升涂层的抗高温阴极剥离和抗机械损伤性能，如图 3.3 所示。

单层FBE:

涂层厚度增加
对性能的提升

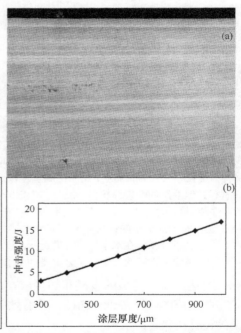

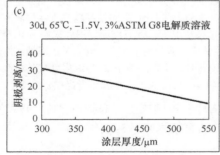

图 3.3　增加厚度会使单层 FBE 涂层的许多性能得以提升。对于定向钻穿越、混凝土配重以及高温管线，增加涂层厚度，会进一步提升其性能。(a) 定向钻穿越后，单层 FBE 涂层的外观照片。(b) FBE 涂层厚度增加，抗冲击性能会逐渐增强。(c) 随着涂层厚度的增加，FBE 涂层的抗阴极剥离性能逐渐提高。根据管道敷设过程和管道操作条件的不同，一些管道业主会特别要求增加涂层厚度以提高涂层的综合性能(照片由 B. Brobst 提供)

3.2.1　单层 FBE 管道涂层

FBE 具有许多优异的性能，使得它作为管道涂层被大量使用，主要包括：
- 与金属优异的粘接性
- 良好的耐化学特性
- 非屏蔽涂层：可与阴极保护良好匹配
- 无导致管道应力腐蚀开裂(SCC)的案例发生[13]
- 抗微生物腐蚀性
- 良好的柔韧性：被大量应用于海底、平原、岩石及山区地段、沙漠和冻土区域

1. 与金属间良好的粘接性

粘接通常被认为是所有涂层必备的重要特性[14]。在"第 13 章　涂层失效、原因分析及预防"中将更多讨论粘接性能所起到的作用。FBE 与钢管之间粘接强度的持续保持是管道防腐的关键。FBE 与钢管之间具有优异的粘接性能，图 3.4 提供了 FBE 与钢管粘接强度的测试方法，并给出了具体的测试结果。

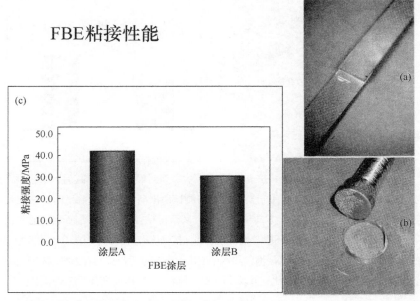

图 3.4　众所周知，FBE 与钢管之间具有优异的粘接强度。实际上，粘接强度的测量值通常并非真值，而是胶层的内聚强度。例如，(a) 搭接剪切强度测试，通常是涂层的撕裂破坏；(b) 拉拔测试，通常是胶层的内聚破坏(照片由作者提供)；(c) 不同 FBE 涂层的粘接强度对比测试结果

　　搭接剪切强度和拉拔附着力是评价 FBE 涂层粘接强度最为常用的两个测试项目[15,16]。搭接剪切强度通常的失效模式为内聚破坏：涂层被拉开，在两侧金属板上均有粘接。测试结果以涂层的剪切强度来表示。由于涂层依然粘接在测试板上，因此 FBE 与金属之间实际的粘接强度要大于测试结果的报告值。

　　拉拔测试是通过试柱与涂层粘接后拉开，得到涂层与金属的粘接性能，如图 3.5(a)所示。有两种方法可实现试柱与 FBE 涂层的粘接，第一种是在粉末胶化之前直接将试柱粘到涂层上，但由于大部分粉末涂层的胶化时间非常短，同时又需要确保试柱与 FBE 涂层垂直粘接，所以这种操作一般是比较困难的。第二种，也是更为常用的方法，使用液体环氧胶将试柱粘接到已经固化的 FBE 涂层上。第一种粘接方法，失效形式通常为内聚破坏或者是试柱和环氧之间的界面破坏。第二种粘接方法，失效形式通常为胶黏剂的内聚破坏或者它的界面破坏。

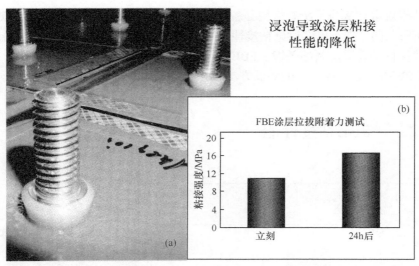

图 3.5　拉拔附着力测试对新涂敷 FBE 涂层意义不大，但对经过环境暴露后，原涂层粘接性能降低情况的评价则为有用。(a) 用于拉拔附着力测试所准备的样品。测试时，液压设备固定在图中所示的螺栓上，通过在垂直方向施加作用力来获得粘接强度。一般而言，通常会发生胶黏剂失效。如果通过如热水浸泡的环境老化后涂层的粘接强度有所降低，可能会测得涂层与金属之间真正的粘接强度。(b) FBE 涂层从浸泡的热水中取出后立刻进行拉拔附着力测试和样品浸泡取出后再放置 24h 进行拉拔附着力的对比。可以发现涂层干燥后，粘接强度有所恢复(图片由作者提供)

　　通常而言，涂层在一定环境中(如热水)暴露一定时间后涂层的粘接性能会有所降低，此时再进行拉拔附着力测试会更为有效，其可用于两种涂层相对粘接强度保持率的对比测试。FBE 另一个特性是其粘接强度的恢复。图 3.5(b)展示了在涂层评价中经常出现的粘接恢复特性。

拉拔附着力和搭接剪切测试都不适合现场使用，现场通常使用划×法，但当涂层变软或有孔隙时可能会得到错误的测试结果，不过至少能给出相对粘接性能供参考。图 3.6 给出了划×法测试的示例，首先划一个交叉线，划透涂层至金属基材，然后用刀翘拨两条线的交点。本测试的另一个做法是划透间隔 3mm 的两条平行线，然后用刀翘拨平行线之间的区域来评价涂层的粘接性能。

划×附着力：用于现场测试

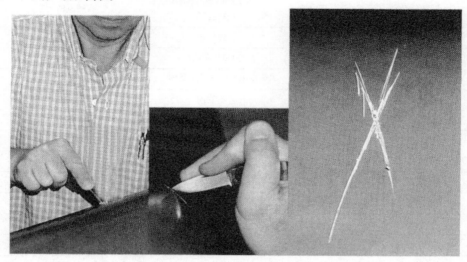

图 3.6 现场划×法测试。使用小刀或锋利的剃刀刀片在涂层上划一个夹角约为 30° 且划透涂层的交叉线。用刀尖翘拨两条线的交点。正常情况下，翘拨时涂层由于内聚力会发生切断或断裂，通常不会因为刀尖的翘拨而出现涂层剥离的情况，涂层最终依然黏附于基体表面。中等粘接翘拨时一些小碎片能够从金属基体表面被翘掉。粘接较差时涂层会被大片翘下(照片由作者提供)

2. 耐化学介质性

环氧树脂因具有良好的耐化学性而广为人知。表 3.1 列出了双氰胺固化的 FBE 涂层在环境温度下可承受 2 年浸泡的介质清单[17]。FBE 化学结构不同，其耐化学介质性能也有差异。相比氨基固化体系，通常酸酐固化 FBE 体系具有更加优异的耐酸性，但耐碱性则相对较差[18]。但与其他涂层相比，氨基固化体系的耐酸碱性依然非常优异。图 3.7 给出了 FBE 管道涂层耐化学浸泡测试时的照片和耐介质性能清单。一个经验法则就是如果 pH 试纸测得的 pH 值为 2~13，FBE 涂层就可以在此环境下呈现优异的耐化学性。一般而言，碳氢化合物泄漏不会对 FBE 管道涂层造成危害[19]。

表 3.1　FBE 涂层耐化学介质浸泡示例——双氰胺固化双酚 A 体系的 FBE 涂层 A 经 2 年 23℃浸泡 ^A

化肥(10-10-10)，饱和	硫酸铜	氯化镁	丙二醇
25%醋酸	原油	氢氧化镁	污水
丙酮 (软化涂层)	环己烷	硝酸镁	硝酸银
氯化铝	环己烯	硫酸镁	肥皂水
氢氧化铝	环戊烷	MEK(甲基乙基酮) (软化涂层)	碳酸氢钠
硝酸铝	清洁剂	氯化汞	硫酸氢钠
硫酸铝	柴油	甲醇(软化涂层)	碳酸钠
碳酸铵	二甘醇	MIBK(甲基异丁基酮)	氯酸钠
氯化铵	双丙甘醇	矿物油	氯化钠
100%氢氧化铵	乙醇(软化涂层)	溶剂油	氢氧化钠
硝酸铵	乙苯	糖浆	5%偏硅酸钠
磷酸铵	乙二醇	机油	硝酸钠
硫酸铵	50%氯化铁	盐酸	硫酸钠
戊醇	硝酸铁	石脑油	5%硫代硫酸钠
碳酸钡	硫酸铁	氯化镍	氯化锡
氯化钡	硝酸亚铁	硝酸镍	硫黄
氢氧化钡	硫酸亚铁	硫酸镍	60%硫酸
硝酸钡	100%甲醛	30%硝酸	合成海洋燃料(60%石脑油，20%甲苯，15%二甲苯，5%苯)
硫酸钡	10%甲酸	壬烷	合成饲料
苯	氟利昂，气体和液体	辛烷	四聚丙烯
硼砂	混合腐蚀性气体	草酸	甲苯
硼酸	天然气	戊烷	三甘醇
丁醇	含铅汽油	四氯乙烯	磷酸三钠
氯化镉	无铅汽油	50%磷酸	松节油
硝酸镉	甘油皂	三氯化磷	十一烷醇
硫酸镉	庚烷	硫酸铝钾	尿素
碳酸钙	己烷	碳酸氢钾	尿
氯化钙	己二醇	硼酸钾	醋
二硫化钙	25%盐酸	碳酸钾	水(含氯水、蒸馏水、脱盐水、海水)
氢氧化钙	40%氢氟酸	氯化钾	二甲苯

续表

硝酸钙	硫化氢	10%重铬酸钾	氯化锌
硫酸钙	异丙醇	氢氧化钾	硝酸锌
四氯化碳	航空燃料	硝酸钾	硫酸锌
苛性钾	煤油	硫酸钾	
苛性钠	亚麻籽油		
2%氯气	润滑油		
25%柠檬酸	碳酸镁		
氯化铜			
硝酸铜			

(A) FBE 涂层的耐化学介质稳定性取决于固化剂、环氧树脂及配方中的其他组分,但大部分管道涂层均具有相近的耐化学性能[20]。

图 3.7 实验室和实际测试均表明,FBE 管道涂层可以抵抗从土壤中发现的各种化学介质。一些工业规范要求对涂层进行化学浸没测试以证明其对低 pH(酸性)和高 pH(碱性)环境的耐受性。FBE 涂层还可抵御通过管道输送的典型产品,输送介质泄漏并不会对 FBE 涂层造成损害[19](照片和图表由 3M 公司提供)

土壤中的化学介质通常不会对 FBE 涂层造成侵蚀,但一些介质会影响漏点区域的阴极剥离反应,从而加速或减缓涂层的粘接失效程度,实际中并不会对 FBE 本身造成降解。当漏点处阴极保护不充分或阴极保护没有发挥作用时,腐蚀介质(如酸)将会侵蚀暴露的金属,腐蚀产物将会进一步加剧涂层剥离。

无漏点时，涂层在盐水中具有比纯水中更为优异的性能。"第 13 章 涂层失效、原因分析及预防"中将对此进行更为详细的分析。当涂层下方存在污染物时，纯水具有更高的渗透压，会导致涂层起泡比在盐水中更快。但实际上土壤中是不存在去离子水的。

FBE 涂层对一些溶剂的耐受性较弱，如乙醇，它可以软化 FBE 涂层并引起涂层溶胀，从而增加了涂层破坏的可能性。氧化剂可以对 FBE 涂层造成侵蚀，导致涂层厚度降低。管道铺设区域如果埋有化学废弃物或经过化工厂附近，FBE 涂层更容易受到化学侵蚀。高温通常会加快化学反应。如果存在这种情况，应与粉末制造商核实，就接触的溶剂、氧化剂或化学垃圾场的问题进行沟通指导。

3. 非阴保屏蔽性

众所周知，管道涂层必须是有效的电绝缘体[21, 22]。但"有效"并非意味着一定非常高。涂层的电阻应足够高，以尽量减少流经涂层的电流。但当发生涂层剥离或起泡时，涂层的电阻又能确保提供足够的电流来保护破损处的管体免受腐蚀。FBE 涂层对电流平衡状态的维持如图 3.8 所示。

尽管预期涂层与管体之间会粘接良好且不会起泡，但当粘接失效或涂层起泡时，如果阴极保护充分，涂层下方金属表面就不会产生腐蚀坑。通常会发生金属失色，但涂层下方的水溶液通常会呈碱性(高 pH 值)。Neal 认为金属失色是由于在金属表面形成了磁性氧化铁层，它是保护管道抵抗腐蚀的重要组成部分[23]。

当阴极保护系统工作良好时，涂层应不仅具有非阴保屏蔽性和阴极保护电流最小化的特征，还应具有良好的抗阴极剥离性能。尽管 FBE 涂层系统具有较好的抗阴极剥离性能，但已经商品化涂层体系的性能也有很大差异，如图 3.9 所示。由于所有涂层的抗阴极剥离性能均很优异，因此短期测试并未发现各涂层之间存在明显区别。图 3.9 中所有涂层经 48h，23℃测试后，平均阴极剥离半径约为2mm(从 3.2mm 缺陷孔中心测量)。但当进行 65℃，28d 测试后，不同涂层体系的

FBE: 失效安全

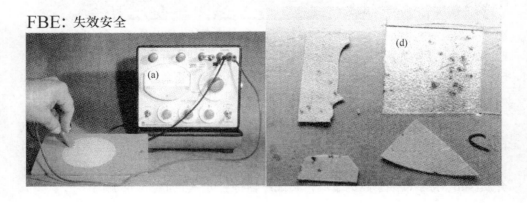

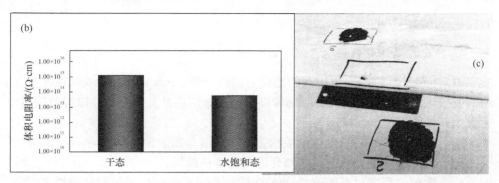

图 3.8 FBE 涂层可保持有效的电绝缘性以实现较低阴极保护电流的要求。当涂层剥离或起泡时又可确保阴极保护电流有效阻止管体腐蚀的发生,因此 FBE 涂层本身就具有非阴保屏蔽性。(a) 体积电阻率测试。(b) 当 FBE 涂层被水饱和后,依然保持了有效的电绝缘性能。(c) FBE 涂层起泡很多时候是因为涂敷时管体表面存在污染。即使发生了涂层起泡,阴极保护依然可以保护管体金属免受腐蚀。(d) 一个管道涂层在水箱中浸泡 20 年的实例照片,涂层与管体之间的粘接性能已经非常差,但管体表面依然有金属光泽,并无腐蚀坑,仅有一些黑色斑点存在,需要的阴极保护电流为 10μA/m²。即使 FBE 没有达到预期的性能,现场试验表明,如果阴极保护系统有效,管道也不会发生腐蚀[24](照片由 3M 公司和作者提供)

FBE涂层具有优异的抗阴极剥离性能

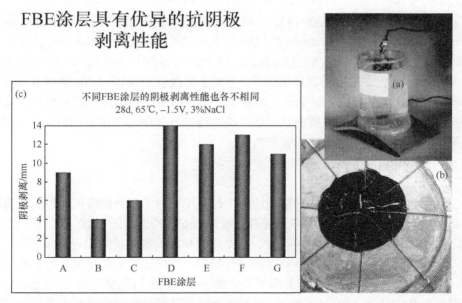

图 3.9 尽管 FBE 管道涂层具有良好的抗阴极剥离性能,但有些涂层则表现得更为优异。降低涂层的阴极剥离意味着能够降低整个管道生命周期内的电流需求。(a) 阴极剥离测试装置; (b) 阴极剥离测试后的样品照片,剥离区域通常为圆形,以剥离半径表示; (c) 不同商品化 FBE 涂层经28d 高温阴极剥离测试后的对比图(照片由作者提供)

剥离半径为 4~14mm[25]。

4. 非应力腐蚀开裂性

目前，尚无因 FBE 涂层引起管道应力腐蚀开裂(stress-corrosion cracking，SCC)的研究报道。1996 年加拿大能源局曾提出管道涂层应具有如下特性以避免管道应力腐蚀开裂的发生[26]：

- 涂层与管体必须保持粘接状态，将管道与发生 SCC 的化学环境隔开；
- 当涂层粘接失效时，必须允许电流穿透涂层；
- 涂敷过程应尽可能改变管体的表面状态，使 SCC 发生的风险尽可能降低(去除氧化皮、通过喷砂除锈降低应力)[27]。

加拿大能源局的报告认为 FBE 是一种高性能涂层，可以满足上述要求。

5. 抗微生物腐蚀性

有关第二次世界大战的一项研究表明，为了避免真菌或细菌的侵蚀，涂层不应使用可被生物有机体作为食物的材料[28]。1969 年，通过对 20 个环氧涂层包括早期的两个 FBE 涂层的研究表明，所有涂层均可满足 MIL-STD-810B 规范中的耐真菌性要求[29,30]。

FBE 涂层的耐白蚁性在 1975 年澳大利亚的一个研究中被证实。根据 Gay、Greaves、Holdaway 和 Wetherly 的试验程序，在澳大利亚矛颚家白蚁和达尔文澳白蚁的聚居地进行了长达 84 天的测试，两个 FBE 涂层均未被破坏[31]。使用 Gay 和 Wetherly 的程序进行外观评估[32,33]，即使在显微镜下观察，FBE 涂层也没有发现咬痕。相比而言，氯乙烯和聚乙烯胶带、热收缩带、挤出聚乙烯和煤焦油涂层均被澳大利亚矛颚家白蚁所破坏。除了热收缩带和其中一个挤出聚乙烯涂层外，几乎全部涂层都被达尔文澳白蚁所破坏。

6. 韧性

韧性包含了管道从涂敷到被埋地整个过程中，为了尽可能降低破损，涂层应具备的所有性能。FBE 涂层一直拥有非常好的安装特性。图 3.10 给出了所要求的涂层性能，性能测试是现场应用、历史经验和实验室测试的综合结果。

实验室测试的主要目的是对涂层进行排序。现场试验至关重要，但又非常复杂。现场测试一直存在许多相关但又矛盾的因素，如承包商操作能力、实践经验、地形和安装方法等。相同管道涂层，不同承包商进行安装也会导致不同程度的损坏情况。尽管实验室测试相对简单，也无法评估到现场安装所需要的所有要求，但可用于不同涂层的性能对比。

(1) 压痕硬度。早期热塑性涂层的主要问题是钢管堆放时会发生冷流。管道

图 3.10　韧性包括涂层的多种特性。压痕硬度源于管道运输、安装和运行时对涂层的要求。由于管道必须适应地形起伏和施工作业带的要求,因此涂层必须具有足够的柔韧性以适应现场冷弯作业。同样管道涂层应具备抵抗运输和安装时外部冲击的能力。管道涂层还应具有一定的耐磨性以抵抗垫块和固定材料对涂层的磨损(照片由 B. Brobst、作者和 3M 公司提供)

质量和炎热天气会导致涂层材料或胶黏剂变形甚至开裂。穿刺性或压痕硬度测试的目的就是测量预期堆放储存或操作温度下涂层抵抗流动的能力[34]。

　　FBE 是一种热固性涂层,具有非常高的抗压强度(压痕硬度的另外一种实验室测试)。在安全允许的情况下,FBE 涂层管道可以堆放得足够高。此外,压痕硬度对铺设后的管道同样重要,当重的管道下方压有小石头或者管沟中有其他硬质物体时,都可能会对涂层造成破坏。另外,涂层优异的抗压痕性能也使许多高效的铺设方法得以顺利进行,例如托辊架的使用,如图 3.11 所示。

　　(2) 抗冲击。任何有机涂层碰到岩石或硬物(如金属)时,通常都会遭受破坏。管道在运输和铺设过程中遭受的冲击力与运输技术、事故和操作程序有很大关系,如图 3.12 所示。提高涂层的抗冲击性意味着能够尽量减少涂层的破损。FBE 涂层在抗冲击方面具有多种有价值的特性:

*   良好的抗冲击性能
*   只在被冲击区域产生涂层破损
*   破损点很容易被发现
*   破坏处很容易被修补

图 3.11　热固性 FBE 涂层具有很高的抗压强度，可以提供优异的抗冷流、抗压痕和抗穿刺性。这就意味着在管道储存和施工过程中不但具有更多的灵活性，还可有效降低涂层的破损率。(a) ASTM G17 压痕硬度测试[34]。(b) 管道堆垛场，FBE 涂层未发生冷流问题。(c) 管道放置在泥土堆成的堤坝时，应避免泥土中混杂的石头对涂层的破坏，但 FBE 涂层具有良好的抗穿透性，能够抵抗外部尖锐物体的破坏。(d) 通过托辊架进行管道安装(照片由 B. Brobst、作者和 3M 公司提供)

图 3.12　(a) ASTM G14 冲击强度测试设备；(b) 管沟塌陷清除后，未发现 FBE 涂层出现损伤；(c) 小心装卸对防止涂层损伤非常重要，FBE 涂层往往只在撞击点产生损伤，通常不会引起之外区域涂层的失效；(d) 案例：卡车翻车后，一些连接处涂层因金属碰伤发生了涂层破损，但其他连接区域仅有少量很容易用双组分环氧修补的破损点(照片由 3M 公司和作者提供)

但对于其他一些涂层体系，破坏面积往往会超出实际的被冲击区域。对 FBE 涂层而言，破损区域通常仅局限于冲击点。与某些未完全穿透就已经发生了涂层剥离的材料不同，FBE 涂层的破损很容易被发现，并且用双组分液体涂料或热熔修补棒也很容易修补。在考虑总体损坏指数和修补成本后，选择 FBE 涂层可提供最佳的选择经济性，如表 3.2 所示。

表 3.2　三类管道涂层系统安装破坏性研究(Ferreira 等于 1998 年发表在巴西的论文)[A]

涂层类型	破坏指数/%		单位破损面积修补成本/($/m²)	单位面积管道修补成本/($/m²)	
	汽运	海运		汽运	海运
煤焦油瓷漆	0.05	0.20	206.00	0.10	0.41
FBE	0.03	0.06	370.00	0.11	0.22
3PE	0.02	0.04	866.00	0.17	0.35

(A) 如预期所料，3PE 涂层的破坏程度最小。煤焦油瓷漆涂层的单位破损面积修补成本最低。相比而言，FBE 涂层的单位面积管道修补总成本最低。与煤焦油瓷漆相比，汽运时 3PE 涂层的单位面积管道总修补成本更高，海运略低[35]。

冲击强度测试结果的评估比较复杂，受多个测试变量的显著影响，如图 3.13

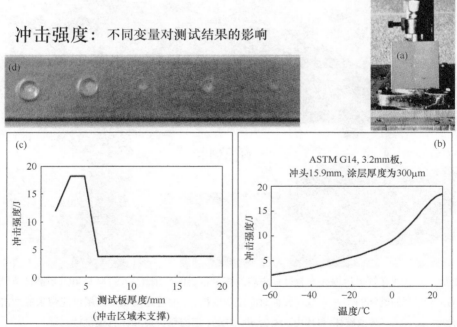

冲击强度： 不同变量对测试结果的影响

图 3.13　对比各涂层的测试结果时，最为重要的是仔细核对测试条件。冲击强度的测试结果受基材厚度和测试温度等因素的影响很大。(a) 冲击强度与测试板结构或钢管的关系。对于薄板基材，冲击区域下方有无金属支撑板，所得到的冲击强度结果有很大差异。(b) 测试温度对结果也有影响，提高测试温度(最高到涂层 T_g)会增加 FBE 涂层的抗冲击性能。(c) 测试曲线给出了样板变形对结果的影响，薄的测试板(试板下方无加强)会发生屈服从而吸收一部分冲击能[36]。
(d) 破坏仅限于直径冲击区域(照片由作者提供)

所示。其中最为重要的影响因素是基材类型。冲击时，冲击能将由涂层和基材共同承受。如果基材薄且易变形，冲击时，它将吸收更多能量，从而使涂层不易被破坏。

另外一个影响因素涉及冲击测试设备[37]。设备放置的基础很重要。放置在弹性工作台上冲击设备得到的测试结果比固定在实木块上的要高。当试板底部有刚性支撑时涂层的测试结果，要比相同情况下无刚性支撑管状或平板试件(可发生变形)得到的结果低。设备维护也很重要，经过多次冲击后，冲击锤的冲击面会变平，所以冲头需定期更换[38]。涂层厚度对冲击测试的影响也很大。

(3) 耐磨性。耐磨性是很多情况下都需要考虑的涂层性能，如图 3.14 所示。在运输过程中，煤渣和沙砾可能会夹杂在管道之间。为此，往往需要在管道间设置隔离以避免管道直接接触。装卸时，经常会发生沿硬质表面(如木制支撑块)的拖曳。在定向钻穿越和管道回填时也会发生涂层的磨损。

图 3.14　耐磨性在管道运输和安装过程中均发挥着重要的作用。(a) ASTM D4060 耐磨性测试；(b1)和(b2) 磨损破坏的潜在来源：绑带对涂层的磨损；(c) 管道回填对涂层可能带来的冲击和磨损破坏(照片由 3M 公司、Ozzie 定向钻公司和作者提供)

涂层耐磨性通常使用 ASTM D4060 规定的方法测试[39]。尽管它无法直接体现管道在安装中实际的耐磨性，但可提供涂层相对耐磨性的有关信息。

(4) 柔韧性。大多数管道建设过程中都需要进行弯曲以满足铺设时地形或安装的需要。图 3.15 给出了实验室柔韧性测试和铺设时管道实际的弯曲情况。当弯曲弧度比较大时，通常需要先将管道弯曲后再进行涂层涂敷。"第 6 章 定制涂层和管道修复涂层"提供了更多关于弯曲后管道涂敷的技术信息。

ASME B31.8《输气和配气管道系统》和 ASME B31.4《液态烃和其他液体管线输送系统》规定了金属管道所允许的最大弯曲程度[40,41]。卷筒式铺管船进行管道铺设时由于弯曲半径更小，因此就需要涂层具有更高的柔韧性。大部分管道涂层规范所规定的涂层柔韧性往往会高于管道现场弯曲的实际要求。这一方面是对金属管道回弹性和永久形变的考虑。例如为了获得最终 1.5°/PD，考虑到管道的挠性，实际的弯曲程度就需要超过 1.5°/PD。另一方面是因为 FBE 管道涂层在二十世纪七十年代就已开始使用，当今涂层的柔韧性已经有了很大的提高，因此规范中所要求的性能，并不能真正反映现场的实际需要，更多是出于对材料筛选的考虑。

对于部分高温 FBE 涂层，在管道设计之初可能就需要考虑到它的柔韧性有限的实际情况。对于刚性涂层，ASME B31.4 和 ASME B31.8 规定应先弯曲再进行防腐层涂敷。

图 3.15 柔韧性是管道涂层重要的性能指标，安装时往往需要对管道弯曲以适应地形起伏变化。(a) 实验室弯曲测试可用来证实现场管道的可弯程度，还可以用于涂层柔韧性的对比测试。(b) 现场管道的冷弯过程。(c) 卷筒式铺管船进行海底管道安装。卷筒轴芯管处涂层的柔韧性要求最高，越往外要求就越低。因此，设计的涂层必须满足卷筒轴芯管处弯曲的要求。(d) 为满足地形要求进行的管道弯曲(照片由 PGJ 和 3M 公司提供)

　　实验室测试为现场工作所需要的具体性能特征提供了良好的测量手段，但需要认识到不同的测试方法和测试技术往往会给出不同的测试结果。"第9章　FBE管道涂层涂敷过程中的质量保证：厂内检查、测试和误差"会针对测试变量进行更为详细的介绍。

　　以上各部分总结了FBE管道外涂层主要的性能要求，表3.3给出了其他性能。

表 3.3　单层 FBE 管道涂层性能示例[15,34,38,42-56]

性能	测试方法	测试结果	
		涂层 A	涂层 B
硬度	巴克霍尔兹硬度(DIN 53153)	>90	—
	努氏压痕硬度(ASTM D1474，25g 负载，持续 18s，400μm)	20	—
	洛氏硬度 L	90	—
	洛氏硬度 M	57	—
	巴氏硬度(ASTM D2583)	18	—
	邵氏 D 硬度(ASTM D 2440，多层膜叠加)	77	—
拉伸强度	ASTM D2370(−45℃，400μm 厚自由膜)/(kg/cm²)	—	823
	ASTM D2370(−28℃，400μm 厚自由膜)/(kg/cm²)	—	715
	ASTM D2370(23℃，400μm 厚自由膜)/(kg/cm²)	661	654
	ASTM D2370(45℃，400μm 厚自由膜)/(kg/cm²)	—	406
断裂伸长率	ASTM D2370(−45℃，400μm 厚自由膜)/%	—	3.4
	ASTM D2370(−28℃，400μm 厚自由膜)/%	—	6.4
	ASTM D2370(23℃，400μm 厚自由膜)/%	6.1	6.9
	ASTM D2370(45℃，400μm 厚自由膜)/%	—	8.0
耐磨性	ASTM D4060，CS-10 轮，1000g，5000 转，23℃，质量损失/g	0.092	—
	CS-17 轮，1000g，1000 转，23℃，质量损失/g	0.114	0.108
	CS-17 轮，1000g，1000 转，50℃，质量损失/g	—	0.021
	CS-17 轮，1000g，1000 转，80℃，质量损失/g	—	0.029
	CS-17 轮，1000g，1000 转，100℃，质量损失/g	—	0.036
	ASTM D968，每磨掉 25μm 所需要的砂子体积/L	—	>15
粘接强度	搭接剪切：ASTM D1002/(kg/cm²)	433	437
	划格法附着力：DIN 53151	—	Gt 0～Gt 1
压痕硬度	英国天然气规范 GBE/CW6	<1mm	
	ASTM G17，−40～116℃，2.5kg，4.78mm 直径压针	0mm	0mm
	DIN 30670，90℃，2.5kg，1.8mm 直径压针	0.005mm	0.005mm
抗压强度	ASTM D 695/(kg/cm²)	819	—
导热系数	MIL-I-16923E，Cal/(s · cm² · ℃ · cm)	6×10⁻⁴	—
热冲击	管段，10 次循环，−70～150℃	外观无影响	外观无影响

续表

性能	测试方法	测试结果	
		涂层 A	涂层 B
体积电阻率	ASTM D257, 23℃/(Ω·cm)	1.3×10^{15}	1.8×10^{15}
	ASTM D257, 54℃/(Ω·cm)	5×10^{13}	—
	ASTM D257, 82℃/(Ω·cm)	1.0×10^{12}	—
电气强度	ASTM D149, 400μm 自由膜, 23℃/(kV/mm)	45	46
	ASTM D149, 400μm 自由膜, 82℃/(kV/mm)	27	—
盐雾试验	ASTM B117, 1000h	无起泡、脱色或粘接失效	无起泡、脱色或粘接失效
阴极剥离	66℃, −3V, 3% NaCl, 2 天/mm	4	2.2
	66℃, −3V, 3% NaCl, 14 天/mm	—	4.2
	66℃, −3V, 3% NaCl, 20 天/mm	—	6.2
	23℃, −1.5V, 3% ASTM G8 电解质, 30 天/mm	—	2
	23℃, −1.5V, 3% ASTM G8 电解质, 60 天/mm	—	2
	23℃, −1.5V, 3% ASTM G8 电解质, 90 天/mm	10.4	3
水蒸气渗透率	MIL-I-16923E/[g/(h·cm·cm^2)]	4.5×10^{-7}	6.8×10^{-7}

3.2.2 小结：单层 FBE 管道涂层

自 1960 年单层 FBE 被证明可作为管道涂层使用以来，其已成为北美地区最为普遍的管道防腐涂层，随后世界很多地区也都开始纷纷使用。实践证明，FBE涂层不但可以满足涂敷和现场安装的性能要求，还能够满足埋地和海底服役工况的要求。图 3.16 给出了一个有关实验室测试和现场服役测试的例子，证实了 FBE涂层对于直管、补口、管件和弯管的防腐都是有效的。通过增加 FBE 涂层厚度，涂层不但可承受混凝土配重，也可用于定向钻穿越。

3.2.3 双层 FBE

自二十世纪九十年代早期就已经开始有双层 FBE 在管道涂层体系中的应用，这使 FBE 涂层的适用性进一步扩大[57]。双层 FBE 体系是在原 FBE 底层的基础之上再喷涂 FBE 面层。面层粉末通常(但并不是必须)是在底层粉末熔融(预胶化)阶段进行喷涂的，这样可在两层之间形成化学键[58]。多层涂层体系一个显著的优点是可以自主选择具有特定性能的各层材料[59]。每层都可赋予它特定的性能与功能，从而比单层体系具有更为优异的综合性能。双层 FBE 涂层体系的性能主要体现如下：

埋地相关涂层性能：

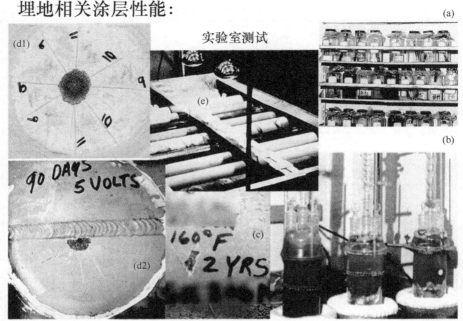

图 3.16　FBE 涂层是已经被证实了的具有优异抗阴极剥离、耐土壤应力和耐化学介质腐蚀的埋地管道涂层。实验室测试和现场评估提供了以下信息：(a) 大量的耐化学浸泡测试证实了 FBE 涂层能够承受目前在环境中已发现的化学介质的侵蚀作用。(b) 耐热水浸泡测试证实了 FBE 涂层具有良好的粘接强度保持性和抗起泡能力。(c) 某 FBE 管道服役 2 年后在 71℃(160℉)下进行的现场粘接性能测试照片。(d1) 现场涂敷补口 FBE 涂层的阴极剥离测试。(d2) 实验室涂敷FBE 涂层的阴极剥离测试。(e) 工况模拟测试(照片由 J. Williams、3M 公司和作者提供)

1. 抗冲击

通过构建双层 FBE 体系，可有效提高涂层的抗冲击性能[60]。底层和面层设计对涂层的综合性能都有显著的影响，如图 3.17 所示。双层 FBE 并不需要通过增加涂层厚度来提升其抗冲击性能。图 3.18 给出了一个双层 FBE 与单层 FBE 厚度相当，但抗冲击性能更好的例子。

2. 耐划伤

双层 FBE 良好的耐磨性为管道定向钻穿越、施工水平不佳或崎岖地段管道铺设提供了不错的选择。坚硬的外涂层具有更好的抗划伤、耐切割和尖锐回填硬物穿透的性能，如图 3.19 所示。尽管抗划伤性能提高会在一定程度上降低涂层的柔韧性，但一些涂层依然可以达到比设计要求更好的抗弯曲性能[40,41]。

双层FBE涂层：冲击强度

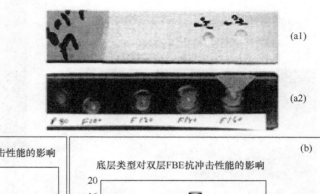

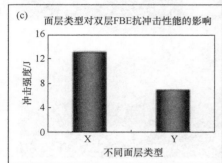 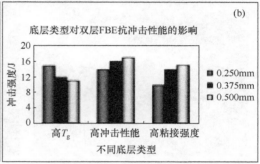

图 3.17 为了使双层 FBE 达到更好的抗冲击性能，底层和面层的设计都非常重要。(a1) 韧性面层，冲击时可吸收冲击能。(a2) 脆性面层，冲击时涂层有破碎。(b) 底层类型对抗冲击性能的影响。(c) 面层类型对抗冲击性能的影响(照片由作者提供)

冲击强度：
通过设计成双层结构，可以提高抗冲击性能

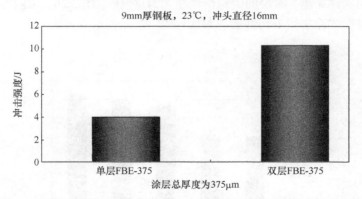

图 3.18 双层 FBE 可以在不增加成本的情况下，显著提高涂层的抗冲击性能。如图所示，在相同厚度的情况下，双层 FBE 的抗冲击性能更佳

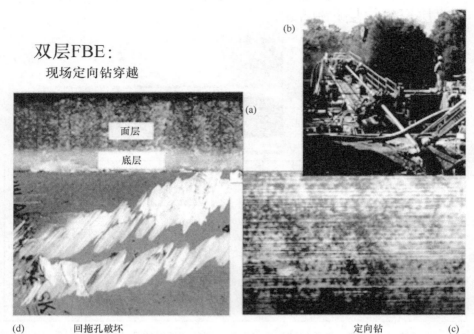

图 3.19　(a) 双层 FBE 具有更好的抗破坏能力。底层是与管体粘接良好的防腐层，面层提供了良好的抗冲击和耐划伤性能。(b) 定向钻施工时，外力将直接作用于涂层上。(c) 试验表明韧性外层的双层 FBE 体系更适用于定向钻穿越。(d) 正常施工时某管道出现的涂层破损。双层 FBE 可以尽量减少直至管道下沟整个作业过程中的涂层破损(照片由 B. Brobst 提供)

对于定向钻穿越，涂层的耐划伤性能尤为重要[9]。图 3.20 给出了实验室评价管道施工过程中涂层耐划伤性能的对比图[61]。

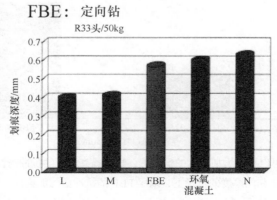

图 3.20　单层 FBE、几种已经商业化的双层 FBE(涂层 L、M 和 N)、环氧混凝土耐磨涂层的实验室耐划伤对比测试

　　耐划伤涂层通常需要承载更高的回填负荷，因此需要更为关注涂层的柔韧性。但对于管道定向钻穿越，管道实际弯曲所引起的涂层拉伸较小，这并不是一个主要的关注点。但如果管道铺设在岩石土壤或山区地段等恶劣环境时，就需要涂层必须具备承受管道正常弯曲的柔韧性来防止涂层出现破损。图 3.21 给出了涂层弯曲测试方法和不同涂层的对比测试结果。从图中可见，某些涂层具备很好的柔韧性，但有些涂层则不具备。因此在选择涂层时，了解特定的涂层性能是非常重要的。

3. 高摩擦面涂层(防滑)

　　增加摩擦力的粗糙表面可以降低混凝土与涂层之间的滑移量，适用于混凝土配重管道的安装。最终用户使用中发现滑移阻力最高增加了 20%。此外，对于没有混凝土配重的小直径管道，通过提高涂层表面的摩擦阻力可以提高海底铺设时的牵引力[63]。再者，还能提升管道铺设过程中的安全性，如图 3.22 所示。

　　尽管粗糙的 FBE 面层就可以显著提高涂层的摩擦系数，但通过使用粘接剂可以在更大限度上降低混凝土配重层的滑移可能性。图 3.23 提供了滑移性降低程度的对比测试结果。

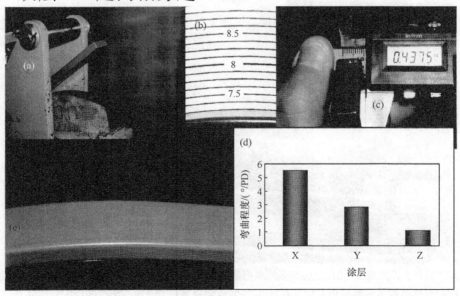

图 3.21　对于耐划伤涂层，需要平衡好涂层的刚性与韧性。(a) 实验室弯曲测试，可用于不同涂层柔韧性的对比；(b) 通过弧度曲线进行金属回弹后试件永久弯曲度的对比，图中数字为弧线半径，单位为 in[62]；(c) 试件总厚度测量，用于准确计算弯曲弧度和涂层伸长率；(d) 已经商品化的双层 FBE 相对柔韧性对比结果；(e) 弯曲后的试件照片(照片由作者提供)

双层FBE：防滑面层

● 更大的摩擦系数

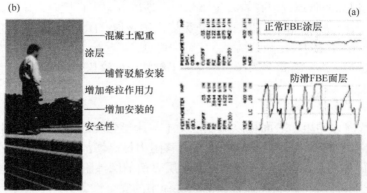

图3.22　双层FBE高摩擦(防滑)面层能够有效降低铺管船施工时混凝土配重与管道涂层之间的滑移。(a) 防滑面层与正常FBE涂层表面锚纹形态的对比图；(b) 对于必须在管道上站立或行走的工作人员，高摩擦(防滑)涂层可以提供更高的安全性(照片由作者提供)

双层FBE涂层：粗糙(防滑)面层

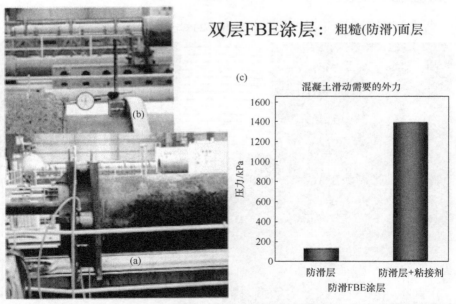

图3.23　为了提高粗糙FBE涂层表面的摩擦阻力，开展了在防滑FBE涂层表面再增加一层粘接剂的对比试验。试验涂层是设计厚度为660μm防腐底层和75μm防滑面层的双层体系。在直径610mm的管道上浇筑了长度约为1m的混凝土层。(a) 利用110t重的液压缸施加轴向推力。(b) 利用磁力固定的千分表测量混凝土移动，其中一个管道没有在防滑层外面涂敷粘接剂，另一个管道使用了7.5cm宽的粘接剂螺旋缠绕。(c) 粘接剂显著提高了混凝土和涂层之间的剪切强度 [64](照片由 Bredero Price 海上分部提供)

4. 高温性能

底层与厚面层的良好粘接不仅使涂层具备耐高温性能，还可显著提高涂层的抗阴极剥离和粘接强度保持率，如图 3.24 所示。双层体系可用于 110℃ 操作温度甚至更高的工况。

5. 抗紫外线(耐候性)

FBE 涂层暴露在潮湿和紫外光谱的高能、长波长区域(约为 180～400nm)时，会出现表面"粉化"。粉化层具有保护作用，可以防止整体涂层性能的显著变化。但在如下雨、风沙等气候或物理条件下，原有的粉化层会被清除。随后，新暴露出来的涂层表面会继续发生粉化。这一过程会使涂层厚度每年大约降低 10～40μm。为防止大气环境暴露条件下涂层厚度降低或者为确保涂层特定的颜色不发生变化，可采用耐候性的粉末涂层作为面层使用，这样内层便可以得到很好的保护，如图 3.25 所示。

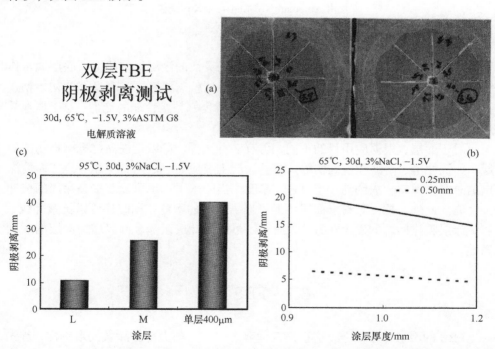

图 3.24 (a) 改进配方设计和提高涂层厚度可以显著提升双层 FBE 体系的耐高温性能。(b) 底层 FBE 厚度对于抗阴极剥离性能至关重要。(c) 不同涂层之间的抗阴极剥离性能存在很大差异 (照片由 3M 公司提供)

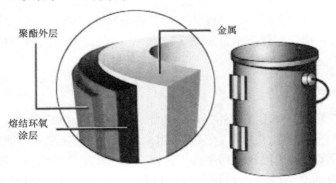

图 3.25　在许多情况下，对 FBE 涂层要求的是防腐性能，但在使用过程中还将涉及在 UV 下的暴露问题。此外，从审美的角度考虑，有时又需要特殊的颜色或表面。基于此，通过在功能化 FBE 涂层的外面再涂敷一层抗 UV 的聚酯粉末涂层，可同时提供良好的防腐和耐候性能(照片由 Automatic Coating 有限公司提供)

3.2.4　小结：双层 FBE 涂层

　　双层或多层 FBE 涂层体系可以具有更加灵活的涂层保护能力。底层通常作为防腐层，成为整个防腐保护系统的一部分。这就需要底层具有良好的初始粘接强度以及在热水或其他环境条件老化后仍保持良好粘接性能的能力。对于埋地管道，还需要底层具有抗阴极剥离性能。

　　对于面层，根据应用目的不同，可有多种选择。可以是提高抗机械损伤的面层，如抗冲击、耐磨和耐划伤等。这类涂层主要应用于定向钻穿越管道。即使涂层的总厚度保持在大约与单层 FBE 厚度相当的水平，也可显著提高涂层的抗冲击性能。此外，抗 UV 粉末面层不但可提供不同的颜色，同时还可以抗紫外线，避免涂层粉化问题的发生。另外，面层还可以设计成粗糙表面以增加涂层的摩擦系数。

3.3　FBE 涂敷

　　FBE 的涂敷非常简单，这正是其优势之一[65]。与大部分涂敷技术一样，首先需要对涂敷表面进行清洁处理，通过喷砂可以提供合适的表面锚纹形态以增强涂层与金属的粘接。然后，可采用感应加热、直接火焰加热或均热炉等多种加热方式，将管道加热到所要求的涂敷温度。

　　一旦达到规定温度，FBE 就可以通过静电喷涂方式进行涂敷，并沉积到钢管表面。随后粉末在管体表面熔融、流动从而形成光滑、致密的涂层。对于双层体系，利用在涂敷线上设置的第二套喷枪进行外层粉末喷涂。涂层可迅速固化，几秒内就能承载管道质量。

　　一旦涂层固化，管道将被冷却以进行管道传输、检查或修补(必要时)，从而得到最终的涂敷管道成品用于后续的施工安装和使用。这样的涂敷技术不但消除了 VOC 挥发的危害，还几乎没有废物产生(过喷粉末还可以回收再利用)。图 3.26 给出管道涂敷的各个步骤，更为详细的介绍请参见"第 8 章 FBE 涂敷工艺"。

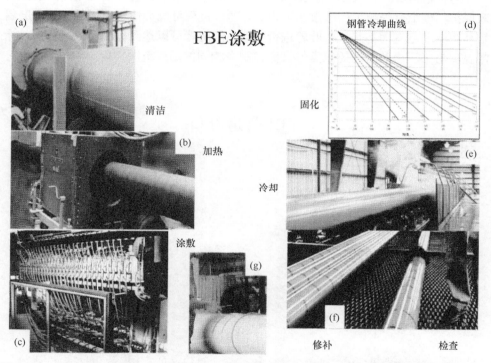

图 3.26　不管是单层 FBE 还是双层 FBE，粉末的涂敷过程都非常简单：表面清洁、钢管加热、粉末喷涂、提供足够的时间确保粉末完全固化、涂敷钢管冷却、检查和漏点修补。(a) 直管表面处理，通过抛丸机的硬质钢砂处理过程，可以得到满足涂敷要求的金属表面。(b) 通常采用感应加热或高强度加热炉将管道加热至规定的涂敷温度，通常约为 240℃。(c) 通过静电喷枪进行粉末喷涂。(d) 热固性材料的反应，通常称为固化，是时间和温度的函数。温度越高，反应速率就越快。(e) 管道冷却必须考虑到水冷前涂层所需的固化时间。(f) 进行涂层厚度测量和漏点检测。(g) 如果存在漏点(涂层上的针孔)，需要使用双组分修补体系或热塑性修补棒进行涂层修补(照片由作者提供，图表由 3M 公司提供)

3.4　补　口　涂　层

　　为了对整个管线形成有效保护，两根管道连接处的任何区域都需要进行防腐。所使用的材料应与工厂预制主管线涂层达到相当的防腐水平，如图 3.27 所示。涂敷技术应易于现场施工。可使用与工厂涂敷原理相同的便携式喷砂处理、加热和涂敷设备进行施工。

　　对补口区域进行 FBE 涂层的现场涂敷确保了整条管道可实现相同涂层的有效保护。整个过程与工厂涂敷非常相似。喷砂过程可能会使用不同的磨料，磨料是利用压缩空气而不是离心叶轮进行喷射，但两者可以达到相当的处理效果。涂敷温度与工厂涂敷时的要求类似，应控制在相同的温度范围之内。

FBE管道补口

图 3.27　现场进行 FBE 补口的涂敷过程与工厂涂敷工艺基本相同，包括：表面清洁、加热、涂敷、固化和检查。(a) 压缩空气喷砂系统可实现近白级的表面处理。喷砂区域应包括补口区域两侧的主管线搭接区，宽度约为几厘米，以清除搭接区域的污染物，保障涂层之间的有效粘接。(b) 通过感应加热线圈将管道表面加热至约 245℃。(c) 通过自动喷涂将环氧粉末喷涂到已加热的管体表面，随后粉末熔融、流动并最终固化。对于双层体系，通过两个喷头可实现底层和随后面层的喷涂。(d) 最终完成的补口可达到与工厂预制主管线防腐层相当的性能。(e) 涂敷完成后进行外观和漏点检测[照片由英国 Pipeline Induction Heat Ltd (PIH) 和 B. Brobst 提供]

FBE 与其他一些补口涂层也能够相匹配，如双组分液体环氧。热收缩带和冷缠带与 FBE 涂层也能兼容，但可能无法提供相同水平的防腐性能。关于补口的更多介绍，详见"第 7 章　补口涂层与内涂层"。

3.5　管件 FBE 定制涂层

大多数跨国管道主管线的防腐涂层都是通过自动化设备在工厂完成涂敷的 FBE 或多层聚烯烃涂层。尽管跨国管道通常采用涂层和阴极保护相结合的防腐措施，但对管道许多附件和配件进行充分的保护也同等重要，如阀门、泵、管件、排水管和消火栓。特殊的 FBE 配方设计在达到性能要求的同时，还可满足不同涂敷方式的要求。图 3.28 给出了一些涂敷方式的示例。

此外，还经常使用双组分、热固性液体环氧涂层作为附件或管件的防腐涂层。可采用压缩空气、无气喷涂、双组分喷涂或刷涂等多种方式进行涂敷。无溶剂环氧涂层主要用于保护金属抵抗外界腐蚀，尤其适用于储罐、阀门、管件和特殊构件等需要广泛耐化学性的情况。液体涂层可以室温固化，现场施工时不需要加热设备，相比粉末涂层应用更加灵活。

FBE定制涂层

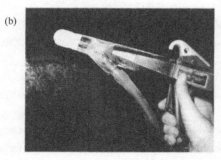

图 3.28　管道系统的管件和其他非管道附件专用涂层的涂敷过程与上面介绍的程序类似。粉末涂敷时可利用植绒喷枪(a)、静电喷涂喷枪(b) 或流化床(c) 进行(照片由 3M 公司和作者提供)

对于定制涂层的涂敷过程，详见"第 6 章 定制涂层和管道修复涂层"。

热固性是通过化学反应实现材料从液体向固体的转变。反应完成后再次加热，涂层将不能再熔融。环氧粉末、双组分液体环氧或聚氨酯都是热固性涂层。

3.6　本 章 小 结

作为一项技术，FBE 管道涂层一直在蓬勃发展。其优异的耐化学性、方便使用以及具有竞争力的价格优势，使得 FBE 作为防腐涂层的应用非常成功，全球市场份额也在逐步扩大。在各种工业或环境应用的过程中 FBE 涂层始终良好地满足了用户的各种要求。FBE 作为管道防腐涂层满足了中东高腐蚀性环境、北极极寒冻土区域以及沼泽、深海多种工况下的应用，适用于在全世界范围内使用。

为了持续满足管道行业的新需求，新技术的出现使得新型 FBE 涂层系统和具有用户定制性能的多层 FBE 涂层体系得到了发展。通过腐蚀控制系统来延长管道服役寿命的愿望已经开启，并将持续推动 FBE 技术的进一步发展。

3.7　参 考 文 献

[1] P. Blome, Director, Eupec, Private communication, 1997.

[2] J. Bartlett, Familiar Quotations, 10th ed., "The king is dead! Long live the king!" 1919.

[3] J.A. Kehr, D.G. Enos, "FBE, a Foundation for Pipeline Corrosion Coatings," CORROSION/00, paper no. 00757 (Houston, TX: NACE, 2000).

[4] D.G. Enos, J.A. Kehr, C.R. Guilbert, "A High-Performance, Damage-Tolerant, Fusion-Bonded Epoxy Coating," BHR 13th International Conference on Pipeline Protection (London: BHR Group, 1999).

[5] H. Lee, K. Neville, Handbook of Epoxy Resins (New York: McGraw-Hill Book Company, 1967).

[6] J.A. Kehr, G. Gupta, V. Welch, "Responding to the Rebar and Pipe Coating Markets," Seventh Middle East Corrosion Conference (Bahrain, February 1996).

[7] R. Rigosi, G. Guidetti, P. Goberti, "Bendability of Thick Polypropylene Coating," Pipeline Protection, BHR 13th International Conference on Pipeline Protection, ed. J. Duncan (London: BHR Group, 1999), pp. 41-52.

[8] M.J. Wilmott, J.R. Highams, "Installation and Operational Challenges Encountered in the Coating and Insulation of Flowlines and Risers for Deepwater Applications," CORROSION/2001, paper no. 01014 (Houston, TX: NACE, 2001).

[9] I. Fotheringham, P. Grace, "Directional Drilling: What Have They Done to My Coating?" Corros. Mater. 22,3 (1997): pp. 5-8.

[10] M. Islam, "Condition Evaluation of Reinforced Concrete Structures: A Case Study," CORROSION/95, paper no. 52 (Houston, TX: NACE, 1995).

[11] J.L. Banach, "Pipeline Coatings-Evaluation, Repair, and Impact on Corrosion Protection Design and Cost," paper no. 29 (Houston, TX: NACE, 1997).

[12] D. Norman, D. Gray, "Ten Years Experience of Fusion Bonded Powder Coatings," CORROSION/92, paper no. 367 (Houston, TX: NACE, 1992).

[13] J. Banach, "FBE: An End-User's Perspective," NACE Tech Edge Program, Using Fusion Bonded Powder Coating in the Pipeline Industry (Houston, 1997).

[14] M.H. Nehete, "Pipeline Coatings," Paint India 39,5 (1989): p. 55.

[15] ASTM D 1002-01, "Standard Test Method for Apparent Shear Strength of Single-Lap-Joint Adhesively Bonded Metal Specimens by Tension Loading (Metal-to-Metal)," (West Conshohocken, PA: ASTM, 2001).

[16] ASTM D4541-95, "Standard Test Method for Pull-Off Strength of Coatings Using Portable Adhesion Testers," (West Conshohocken, PA: ASTM, 1995).

[17] Datasheet, "Scotchkote 134 Fusion Bonded Epoxy," (Austin, TX: 3M, 1999).

[18] C.G. Munger, L.D. Vincent, Corrosion Prevention by Protective Coatings, 2nd ed. (Houston, TX: NACE, 1999), p. 50.

[19] D.G. Temple, K.E.W. Coulson, "Pipeline Coatings, Is It Really a Cover-up Story? Part 2," paper no. 356, CORROSION/84 (Houston, TX: NACE, 1984), p.1.

[20] Data sheet, "Scotchkote™ 134/135 Fusion Bonded Epoxy Coating," (Austin, TX: 3M, 2000).

[21] A.W. Peabody, R.L. Bianchetti, ed., Control of Pipeline Corrosion, 2nd ed. (Houston, TX: NACE, 2001), p.8.

[22] C.G. Munger, L.D. Vincent, Corrosion Prevention by Protective Coatings, 2nd ed. (Houston, TX: NACE, 1999), p.319.

[23] D. Neal, Fusion-Bonded Epoxy Coatings: Application and Performance (Houston, TX: Harding and Neal, 1998), pp. 63-65.

[24] J.A. Kehr, internal report, "Log 132: Case History-Scotchkote 202 on Florida Gas Transmission 16 in," (Austin, TX: 3M, Mar. 10,1986).

[25] "Laboratory Evaluation of Seven Fusion Bonded Epoxy Pipeline Coatings,"(Edmonton, Alberta, Canada: Alberta Research Council, Dec. 23,1998), Table 6.

[26] "Stress Corrosion Cracking on Canadian Oil and Gas Pipelines," MH-2-95, National Energy Board (Calgary, Alberta, 1996), p. 56.

[27] G.H. Koch, T.J. Barlo, W.E. Berry, "Effect of Grit Blasting on the Stress Corrosion Cracking Behavior of Line Pipe Steel," MP 23,10 (1984): pp. 20-23.

[28] C.G. Munger, L.D. Vincent, Corrosion Prevention by Protective Coatings, 2nd ed. (Houston, TX: NACE, 1999), p. 53.

[29] Enviroline Laboratories, Letter of Certification, Minneapolis, MN, Feb. 17,1969.

[30] MIL-STD-810F(1), "Insulating Compound, Electrical, Embedding, Epoxy," (Philadelphia, PA: Document Automation and Production Service (DAPS), 2000).

[31] Bulletin No. 277 (Melbourne, Victoria: CSIRO, 1955), pp. 1-60.

[32] J.A.L. Watson, R.A. Barrett, "Report of Laboratory Tests to Determine the Termite Resistance of Protective Plastic Coatings, Tapes, and Resins for Steel Pipe," July 1975.

[33] Technical Paper No. 10 (Melbourne, Victoria: CSIRO, 1969), pp. 1-49.

[34] ASTM G17-88, "Penetration Resistance of Pipeline Coatings (Blunt Rod)," (West Conshohocken, PA: ASTM, 1998).

[35] S. Ferreira, A. Fazanaro, J. Tavis, M. Leite, "Analise Comparativa Entre Os Revestimentos Anti-Corrosivos Em Coal-Tar Enamel, Fusion Bonded Epoxy (FBE) E Polietilino (PE) Durante O Trasnporte E Manuseio," IBP Conference (Brazil, 1998).

[36] J.A. Kehr, internal 3M report, Dec. 18,1978.

[37] ASTM G14-88, "Impact Resistance of Pipeline Coatings (Falling Weight Test)" (West Conshohocken, PA: ASTM, 1996).

[38] British Gas Engineering Standard PS/CW6: Part 1, "Specification for the External Protection of Steel Line Pipe and Fittings Using Fusion Bonded Powder and Associated Coating Systems: Requirements for Coating Materials and Methods of Test, "(Newcastle-upon-Tyne, UK: British Gas, July 1990).

[39] ASTM D4060-95, "Abrasion Resistance of Organic Coatings by the Taber Abraser," (West Conshohocken, PA: ASTM, 1995).

[40] ASME B31.8, "Gas Transmission and Distribution Piping Systems," 1995, p. 36.

[41] ASME B31.4, "Pipeline Transportation Systems for Liquid Hydrocarbons and Other Liquids," 1998, pp. 25-26.

[42] ISO 2815: 1973, "Paints and Varnishes - Buchholz hardness test," (replaces DIN 53153), (Geneva, Switzerland: ISO, 1973).

[43] ASTM D1474-98 "Standard Test Methods for Indentation Hardness of Organic Coatings," (West Conshohocken, PA: ASTM, 1998).

[44] ASTM C748-98 "Standard Test Method for Rockwell Hardness of Graphite Materials," (West Conshohocken, PA: ASTM, 1998).

[45] ASTM D2583-95 (latest revision), "Standard Test Method for Indentation Hardness of Rigid Plastics by Means of a Barcol Impressor, " (West Conshohocken, PA: ASTM).

[46] ASTM D2440-99, "Standard Test Method for Oxidation Stability of Mineral Insulating Oil," (West Conshohocken, PA: ASTM, 1999).

[47] ASTM D2370-98, "Standard Test Method for Tensile Properties of Organic Coatings," (West Conshohocken, PA: ASTM, 1998).

[48] ASTM D4060-95, "Standard Test Method for Abrasion Resistance of Organic Coatings by the Taber Abraser," (West Conshohocken, PA: ASTM, 1995).

[49] ASTM D968-93 (latest revision), "Standard Test Methods for Abrasion Resistance of Organic Coatings by Falling Abrasive," (West Conshohocken, PA: ASTM).

[50] ISO 2409: 1992, "Paints and Varnishes - Cross-Cut Test" (replaces DIN 53151) (Geneva, Switzerland: ISO, 1992).

[51] DIN 30670, "Polyethylene Coatings for Steel Pipes and Fittings," (Berlin, Germany: DIN, April 1991).

[52] ASTM D695-96, "Standard Test Method for Compressive Properties of Rigid Plastics," (West Conshohocken, PA: ASTM, 1996).

[53] MIL-STD-16923H, "Insulating Compound, Electrical, Embedding, Epoxy," (Philadelphia, PA: Document Automation and Production Service (DAPS), Aug. 13,1991).

[54] ASTM D257-93, "DC Resistance or Conductance of Insulating Materials" (West Conshohocken, PA: ASTM, 1993).

[55] ASTM D149-97a, "Standard Test Method for Dielectric Breakdown Voltage and Dielectric Strength of Solid Electrical Insulating Materials at Commercial Power Frequencies," (West Conshohocken, PA: ASTM, 1997).

[56] ASTM B117-97, "Standard Practice for Operating Salt Spray (Fog) Apparatus," (West Conshohocken, PA: ASTM, 1997).

[57] D. Neal, "Two Coating Systems Contend for Premium Spot in the Market," Pipeline and Gas Industry 81,3 (1998): pp. 43-48.

[58] V. Rodriguez, E. Perozo, E. Alvarez, "Coating Application and Evaluation for Heavy Wall Thickness, Temperature, and Pressure Pipeline," MP 37,2 (1998): pp. 44-48.

[59] J.A. Kehr, A.A. Schupbach, L.G. Berntson, C. Mills, "Two-Layer FBE Coatings: Products of Today to Meet Your Pipeline Needs of Tomorrow," Pipe Line Week Conference and Exhibition (Houston, TX: Gulf Publishing, October 1998).

[60] J.A. Kehr, I. Collins, "Two-Layer Fusion-Bonded-Epoxy Coatings," The Australian Pipeliner, April 1999.

[61] A.I. Williamson, J.R. Jameson, "Design and Coating Selection Considerations for Successful Completion of a Horizontal Directionally Drilled (HDD) Crossing," CORROSION/00, paper no. 00761 (Houston, TX: NACE, 2000).

[62] D.R. Sokol, C.M. Herndon, "Coating Bend Tests," MQ-852 (Houston, TX: Tenneco Gas, Feb. 5,1988).

[63] ASTM G115-98, "Standard Guide for Measuring and Reporting Friction Coefficients," (West Conshohocken, PA: ASTM, 1998).

[64] Technical Report TR 001 Rev. 01, "BP Amoco Energy Company of Trinidad and Tobago Bombax Pipeline Project Prequalification Report," (Houston, TX: Bredero Price Coaters Ltd, 2001).

[65] T. Fauntleroy, J.A. Kehr, Fusion-Bonded Epoxy Application Manual (Austin, TX: 3M, 1991).

第4章 三层结构 FBE：聚烯烃涂层

4.1 本章简介

➤ 三层结构聚烯烃防腐涂层系统由熔结环氧粉末(FBE)底层、聚烯烃胶黏剂中间层和聚烯烃面层组成(通常为聚乙烯或聚丙烯)

➤ 特殊的多层管道涂层体系：用于高温工况的涂层体系，由特殊设计的高玻璃化温度(T_g)FBE 涂层和改性聚丙烯涂层构成；用于定向钻穿越的增厚涂层；用于保温管道的四层或更多层体系；用于防止混凝土配重层滑移的表面粗糙化聚烯烃防滑涂层；取代混凝土配重涂层使用的高填充聚丙烯涂层

➤ 在役管道涂层性能和预期服役寿命

➤ 涂层涂敷、修补和补口涂层

三层结构聚烯烃涂层最早在二十世纪七十年代后期被开发出来，自八十年代开始被推广使用。整个涂层体系以早期使用的单层 FBE 和单层/双层聚烯烃涂层为基础[1,2]。该三层结构综合了 FBE 和聚烯烃涂层各自的优点，提供了更加满足服役环境要求的专用涂层体系[3,4]。

FBE 涂层具有高的内聚强度以及与金属优异的粘接性能，从而使得涂层具有良好的耐阴极剥离性能。作为单层 FBE 管道涂层的替代者，不管是双层 FBE 还是三层聚烯烃涂层，都是以 FBE 作为整体涂层系统的底层。当管道运行温度高于 110℃时，就需要特殊考虑三层体系的材料及结构。

4.2 涂层系统

三层结构聚烯烃涂层由以下结构所组成：

• FBE 底层
• 聚烯烃胶黏剂中间层(也称粘接层)
• 聚烯烃面层
• 对于保温、配重或防滑等特殊涂层，可能还需要有附加层。

三层结构聚烯烃涂层的结构示意图如图 4.1 所示[5]，它由 FBE 底层(与经表面处理的钢管粘接)、胶黏剂粘接层和聚烯烃面层所组成。FBE 是整个防腐涂层的

基础，发挥着最为主要的作用，当粉末涂敷工艺恰当时，FBE 可与钢管表面形成优异粘接。聚烯烃面层是非极性材料，很难与金属形成良好粘接。由于它的粘接性能差，当无底漆时，涂层的耐阴极剥离性能往往也较差，因此 FBE 底层是必不可少的。此外，相比聚烯烃涂层而言，FBE 作为底层的另一个优点是氧气渗透率非常低。

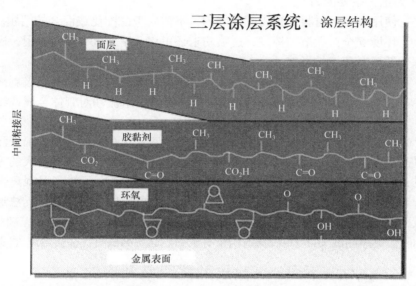

图 4.1　三层结构聚烯烃管道涂层由熔结环氧粉末底层、共聚或接枝胶黏剂中间层和聚烯烃面层组成。高温涂敷时，FBE 和聚烯烃胶黏剂会发生化学反应，胶黏剂和聚烯烃面层会熔融粘接
(示意图由 Basell 公司提供)

中间层，又称粘接层，是低表面能聚烯烃和极性 FBE 底层粘接的桥梁。胶黏剂通常是酸酐共聚物或极性基团接枝改性的聚烯烃。胶黏剂分子链上的极性基团可与 FBE 反应形成化学键。此外聚烯烃胶黏剂与未改性的聚烯烃面层具有相容性，能在熔融状态下形成粘接。

最外层是厚的聚烯烃面层，它能够更好地抵抗外部损伤，具有更佳优异的抗冲击性能。此外，聚烯烃的水蒸气渗透性低。对于聚乙烯(PE)而言，随着密度增加，水蒸气渗透性逐渐降低。增加 PE 和聚丙烯(PP)层厚度都能够提高涂层的抗渗透性。其由于有这样的优点非常适合高温管线。聚丙烯的软化点更高，其非常适合高温管线涂敷，目前在高温管线上已经有超过 15 年的应用案例[6]。双层 PE 涂层已经应用了 40 多年，三层结构聚乙烯涂层(3PE)最长服役时间也已经超过了 24 年。一些 3PE 管道运行操作温度甚至可以达到 85℃[7]。

4.2.1　FBE 层

目前，防腐企业对三层结构聚烯烃涂层底层的选择和使用有几种不同思路。一部分人使用双组分液体环氧，另一部人则倾向于使用熔结环氧粉末。这两种系统设计目的都是为聚烯烃面层提供粘接和防腐性能[8]。但目前，防腐厂主要还是以 FBE 为主，主要因为[9]：

- 使用方便：材料是预先配制好的，不需要考虑配比或混合的问题。
- 环境安全：无溶剂挥发，过喷粉末还可以几乎 100%回收利用，极大降低了对环境的影响。
- 性能优异：合适配方设计的 FBE 涂层能够提供良好的耐阴极剥离性能和满足现场施工的可弯性，还可通过控制粉末流动对管体金属锚纹形成良好且一致的覆盖。

(1) FBE 的选择。尽管 FBE 直接作为管道防腐涂层和三层结构聚烯烃涂层底层都具有良好的性能，但 FBE 配方不同，得到的涂层性能会有非常大的差异。材料的选择测试主要包括在管道最高或接近最高运行温度下的高温剥离强度测试。应对 FBE 涂层单独进行长期性能测试(聚烯烃面层的渗透性低，无法通过短期测试真正反映出不同 FBE 涂层的性能差异)，如图 4.2 所示。进行质量控制所开展的短期阴极剥离测试(如1天或2天)，当带有聚烯烃面层测试时往往会给出虚假结果。

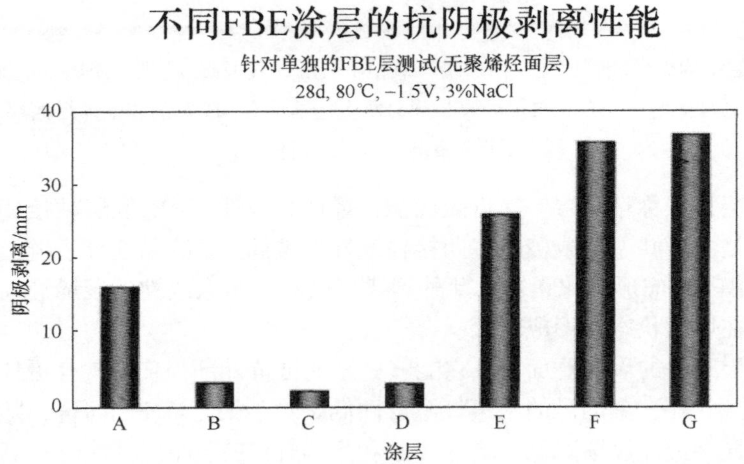

不同FBE涂层的抗阴极剥离性能

针对单独的FBE层测试(无聚烯烃面层)
28d, 80℃, −1.5V, 3%NaCl

图 4.2　由于聚烯烃材料的水蒸气渗透性非常低，因此三层结构聚烯烃的阴极剥离性能必须单独使用 FBE 底层进行测试。对多个商品化 FBE 涂层的对比测试发现，涂层的耐阴极剥离性能差异显著，并最终影响了三层聚烯烃涂层的性能。粉末厚度按正常的单层要求控制，测试由独立的第三方机构开展[10]

对 FBE 材料的选择主要取决于三层结构聚烯烃涂层最终的性能要求。比如，许多人都认为高温管线需要考虑 FBE 涂层的玻璃化温度(尽管目前没有被证实)，如图 4.3 所示[11]。三层结构聚烯烃涂层的一个突出优点是聚烯烃的水蒸气渗透性非常低。高密度聚乙烯的水蒸气渗透率仅约为低密度聚乙烯的 1/3。正是由于这样的综合性能，当管道运行温度即使接近甚至超过了 FBE 涂层的 T_g 时，由于大量水汽不会到达 FBE 涂层，因此就不会像单层 FBE 涂层那样，导致 FBE 涂层玻璃化温度的降低以及 FBE 与管体粘接强度的弱化，如图 4.4 所示。

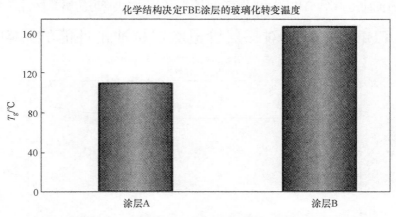

图 4.3 对于高温运行管线，进行粉末选择时应考虑其玻璃化温度(T_g)

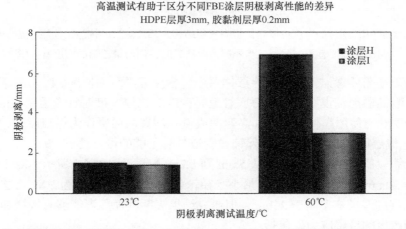

图 4.4 提高测试温度和延长测试时间对于有效区分三层结构聚烯烃涂层耐阴极剥离性能之间的差异是非常必要的。室温下，进行 14 天阴极剥离测试，样品之间没有明显区别。但在 60℃下进行测试，两个涂层的性能差异明显[12]

(2) FBE 涂层厚度。关于 FBE 底层的厚度问题，有两种不同的观点[6]。第一种观点认为聚烯烃是涂层系统的核心，而 FBE 仅仅提供了一种将聚烯烃黏附在钢管上的方法。基于此，底层 FBE 涂层的厚度仅仅覆盖住管体表面的锚纹就足够了，通常规定是 50～100μm。但目前支持这一观点的人已经越来越少了[13]。第二种观点认为除了粘接作用之外，FBE 还是整个体系中主要的防腐层，这就要求低温运行管道FBE涂层的厚度至少要达到125μm，高温运行管线最高要达到750μm[14]。基于此观点的规范，一般要求常温运行管线FBE涂层的设计厚度不低于150μm，65℃以上运行管线 FBE 涂层的设计厚度不低于 400μm[15]。增加 FBE 涂层厚度还可以提高涂层的抗冲击(图 4.5)和耐阴极剥离性能[16]，但会增加管道防腐的材料成本。

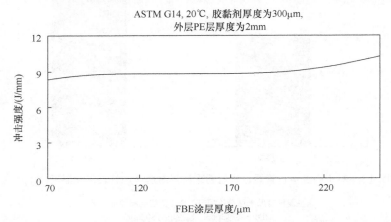

图 4.5　增加 FBE 底层的厚度可以略微提高三层结构聚烯烃涂层的抗冲击性能。抗冲击性能还与测试温度有关。此外，当外层为聚乙烯时，还与聚乙烯的密度有关[16]

　　另外还需要考虑整个多层涂层体系中包含保温层时的情况。Rigosi 等[17]研究了通过卷筒驳船铺设厚防腐层海底管道时，FBE 涂层厚度对管道柔韧性的影响。研究表明，当使用高拉伸强度和高弯曲模量发泡聚丙烯层作为保温层时，必须考虑 FBE 涂层厚度的影响，以确保铺设管道具有足够的可弯性。

　　卷筒驳船的典型轮毂半径从 5.5m 到 8.2m 不等。如图 4.6 所示，对于防腐层厚度为 20mm 的 273mm 管道，最小半径轮毂处涂层的伸长率为 2.8%，这就要求 FBE 涂层的厚度应不高于 250μm。但研究结果表明其他因素能够有效缓和弯曲过程中所产生的涂层应力，包括：

- 降低 FBE 涂层厚度
- 增加胶黏剂厚度
- 增加弯曲半径
- 增加弯曲时的管道温度
- 增加保温层的弹性

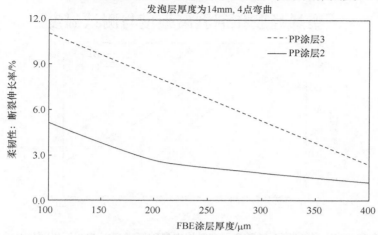

FBE柔韧性和PP保温发泡与涂层厚度
发泡层厚度为14mm, 4点弯曲

图 4.6 某研究表明，高弯曲模量聚丙烯发泡保温层，使用卷筒驳船进行高应力弯曲铺设时，FBE 涂层厚度应不高于 250μm。PP 保温层的残余应力和强度会影响整个管道的弯曲承受能力(涂层 2 和涂层 3 除 FBE 防腐底层不同外，其他均相同)[17]

4.2.2 胶黏剂层

早期使用的聚乙烯胶黏剂是通过聚乙烯与功能性单体如乙酸酯、丙烯酸酯或有机酸酐二元共聚或三元共聚所得到的。后来逐步发展到使用马来酸酐进行接枝共聚[18]。性能在一定范围内变化的多种胶黏剂都可作为胶层使用，如表 4.1 所示。

表 4.1 聚烯烃胶黏剂性能[7,11,19-22]

性能	测试方法	胶黏剂			低温 PP	常温 PP	高温 PP
		A	B	C			
熔体流动速率/(g/10min)	ASTM D1238 DIN53455	6～8	2	1～5	7	10	3
相对密度	ASTM D792	0.927	0.926	0.934	0.89	0.89	0.90
拉伸强度/MPa	ASTM D638	6	24	>15	12	22	20
维卡软化点/℃	ASTM D1525	72	105	100	—	—	135

注：相对密度是无添加剂、颜料或稳定剂时原材料的测试结果。

自 1990 年，随着涂敷工艺和胶黏剂技术的重大改进，十年间，3PE 防腐层的室温剥离强度由最早时的 35N/cm 提高到了 400N/cm[8, 23]。类似地，3PP 涂层也由初始阶段比 3PE 略高一点的剥离强度提高到了室温剥离强度到 400N/cm 仍然无法将涂层剥开的水平(PP 层被拉长，但涂层依然与管体粘接良好)。"150℃时3PP 防腐层的剥离强度依然能够大于 100N/cm[8,11]"。聚烯烃胶黏剂剥离强度与测试温度之间的关系及测试照片分别如图4.7和图4.8所示。

聚烯烃胶黏剂剥离强度与测试温度

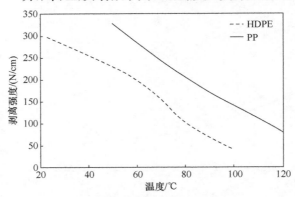

图4.7　若涂敷工艺恰当,剥离时通常会呈现胶层内聚破坏或FBE与胶层界面分开的破坏形式。剥离强度取决于胶黏剂的化学组成、强度以及测试温度下胶黏剂与FBE的键合力。尽管控制温度非常困难,但对于剥离强度测试,尤其是高温测试,温度控制至关重要。当测试温度接近FBE的玻璃化温度时,很小的差异都有可能导致FBE从管体表面剥离

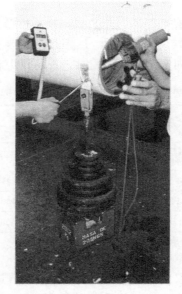

图4.8　剥离强度测试不仅能提供胶黏剂材料本身的相关信息,还能用来评价管道的涂敷工艺。测试方法包括简单的配重法以及复杂的可提供数据输出的恒定剥离速度法。本图是对外涂层使用配重进行剥离强度测试的照片,同时利用热源从管道内部进行加热,使用热电偶测量剥离区域的温度(照片由作者提供)

利用不同的化学结构和材料性能，PP 涂层系统能够满足低温、常温和高温等不同施工和运行环境下对涂层性能的要求[11, 21]。

4.2.3　聚烯烃外层

管道最外层防腐层主要起到以下作用：
- 降低水分子渗透进入 FBE 底层和管体表面的速度
- 提供机械保护，降低涂层破损导致的漏点
- 可提供多年的抗 UV 老化性

多种类型的聚烯烃材料可作为管道外涂层使用，主要包括：
- 低密度聚乙烯(LDPE)
- 线形低密度聚乙烯(LLDPE)
- 中密度聚乙烯(MDPE)
- 高密度聚乙烯(HDPE)
- 双峰高密度聚乙烯
- 聚丙烯

每类材料都具有自己的经济性和性能特点(表 4.2)，都有在管道的应用案例和支持者。

表 4.2　聚烯烃面层性能[11,19,21,24,25]

性能	测试方法	LLDPE	LDPE	MDPE	HDPE	低温 PP	常温 PP
熔体流动速率 /(g/10min)	ASTM D1238	0.5~2.0	0.15~0.6	0.1~1.0	0.15~0.8	3	0.8
相对密度	ASTM D792	<0.925	<0.925	0.925~0.940	>0.940	0.89	0.89
拉伸强度/MPa	ASTM D638	≥9.7	≥9.7	>12.4	>18.5，如 26	22	25
维卡软化点/℃	ASTM D1525	≥90	≥90	>110	>120	140	145

1. 聚乙烯(PE)

LDPE 是作为 3PE 管道外层最早使用的材料之一。此外，它还作为 2PE(包括软胶黏剂和硬胶黏剂两类)外层自二十世纪六十年代开始就被大量使用。

多年来，为适应管道涂层的应用，聚烯烃材料的选择也发生很大的变化。最大的改进是不同密度聚乙烯的使用，但在材料选择过程中其他性能参数也同等重要，如图 4.9～图 4.11 所示。HDPE 软化点更高，更适合在高温管线使用。当今，MDPE 和 HDPE 是 3PE 外涂层使用最为广泛的聚烯烃材料[7, 22]。

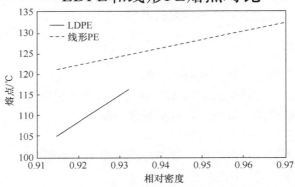

图 4.9　对于 3PE 涂层，聚乙烯的线形度和密度是影响温度性能的重要参数[16]

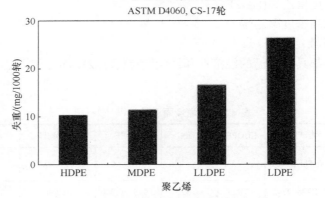

图 4.10　增加聚乙烯密度可以提高其耐磨性[18,26]

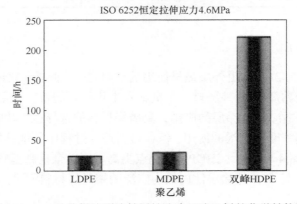

图 4.11　PE 的抗慢速裂纹扩展性取决于聚乙烯的化学结构[18]

　　密度是反映聚合物材料性能的重要指标。对已商品化聚乙烯材料进行区分时，通常基于聚乙烯的密度特性(无填料添加)。作为 UV 稳定剂添加的炭黑将使聚乙烯的密度增加，有时会给出错误的性能预测。厚度也会影响涂层的性能，如图 4.12 所示。

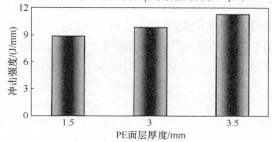

图 4.12　增加聚乙烯面层厚度可以提高 3PE 防腐层的抗冲击性能[16,27]

2. 聚丙烯(PP)

　　最早在 1954 年，意大利理工工业化学研究所的 G. Natta 教授发明了有规立构聚丙烯[21]。该产品在 1957 年实现了商品化，并于二十世纪八十年代作为涂层在管道领域开始使用[28]。作为管道涂层使用的聚丙烯需经过特殊的配方设计。与其他聚烯烃材料类似，随着时间的延长，聚丙烯会不断发生氧化降解，因此就需要通过添加稳定剂以确保管道运行温度下材料的稳定性。高温管线需要的稳定剂与常温管线不同。紫外线会加速氧化过程，因此也需要添加紫外线稳定剂。此外，也可通过覆盖或者外部涂刷涂料方式来使聚丙烯涂层抵抗 UV 降解。

　　均聚 PP 的玻璃化温度在 0℃ 左右，因此在低温环境敷设时，应使用共聚 PP 材料。选择合适的共聚 PP，并添加稳定剂后，3PP 涂层可满足–45℃低温环境下安装，并能够承受 110℃ 甚至更高管线运行温度工况的需要[21]。由于 PP 比 PE 更硬，对于同等规格的管道，某些技术规格书允许涂层的总厚度可以更薄些[5, 29-32]。

　　(1) 材料选择。对于管道防腐性能以及经济性的考虑，决定着用于满足管道设计要求的 FBE、胶黏剂以及外层材料的选择。尽管了解各层之间的兼容性非常重要，但实践经验表明目前已经商品化的、良好设计的各层材料可以很好地匹配。三层结构涂层的 FBE 底层拥有良好的使用记录，能够与配方设计良好的胶黏剂有效兼容。大部分技术规范要求使用前开展工艺评定试验(PQT)、过去使用情况或相容性认证。

4.2.4　特殊的多层管道涂层体系

1. 高温

随着钻井深度的不断增加，油气出口温度和管道运行温度在持续升高。持续开发能够满足 80℃，甚至 90℃管道运行温度的胶黏剂和聚乙烯层是研究的重点[33]。单层 FBE 能够满足 110℃及以上温度管道运行的要求。普通 3PP 只能够满足 110℃，有时能够满足 120℃管道的运行。当管道运行温度超过以上温度时，必须调整各层的材料结构。通过使用高玻璃化温度 FBE、PP 胶黏剂和改性聚丙烯，实验室测试表明其可以承受 150℃的使用要求[11]。管道在水下敷设时，涂层表面始终被外部介质冷却，这将导致氧含量降低，当评估涂层服役寿命时需要考虑此情况[22]。

2. 定向钻穿越

通常将外层聚烯烃的厚度增加到 7～10mm 来满足管道定向钻穿越的要求。不论是低温环境敷设管道还是高温运行管道，定向钻穿越段都使用了与其他管段相同的聚乙烯或聚丙烯材料。定向钻穿越时，最为重要的问题是补口处的防腐层必须达到与主管线相当的耐磨性和抗剪切强度[34]。对于三层结构聚烯烃管道，有多种补口形式可供选择，详见"第 7 章 补口涂层与内涂层"。

3. 保温：聚丙烯体系

热流体输送要求管道达到一定温度水平以避免产品流动和相分离困难[35-37]。发泡和复合(中空玻璃或陶瓷微珠填充)改性聚丙烯可为高温管道输送保温。通常保温涂层体系由 4 层结构组成：FBE(底层)、胶黏剂层、保温层和聚烯烃外层。FBE 底层和胶黏剂层与普通的 3PP 管道所使用的材料类似。当通过卷筒驳船进行管道施工时，FBE 涂层的厚度应不大于 250μm[17]。胶黏剂层必须具备足够的弹性以释放厚保温层水冷阶段所产生的应力，它应比普通 3PP 的胶层更厚，能够达到 300～1000μm。此外，增加胶层厚度，卷筒驳船敷设管道所允许 FBE 底层厚度还可以更大。第三层保温或发泡层的要求会在后面详述。

第四层，也就是外层聚烯烃涂层，其主要目的是保护保温层以抵抗紫外老化以及机械损伤。一般普通 3PP 管道外层的厚度为 2～4mm，但深水区域海水压力高，就需要进一步增加涂层厚度，如图 4.13 所示。弹性改性 PP 具有更高的抗冲击强度，由于可能会受到拖网渔船的损伤，因此高的抗冲击性能对海底管道非常重要[22]。

(1) 发泡层。挤出过程中，通过材料内部添加的发泡剂可形成具有闭孔结构的 PP 发泡层。发泡层的密度[38]通常为 0.5～0.8g/cm³。当需要发泡层密度低于 0.65g/cm³ 时，就要使用高熔体强度级别的 PP 原料。Rigosi 等[35]研发了密度为

0.7g/cm³，热导率为 0.16W/(m·K)的 PP 发泡层，并给出了传热系数的计算公式，如式(4.1)所示。

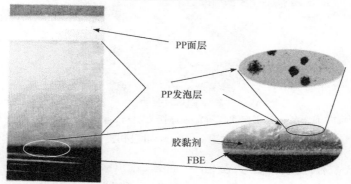

图 4.13　PP 发泡层兼具了保温及良好的深海抗压性能。涂层结构为 FBE 底层、PP 胶黏剂层和降低热传导的 PP 发泡层，最外层为提供机械保护的 PP 层(照片由 Basell 和作者提供)

$$U = \frac{2}{d_1 \sum\limits_{1}^{n} i\left(\ln \dfrac{d_{i+1}}{d_i}\right)/\lambda_i} \tag{4.1}$$

式中：d_i 为第 i 层的内径；d_{i+1} 为第 i 层的外径；λ_i 为第 i 层的导热系数。

从式(4.1)可以看出，涂层的传热系数与各层的热导率之和有关。

相比聚氨酯或管中管保温结构而言，使用 PP 保温体系具有以下优点：

- 可直接使用现有涂敷工艺和设施；为了提高涂敷速度，可以再增加挤出机；PP 材料具有良好的加工性能，具有更高的涂敷效率。
- PP 材料的吸水率低且抗压强度高，还不与海水发生化学反应，因此整体涂层系统可以在最大程度上保持涂层的保温性能。
- 能够满足卷筒驳船的敷设要求。

(2) 复合聚丙烯涂层。该体系通过玻璃或陶瓷微珠与 PP 复合来实现保温层的隔热作用，如图 4.14 所示。玻璃微珠能够承受深海处的高压力。保温层[19,38]的密度为 0.65~0.8g/cm³，热导率为 0.14~0.8W/(m³·K)。

4. 具有粗糙表面的聚烯烃涂层

对于海底管道而言，通常需要使用混凝土配重涂层。为了防止配重层滑移，涂敷时经常将未熔化的聚烯烃颗粒或粉末包埋在聚烯烃外层，使其具有粗糙的外表面。有时候也采用异型表面来达到降低配重层滑移的目的，如图 4.15 所示。

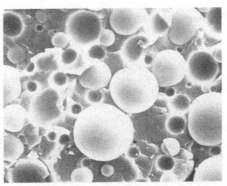

图 4.14　复合聚丙烯保温层利用玻璃或陶瓷微珠作为填料，兼具了良好的保温性和优异的深海
抗压性能(照片由 Basell 公司提供)

粗糙聚烯烃表面： 混凝土配重涂层和安全

粗糙涂层：熔结粉末

FBE　胶黏剂　PE 或PP面层　　　　异型表面

图 4.15　粗糙或异型表面的聚烯烃涂层可以提供混凝土配重层所需的摩擦阻力[39]

5. 高填充聚丙烯

用于取代混凝土配重层的另一种选择是在 PP 中添加高密度填料，填充后涂层的密度可以达到 2.5 g/cm³，并具有优异的柔韧性(无须在混凝土配重层上切槽，可直接使用卷筒驳船进行管道敷设)。该涂层具有高的抗冲击性和低吸水率，可采用与其他各层相同的连续挤出方式进行涂敷。涂层性能如表 4.3 所示。

表 4.3　高填充聚丙烯涂层性能[19]

性能	测试方法	测试结果
熔体流动速率(230℃，2.16kg)/(g/10min)	ASTM D1238L	1.5
密度/(g/cm³)	灰分测试	2.5
弯曲模量/MPa	ASTM D790	500

续表

性能	测试方法	测试结果
断裂伸长率/%	ASTM D638	300
Izod 缺口冲击(0℃)/(J/m)	ASTM D256	200

4.3　系　统　性　能

对涂层系统最终性能的要求取决于管线的设计服役年限。为了确保管道服役的可靠性，涂层应满足以下要求：

- 涂敷工艺简单
- 能够满足工厂的质量保证程序
- 能够承受管道运输和安装时的机械损伤
- 能够承受埋地或水下环境的严酷服役环境

本节将主要介绍对管道保护起到重要作用的性能参数，其中大部分已被写进国际公认的标准中。许多测试项目被用于特定涂层性能的评价，如通过阴极剥离试验来测试 FBE 涂层的性能，通过剥离强度试验来测试胶黏剂的性能，利用压痕硬度来测试外层的性能。

对于已确定的管线，涂层应在满足标准的基本要求后，还满足特定的性能要求。这些特定性能通常与管道的敷设方式(如卷筒驳船铺设)和管线运行温度有关。

某些情况下，整个涂层系统也会对某一具体项目的测试结果产生影响。例如，尽管涂层的耐阴极剥离性能本身主要取决于 FBE 的性能，但胶黏剂和外层聚烯烃的渗透性也会对最终的测试结果产生影响。但防腐层的压痕硬度就不受 FBE 涂层的影响。针对各层性能需要开展的测试，本章前面部分已经进行了介绍。

许多情况下，涂层的性能测试结果与管道的实际需要并不一定相关。例如，当 DN250 管道使用 5.5m 直径卷筒驳船铺设时，实际涂层柔韧性的要求是断裂伸长率不小于 3%。但大部分规范均要求聚烯烃外层的断裂伸长率大于 200%。由此可见，对材料所进行的性能测试往往是基于对材料性能的预期值而并非管道安装时的实际要求。

目前，一些性能参数在实践中已经被证实可用来评价涂层的性能，各性能典型的评价准则包括[6,40]：

(1) 机械性能。

- 冲击强度
- 柔韧性
- 耐磨性和耐划伤性能
- 耐候性和耐热性

(2) 服役性能。
- 耐化学性
- 耐阴极剥离性
- 水蒸气渗透性
- 土壤应力
- 压痕硬度
- 粘接强度

与所有涂层材料一样，不同类型的涂层系统，材料的化学结构不同，涂层性能也会有很大差异。之前的图表中给出了不同聚烯烃涂层材料之间的一般性差异。

4.3.1　机械保护

最外面聚烯烃涂层的基本功能是机械保护。涂层的抗冲击性能主要取决于所选用聚烯烃材料的类型和厚度，但同时还与 FBE 层的厚度有关，如图 4.5 和图 4.12 所示。

耐划伤是涂层另外一个非常重要的性能参数，管道装运损伤通常是一个非常缓慢的划伤过程，并非类似于冲击测试那样突然受到一个外部作用力。尽管聚烯烃是一类韧性非常好的材料，但它相对更容易被划开，因此就需要通过增加聚烯烃厚度来提高涂层抵抗外部划伤破坏的能力，如图 4.16 所示。

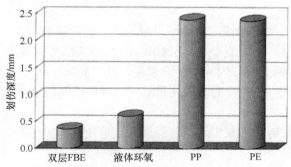

图 4.16　用于管道定向钻穿越时，应使用更硬或更厚并具有良好应用案例的涂层

　　防腐层的压痕硬度可提供管道安装及埋地后防腐层的重要信息，如图 4.19 和图 4.32 所示。堆放时涂层吸热会导致管体表面温度升高，这对于通过添加炭黑来提高 UV 性能的黑色 PE 涂层管道则更为显著，该性能对于管道装卸及建设都是非常重要的。当管道直接堆放在太阳下暴晒时，黑色涂层吸热将导致管体温度升高，当管道承受重载荷时，就可能发生涂层的冷流。从图 4.17 可以看出，在一个温和的夏日，PE 表面温度可以升高到 70℃。另外，当管道铺设于石方段或者采用砂石回填时，防腐层的压痕硬度也是非常重要的性能参数。

　　未添加稳定剂时，在太阳光的照射下聚烯烃很容易发生降解。当炭黑含量在 2%～2.5%且分散良好时，基本能够满足 PE 多年抵抗 UV 降解的性能要求[7,22]。对于其他颜色的涂层，可使用其他类型的稳定剂。稳定剂的原理是通过自由基捕获剂与紫外线分解所产生的初始自由基发生反应，以阻止自由基攻击聚烯烃分子链。协同抗氧化剂能够与自由基发生反应并终止次级反应。PP 涂层同样也需要 UV 稳定剂(由于炭黑不利于 PP 的热稳定性，因此在 PP 中一般不使用炭黑)。NF A 49-711 规定当 PP 涂层在 400W/m^2 老化 800h 后,熔体流动速率或断裂伸长率的变化率应不大于 25%[32]。

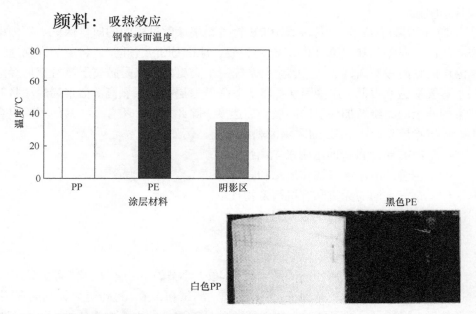

图 4.17　太阳光暴晒时，添加有黑色填料涂层的温度明显高于白色涂层。涂层温度通过 IR 测量，得克萨斯州(照片由作者提供)

　　热降解后，PE 和 PP 的性能都会有所损失。为了测试经热和 UV 老化后涂层的稳定性，如 DIN 30670 和 NF A 49-710 等规范均规定经特定周期老化后，熔体流动速率的变化率应在±35%之内[5,31]。尽管 DIN 30678 没有规定 UV 老化的性能要求，但它规定在 DIN 53383 标准规定的条件下经 100d 热老化后，涂层不能变脆[29,41]。

NF A 49-711 规定 PP 样品经 150℃老化 300h(管线服役温度低于 80℃)或 2000h(服役温度高于 80℃)后，熔体流动速率的变化率应不超过 50%[32]。CSA Z245.21-98 标准规定样品需在 100℃条件下老化 2400h 后再进行拉伸测试，拉伸强度的保持率应不低于 65%且断裂伸长率>150%[42]。

4.3.2　服役性能

(1) 耐化学性。由于三层聚烯烃和 FBE 涂层均具有非常优异的耐化学性能，因此在自然情况下，一般不会发生地下水或土壤介质对防腐层侵蚀所造成的失效问题[6]。但当管道铺设于化学品堆积区、炼油厂或化学加工厂时，通常就需要关注管道泄漏后的风险。除部分溶剂外，两类涂层一般都可以耐受碳氢化合物、水或污水的腐蚀。对于 PE 涂层系统，环境应力开裂是早期出现的问题，但近年来已取得了显著改善，如使用双峰 HDPE 材料(图 4.11)，PP 涂层对环境应力开裂影响并不明显。

(2) 耐阴极剥离性。"第 9 章 FBE 管道涂层涂敷过程中的质量保证：厂内检查、测试和误差"和"第 13 章 涂层失效、原因分析及预防"，将更为详细地讨论涂层的耐阴极剥离性能。三层涂层系统一个突出的优点是防腐层厚且聚烯烃涂层水蒸气渗透率很低。这些因素都将显著降低涂层的阴极剥离。但聚烯烃涂敷时产生的残余应力将增加涂层的阴极剥离速度。除此之外，还有一些其他因素也会影响三层涂层系统中 FBE 的耐阴极剥离性能，例如：

- FBE 涂层自身的耐阴极剥离性能
- 钢管的清洁度、锚纹形态和峰密度
- 钢管表面的无机和有机污染物含量
- FBE 涂敷时钢管的表面温度
- FBE 的固化度
- FBE 涂层的厚度

这些因素对阴极剥离性能的影响会在 4.2.1 小节"FBE 层"以及"第 9 章 FBE 管道涂层涂敷过程中的质量保证：厂内检查、测试和误差"进行更为详细的介绍。有趣的是，聚烯烃涂层可能存在阴保屏蔽并具有更低的水蒸气渗透性，反而有些规范对三层聚烯烃涂层阴极剥离性能的要求比 FBE 涂层还要低[43,44]。基于上述因素和性能要求(需考虑到三层涂层剥离后的阴保屏蔽问题)，对三层聚烯烃涂层的耐阴极剥离性能应该要求更高。

(3) 氧气和水蒸气渗透性。三层聚烯烃涂层一个突出的特点是它同时结合了 FBE 涂层低氧气渗透性和聚烯烃涂层低水蒸气渗透性两者的优点，如图 4.18 所示。需要明白的是，低渗透性并不意味着水分子不能在涂层中移动。Tandon 等注意到某三层聚烯烃涂层管道，埋地部分管道涂层附着力较差，但同批涂敷后地面堆放管道涂层的附着力依然非常优异。他们推测，这可能是由于少量水分子穿透低密度 PE 涂层[13]。

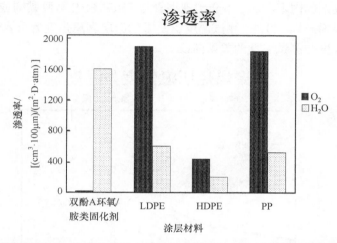

图 4.18　三层聚烯烃涂层一个突出的特点是它同时结合了 FBE 涂层低氧气渗透性和聚烯烃涂层低水蒸气渗透性两者的优点[45,46]

渗透率随着涂层厚度增加而降低，随着温度升高而增加。涂层的水蒸气渗透率低有利也有弊。有利的方面是它能降低涂层的阴极剥离速度，同时也是三层聚烯烃涂层很少出现起泡的主要原因。不利的方面是涂层的厚度和刚度可能会掩盖已经发生的粘接失效和金属腐蚀问题，而薄涂层会发生起泡而提前预警。另外，低的水蒸气渗透性也可能会导致管道服役时的阴保屏蔽问题。尽管实际工程实践声称，无须关注这一问题。但 1995 年之前对 PE 涂层管道的研究发现，每 100km 中就有 4 个漏点缺乏足够的阴极保护[1]。

(4) 土壤应力。土壤应力是另外一个在早期 FBE 涂层应用时就被深入研究的性能参数。研究和实践证实，由于 FBE 涂层光滑，本身强度大并且附着力高，没有发现 FBE 涂层因遭受土壤应力而破坏的迹象。类似地，三层聚烯烃涂层同样可以承受土壤应力的作用。

(5) 压痕硬度。管道运行条件下，最为关注的是尖锐物体对涂层的穿透性。不同温度条件下对涂层的压痕硬度往往会有不同的指标要求，通常采用不同的试验方法或测试温度来进行评价，如图 4.19 所示[32, 47, 48]。PE 涂层的抗压痕性主要取决于聚乙烯的密度：密度越高，压痕性能越好。对于聚烯烃涂层，随着测试温度的升高，抗压痕性会逐渐降低。例如，NF A 49-711 标准规定：20℃时，PP 的压痕硬度应不高于 0.1mm。110℃时，应不高于 0.4mm[32]。NF A 49-710 规定：20℃时，PE 的压痕硬度应不高于 0.3mm。70℃时，应不高于 1.0mm[31]。

(6) 粘接强度。通常采用剥离强度来评价聚烯烃涂层的粘接性能。更为重要的是，它还能提供与管道涂敷工艺相关的重要信息。当管道涂敷工艺恰当时，通常会呈现胶黏剂的内聚破坏，不会出现钢管与 FBE、FBE 与胶黏剂或胶黏剂与外层聚烯烃的界面破坏。另外，测试温度也是影响涂层剥离强度的重要参数。图 4.7 给出了剥离强度与测试温度的关系曲线。

聚烯烃压痕硬度与温度

DIN 30670, 厚度< 2mm, 压头直径1.8mm, 配重2.5kg

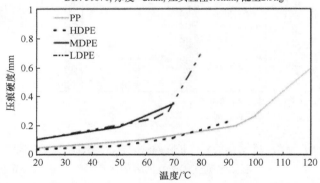

图 4.19 压痕硬度的性能要求取决于管道的设计运行条件：运行温度通常是决定性因素[1,48,49]

4.3.3 服役寿命

管道的服役寿命常用阴极保护失效或不再具备经济性来定义[50, 51]。目前，通过实验方法来预测管道的服役寿命还存在不少问题。

对于聚烯烃涂层而言，一种寿命预测的方法是评估所用聚烯烃材料被氧化并最终降解所需要的时间。整个氧化过程中，聚烯烃降解因氧分子的存在而发生，因 UV 暴露、温度和环境中氧含量的增加而加速[53]。三层聚丙烯涂层标准 NF A 49-711 对该测试方法进行了规定，当服役温度≤80℃时，PP 应在 150℃条件下进行 300h 测试；当服役温度>80℃时，实验周期为 2000h[32]。很多规范都要求在特定条件下暴露规定时间后，涂层性能如断裂伸长率或熔体流动速率的变化率不能超过规定的限值。

失效加速——服役寿命预测：温度增加导致老化失效的模型通常基于阿伦尼乌斯方程[52]：

$$t_f = Ae^{\left[\frac{\Delta H}{kT}\right]}$$

式中：t_f 为失效时间；A 为指前因子；e 为自然指数；ΔH 为活化能；k 为玻尔兹曼常数，$k=8.617\times10^{-5}$eV/K(1.380658×10^{-23}J/K)；T 为热力学温度，K。

寿命终点或失效点，可以用某一测试温度下物理性能(如柔韧性或拉伸强度)的改变来进行预测。以失效时间的对数 lg t 与失效热力学温度的倒数画线，通过外推法以短时间的数据来预测长时间的寿命。

对 PE 材料而言，是通过交联机理而发生降解的，从而会导致分子量的增加。式(4.2)是聚合物交联反应的示例。降解过程中，材料的断裂伸长率会逐渐降低[54]。

$$R\cdot + R\cdot \longrightarrow R—R \qquad (4.2)$$

PP 氧化降解的过程归纳起来见式(4.2)～式(4.8)[54, 55]。R 代表长链聚烯烃，R·代表自由基，是 PP 分子链中的化学反应点。

$$R—H+热或\,UV(或者聚合物中的污染物) \longrightarrow R\cdot+H\cdot \qquad (4.3)$$

$$R\cdot+O_2 \longrightarrow ROO\cdot(过氧自由基) \qquad (4.4)$$

$$ROO\cdot+R—H \longrightarrow ROOH+R\cdot[可再次根据式(4.4)发生反应] \qquad (4.5)$$

$$ROOH+热/UV \longrightarrow RO\cdot+OH^- \qquad (4.6)$$

$$RO\cdot\,或\,OH^-+R—H \longrightarrow H_2O\,或\,R_2O+R\cdot \qquad (4.7)$$

长链自由基也会发生支化或交联，也会发生断链(分子链断裂形成小链段)，从而降低了其柔韧性和拉伸强度。

$$RO\cdot(ROO\cdot)+RH \longrightarrow ROH(ROOH)+R\cdot \qquad (4.8)$$

实际上，通过使用添加剂可以尽可能降低或减缓上述反应的发生。涂层的服役寿命与管道涂层表面温度和氧含量密切相关。评估管道涂层预期寿命的一个方法是选择某一能测量材料降解终点的性能参数。例如，对于 PP 涂层，可以通过材料局部变色或剥落的目视观察来确定试样的破坏程度(ASTM D3012 和 ISO 4577)[56, 57]。也可采用氧化诱导期(OIT)(在某一特定温度、氧气环境下，聚合物分解放热之前可稳定的时间)这一参数进行性能评估[25]。另一个可供选择的性能参数是拉伸强度或断裂伸长率的变化率，熔体流动速率或熔体流动速率的变化率也可考虑[58]。预期寿命评估时所选择的温度通常要高于材料预期使用温度至少 10℃，但低于材料的转变温度(如熔点或 T_g)[59]。每一温度下，测量性能降低至终点所需要的时间，然后根据温度使用阿伦尼乌斯图外推来确定预期寿命。管道埋地的实际使用寿命极有可能与预计的寿命相差甚远，但该方法确实能够提供比较材料性能优劣的有用信息。

4.4 涂 敷

管道涂层的涂敷过程相对比较简单[60]。前期步骤与"第 8 章 FBE 涂敷工艺"相同。本节仅对管道涂敷的各步骤进行简单介绍，更多细节详见第 8 章。对于聚烯烃发泡层或配重层的涂敷，只是在原来的基础上增加了一些步骤，并对部分涂敷工艺进行了修改[61]。

- 将管体预热至露点温度以上
- 对管体表面喷砂除锈
- 磷酸酸洗(如有需要或指定时)
- 铬酸盐处理(如有需要或指定时)
- 管道加热
- 环氧粉末喷涂
- 通过熔融挤出或粉末喷涂工艺涂敷聚烯烃胶黏剂
- 通过熔融挤出或粉末喷涂工艺涂敷聚烯烃外层
- 压辊辊压(聚烯烃挤出工艺时适用)
- 冷却
- 检查
- 管端处理(去除管端焊接预留段涂层)

4.4.1 清洁

抛丸处理最为重要的是获得清洁、粗糙、有棱角的管道表面。但通过抛丸除锈无法有效去除管体表面的无机和有机污染物。当怀疑管体表面存在上述污染物时，还需增加酸洗程序。如图 4.20 所示。

4.4.2 表面处理

1. 酸洗

管道表面有时会被盐或油所污染。尽管通过抛丸处理可以去除大量的有机或无机污染物，但尚无法达到最佳的表面处理状态。磷酸酸洗是一种去除残留污染物的有效方法。目前，已经开发出了几种专用于管道表面酸洗处理的商业化产品。除了磷酸，在酸洗溶液中添加的其他试剂(如表面活性剂和/或溶剂)可进一步提升酸洗的处理效果。

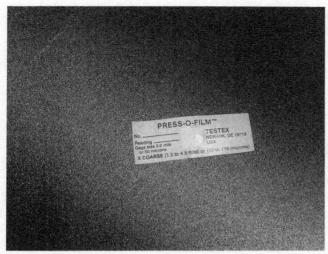

图 4.20　管道表面必须是清洁的。除此之外，粗糙度和峰密度比锚纹深度更为重要。抛丸处理无法有效除去无机和有机污染物。当怀疑存在上述污染物时，需要增加酸洗处理程序。本图是利用复制带法来测试管道表面的锚纹深度(照片由作者提供)

2. 铬酸盐处理

不同公司所生产粉末的耐阴极剥离和耐热水浸泡性能存在差异。通过铬酸盐处理可以使较差涂层的性能得以改善[62, 63]。对于这些涂层，通过铬酸盐处理降低了涂敷温度的要求并拓宽了涂敷温度的窗口区间，从而提高了涂层的耐阴极剥离性能。由于三层聚烯烃涂层低温(约 190℃)涂敷更为普遍，增加铬酸盐处理就更为重要。

使用铬酸盐处理时一些因素需要考虑，尤其是 Cr^{6+} 存在可能导致的环境污染和人员安全问题。虽然铬酸盐处理不会显著提高性能优异的 FBE 涂层的性能，但却会降低涂层的耐热循环性能。图 4.21 给出了铬酸盐处理对 FBE 涂层系统耐阴极剥离和耐热循环能力的影响数据(关于酸洗和铬酸盐表面处理更为详细的介绍详见"第 8 章　FBE 涂敷工艺")。

4.4.3　加热

加热环节最为关键的是加热均匀且加热源无污染。另外一个重要的考虑是表面加热。对于像感应线圈或直接炉这样高强度的加热方法，很容易实现仅对管体表面的集中式加热。如果在加热环节后过早进行温度测量，可能会得到不准确的涂敷温度。外来气流、线速度变化、预热温度的不均匀性、表面处理与加热环节及涂敷环节时间间隔的变化等因素都有可能导致沿管道周向和轴向温度的不一致。钢管连接处使用的耦合器吸热将导致管端处温度降低，从而影响 FBE 涂层的固化程度以及聚烯烃涂层与管体的粘接。尽管很少发生，但当使用直接炉加热

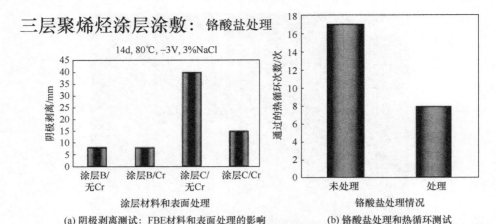

(a) 阴极剥离测试：FBE材料和表面处理的影响　　　(b) 铬酸盐处理和热循环测试

图 4.21　部分 FBE 涂层系统，通过铬酸盐处理可以显著提高涂层的耐阴极剥离性能。但对于性能优异的 FBE 涂层，其性能提升并不显著。此外，铬酸盐处理也有一些不利的方面，处理液中存在 Cr^{6+} 可能会导致环境污染和人员安全问题，还会降低涂层的耐热循环性能

时，燃气中高分子量碳氢化合物的燃烧产物很可能会在管体表面形成残留，从而不利于涂层与管体的粘接。

　　管体温度会影响环氧粉末的润湿程度。管体温度越高，熔体黏度就越低，越有利于粉末对钢管表面的润湿。这对于获得最佳的涂层性能，尤其是附着力和耐阴极剥离性能非常重要。在支撑辊不引起聚烯烃面层裂纹或开裂的情况下，提高管道涂敷温度会进一步提升涂层性能。如图 4.22 所示。

阴极剥离与涂敷温度

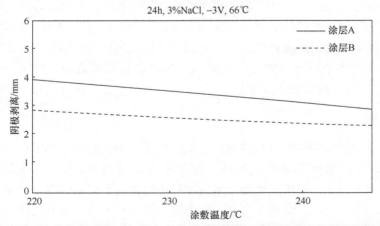

图 4.22　提高涂敷温度能够增加 FBE 对钢管表面的润湿性，从而提升涂层的耐阴极剥离性能。本图对比了两个 FBE 涂层涂敷温度对耐阴极剥离性能的影响(短期阴极剥离测试，聚烯烃的存在会影响测试结果，因此仅用无聚烯烃外层的 FBE 涂层进行性能对比)[64]

4.4.4　FBE 涂敷

喷枪布局在 FBE 涂敷环节中起着重要作用。许多喷粉室生产商仅能提供当 FBE 涂层厚度小于 100μm 时的喷枪布局。最新规范经常要求 FBE 涂层厚度要至少达到 150μm。对于高温运行管线，FBE 厚度甚至要求达到 450～750μm[14, 15]。喷涂设备设置应确保环氧粉末的涂敷速率不限制涂敷线的生产效率，这对于确保防腐厂的生产效率是非常重要的。在规定的生产速度下，通过布设足够数量的喷枪能够确保粉末均匀喷涂从而形成厚度均一的涂层。应对回收粉末进行干燥处理。干燥的压缩空气进入流化床后，在压力作用下将粉末送至喷枪。操作压力下空气的露点温度建议至少应达到–30℃。为了达到更佳的 FBE 涂敷效果，应使用干燥剂空气干燥系统。

> 经验法则：喷枪的数量和类型可控制 FBE 涂层厚度、涂敷效率(回收粉量)和涂敷生产线速度。布设足够数量的喷枪可实现 FBE 涂层厚度均匀并保持生产效率。

涂敷过程中的时间管理非常重要。涂敷过程中“湿碰湿工艺”能够提供最为均一的 FBE 涂敷，如图 4.23 所示。“湿碰湿工艺”意味着管道的旋转速度(防腐厂中钢管的螺旋传送速度)应足够快，以确保在后续喷枪达到之前粉末未发生凝胶。

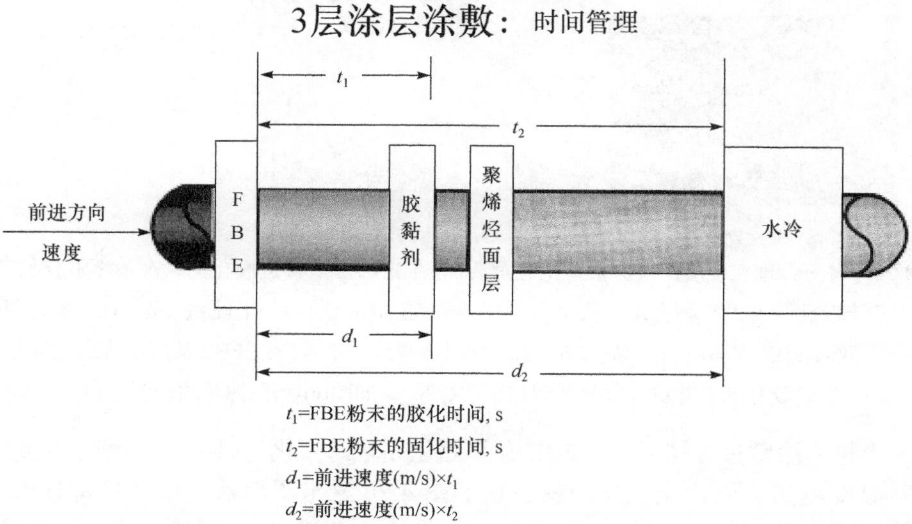
3层涂层涂敷：时间管理
t_1
t_2
前进方向
速度
FBE
胶黏剂
聚烯烃面层
水冷
d_1
d_2
t_1=FBE粉末的胶化时间, s
t_2=FBE粉末的固化时间, s
d_1=前进速度(m/s)×t_1
d_2=前进速度(m/s)×t_2

图 4.23　涂敷过程中的时间管理对三层聚烯烃涂层涂敷至关重要。胶黏剂应在环氧粉末胶化前与 FBE 涂层粘接。固化时间 t_2 应确保 FBE 涂层完全固化。由于聚烯烃涂层是热的不良导体，甚至外部水冷开始后，FBE 涂层还能继续固化。外部水冷可避免管道传输时对聚烯烃面层的机械损伤(照片由 3M 公司提供)

　　粉末与热钢管表面接触后开始熔融，随着交联反应的持续，发生胶化和固化，最终转化为高度交联的聚合物。与单层 FBE 涂层一样，当钢管温度过高时，将在涂层内部形成更多的孔隙。

　　为了达到最佳的剥离强度，胶黏剂应在 FBE 未完全胶化前涂敷，如图 4.24 所示。如果粉末仍处于熔融状态时就过早涂敷胶黏剂层，会导致 FBE 涂层变形，影响粘接。喷枪设置应能确保胶黏剂涂敷时粉末仍处于胶化状态，即使存在最外层粉末仍处于熔融态，导致 FBE 涂层有轻微变形的情况，两者仍然可以形成良好的粘接。如果胶黏剂涂敷时外层粉末已完全胶化，将导致粘接剥离性能降低，此时应及时调节钢管温度或线速度。如果粉末胶化后很快就涂敷胶黏剂，尽管无法达到最佳的剥离强度，但通常也是可以接受的。胶黏剂涂敷时的时间管理非常重要。大多数 FBE 生产商可提供不同胶化时间的粉末，以满足不同防腐厂的要求，如图 4.25 所示。

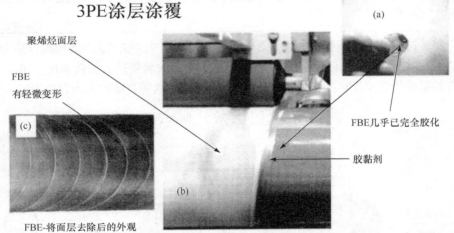

3PE涂层涂覆

聚烯烃面层

FBE
有轻微变形

(a)

(c)

FBE几乎已完全胶化

胶黏剂

(b)

FBE-将面层去除后的外观

图 4.24　时间管理在三层涂层涂敷时至关重要。应在FBE涂层接近胶化的状态下涂敷胶黏剂。检查粉末胶化状态的一种实用方法是在 FBE 与胶黏剂粘接前用一个硬物去划 FBE 表面[图(a) 和(b)]，此时 FBE 表面应仍发黏。FBE 未胶化时涂敷胶黏剂将导致 FBE 涂层出现轻微变形(未涂敷胶黏剂，并将外层聚烯烃涂层去除掉)，如图(c)所示(照片由作者提供)

　　当整个涂敷过程完成时，FBE 必须固化完全。固化与时间和温度密切相关，涂敷温度越高，固化交联反应就越快。图 4.26 给出了涂敷温度和冷却速度(与钢管壁厚有关)对固化时间的影响。对于单独的 FBE 涂层体系，时间管理很好理解，也很容易获得粉末的固化曲线。但对于三层涂层涂敷，当熔融聚烯烃涂层与 FBE 接触后，所带来的外部热量将会加速 FBE 的固化过程。另外，由于聚烯烃还是热的不良导体，当管道进入水冷环节后，还将导致管道的冷却速度大大降低。

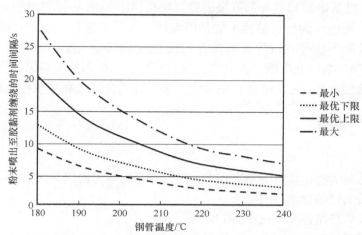

图 4.25　每个 FBE 涂层都有一个最佳的胶黏剂涂敷窗口时间。这个窗口时间取决于 FBE 涂层的固化特性和涂敷时钢管的温度。例如，如果最后一把环氧粉末喷枪喷出至 FBE 和胶黏剂接触的时间间隔为 7s，最佳的管道温度大约为 205～230℃

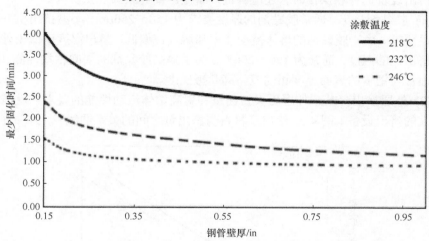

图 4.26　FBE 固化与时间和温度密切相关。对于三层聚烯烃涂层而言，外层聚烯烃是一个热的不良导体，能够促进 FBE 涂层的化学交联。本图是单独 FBE 涂层最短固化时间与壁厚关系的固化曲线

　　FBE 涂层固化不完全将会导致涂层剥离强度测试不合格。失效模式为 FBE 底层的内聚破坏或 FBE 与钢管之间的界面破坏。每种失效模式都可能还有另外

的原因，但这些失效模式都提供了 FBE 涂层未充分固化的预警信息。

印度、巴基斯坦和非洲都曾报道过三层涂层中 FBE 底层与钢管界面剥离的失效案例。报告认为涂层粘接失效是因为技术规范不完善、表面处理和涂敷过程中质量控制不佳[13]。设计规范要求 FBE 涂层的最小厚度为 50μm。测试结果显示底层 FBE 涂层上出现了大量的孔隙，并被胶黏剂和外层聚烯烃所覆盖。对于之后钢管的涂敷，建议增加 FBE 涂层厚度，并完善规范和涂敷控制程序要求。

4.4.5 聚烯烃涂敷

1. 挤出工艺

可供选择的挤出设备类型有很多，进行选择时应考虑以下因素[65]：
- 挤出量的要求
- 聚烯烃熔体流动速率(MFI)范围
- 温度控制
- 低挤出量的能力(低挤出量时的可操作性)
- 混料量的需要
- 添加剂进料

挤出设备选择和操作时，还应咨询设备生产商与聚烯烃供货商。

(1) 胶黏剂挤出。通常胶黏剂的厚度要求为 150～250μm，小型挤出机一般就能满足要求。由于胶黏剂的熔体流动速率和熔点都偏低，挤出温度也低于外层聚烯烃挤出机的温度，通常为 190～200℃。为了提高胶黏剂的层间粘接性能，挤出温度通常与钢管的表面温度相同或略高几摄氏度。

(2) 外层挤出。基于外层更大挤出量和更高熔体流动性能的要求，就需要使用更大的挤出设备。图 4.27 给出了材料与挤出量之间的关系曲线[8]。另一种提高

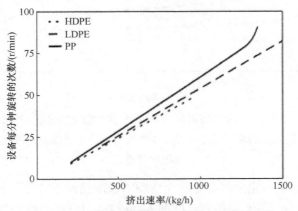

图 4.27 聚烯烃熔体流动特性对挤出量的影响[8]

挤出量的方法是使用多个挤出机。这对于要求厚涂层的四层管道涂层体系非常有用。图 4.28 给出了双挤出机进行外层涂敷时的照片。

图 4.28　同时使用两个或多个挤出机可以增加外层聚烯烃的涂敷速率。挤出机 a 和 b 同时给汇管 c 供料，用于管道聚烯烃涂层涂敷。箭头表示聚烯烃涂层的流动方向(照片由作者提供)

在聚烯烃挤出时，同样存在服役寿命一节所描述的氧化降解问题[53]。这主要是由高温和挤出机的机械剪切应力所致。挤出时的氧化将影响聚烯烃涂层的使用寿命和机械性能。有两种方法可以降低聚烯烃的氧化：

* 降低挤出机温度
* 优化聚烯烃稳定剂

聚烯烃熔体的最高操作温度约为 250℃[53]。挤出熔融温度对材料性能影响的另一个控制措施是 MFR 测试，挤出前后 MFR 的变化率应不高于 10%[22]。图 4.29 是熔体流动速率的测试仪器。"第 2 章　FBE、聚烯烃、底漆和液体修补体系的化学知识"有更为详细的介绍。

为了尽可能降低 UV 降解，应在聚烯烃中添加稳定剂。这些添加剂可分为主抗氧自由基捕捉剂、协同抗氧剂、加工助剂、UV 和热稳定剂。它们作为聚烯烃专用料的一部分，被制造商添加到配方中。

挤出程序的最后一步是利用压辊压平表面，将气泡压出并尽可能增加各层之间的粘接。

三层聚烯烃涂敷时，一个常见问题是管道上凸起的焊缝[66]，这将导致沿焊缝两侧在 FBE 和聚烯烃涂层之间形成空穴。第二个问题是如何确保焊缝部位能够满足最小涂层厚度要求。第三个问题是管道沿传动线水冷时外部聚烯烃涂层的开裂。为避免涂层形成空穴，使用压辊滚压聚烯烃，使其与环氧涂层紧密接触以消除界面

图 4.29　稳定剂是聚烯烃材料的重要组成部分。挤出机温度应尽可能低于 250℃，以尽量降低挤出时材料的热降解。熔体流动速率测试可用来评价材料的降解程度，测试装置如图所示。挤出前后熔体流动速率的变化率应不高于 10%[22](照片由作者提供)

间隙的空气。通过在焊缝区域增加聚烯烃的用量可以有效解决无法满足最低涂层厚度要求的问题。增加涂层厚度的方法有很多，其中一个方法是当焊缝与挤出膜接触时，使管道旋转速度减缓片刻。对于外层聚烯烃的开裂问题，可通过控制涂敷时的钢管温度以及从钢管刚开始水冷至传送到随后传送辊的冷却时间与水冷量来解决。

　　2. 喷涂涂敷

　　在有些防腐厂，胶黏剂通过喷涂方式，聚烯烃通过挤出方式涂敷。这不但节省了另一台挤出机的投资成本，同时降低了所需的设备空间，还增加了 FBE 胶化和胶黏剂涂敷之间时间管理的灵活性。此外，焊缝区域在原 FBE 底层基础上又增加了一层胶黏剂层，进一步降低了在焊缝区域形成空穴的可能性。

　　另一种三层涂敷工艺是使用 FBE 和外层聚烯烃或聚烯烃胶黏剂混合粉末喷涂来替代挤出工艺的胶黏剂[9, 67]。通常，环氧和聚烯烃共混层是分级的。越接近 FBE 层，混合物中 FBE 所占比例就越高；越接近外层聚烯烃，聚烯烃所占比例越高。最后使用纯聚烯烃作为最外层。

　　使用粉末聚烯烃涂敷最大的优势是能够在焊缝区域形成更为均一的涂层厚度，同时还可以消除焊缝处的空鼓问题。但该涂敷工艺限制了外层聚烯烃涂层能够达到的厚度。聚烯烃涂层的热传导性不佳，导致钢管表面热量通过涂层传递到外部的过程非常缓慢，涂层总厚度最大仅能达到 1.5mm 左右。

4.4.6 冷却

三层聚烯烃涂层系统的冷却是整个涂敷过程中的关键环节。这是因为外层聚烯烃是一种热塑性塑料，在通过水冷降温使其变硬之前，它的机械强度非常低。在水冷环节应重点考虑和平衡以下各因素：

- 与传送轮更早接触的部分应快速冷却，使外层聚烯烃充分硬化；
- 管道维持的温度必须能确保 FBE 固化完全；
- 快速冷却会降低聚烯烃的结晶度；
- 快速冷却会增加聚烯烃涂层的内应力；
- 聚烯烃低的热传导性导致钢管很难被快速冷却。

在冷却初始阶段，最好用最小的压力和速度喷出水雾对钢管进行冷却，这可使聚烯烃最外层硬化的同时形成一个光滑的表面。由于聚烯烃材料热传导性较差，如果涂敷时钢管的温度足够高且 FBE 的固化时间与工艺相匹配，通常 FBE 的固化就没有问题。水冷环节的关键是实现管道表面的充分冷却，以避免外层的变形或开裂。这就意味着在涂层与第一个传送轮接触之前，所使用的水量应能满足管道降温的要求。之后的冷却，只需使用维持外层硬化所需的水量即可。一般而言，当前管道与后续管道从连接处断开后，FBE 涂层就已经固化完全了。此时，就可以使用大量的水进行管道冷却。通过对管道内部喷水，可实现更为高效的冷却，如图 4.30 所示。进行管道内冷却时，需要注意的是不要让水回流至正在进行涂层涂敷的区域。

4.4.7 检查

许多规范都要求进行产品质量评定测试，主要包括[32]：

(1) 使用差式扫描量热法(DSC)进行 FBE 固化测试。

(2) 涂层外观检查。检查管道本体及管端，确保管道涂层(包括焊缝区域在内)外观均匀、光滑、无起泡或分层。

(3) 涂层厚度。

(4) 焊接预留段的坡口角度和长度。

(5) 漏点检测。

(6) 硬度。

(7) 冲击测试(图 4.31)。

三层结构涂层涂敷：

聚烯烃冷却

图 4.30　必须使用足够量的水冷却来避免管道面层的变形和开裂。一旦当前管道与正在进行涂敷的后续管道断开，就可以采用内部喷淋方式来加快管道降温。但当管道仍处于连接状态时，不能对管道进行内喷淋，否则冷却水一旦回流至正在进行涂敷的区域，就会快速降低管道温度从而影响 FBE 固化，还有可能滴入回收的粉末中(照片由作者提供)

QA：冲击测试，DIN30670

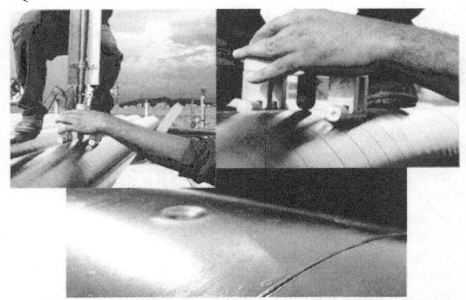

图 4.31　在质量评定过程中经常进行冲击强度测试。但由于冲击测试会破坏涂层与管体的粘接性，因此不被用于质量保证测试

(8) FBE 粘接强度。

(9) 剥离强度。

(10) 压痕硬度。

图 4.32 给出了几个常用于防腐层质量评定的测试项目。一旦开始生产，通常就只需要连续开展外观(包括焊接预留段)和漏点测试。另外，还需要定期开展涂层粘接性能测试，以确保涂敷工艺正确。

三层聚烯烃涂层：检查

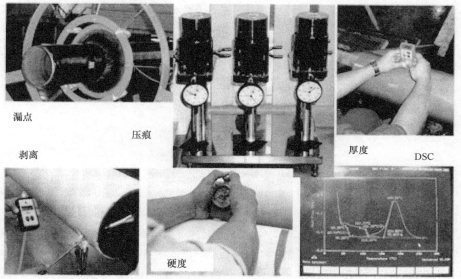

漏点

压痕

剥离

厚度

DSC

硬度

图 4.32 实际测试取决于防腐厂的质量保证程序和业主的技术规范。典型的测试包括漏点检测、厚度、剥离强度、硬度、FBE 固化度(DSC 测试)和聚烯烃的压痕硬度(照片由作者提供)

4.4.8 修补

对于未暴露钢管的小面积防腐层破损，首先应对外层聚烯烃进行粗糙化处理，然后用热熔胶棒进行修补[28, 68-70]，如图 4.33 所示。当破损区域已有钢管暴露且直径小于 25mm 时，首先使用双组分液体环氧修补，然后再使用热熔胶棒修补。对于更大面积的破损，使用双组分液体环氧修补后再使用热收缩带修复。为了获得更好的修复效果(对于高温运行管线，这是必须的)，推荐使用火焰喷涂技术或小型便携挤出机的聚合物挤出修补工艺[19]。

三层聚烯烃涂层涂敷：小缺陷修补

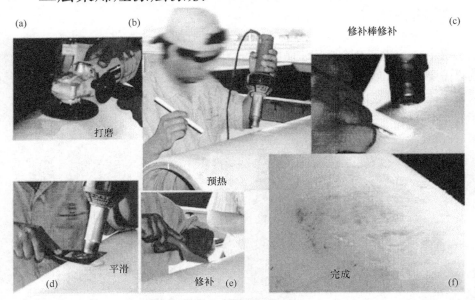

图 4.33　破损区域的大小不同，所采取的修补方法也不相同。对于没有穿透胶黏剂的小面积修补，使用聚烯烃修补棒即可。对于直径小于 25mm 的破损，先使用双组分环氧，再使用热熔胶棒基本上就可以满足大部分规范的要求。对于更大面积的破损，使用双组分环氧外加热收缩带或外部火焰喷涂聚烯烃涂层更为合适。(a) 对破损区域进行打磨处理；(b) 对破损区域周围主管线涂层进行预热处理；(c) 使用热风枪预热熔化聚丙烯修补棒并修补；(d) 使用刮刀，加热并抹平破损区域；(e) 使用刮板进一步刮平、平滑修补区域；(f) 修补完成(照片由作者提供)

4.5　补　　口

　　为有效保护整条管道，管道连接的焊缝区域必须使用和主管线涂层防腐性能相当的材料进行防腐。与 FBE 管道涂层不同，目前三层聚烯烃管道尚无被行业普遍接受的统一补口方案。现有的补口方案有热收缩带、火焰喷涂粉末等方式，每种方式都有其优点和不足，从而影响涂敷工艺、成本、质量和性能[71]，详见"第7 章　补口涂层与内涂层"。可供考虑的补口材料包括[38,69]：

- 双组分液体环氧+多层热收缩带
- 双组分液体环氧或液体聚氨酯涂层——多组分液体(MCL)涂层
- 双组分液体环氧+丙烯酸胶黏剂+聚烯烃
- FBE 补口涂层
- 多层熔结环氧粉末涂层

- FBE 或双组分液体环氧+共挤聚烯烃外层[61,72]
- FBE+胶黏剂+PP 注塑[6]
- FBE+胶黏剂+螺旋缠绕带
- FBE+胶黏剂+直筒缠绕带
- FBE+胶黏剂+火焰喷涂聚丙烯
- 双组分液体环氧+胶黏剂+火焰喷涂聚烯烃
- 热收缩带

管道补口是三层聚烯烃涂层成功应用最为关键的环节。图 4.34 给出了几种补口防腐材料和施工方法。三层聚烯烃涂层阴极保护电流主要消耗于管道的焊缝区域[1]。

三层聚烯烃管道补口：材料和方法的选择

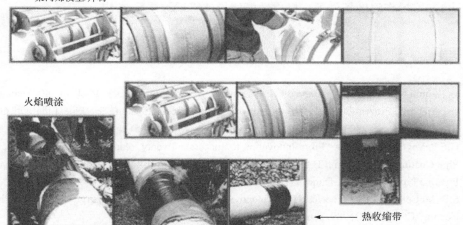

图 4.34 对三层聚烯烃涂层而言，焊缝区域是管道阴极保护电流需求增加的主要原因。目前有多种方法可进行补口材料的涂敷，有些方法补口效果会更好(照片由 PIH、Basell 和 3M 公司提供)

由于 3PE 管道不能使用超过胶黏剂熔点的补口方法，这就意味着无法使用上面所提供的以 FBE 作为底层的补口方式。最常用的方法是热收缩带，其次是双组分涂料以及双组分液体环氧+热收缩带或火焰喷涂聚烯烃粉末等方法。补口的难点在于找到与钢管和聚烯烃涂层均形成良好粘接的材料。

除了与 3PE 管道相同的补口选择之外，由于 3PP 胶黏剂具有更高的熔点，还有其他的补口方式可供选择，最终可达到与主管线涂层相当的性能。如在 FBE 底层上采用火焰喷涂或注塑的方式涂敷外层 PP，但这些涂敷工艺相对成本更高。

4.6　本章小结

当管道存在高涂层损伤风险(厚的聚烯烃材料具有良好的抗冲击性能)或可能在高温运行时(聚烯烃外层的热传导和水蒸气渗透率更低)，基于三层聚烯烃的管道防腐涂层是一种有效的解决方案[28]。

在管道装卸和建设时可能会发生涂层破损，涂层具有高介电强度和好的抗机械损伤性能对确保管道有效防腐是非常必要的，这是三层结构聚烯烃涂层的理论基础[73]。三层聚烯烃涂层在欧洲应用情况良好。设计合理的三层涂层系统可适应更多环境下管道施工的需求，能够满足高温或低温环境下的管道建设[21]。

三层涂层系统最大的优势可能还是在于它可以承受更高的管线服役温度。PP材料有高熔点和低水蒸气渗透率特性，同时配以高交联度的酚醛环氧底漆，可在超过120℃操作温度条件下，提供性能优异的管道涂层系统[11]。

4.7　参考文献

[1] J. Haimbl, Dr. J. Geiser, "Polyethylene Coatings in Europe: A Look Back on 30 Years of Experience," Prevention of Pipeline Corrosion Conference (Houston, Tx: Pipe Line and Gas Industry and Pipes and Pipelines International, Oct. 31-Nov. 2,1995).

[2] H.E.P. Vogt, K. Drochner, "From Innovation to Success—Twenty Years of 3-Layer Polyethylene Pipe Coating Systems from BASF," Pipeline Protection, BHR 14th International Conference on Pipeline Protection, ed. J. Duncan (London: BHR Group, 2001), pp. 41-46.

[3] S.E. McConkey, M.A. Trzecieski, "Development of Three layer High Density Polyethylene Pipe Coating' CORROSION/89, paper no. 415 (Houston, TX: NACE, 1989).

[4] M. Alexander, "High Temperature Performance of Three-layer Epoxy/Polyethylene Coatings," CORROSION/91, paper no. 575 (Houston, TX: NACE, 1991).

[5] DIN 30670, "Polyethylene Coatings for Steel Pipes and Fittings" April 1991 (Berlin, Germany: DIN, 1991).

[6] D. Fairhurst, D. Willis, "Polypropylene Coating Systems for Pipelines Operating at Elevated Temperatures," J. Prot. Coatings Linings 14, 3 (1997): pp. 64-82.

[7] J. Cox, DuPont, telephone conference with author, Mar. 16,2002.

[8] G. Connelly, G. Gaillard, Y. Provou, B. Cavalie, C. Lemaire, R. Locatelli, "Three Layer Epoxy-Propylene Pipe Coatings for use at Elevated Service Temperatures," (London: BHR Group, 1990), pp. 179-188.

[9] M. Wilmott, "The Global Development of Pipeline Coatings," (Gold Coast, Queensland: APIA, Oct. 27-30,2001).

[10] "Laboratory Evaluation of Seven Fusion Bonded Epoxy Pipeline Coatings," (Edmonton,

Alberta, Canada: Alberta Research Council, Dec. 23,1998), Table 8.

[11] G.P. Guidetti, J.A. Kehr, V. Welch, "Multilayer Polypropylene Systems for Ultra-High Operating Temperature," BHR 12th International Conference on Pipeline Protection (London: BHR Group, 1997).

[12] H.K. Sato, S. Funatsu, H. Mimura, H. Yasuda, "Improvement of Cathodic Disbonding Resistance of Three-Layer Polyolefin Coating for Pipelines," Pipeline Protection, BHR 13th International Conference on Pipeline Protection, ed. J. Duncan (London: BHR Group, 1999), p. 102.

[13] K.K. Tandon, G.V. Swamy, G. Saha, "Performance of Three Layer Polyethylene Coating on a Cross Country Pipeline - A Case Study," BHR 14th International Conference on Pipeline Protection, ed. J. Duncan (London: BHR Group, 2001).

[14] R. Norsworthy, Lone Star Corrosion Services, email to author, August 2001.

[15] K. Coulson, "Merits of Multilayer Coatings and their Future in North America/" NAPCA Technical Seminar, Aug. 16, 2000 (Houston, TX).

[16] D. Melot, "Three-Layer Systems for Pipe Protection—Guidelines for the Choice of the Adapted System in Relation to the Evolution of the End User's Requirements," Pipeline Protection, BHR 12th International Conference on Pipeline Protection, ed. J. Duncan (London: BHR Group, 1997), pp. 131-156.

[17] R. Rigosi, G. Guidetti, P. Goberti, "Bendability of Thick Polypropylene Coating," Pipeline Protection, BHR 13th International Conference on Pipeline Protection, ed. J. Duncan (London: BHR Group, 1999), pp. 41-52.

[18] D. Nozahic, L. Leiden, R. Bresser, "Latest Developments in Three Component Polyethylene Coating Systems for Gas Transmission Pipelines," CORROSION/00, paper no. 00767 (Houston, TX: NACE, 2000).

[19] G.L. Rigosi, Basell, correspondence to author, May 9, 2001.

[20] "Plastics Protective Coatings," BASF Technical brochure, November 1992.

[21] G.L. Rigosi, R. Marzola, G.P. Guidetti, "Polypropylene Coating for Low Temperature Environments," The Fourth Annual Conference on the European Gas Grid System," (Amsterdam, May 3-4,1995).

[22] L. Leiden. Borealis Group, fax to author, Mar. 20,2002.

[23] C. Dammer, E. Fassiau, "A MDPE System Designed for Higher Performance Steel Pipe Coating," Pipeline Protection, BHR 13th International Conference on Pipeline Protection, ed. J. Duncan (London: BHR Group, 1999), pp. 83-90.

[24] "Plastics Protective Coatings," BASF Technical brochure, November 1992.

[25] CSA Z245.21-98, "External Polyethylene Coating for Pipe," (Toronto, Ontario: Canadian Standards Association, 1998), Table 3.

[26] ASTM D 4060-95, "Standard Test Method for Abrasion Resistance of Organic Coatings by the Taber Abraser," (West Conshohocken, PA: ASTM, 1995).

[27] ASTM G 14-88 (latest revision), "Impact Resistance of Pipeline Coatings (Falling Weight Test)," (West Conshohocken, PA: ASTM).

[28] G.P. Guidetti, G.Rigosi, R. Marzola, "The Use of Polypropylene in Pipeline Coatings," Prog.

Org. Coatings 27 (1996): pp. 79-85.

[29] CSA Z245.21-98, "External Polyethylene Coating for Pipe," (Toronto, Ontario: Canadian Standards Association, 1998), Table 6.

[30] DIN 30678, "Polypropylene Coatings for Steel Pipes," October 1992 (Berlin, Germany: DIN, 1992).

[31] NF A 49-710, "Steel Tubes - External Coating with Three Polyethylene Based Coating— Application through Extrusion," March 1988.

[32] NF A 49-711, "Steel Tubes Three-Layer External Coating Based on Polypropylene Application by Extrusion," November 1992.

[33] J.W. Cox, "Three Layer High Density Polyethylene Exterior Pipeline Coatings: Job references and Case Histories," Pipeline Protection, BHR 14th International Conference on Pipeline Protection, ed. J. Duncan (London: BHR Group, 2001), pp. 13-22.

[34] I. Fotheringham, P. Grace, "Directional Drilling: What Have They Done to My Coating?" Corros. Mater. 22, 3 (1997): pp. 5-8.

[35] G.P. Guidetti, R. Locatelli, R. Marzola, L. Rigosi, "Heat Resistant Polypropylene for Pipelines," BHR 7th International Conference on Pipeline Protection (London: BHR Group, 1987).

[36] G.L. Rigosi, R. Marzola, G.P. Guidetti, "Polypropylene Thermal Insulated Coating for Pipelines," BHR 11th International Conference on Pipeline Protection, (London: BHR Group, 1995).

[37] M.J. Wilmott, J.R. Highams, "Installation and Operational Challenges Encountered in the Coating and Insulation of Flowlines and Risers for Deepwater Applications," CORROSION/2001, paper no. 01014 (Houston, TX: NACE, 2001).

[38] B. Cavalie, "Happy Birthday' Polypropylene," Pipeline Protection, BHR 12th International Conference on Pipeline Protection, ed. J. Duncan (London: BHR Group, 1997), pp. 91-106.

[39] P. Blome, G. Blitz, "History and Development of Multilayer PE/PP Coatings," NAPCA Multilayer Panel (Houston, TX: NAPCA, Aug. 16, 2000).

[40] P. Blome, G. Friberg, "Multilayer Coating Systems for Corrosion Protection of Buried Pipelines," CORROSION/90, paper no. 248 (Houston, TX: NACE, 1990).

[41] DIN 53383-2, Ausgabe:1983-06 Priifung von Kunststoffen; Priifung der Oxidationsstabilitat durch Ofenalterung; Polyethylen hoher Dichte (PE-HD); Infrarotspektroskopische (IR) Bestimmung des Carbonyl-Gehaltes (Berlin, Germany: DIN, 1983).

[42] CSA Z245.21-98, "External Polyethylene Coating for Pipe," (Toronto, Ontario: Canadian Standards Association, 1998), Section 12.6.

[43] CSA Z245.20-98, "External Fusion Bonded Epoxy Coating for Steel Pipe," (Toronto, Ontario: Canadian Standards Association, 1998), Tables 2 and 3.

[44] CSA Z245.21-98, "External Polyethylene Coating for Pipe," (Toronto, Ontario: Canadian Standards Association, 1998), Tables 4 and 10.

[45] J. Brandrup, E.H. Immergut, eds., Polymer Handbook, 3rd ed. (New York: John Wiley & Sons), pp. VI/435-VI/448.

[46] C.H. Hare, "The Permeability of Coatings to Oxygen, Gases, and Ionic Solutions," J. Prot.

Coatings Linings 14,11 (1997): pp. 66-80.

[47] ASTM G17-88 (1998) "Standard Test Method for Penetration Resistance of Pipeline Coatings (Blunt Rod)," (West Conshohocken, PA: ASTM, 1998).

[48] J. Cox, DuPont, fax to author, Mar. 17, 2002.

[49] L. Rigosi, Basell, Polyolefins, email to author, Mar. 24,2002.

[50] D. Neal, "Pipeline Coating Failure—Not Always What You Think It Is," CORROSION/00, paper no. 00755 (Houston, TX: NACE, 2000).

[51] D. Neal, "Fusion-Bonded Epoxy Coatings: Application and Performance," (Houston, TX: Harding and Neal, 1998), p. 58.

[52] C. Croarkin, P. Tobias, Technical eds., "SEMATECH Engineering Statistics Internet Handbook, http:/www.itl.gov/div898/handbook/index.htm (Mar. 26,2002).

[53] R. Rigosi, G. Guidetti, "Polypropylene Coating for Pipelines—Influence of the Extrusion Process on the Predicted Coating Lifetime," Pipeline Protection, BHR 12th International Conference on Pipeline Protection, ed. J. Duncan (London: BHR Group, 1997), pp. 115-130.

[54] A.J. Doheny, C.W. Dupuis, A.G. Marquis, "Service Lifetime of Polyolefin-Based Pipeline Coatings by Accelerated Testing of Thermal Stability," CORROSION/98, paper no. 610 (Houston, TX: NACE, 1998).

[55] G. Geuskens, ed., Degradation and Stabilization of Polymers (London: Applied Science Publishers, 1975), pp. 77-94.

[56] ASTM D 3012-00 "Standard Test Method for Thermal-Oxidative Stability of Propylene Plastics Using a Specimen Rotator Within an Oven," (West Conshohocken, PA: ASTM, 2000).

[57] ISO 4577:1983, "Plastics—Polypropylene and Propylene-Copolymers—Determination of Thermal Oxidative Stability in Air—Oven method," (Geneva, Switzerland: International Organization for Standardization, 1983).

[58] A.J. Doheny, C.W. Dupuis, A.G. Marquis, "Service Lifetime of Polyolefin-Based Pipeline Coatings by Accelerated Testing of Thermal Stability," CORROSION/98, paper no. 610 (Houston, TX: NACE, 1998), Table 1.

[59] UL 746b, "Polymeric Materials—Long Term Property Evaluations," (Northbrook, IL: Underwriters Laboratories, Inc., 2000).

[60] G.P. Guidetti, A.J. Paul, E.M. Phillips, G.L. Rigosi, "New Polypropylene (PP) Over Fusion Bonded Epoxy (FBE) Tri-Layer Field Joint Coating System for Lay Barge Application," unpublished, 1999.

[61] A. Nickey, S. Adams, E. Phillips, H. Hernandez, "Three-layer Coating Works for Hot-Oil System in California," Pipeline Digest reprint, Fall 1998.

[62] G. Higgins, J.P. Cable,"Aspects of Cathodic Disbondment Testing at Elevated Temperature," Ind. Corrosion 5,1 (1987).

[63] C. Bates, "Chemical Treatment Enhances Pipe Coating Quality," Pipe Line Industry, September 1989, pp. 34-39.

[64] T. Fauntleroy, J.A. Kehr, "Quality Control," Fusion-Bonded Epoxy Application Manual (Austin, TX: 3M, 1991).

[65] K.S. Whiteley, T.G. Heggs, H. Koch, R.L.Mawer, W. Immel, "Polyolefins—Polypropylene," Ullmann's Encyclopedia of Industrial Chemistry, Wiley-VCH Verlag GmbH, Weinheim, Germany, 2001, http://www.interscience.wiley.com (FBE. 16,2001).

[66] C. Steely, "Weld Seams: a Weak Link in the Chain of a Coating System?" MP 33 (1994).

[67] D. Wong, J. Holub, J.G. Mordarski, "High Performance Composite Coating," US Patent 5,300,336, Apr. 5,1994.

[68] P. Singh, A.I. Williamson, "Development of a High Performance Composite Coating for Pipelines," 1999 Western Conference (Calgary, Alberta: NACE International Northern Area, Mar. 8-11,1999).

[69] P. Singh, J. Cox, "Development of a Cost Effective Powder Coated Multi-Component Coating for Pipelines," CORROSION/00, paper no. 00762 (Houston, TX: NACE, 2000).

[70] A.A. Castro, W.J. Kresic, B.R. Scott, "Pipeline External Corrosion Management and Construction Methodology for Athabasca Pipeline," 1999 Western Conference (Calgary, Alberta: NACE International Northern Area, Mar. 8-11,1999).

[71] D. Neal, "Comparison of Performance of Field Applied Girth Weld Coatings," MP 36,1 (1997), pp. 20-24.

[72] R. Marzola, G.L. Rigosi, "Process for Repairing Exposed or Damaged Parts of a Plastic Coatings on Metal Tubing by Coating or Patching the Area with an Adhesive Polymer Composition," US patent 5,256,226, Oct 26,1993.

[73] P. Blome, G. Friberg, "Multilayer Coating Systems for Buried Pipelines/' MP 30 (1991): pp. 20-24.

第 5 章　FBE 管道内涂层

5.1　本 章 简 介

➢　为什么要使用以及什么情况下需要使用内涂层
➢　内涂层的选择：取决于用途
➢　FBE 内涂层
➢　内涂层性能测试与评价方法
➢　FBE 内涂层涂敷
➢　管道内焊缝和连头处的 FBE 涂层、液体内防腐涂层或机械接头

5.2　为什么要使用内涂层

近 50 年来，塑料内衬在井下套管中得到了成功应用[1]。在差不多同一时期，内涂层在输水和输气管道中被用于减缓腐蚀和提高输送效率。此外，内涂层还可避免输送产品被污染。

5.2.1　腐蚀控制

与外涂层类似，内涂层同样被用于阻隔外部环境中的腐蚀介质与管道直接接触。此外，内涂层具有电绝缘性，可实现管道内壁阳极和阴极面积的最小化。金属的一般腐蚀机理是氧气、水与金属发生反应，如式(5.1)～式(5.3)所示[2]。

$$2Fe \longrightarrow 2Fe^{2+}+4e^- \tag{5.1}$$

$$2H_2O+O_2+4e^- \longrightarrow 4OH^- \tag{5.2}$$

$$2Fe^{2+}+4OH^- \longrightarrow 2Fe(OH)_2 \tag{5.3}$$

图 5.1 给出了随内涂层使用比例增加，腐蚀失效比例逐渐降低的历年数据。

油气输送管道介质中经常含有二氧化碳和硫化氢，它们都是活性腐蚀介质。此外，它们还能渗透到涂层中，导致快速泄压时涂层起泡。管输介质的组成不同，导致腐蚀的机理也不相同。

二氧化碳对钢的腐蚀通常被称为甜蚀，如式(5.4)和式(5.5)所示。

$$CO_2+H_2O \longrightarrow H_2CO_3 \tag{5.4}$$

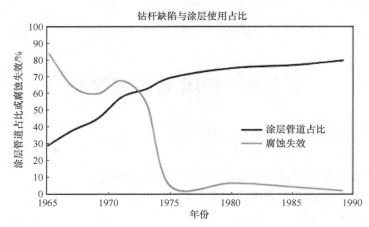

图 5.1　尽管还有其他影响因素，但随着钻杆内涂层使用比例的增加，腐蚀失效的比例在逐渐
降低[3]

$$Fe+H_2CO_3 \longrightarrow FeCO_3+H_2 \tag{5.5}$$

硫化氢和金属的化学反应被称为酸性腐蚀，如式(5.6)～式(5.8)所示。

$$H_2S+Fe \longrightarrow FeS+H_2 \tag{5.6}$$

$$H_2S+FeCO_3 \longrightarrow FeS+H_2CO_3 \tag{5.7}$$

$$H_2S+Fe(OH)_2 \longrightarrow FeS+2H_2O \tag{5.8}$$

腐蚀过程中氢气的释放能够导致钢的氢脆和断裂敏感性问题。

5.2.2　水力效率

　　尽管使用添加剂来替代内涂层也可以降低管道腐蚀风险，但内涂层还可以增加输送介质的流动效率。光滑的内表面降低了气体或液体在管道输送时的摩擦阻力[4]。

　　使用内涂层不但可以减缓管道的内壁腐蚀，还能提高介质的流动效率。图 5.2 表明内涂层对于小直径管道水力效率的提升更为显著。对于大口径管道，使用 50～100μm 的内减阻涂层(如双组分液体环氧)有利于提高输送效率。通常，只有当腐蚀问题是影响管道安全的因素时，使用 FBE 作为内涂层才更有价值。

　　后面将通过对比输水管道使用 FBE 和混凝土两种不同粗糙程度的内涂层来说明不同涂层对输送效率的影响。实际上，一般不用混凝土作为管道内涂层，更多使用的是水泥砂浆。不同文献对不同内涂层有不同的取值。

　　此外，还有另外的方法可用来进行对比计算，尽管每种方法给出的结果略有不同，但能够给出相对相似的结果。

与裸管流动效率提升的对比

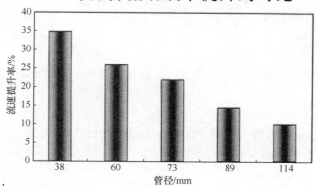

图 5.2　光滑的内涂层提高了管道的水力效率并减少了内壁结垢。本图给出了同等口径管道，裸管和涂敷内涂层后管道输送效率的对比情况。从图中可以发现，内涂层对小直径管道流动效率的提升更为显著[2,3]

1. FBE 涂层的优势

1) 表面更光滑：

FBE 涂层的表面粗糙度通常在 3.5~4.0μm。对于新涂敷的混凝土，其表面粗糙度在 300μm~3mm。FBE 涂层的 Hazen-Williams 系数为 150，相比而言混凝土为 100，离心搅拌水泥砂浆为 135[5,6]。光滑的管道内壁具有以下优点：

(1) 流量更大并能降低压缩站之间的压力降。
- 降低了压缩机或泵的投资成本(额定功率更小)
- 降低了压缩机或泵的运营成本(燃料消耗量更低)
- 压缩机或泵的维护成本更少
- 降低了获得相同流量时所需的管道直径

(2) 管道内表面沉淀物累积更少。
- 节省了管道清洁和维护成本
- 减少了沉淀物累积所带来的微生物危害

2) 涂层总厚度更薄

规范中一般要求 FBE 涂层厚度为 350~450μm。混凝土内涂层的厚度通常为 12~32mm。更薄的 FBE 涂层具有以下优点：

(1) 减小了管道的总质量。
- 管道装卸和安装更加容易
- 降低了管道的运输成本
- 减少了安装设备的磨损

(2) 同等管径大小情况下流量更高。

- 泵的维护成本更低
- 输出功率更高，水头损失更低

5.2.3 计算示例

FBE 与混凝土的流量和成本对比[7]，详见式(5.9)～式(5.14)。

1. 计算参数

Hazen-Williams 系数：混凝土(C_{conc})=100；FBE(C_{FBE})=150；
管道长度 L=50km=50000m；
管道壁厚 W=6.5mm；
水流速度 V=2.6m/s；
管道内径 d=628mm=0.628m；
FBE 厚度=350μm=0.35mm=0.00035m；
混凝土厚度=13mm=0.013m；
管道有效内径：FBE 为 0.628–2(0.00035)=0.6273m，混凝土为 0.628–2(0.013)=0.602m。

2. Hazen-Williams 公式

$$V = 0.355CD^{0.63}S^{0.54} \tag{5.9}$$
$$Q = 0.279CD^{2.63}S^{0.54} \tag{5.10}$$

式中：V 为流速，m/s；Q 为流量，m³/s；C 为 Hazen-Williams 系数；D 为水力直径；S 为水力坡度，$S=H_1/L$；H_1 为流动摩擦阻力所产生的水头损失，m；L 为管道长度，m。

3. 体积流量计算示例

$$
\begin{aligned}
Q &= VA \\
Q &= V(\pi d^2/4) \\
Q_{FBE} &= 2.6\text{m/s}\times(3.14\times(0.6273\text{m})^2/4) \\
&= 0.80\text{m}^3/\text{s} \\
&= 0.80\times3600\times24\times365\text{m}^3/\text{a} \\
&= 25228800\text{m}^3/\text{a} \\
Q_{conc} &= 2.6\text{m/s}\times(3.14\times(0.602\text{m})^2/4) \\
&= 0.74\text{m}^3/\text{s} \\
&= 0.74\times3600\times24\times365\text{m}^3/\text{a} \\
&= 23337000\text{m}^3/\text{a}
\end{aligned}
\tag{5.11}
$$

式中：A 为管道内径的截面积。

4. 基于 Hazen-Williams 公式的水头损失计算示例

$$水头损失(H_1) = \left(6.78L/d^{1.165}\right)(V/C)^{1.85} \tag{5.12}$$

(1) 对于 FBE 内涂层管道：

$$H_{\text{FBE}} = (6.78 \times 50000\text{m})/(0.6273^{1.165})\text{m} \times ((2.6\text{m/s})/150)^{1.85}$$

$$= (339000\text{m}/0.57\text{m}) \times 0.000552$$

$$= 328\text{m}$$

(2) 对于混凝土内涂层管道：

$$H_{\text{conc}} = (6.78 \times 50000\text{m})/(0.602^{1.165})\text{m} \times ((2.6\text{m/s})/100)^{1.85}$$

$$= (339000\text{m}/0.55\text{m}) \times 0.00117$$

$$= 721\text{m}$$

从式中可以发现，相比混凝土内涂层，FBE 内涂层管道的水头损失减少了45%。

5. 每年能耗计算示例

$$P = (\rho g Q H)/(\eta_\rho \eta_\text{m}) \tag{5.13}$$

式中：P 为能量消耗；ρ 为水的密度，996kg/m^3；g 为重力加速度，9.8m/s^2；H 为动态水头损失；η_ρ 为泵的效率；η_m 为电机效率。

式中动态水头损失可通过下式得到：

$$H = H_\text{s} + H_1 + V^2/2g + [1000 \times (P_\text{d} - P_\text{s})/\rho] \tag{5.14}$$

式中：H_s 为总静态水头(水位在高度方向的变化)，m；H_1 为总摩擦损失，m；$V^2/2g$ 为出口速度水头，m；P_d 为出水截面压力，kgf/cm^2；P_s 为吸水截面压力，kgf/cm^2。

(1) 对于 FBE 内涂层管道：假设 H_s=20m，η_ρ=85%，η_m=90%，

$$H = 20 + 328 + [2.6^2/(2 \times 9.8)] + 0$$

$$= 348.3\text{m}$$

$$P = (996 \times 9.8 \times 0.80 \times 348.3)/(0.85 \times 0.9)$$

$$= 3555228\text{W}$$

$$= 3555\text{kW}$$

$$每年操作成本 = P \times 24(每天的操作小时数) \times 365 \times (电费/(kW \cdot h))$$

$$= 3555 \times 24 \times 365 \times \$0.06$$

$$FBE成本 = \$1868000/a(0.80m^3/s)$$

式中：电费为 $\$0.06/(kW \cdot h)$，即 FBE 内涂层管道，流量为 $0.80m^3/s$ 时，每年的成本为 1868000 美元。

(2) 对于混凝土内涂层管道：假设 $H_s = 20m$，$\eta_p = 85\%$，$\eta_m = 90\%$，

$$H = 20 + 721 + [2.6^2/(2 \times 9.8)] + 0$$

$$= 741.3m$$

$$P = (996 \times 9.8 \times 0.74 \times 741.3)/(0.85 \times 0.9)$$

$$= 6999221W$$

$$= 6999kW$$

$$每年操作成本 = 6999 \times 24 \times 365 \times \$0.06$$

$$FBE = \$3680000/a(0.74m^3/s)$$

6. 泵基建费用投资计算示例

以 50km 管线，每个站使用 500HP 泵为例：

(1) 对于 FBE 内涂层管道：

$$所需泵的数量 = (3555kW \times 1.341HP/kW)/500HP$$

$$= 9.53$$

$$= 10台(可形成0.80m^3/s的输送量)$$

(2) 对于混凝土内涂层管道：

$$所需泵的数量 = (6999kW \times 1.341HP/kW)/500HP$$

$$= 18.77$$

$$= 19台(可形成0.74m^3/s的输送量)$$

5.2.4　小结：水力效率

通过上述对输水钢管内涂层的计算可以发现，增加内壁光滑度以及使用更大内径的管道，FBE 内涂层能够节省更多的能耗成本。此外还能节省设备的资本支出，包括额外泵站及泵房的建设。在相同流量下，还能选用更小直径的管道。其

他优点还包括：能够以更高的压力进行介质输送，特别是管道内壁有焊缝时。这样就可以通过减少泵站的数量来显著节约建设成本(如油田管道压力可以达到 6MPa，输水管道的压力可以达到 1.4～2MPa)[8]。

另外还需要考虑的因素是使用混凝土和 FBE 内涂层对管道额外质量的增加量。管道质量的增加意味着单位长度管道更重，在管道建设期间就需要花费更多的运输成本。

5.3　什么情况下管道需要使用内涂层？对内涂层的要求是什么？

在使用管道的许多领域，内涂层都得到了应用，包括：
- 钻杆、套管和油井管
- 集输管道
- 输水和注水管道
- 浆体输送管道

5.3.1　钻杆、套管和油井管

在油气开采中，使用钻杆进行钻采作业，直径通常为 8～20cm。钻杆很重，因此用于钻杆的涂层材料应具备一定的柔韧性，以适应由自重所引起的钻杆伸长。此外，在钻井作业中还会发生钻杆扭曲。钻井完成后，移除钻杆，装入套管。在套管内安装油管或井下注入管。套管直径范围通常为 4～9cm，有时需要涂敷内涂层以防止腐蚀。井下注入管和油管可选用相同的涂层材料，但在进行材料选择前需明确具体的规范要求。内涂层的主要目的是在金属管和腐蚀介质间起到阻隔作用，以抵抗介质腐蚀。随着内涂层的广泛使用，油管的腐蚀问题也在逐渐减少，如图 5.1 所示。使用内涂层的另一个优点是管道内壁更光滑，有效降低了内壁结垢和蜡沉积风险，提高了水力效率。新无缝钢管的理论 Hazen-Williams 系数是 100，涂敷内涂层后理论 Hazen-Williams 系数是 140～150[9]。这就意味着对于管径为 50mm～100m 的相同钢管，流动效率可以提高 15%～25%。

降低管道内壁结垢和蜡沉积是油管使用内涂层的另一个原因。油管内壁结垢取决于过饱和度、结垢材料的化学结构和储层流体的特性。当输送介质在井内上升时，温度和压力会发生变化，使结垢物质的溶解度降低，形成结晶。可结垢物质包括方解石(碳酸钙)、石膏及硬石膏(硫酸钙)、硫酸钡和硫酸锶。注入管的结垢还取决于注入介质的化学性质。储层流体在从地下到达地面的过程中温度会逐渐降低，油管内壁会发生石蜡或沥青质的沉积。未涂敷内涂层的钢管表面相对粗糙，容易形成结垢、结蜡或沥青质结晶的成核点。油管内壁形成结垢和沉积后，不但减少了管道的有效截面积，降低了流体输送效率，还形成了内壁的腐蚀风险点。涂敷内涂层所形成的光滑表面降低了结垢物质与内壁的结合强度，更容易被清除掉[2]。

1. 内涂层油管和注入管操作方面的注意事项

一旦决定在油管中使用内涂层，就需要考虑相关操作因素来降低投资风险。增产时，油井中所使用的酸和溶剂能够对内涂层造成破坏[1,11]。使用冷却或稀释后的酸溶液可以减少对内涂层的侵蚀。在增产处理后，需立即对管道进行彻底冲洗。

钢丝绳作业(上升和下降工具)是内涂层破损的主要原因。所使用的工具应无锋利的边缘以消除印痕。应尽可能降低作业工具的移动速度(最大不能超过30m/min)，这将有助于减少涂层破坏。应保持重量指示器正负载，以防止作业工具自由下落。由于可能会发生因冲击和钢丝绳磨损导致的涂层破损，因此除了内涂层之外，还应考虑使用化学缓蚀剂来降低内壁腐蚀[15]。

回收方法的改变会影响泵流的组成。例如，CO_2 注入会产生高腐蚀性环境，能够显著改变外部环境对内涂层的影响[10]。对于开采过程中可能发生的各种情况，在涂层选择阶段就需要提前谋划。

5.3.2　集输管道

除了钢丝绳作业破坏之外，钻杆和油管对于内涂层的性能要求同样适用于集输管道。这是因为从井中产出的流体输送至处理点时，所输送的介质状况大部分还是相同的。

但还有其他因素仍需考虑。有些情况下，管道铺设时需要进行弯曲以适应地形变化，这时涂层的柔韧性就非常重要。集输管道通常采用焊接，而不采用螺纹方式进行钢管连接。在钢管涂敷时，就需在连接处保留无涂层的焊接预留段。当所输送介质存在腐蚀性问题时，对内焊缝区域的保护就变得非常重要了。更多技术细节，详见"第7章 补口涂层与内涂层"。当管道不存在内腐蚀风险时，通常使用双组分液体涂料作为内减阻涂层。

5.3.3　输水和注水管道

被广泛使用的 FBE 涂层系统可以满足输水管道对耐化学介质腐蚀的性能要求。图 5.3 是输水管道内涂层的照片。当输送介质中含有 H_2S 和 CO_2 时(含量比油气钻采管道输送介质中要低很多)，运行温度是内涂层选择的影响因素。一般而言，输送管道需要重点考虑的是输水状态下涂层粘接强度的保持率和铺设时确保涂层无开裂的柔韧性。有时候可能需要在管道运行温度和涂层柔韧性之间进行权衡。这种情况下，设计时就需要充分考虑管道涂层所能够承受的最大弯曲度。

图 5.3　对于输水管道而言，最为重要的性能是输水状态下涂层的粘接强度和管道铺设时涂层的柔韧性。与水泥混凝土管道或水泥砂浆内涂层相比，FBE 内涂层可以显著提高输水管道的输送效率(照片由作者提供)

饮用水的品质是非常重要的，同时油气开采时回注水的品质也非常重要。如果采用海水回注，硫还原菌能够将硫酸根离子转化为硫化氢。硫化氢与铁反应形成硫化亚铁，形成堵塞，导致油田产能降低。这种情况下，内涂层能够在最大限度降低管道内壁铁元素与硫化氢反应方面发挥重要作用[2]。

5.3.4　浆体输送管道

浆体输送管道需要同时考虑金属的腐蚀和磨蚀问题。磨蚀是由摩擦所造成的金属缺失。腐蚀和磨蚀之间具有协同效应，复合磨蚀的腐蚀速率要远高于单纯的磨蚀速率和腐蚀速率。通过降低腐蚀速率，内涂层可显著降低管道内壁的金属损失[12]。最终是否涂敷内涂层，通常取决于管道内涂层成本和腐蚀控制、换管或增加钢管壁厚成本之间的对比。

粒径、形状和角度、浆体浓度和流速都会影响管道的磨蚀速度。流速提高导致磨蚀速度显著增加。此外，粒径增大也会增加磨蚀速度，如图 5.4 所示。这是由于粒径增大就需要更高的流速来确保浆体处于悬浮液的状态,因此合适的粒径分布能够显著降低管道的磨蚀速度。Gandhi 认为当流速小于 3m/s 时,磨蚀损失会很小[13]。

内涂层还能防止铁腐蚀产物的形成，这些腐蚀产物可能会污染所输送的流体，或者造成阀门和限位装置堵塞。除内涂层之外，还可通过除氧和添加石灰提

浆体管线： 流速和粒径大小

浆体：质量损失与流速10h, 粒径大小为112μm

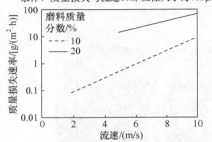

浆体：质量损失与流速2h, 8m/s, 磨料质量分数10%

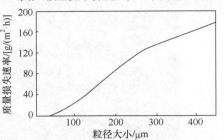

图 5.4　实验室使用金刚砂(98.5% Al_2O_3 和 0.8% Na_2O)通过旋转盘试验研究流速、浆体浓度和粒径大小对 FBE 涂层的磨损程度[12]

高 pH 值来减少腐蚀。在输送含有耐磨性物质的流体时，工程设计时应避免快速流向变化和湍流，来最大程度上减少磨蚀和压力损失[14]。即使浆体管道使用了内涂层，但其也有固定的使用寿命，在整个管道服役期间有可能还需要更换。

5.4　内涂层的选择

5.4.1　钻杆和油井管

在进行钻杆和油井管内涂层选择时，需考虑以下影响因素(图 5.5)。

1. 物理性能

(1) 断裂伸长率。钻柱自重导致管道被拉长。在底部钻头开始转动之前，钻杆本身需要先经过多次旋转。定向钻采时，管道的弯曲半径很大，管道不会发生永久性形变，因此涂层的伸长率并不会达到极限值。但在使用刚性涂层时，断裂伸长率则是重要的性能指标。钻杆卡紧是安装过程中必不可少的部分。但钻杆卡紧会导致钢材变形，因此需要内涂层具有一定的柔韧性[2,3]。

(2) 冲击强度(正冲和反冲)[15]。

· 作业工具
· 管道装卸

(3) 耐磨性。

· 含沙砾油气采出
· 钢丝绳磨损

2. 环境条件

(1) pH 值。

内涂层

• 涂敷商的要求	• 业主的要求
——粉末涂敷特性	——操作温度
——固化、胶化和流动特性	——压力
——稳定性	——化学环境
	——认证/规范
	——操作

(a)

耐化学介质
浸泡测试

(b)

图 5.5　(a) 使用粉末涂敷时，FBE 必须满足防腐厂的要求，其中涂敷和固化特性都是非常重要的工艺参数。施工时，涂层的抗破坏能力会影响建设成本。业主方会更关注与管道抗破损能力相关的性能测试。(b) 耐化学介质浸泡测试(照片由作者提供)

(2) 温度：井下高温会增加管道腐蚀和涂层的降解速率。

(3) 压力：油井管内的高压会导致 CO_2 和 H_2S 渗透至涂层内部，降压时将引起涂层起泡。

(4) 液相和气相的化学介质组成。

3. 涂敷特性

(1) 粉末涂敷特性：可喷性、抗结团性。

(2) 固化、胶化和流动特性。

(3) 储存稳定性。

需要对涂层材料的配方和性能要求进行权衡。高温、高压和高腐蚀性环境的油井和气井需要管道涂层具有更高的交联度，但交联度越高，涂层的柔韧性就越差。此外，为了降低涂层的渗透性，往往需要在配方中添加更多的填料，这也会降低涂层的柔韧性。当填料添加量超过一定比例时，还会降低涂层抗钢丝绳破坏的能力[15]。在内涂层选择时，不应把单一性能作为唯一的标准。图 5.6 和图 5.7 给出了影响涂层性能的变量和配方选择。

使用底漆能够极大提高涂层的粘接强度和抗起泡能力。当介质中含有 H_2S 和 CO_2 时，使用底漆就更为重要了，如图 5.8 和图 5.9 所示。

警告：尽管作为内涂层使用时有效，但由于大多数酚醛底漆易发生阴极剥离，在将其用作管道外涂层底漆使用时仍需要慎重考虑。大部分底漆都含有挥发性有机物(VOCs)，一些环境法规可能会限制其在管道上涂敷应用。

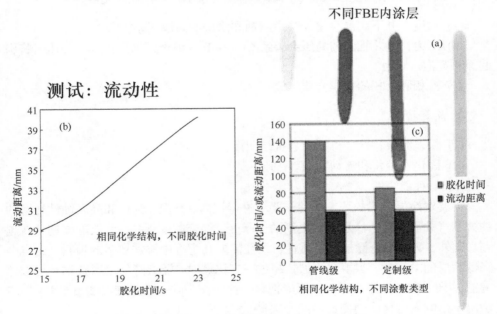

内涂层

内涂层的选择

	断裂伸长率	$T_g/℃$	酚醛底漆	后固化	钢丝线	NSF	测试
A							
H	6%	105	否	否	+	是	水
I	4%	107	否	是	++	是	热水
	4%	107	是	是	++	否	3%CO₂
K	6%	117	否	是	++	否	3%CO₂
K	6%	117	是	是	++	否	100%CO₂
L	1.5%	166	否	否	+++++	否	100%CO₂

图 5.6　进行内涂层选择时应评估其综合性能，必须匹配安装和服役对材料性能的要求

不同FBE内涂层

测试：流动性

图 5.7　在一些情况下，某些涂敷特性的变化不会对涂层性能产生实质性的影响。(a) 例如，粉末平板/斜板流动性这一重要的涂敷特性就是一个变量。平板/斜板流动性是提供粉末胶化之前流动特性的实验室测试。(b) 相同化学结构，胶化时间不同，粉末的流动性随之发生变化。(c) 相同化学结构，不同适用情况时，粉末的流动性相同但胶化时间不同

底漆使用

相同涂层

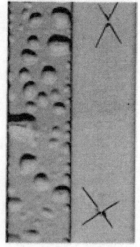

高温高压实验
95℃, 20MPa
24h

无底漆　　　　有底漆

图 5.8　根据涂层材料的要求，当内涂层与 H_2S 和 CO_2 介质接触时，涂敷底漆可能会提升涂层的性能(照片由 3M 公司提供)

内涂层选择

高温高压测试

温度/℃	93	93	135
压力/MPa	13.8	0.2	44.6
试验周期/h	16	24	24
液相	5%NaCl	15%HCl	34%盐水、33%煤油和33%甲苯
气相	5%CO_2、94.5%甲烷	空气	25%CO_2、75%甲烷
泄压	冷却4h后快速泄压	强制冷却至环境温度后泄压，周期不少于5min	在测试温度下泄压，周期不少于5min
结果			
涂层E	通过	未测试	未测试
涂层F	通过	通过	未测试
涂层G	通过	通过	未测试
涂层H	通过	通过	通过

图 5.9　钻杆内涂层的选择是非常复杂的，需要考虑的因素主要包括压力、温度、CO_2 和/或 H_2S 含量。对内涂层测试时，高温高压试验可以将涂层暴露在与油气井中相近的气相和液相环境中

5.4.2 可供选择的内涂层体系都有哪些?

除了 FBE，还有许多有机涂层可作为管道内涂层使用，混凝土涂层也是其中的一种选择[16,17,19.21]。

- FBE
- 酚醛树脂
- 聚氨酯
- 尼龙
- 改性环氧-酚醛树脂
- 聚烯烃
- 橡胶
- 混凝土

(1) FBE。合适的配方设计下，FBE 内涂层可具有良好的柔韧性、耐盐水、耐二氧化碳和抗腐蚀性。改进的配方设计，提高了 FBE 涂层耐高温和耐化学介质腐蚀的能力，可以承受 150℃甚至间断性更高的操作温度[3]。为了达到最佳性能，涂层厚度应不低于 350μm。此外，环氧粉末涂敷工艺简单，可一次成膜(不同于多层体系需要多次涂敷)，显著提高了生产效率。FBE 无 VOCs 挥发，环境友好。

(2) 酚醛树脂。酚醛树脂是通过苯酚和甲醛反应所合成的，它是历史最为悠久的合成树脂[18]。酚醛树脂在高温和高压环境中性能优异。酚醛树脂基内涂层水蒸气渗透率低，且具有良好的耐 CO_2 性、耐溶剂性和耐磨性。但抗冲击性能差、柔韧性低以及耐腐蚀性一般等问题限制了它的应用。酚醛树脂具有气体渗透性，厚度一般不超过 125～200μm。液体酚醛必须多道涂敷，才能达到规定的厚度，同时也便于溶剂的挥发。

(3) 聚氨酯。聚氨酯涂层由于其良好的耐磨性和柔韧性，近些年应用范围越来越广。

(4) 尼龙。目前作为内涂层使用的尼龙粉末具有良好的柔韧性和耐磨性，同时耐盐水和抗冲击性能也很优异。但尼龙涂层的耐温性较低，对硫化氢也非常敏感，耐酸性差。

(5) 改性环氧-酚醛树脂。与酚醛树脂相比，改性的环氧-酚醛树脂内涂层柔韧性和耐腐蚀性都有所提高，但操作温度和耐酸性都有所降低，同时水蒸气渗透率也有所增加。

(6) 橡胶。橡胶常作为运输化学介质或浆体类装置的内衬使用。涂层厚度通常为 3～6mm，最高可达到 25mm。可供选择的橡胶内涂层包括天然橡胶、丁基橡胶、EPDM 和丁腈橡胶[19]。

（7）混凝土。最初，水泥砂浆作为铸铁管道的内涂层来抵抗腐蚀。除了考虑单位面积涂敷的成本之外，还有其他几方面的影响因素需考虑[20]。混凝土内涂层的厚度一般会达到几毫米，降低了管道的内径。排水管道由于无法充分流动，微生物和湿气积聚并将 H_2S 转化为硫酸，容易造成混凝土侵蚀[21]，因此就需要再增加额外的保护。此外，软水和酸水能够侵蚀混凝土或砂浆，导致内涂层开裂、失效和管道堵塞。即使混凝土具有钝化的特性，盐水也会造成腐蚀。

5.5　为什么选择 FBE？

（1）FBE 的应用历史：目前，FBE 已被明确指定作为石油、天然气和输水管道的内涂层使用，也已被澳大利亚和中东海水淡化厂作为装置的内涂层使用，还被用作天然气长输管道和油井管内涂层使用[18, 22]。此外，FBE 还作为酸性原油管道的内涂层使用[23]。

在输水领域，FBE 涂层的厚度比水泥砂浆内衬更薄，因此管道的直径可以更小，从而减少了管道的体积和质量，更有利于管道运输、装卸和安装。与无内涂层或水泥砂浆内衬的管道相比，FBE 内涂层更为光滑和坚硬，降低了输送时的摩擦阻力，提高了输送效率，节省了能源消耗以及泵或压缩机的投资成本。在加利福尼亚，FBE 作为阀门、泵和管件的涂层应用于供水和污水处理系统已有近 30 年的历史。此外，FBE 还被用于卤水管道输送，用于解决管道磨蚀-腐蚀问题和一般腐蚀性问题[22]。FBE 已在高含砂海水冷却管道中得到应用，应用 10 年后，经检测涂层性能良好。FBE 涂层被应用于美国海军潜艇和水面舰艇的阀门和管道系统，并在输送泵领域已有 20 年的使用历史，有效防止了泵的气蚀和泥浆破坏。英国自 1978 年开始就将 FBE 涂层应用于饮用水管道领域，涂敷面积超过了 20 万 m^2 [24]。各国针对饮用水的要求制定了不同的规范，如图 5.10 所示。

内涂层的选择

饮用水认证示例

标准规范
AWWAC-213/C550
German KTW-Empfehlungen
UK Wrc-BS-6920
UK WIS 4-52-01 Part 1
US NSF Standard 61
AS/NZ 4158

图 5.10　在涂层选择时另一个重要考虑，特别是饮用水，需要通过已有规范的认证

大部分规范要求，单层 FBE 的涂层厚度应不低于 350μm。作为管道内涂层使用的环氧粉末，是 100%固体分涂料，无 VOCs 挥发。

5.5.1　小结：内涂层选择

由于内涂层的应用领域更为广泛，内涂层比外涂层的选择过程就更为复杂。需要对管道内部输送介质的特定环境，以及候选涂层材料的性能有更为充分的了解。

5.6　测 试 方 法

根据 NACE 1G88 的规定，"内涂层的选择主要取决于预期的服役情况、实验室测试和经验。多种涂层在许多领域都可应用，包括普通服役环境(如低压、低温、淡水环境)和严苛服役环境(如高压、高温、气液交替、酸盐水、硫化氢、二氧化碳等环境)。大多数生产商能够提供所生产涂层在不同环境下的性能测试数据。此外，用户还可开展针对特定环境下的实验室测试来进行筛选"[25,26]。

5.6.1　FBE 测试

许多规范对粉末性能、合格评定和质量评估测试都进行了具体规定，如NACE RP0394-94、CSA Z245.20 和 ANSI/API 5L7-88 [27-29]。

无论是在涂敷阶段还是使用阶段，经验都是涂层选择的关键因素，尽管经验不一定总有用，也不一定适用于特定的情况。此时，还应使用测试方法来辅助开展涂层的评价和选择[28,30,31]。对于通常的服役情况，如水和天然气输送，许多规范给出了涂层评价和选择的程序，如 ANSI/API RP 5L7 或 ANSI/AWWA C213 [28,32]。这两个标准都详细说明了与 FBE 外涂层类似的实验室测试和质量确认程序，如图 5.11 所示。

测试项目主要包括：
- 耐磨性
- 粘接强度
- 冲击强度
- 柔韧性
- 压痕硬度
- 耐热水浸泡

有意思的是，尽管管道内涂层不会涉及阴极保护问题，但 ANSI/API RP 5L7 仍然包括了涂层的阴极剥离测试，这主要是因为通过阴极剥离测试可以有效评价

性能测试

图 5.11　内涂层和外涂层有很多相同的性能测试，可为内涂层选择提供有用的信息。(a) 搭接剪切强度；(b) 耐化学介质浸泡；(c) 阴极剥离测试，用于评价涂敷后钢管的表面污染情况；(d) 柔韧性测试；(e) 服役 7 年后对管道内外涂层的评估；(f) 埋地管道的耐热水浸泡测试(照片由作者和 3M 公司提供)

涂层与钢之间的化学粘接情况。

　　油井管使用的内涂层有更为严苛的要求，需要开展其他替代或附加测试，如：

- 高温高压试验
- 摇臂测试
- 钢丝绳耐磨性测试

　　(1) 高温高压试验。对于严苛的服役环境，经常使用高温高压试验来评估特定用途的涂层材料。NACE TM0185 提供了具体的试验程序，如图 5.12 所示[31]。

　　通常，高温高压釜可分割成三相(碳氢化合物相、水相和气相)来模拟涂层在管道或井下的服役状况[33]。通过预期涂层的实际服役环境来确定每一相介质的组成和试验条件。对所输送介质通常另外单独进行测试。提高测试温度可以加速测试，有时候试验压力会超过预期的工作压力。测试及实际服役时，二氧化碳和硫化氢会扩散进入涂层内。这些气体可能无法在压力快速释放时及时全部逸出，从而会导致涂层起泡[33]。在高温高压试验结束时，压力的释放速率应该模拟实际工况中最坏的情况，但在实际操作工况中如果并不存在快速压力释放的情况，这一测试可能会将其他合适的内涂层排除在外[34]。

　　高温高压试验后的涂层性能评价通常包括依据 ASTM D714 进行涂层起泡的目视检查[35]。通过试验前后涂层厚度的变化来测试溶胀度。可依据 NACE TM0185-93 规定的方法测试在每一介质相浸泡后涂层的附着力[33]。其他的性能测试还包括漏点和硬度[15]。

高温高压测试装置

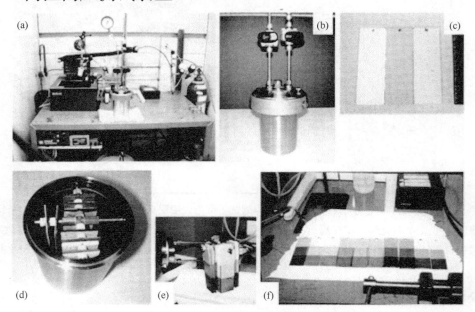

图 5.12　(a) 高温高压测试系统总体视图：高温高压釜(前/中部)、油浴系统、供气系统、压力控制系统和气体洗涤系统；(b) 组装后的高温高压釜；(c) 试验前的测试板，11.4cm × 3.8cm；(d) 高温高压釜内的测试板布局；(e) 将测试板从高温高压釜中取出；(f) 试验后(底部为水相、中间为碳氢化合物相、顶部为气相)测试板的外观照片。通过评价平行划线附着力、涂层起泡、交流阻抗和蠕变来评价涂层的性能(照片由加拿大艾尔伯特埃德蒙顿 KTA-Tator，Inc 的 Linda Gray 提供)

　　(2) 摇臂测试。这一测试用来模拟实际的油气开采过程[36]。试验的目的是通过循环回路测试获得与实际相近的信息[30]。摇臂测试与高温高压试验类似，不同之处在于测试单元在水平方向上下摇摆，来模拟输送介质在管道中的流动。使用去离子水作为水相，以加速对涂层的破坏。试验后对涂层性能评价与高温高压测试相同。图 5.13 是摇臂测试设备的照片。

　　(3) 钢丝绳耐磨性测试。目前还没有模拟油气开采时钢丝绳对涂层造成磨损的试验方法。测试时通常使用一根具有代表性的钢丝绳通过施加一定力使其作用于涂层上。将钢丝绳在线轴之间来回移动，直到涂层被划断，通过排名来确定涂层性能的相对优劣[15]。

图 5.13　摇臂测试与高温高压试验类似，不同之处在于测试单元在水平方向上下摇摆，来模拟
输送介质在管道中的流动(照片由得克萨斯州休斯敦的 Dixie 公司提供)

5.6.2　小结：测试

内涂层和外涂层的大部分测试与评估都是相同的。但管道内部所可能面临的腐蚀环境要比管道外壁更复杂多变，其中许多腐蚀环境需要使用非常耐用的涂层来提供防腐保护。这就意味着需要针对特定的内涂层服役环境开展针对性的测试。

5.7　FBE 内涂层涂敷

FBE 内涂层的涂敷工艺相对比较简单，如图 5.14 所示。但根据预期服役环境和所选择内涂层材料的不同，一些步骤的细节有所不同。

(1) 油管产品。在油气开采中，涂层将直接暴露于油井恶劣的环境之中，油管内涂层需依据 NACE 1G88 导则的相关规定进行涂敷[25]。应对刚入场的钢管及管件进行检查，确认是否存在无法接合的毛边、凹坑、凸起接缝或裂纹等情况。清洁的第一步是用 315～425℃的加热箱进行数小时的热酸洗处理，以氧化去除碳氢化合物[10]。之后通过干磨料喷砂来去除铁锈和其他附着物，同时形成满足要求的锚纹形态并达到"白级"表面光洁度[37]。不同规范和材料对锚纹深度的规定和要求不同，但通常为 25～75μm。NACE RP0394-94 规定了使用复制胶带法测试锚纹深度的程序[27]。喷砂后管体表面残留的磨料可使用清洁、干燥的压缩空气吹扫除去，如图 5.15 所示。

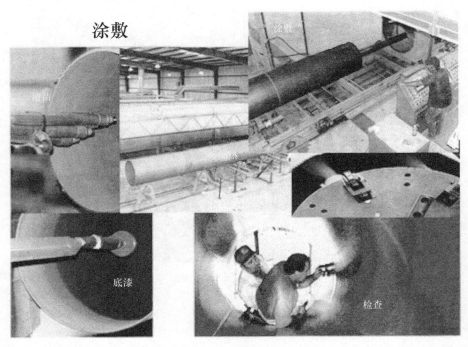

图 5.14　内涂层的涂敷工艺相对比较简单：清洁处理、加热、底漆涂敷(若有需要时)、FBE 涂敷、固化和检查(照片由作者提供)

　　当有需要时，可以先涂敷底漆。然后对管道加热使溶剂挥发并达到环氧粉末要求的涂敷温度，此步骤需要准确控制，以确保底漆中所有的溶剂在粉末外层喷涂前全部挥发干净，且不发生底漆过度固化的问题。底漆表面必须剩余足够多的化学反应活性点来与 FBE 发生反应，否则两层之间的附着力可能会降低。图 5.16给出了酚醛底漆固化温度和固化时间的关系曲线。随后的涂敷步骤与后面介绍的钢管涂敷类似。

　　(2) 管线管。有些情况下，当输送介质中二氧化碳或硫化氢含量很高或管道输送高温热水时，需采用上述步骤进行管道处理和涂敷。但很多情况下，仅需要达到与 FBE 外涂层相同的水平，只使用钢砂或其他可回收磨料进行表面处理即可，详见"第 8 章 FBE 涂敷工艺"。一般规定管道表面达到近白级，锚纹深度为40～100μm[38]。管道预热温度取决于所使用的内涂层材料，但通常为 160～230℃，如图 5.17 所示。

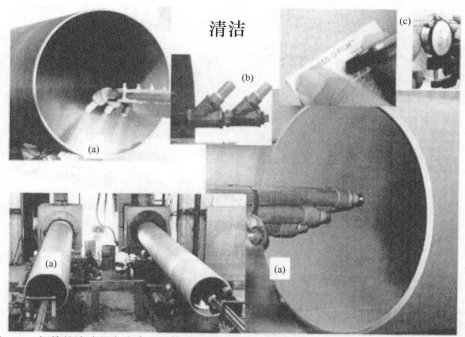

图 5.15　钢管的清洁程度取决于对管道服役的预期。在进行喷砂除锈前，油井管通常需要先进行热酸洗处理，以除去碳氢化合物。当服役环境不严苛时，也可以不用进行高温热酸洗处理。表面清洁是任何涂层工艺的关键步骤。(a) 管道内喷砂；(b) 喷砂嘴；(c) 使用复制胶带进行锚纹深度测量(照片由 3M 公司和作者提供)

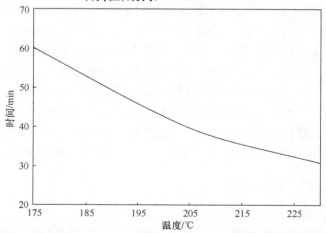

图 5.16　使用酚醛底漆时，时间控制非常重要。在环氧粉末喷涂之前，溶剂必须全部挥发干净且底漆必须干燥。同时底漆表面还需剩余足够的化学反应活性点来与外层 FBE 形成化学键。本图是酚醛基底漆固化温度和固化时间关系曲线的示例

　　　　感应加热　　　　　　　　　冲击射流加热　　　　　　　　　均热加热

图 5.17　有几种加热方式可用于管道的加热和涂层后固化，包括感应加热、火焰加热炉加热和浸入式加热炉加热。几种加热方式都在被使用，但内涂层涂敷更多使用浸入式加热炉加热(照片由 3M 公司和作者提供)

　　对于小口径管道，FBE 内涂层可以使用喷杆或真空系统涂敷[39]。图 5.18 是使用喷杆进行环氧粉末涂敷的照片。真空法是通过充气环氧粉末的定时释放来完成管道涂层涂敷。在这一过程中，带电粉末流化，然后通过真空抽吸使粉末涂敷于匀速旋转的钢管内壁。

　　大部分 FBE 内涂层喷涂后还需要进行后烘烤，以确保热固性底漆和/或外层有足够的时间完成固化反应，如图 5.19 和图 5.20 所示。后固化后，管道可自然冷却至环境温度或通过水冷快速冷却。目视检查涂层是否有凹凸不平或流挂，使用磁性测厚仪测试涂层厚度并进行涂层漏点测试。使用电火花检漏时，检漏电压通常为 5 V/μm。当需要更准确计算检漏电压时，可参考 NACE RP0490 的规定[40]，如图 5.21 所示。也可使用湿海绵检漏仪进行漏点测试，检漏电压为 67.5V 或 90V。

　　关于涂层涂敷和质量评估的更多内容详见"第 8 章 FBE 涂敷工艺"和"第 9 章 FBE 管道涂层涂敷过程中的质量保证：厂内检查、测试和误差"。

5.7.1　小结：FBE 内涂层涂敷

　　FBE 内涂层的涂敷步骤与其他 FBE 涂层基本相同，但经常需要对环氧粉末进行调整以适应内涂层涂敷工艺。例如，对熔点、胶化时间和流动特性进行调整以防止粉末在喷枪上堆积、避免粉末落在处于胶化状态的涂层上，造成涂层表面

涂敷

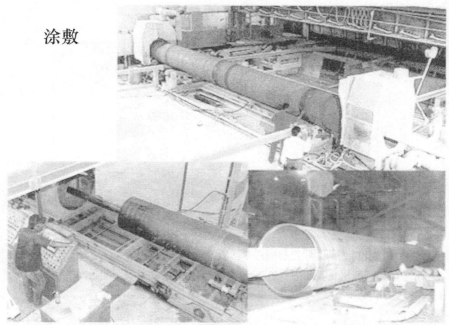

图 5.18　通过喷杆，单层 FBE 可涂敷至 500μm 甚至更厚(照片由作者提供)

后固化/冷却

图 5.19　大部分管道内涂层都需要对涂敷的底漆和 FBE 进行后固化。(a) 进入固化炉进行后固化；(b) 通过水或空气进行管道冷却(照片由作者提供)

涂层H：固化窗口
建议条件

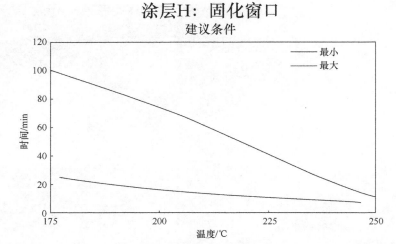

图 5.20　喷涂后固化阶段的时间控制同样非常重要。在设定温度下，在达到所需的最少固化时间后才能使外涂层和底漆达到预期性能，但后固化时间过长可能会导致涂层降解

检查

图 5.21　涂层质量评估通常主要包括：(a) 漏点检测；(b) 外观检查；(c) 涂层厚度测量(照片由作者提供)

粗糙度过大以及防止出现滴垂和流挂。此外，有时还需要在粉末喷涂前涂敷底漆，以提高涂层对服役环境的抵抗性。

5.8　装　　卸

内涂层管道的装卸有特殊要求。用于油井管的内涂层材料通常呈刚性，因此在装卸时必须避免发生易引起内涂层开裂的管道弯曲。不能使用吊钩吊装，这将导致内涂层破坏，可使用吊索。刚性涂层管道在堆放和运输时的支撑也非常关键，需至少设置 3 个沿长度方向均匀分布的支撑架进行支撑来防止管道下垂。图 5.22 是内涂层管道堆放和装卸的示例，更多细节详见"第 10 章　管道装卸与安装"。

在套管组装或管道接头处通常容易发生内涂层的破坏。这主要是使用卡具连接时外力对涂层施加的应力所致，通过使用多模卡具可以降低对涂层的破坏。

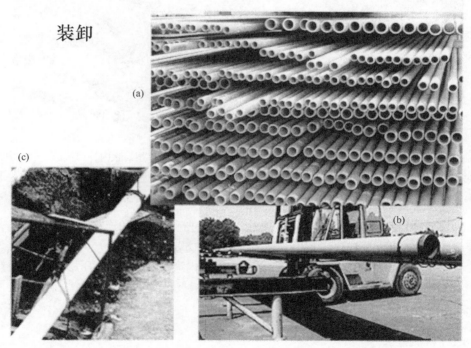

图 5.22　为避免内涂层破损，不应使用吊钩进行管道移动。在管道装卸和堆放时应使用足够多的支撑架来降低管道的下垂弯曲度。(a) 每层管道都应使用大量木质垫块来防止管道下垂。(b) 厚壁管道移动时不会发生下垂，但薄壁管道就需要使用刚性背板和吊索方式。(c) 使用吊索进行管道下沟，可避免管道弯曲(照片由 Fletcher 涂层公司、Ed Phillips、Basell 和作者提供)

5.9　内补口：腐蚀控制的解决方法

油井管通常使用螺纹连接，也可通过焊接方式连接[41]。为确保管道防腐的有效性，内涂层应覆盖管道所有的内表面，包括补口区域。图 5.23 是内焊缝区域处无涂层导致的腐蚀示例。

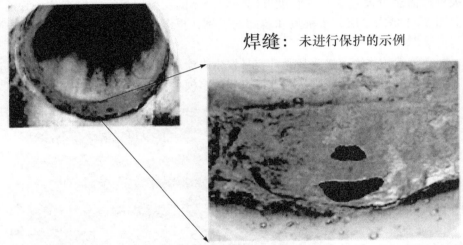

焊缝：未进行保护的示例

图 5.23　为确保管道整体的防腐有效，所有金属表面均需涂敷涂层。除内补口区域，照片中其余部位内外涂层均完整良好。该卤水输送管道服役 10 年后，未涂敷涂层的内补口区域发生了严重的腐蚀，腐蚀区域主要集中在 6 点位置(照片由得克萨斯州休斯敦的 CCB International 提供)

与外补口相同，使用高性能防腐涂层体系进行内焊缝和连接区域的防腐是非常重要的。如图 5.24 所示，进行管道内补口的方法主要有：

* 管道内部(包括连接区域)全部区域涂敷内涂层，之后使用压槽或螺纹连接；
* 使用带内涂层的焊接内接头连接
* 使用液体或粉末涂层进行内补口

5.9.1　机械接头

通常情况下，油井管是通过螺纹进行连接的。整根钢管从一端到另一端都有涂层，内涂层延伸至管端边缘和头几道螺纹上。进行连接时，螺接区域可能会发生涂层的破坏。特殊设计的连接方式能够最小程度地降低套管/油管连接区域的涂层破损。

内涂层管道也可使用非焊接外压接头方式进行连接，无须预留坡口。一般情况下，在施工堆管场先将外压接头安装到管道一端，如图 5.24 所示。

形成一个完整的内涂层系统

内补口解决方案

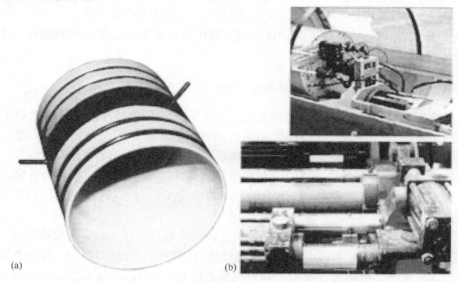

图 5.24　为达到最佳的水力效率和缓蚀效果，整条管道包括补口区域都应涂敷内涂层。有几种方法可解决连接处的防腐问题，包括：(a) 使用带内涂层的管件连接；(b) 压槽连接；(c) 使用喷涂机器人在内补口区域涂敷环氧粉末(照片由 CCB International,CRTS 和 Jetair International 提供)

现场施工时，首先将双组分液体环氧喷涂到管道自由端的外表面。在安装过程中，环氧涂层可起到润滑作用，以便于管道进入压槽管件中。然后利用液压臂的外力作用将管道插入连接头。环氧树脂固化后就能为暴露的金属部分提供密封和防腐保护[42]。

该方法可用于 DN50～DN300 管道的连接，常用于高腐蚀环境包括含 H_2S 和 CO_2 输送介质的管道[16]。

5.9.2　焊接内接头连接

焊接内接头最终将成为管道的一部分。该连接头由几部分所组成，接头主体起到对齐管道的作用。外部中心有一个金属环，用隔热垫与连接头隔离。隔热垫能够防止焊接过程对管道内涂层的损坏。金属环上安装有间隔插销，用来确保与管道连接处的间隔均匀。连接头的防腐涂层应与管道工厂涂敷时所用内涂层材料相同或性能相当。涂层应从接头内部一直外延至两端。连接头上的 O 形环能够提供密封作用，以防止介质对未涂敷焊缝区域的腐蚀[43]。

安装时，首先将内接头插入管道一端。通过焊缝导向插销来确保与管道对齐。然后将另一根管道插入外露的连接头上，使用焊接凸点进行间隔。首先对管道末端进行点焊并与间隔插销断开。最终两根管道与连接头焊接完成。为了进一步提高密封性，还可在连接头安装前在管端区域内部涂敷双组分液体环氧涂料。具体见图 5.24。

5.9.3　现场内补口涂敷：液态环氧或 FBE

对于直径足够大的管道，也可采用手工方式使用液体涂料进行内补口。但首选是使用与主管道内涂层性能相当的环氧粉末涂敷。为避免焊接时内涂层的破坏，在工厂进行内涂层涂敷时，管端部位应预留足够长度的焊接预留段。使用精密机器人喷涂系统，可使内焊缝区域达到与主管道内涂层相当的性能。除了焊缝必须先被定位之外，其他涂敷程序基本与工厂内涂层涂敷相同，如图 5.24 所示。

在现场管道焊接前，需要对焊接预留区再次进行喷砂处理，达到近白级。焊接之后，通过视频反馈和远程遥测系统使喷涂机器人沿管道内部向下移动并定位于焊缝区域[44]。机器人在焊接两侧对气囊进行充气，然后再次对主管线搭接区进行喷砂处理。使用真空系统将消耗的介质和喷砂后的残留物清除掉。然后机器人驶离焊缝区域，通过外部感应加热使焊缝区域温度达到粉末要求的涂敷温度。随后机器人再次移至焊缝区域，对内焊缝及主管线搭接区进行粉末喷涂。利用钢管余热使环氧粉末固化。固化后，机器人可使用摄像头对内补口区域的涂敷状况进行检查，然后移至下一焊口。

为了利用相同的加热步骤，内外补口往往同时进行。除了 FBE，机器人还可在内焊缝区域喷涂双组分液体环氧涂层。关于补口的更多介绍，详见"第 7 章　补口涂层与内涂层"。

5.9.4　小结：内补口

有几种补口技术可避免管道连接处的内部腐蚀问题。第一种方法是使用螺纹或压紧的机械接头连接，采用此方法时，管道全部内壁应在工厂完成内涂层涂敷。第二种方法是使用焊接内接头(内套筒)进行管道连接。对套筒内壁涂敷内涂层来防止输送介质腐蚀，使用 O 形圈来阻止腐蚀介质渗透到焊缝区域。第三种方法是使用喷涂机器人，机器人可在管道内部移动并能涂敷粉末或液体涂料。另外，如果钢管直径足够大，人可直接进入管道内部，使用双组分环氧对焊缝区域进行涂敷。

5.10　本 章 小 结

在油气开采领域，管道内涂层已经使用了许多年，已证实可有效提升介质输送的水力效率，降低管壁的结垢和蜡沉积风险，并防止腐蚀。尽管有多种材料体系可作为管道内涂层使用，但相比而言 FBE 涂层的应用更为广泛。这主要是由于可供选择的 FBE 类型很多，从而能够满足多种特定的使用环境和操作条件的要求。

5.11　参 考 文 献

[1] R.H. Davis, "The Use of Internal Plastic Coatings to Mitigate CO_2 Corrosion in Downhole Tubulers". CORROSION/94, paper no. 23 (Houston, TX: NACE, 1994).

[2] K. Varughese, "Internal Coatings: An Efficient System for Corrosion and Scale Control in Oil and Gas Production and Transportation Pipes," NACE Tech Edge (Houston, TX, Apr. 14-15, 1998).

[3] A. Siegmund, "Internal Coatings: Why, Which, and How," NACE Tech Edge (Houston, TX, Apr. 14-15,1998).

[4] A.F. Bird, "Corrosion Detection Interpretation and Repairs of Carbon Steel Pipeline Utilizing Information Generated by an Ultrasonic Intelligent Vehicle," CORROSION 2001, paper no. 01634 (Houston, TX: NACE, 2001).

[5] K. Rahimi, "Internal FBE Benefits" 3M internal memo (Austin, TX: 3M, Jun. 29,2000).

[6] D.R. Milam, "Hazen-Williams Coefficient(C)," http://www.geocities/Eureka/Concourse/3075/hcoef.html (Feb. 22,2002).

[7] "MWA: Design Guidelines for Water Supply Systems," (Kuala Lumpur, Malaysia: Malaysia Water Association, 1994).

[8] P. Venton, Venton & Associates, email to author, April 2002.

[9] "Introducing Blue Steel 150," Brochure (Tulsa, OK: Commercial Resins, circa 1993).

[10] J.M. Nelson, "New Advancements in the Use of Internal Plastic Coating for Enhanced Oil Recovery," MP 30,12 (1991): pp. 27-30.

[11] NACE standard RP0273-2001, "Standard Recommended Practice: Handling and Proper Usage of Inhibited Oilfield Acids,"(Houston, TX: NACE, 2001).

[12] S. Luo, Y. Zheng, J. Li, W. Ke, "Slurry Erosion Resistance of Fusion-Bonded Epoxy Powder Coating," Wear 249 (2001): pp. 733-738.

[13] M. Frankel, "Slurry and Sludge System Piping," Piping Handbook, ed. M. Nayyar, 7th ed. (New York, NY: McGraw-Hill, 2000), pp. C567-C618.

[14] S. Spence, R. King, G. Wonnacott, "The Design of Slurry Pipelines, " Mining Magazine, 181, 2, 111 (6), August 1999.

[15] S. Groves, N. Symonds, R.J.K. Wood, B.G. Mellor, "Wireline Wear Resistance of Polymeric Corrosion Barrier Coatings for Downhole Applications," CORROSION 00, paper no. 00170 (Houston, TX: NACE, 2000).

[16] A. Kehr, "Fusion Bonded Epoxy Internal Linings and External Coatings for Pipelines," Piping Handbook, ed. M. Nayyar, 7th ed. (New York, NY: McGraw-Hill, 2000), pp. B.481-B.505.

[17] G.P. Guidetti, G. Rigosi, R. Marzola, "The Use of Polypropylene in Pipeline Coatings," Prog. Org. Coatings 27 (1996): pp. 79-85.

[18] J.L. Boyd, A. Siegmund, "Plastic Coated Tubular Goods: Proper Selection, the Key to Success, " September 1988, unpublished.

[19] R.K. Lewis, D. Jentzsch, "Rubber Lined Piping Systems," Piping Handbook, ed. M. Nayyar, 7th ed. (New York, NY: McGraw-Hill, 2000), pp. B.507-B.531.

[20] G. Mills, "Factors Influencing the Choice of Internal and External Anti-corrosion Coatings for Potable and Raw Water," NACE Corrosion Conference (Manama, Bahrain, January 1989).

[21] R.E. Deremiah, "Cement-Mortar and Concrete Linings for Piping," Piping Handbook, ed. M. Nayyar, 7th ed. (New York, NY: McGraw-Hill, 2000), pp. B.469-B.480.

[22] R.E. Carlson, Jr., "Internal Pipeline Corrosion Coatings Case Studies and Solutions Implemented," CORROSION/92, paper no. 27 (Houston, TX: NACE, 1992).

[23] T. Read, "Yates Field Crude Line Coated Internally, Externally, " Pipeline and Gas Journal, February 1982.

[24] P. Langford, "New Developments in Coatings for the Internal Protection of Water Industry Line Pipe," unpublished, 1993.

[25] NACE publication 1G188, "Internally Plastic Coated Oilfield Tubular Goods and Accessories: Current Practices in Material Selection, Coating Application, Inspection, quality Control, Care, Handling, and Installation," (Houston, TX: NACE, 1988).

[26] NACE RP0291-96, "Care, Handling, and Installation of Internally Plastic-Coated Oilfield Tubular Goods and Accessories, " NACE International Book of Standards 1 (Houston, TX: NACE, 2000).

[27] NACE Standard RP0394-94, "Application, Performance, and Quality Control of Plant-Applied, Fusion-Bonded Epoxy External Pipe Coating," (Houston, TX: NACE, 1994).

[28] CSA Z245.20-98, "External Fusion Bond Epoxy Coating for Steel Pipe," (Etobicoke, Ontario, Canada: Canadian Standards Association, 1998).

[29] ANSI/API 5L7-88, "Recommended Practices for Unprimed Internal Fusion Bonded Epoxy Coating of Line Pipe," (Dallas, TX: American Petroleum Institute, 1988).

[30] NACE Standard TM0183-93, "Evaluation of Internal Plastic Coatings for Corrosion Control of Tubular Goods in an Aqueous Flowing Environment," (Houston, TX: NACE, 1993).

[31] NACE Standard TM0185-93, "Evaluation of Internal Plastic Coatings for Corrosion Control of Tubular Goods by Autoclave Testing," (Houston, TX: NACE, 1993).

[32] ANSI/AWWA C213-96, "Fusion Bonded Epoxy Coating for Interior and Exterior of Steel Water Pipelines," (New York: ANSI, 1996).

[33] R.E. Lewis, D.K. Barbin, "Selecting Internal Coatings for Sweet Oil Well Tubing Service, "

CORROSION/99, paper no. 15 (Houston, TX: NACE, 1999).

[34] S.P. Thompson, K. Varughese, "An Investigation of the Evaluation Methods for Internal FBE Coatings," CORROSION/94, paper no. 27 (Houston, TX: NACE, 1994).

[35] ASTM D714, "Standard Test Method for Evaluating Degree of Blistering of Paints," (West Conshohocken, PA: ASTM, 1998).

[36] G.R. Ruschau, "Realistic Performance Testing of Internal Coatings for Oilfield Production," Organic Coatings for Corrosion Control, ACS Symposium Series 689, ed. G.P. Bierwagen (Washington, D.C.: American Chemical Society, 1998), pp. 259-267.

[37] NACE No. 1/SSPC-SP 5, "White Metal Blast Cleaning," (Houston, TX: NACE, 1994).

[38] NACE No. 2/SSPC-SP 10, "Near-White Metal Blast Cleaning," (Houston, TX: NACE, 1994).

[39] G. Mills, "The Application of Internal Fusion Bonded Epoxy Coating to a High Pressure Water Injection System: True State-of-the-Art End-to-End Internal Corrosion Protection," CORROSION/88, paper no. 214 (Houston, TX: NACE, 1988).

[40] NACE Standard RP0490-95, "Holiday Detection of Fusion-Bonded Epoxy External Pipeline Coatings of 250 to 760 μm (10 to 30 mils)," (Houston, TX: NACE, 1995).

[41] J.A. Kehr, "Fusion Bonded Epoxy for Internal Protection," International Conference on Internal Corrosion Protection (Houston, TX, September 1994).

[42] "Alternative Pipe Coupling System Used in Middle East," Oil & Gas Journal, Sep. 26 (1994).

[43] Data book (Houston, TX: CCB International, 2001).

[44] J. Huggins, CRTS, email to author, Sep. 26,2001.

第6章 定制涂层和管道修复涂层

6.1 本 章 简 介

➢ 定制涂层材料的选择
➢ 定制涂层粉末涂敷工艺
➢ 多层 FBE 定制涂层
➢ 多层聚烯烃定制涂层
➢ 液体涂层涂敷
➢ 管道涂层修复及更换

跨国管道通常采用涂层与阴极保护相结合的方式来降低管道的腐蚀风险。直管道部分通常选用 FBE、多层聚烯烃或沥青等防腐涂层，采用专门设计的工厂自动化涂敷生产线来进行管道防腐。但其他相关管件或附件，如阀门、泵、流量计、弯头和特殊加工的部件也需要进行防腐涂层保护。由于这些管件或附件形状不规则，通常只能采用手工或半自动方式进行涂层涂敷。为满足规范要求，通常需要采用"定制"的特殊涂层技术进行防腐。本章阐述了用于管件及附件(非直管)的防腐涂层材料和特定涂敷方法，也对液体涂层和管道修复涂层进行了介绍。

6.2 材料选择的影响因素

进行材料选择时，必须平衡以下两个关键因素：
· 所选材料对涂敷工艺的要求[1]
· 承包商和业主对涂层性能的要求[2]
即使世界上最好的涂层材料，如果无法被高效、经济、均匀涂敷，就没什么价值[2]。

6.2.1 粉末涂敷性能的影响因素

(1) 粉末特性。在进行 FBE 定制涂层涂敷时，最常用的工艺有三种：静电喷涂、植绒喷涂(无静电喷涂工艺)和流化床浸涂。涂敷时，粉末特性最为关键。此外，所用粉末与预期涂敷工艺的匹配性也同样至关重要。根据涂敷工艺的不同，有多种影响涂层最佳涂敷性能的关键因素(图 6.1)，主要包括：

- 胶化时间
- 抗流挂性
- 粒度分布
- 流平剂的使用
- 粉末静电带电能力
- 粉末的软化点

粉末流动性和熔融流变

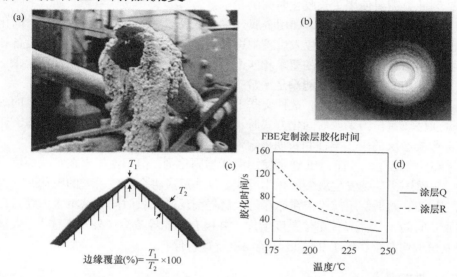

$$边缘覆盖(\%) = \frac{T_1}{T_2} \times 100$$

图 6.1　涂敷时，供粉、粉末熔融及流动特性均至关重要。低熔点粉末可能会发生撞击熔化，在喷枪上形成堆积。因此，必须平衡好粉末胶化时间、流动性和边缘覆盖率之间的关系。(a～d)介绍了定制涂层材料的不同特性。(a) 低熔点导致喷枪处粉末堆积。(b) 管道内涂层粉末的流动性非常重要，高流动性能够形成光滑表面。(c) 边缘覆盖能够对锋利的边缘形成有效保护。(d) 胶化时间应与涂敷工艺相匹配(图片由 3M 公司提供，照片由作者提供)

　　(2) 胶化、流动特性和固化。熔融粉末的流变性和流动特性应与涂敷工艺相适应。通过配方设计，可以在不影响涂层性能的情况下，调整粉末的胶化和固化时间 [3]。如果粉末胶化时间过长，就可能导致涂层流挂。如果胶化时间太短，就可能导致粉末流动不充分，涂层表面粗糙化程度以及出现漏点的概率增加。边缘覆盖也是一项重要的粉末特性，主要受粉末胶化时间、固化时间和熔体流动特性的影响。

　　在进行 FBE 选择时，胶化时间和固化时间是应重点考虑的因素。胶化时间是涂层因交联反应由能流动的液态转变成不再变形的固态凝胶所需的时间。固化时间是在特定温度条件下，涂层发生交联反应直至达到业主预期性能所需的时间。为了获得最佳涂层外观，整个喷涂时间应小于粉末胶化时间，这可有效避免因粉末沉积到胶化表面而形成砂纸状涂层外观问题。

直管道工厂防腐时，FBE 涂层是通过粉末静电喷涂方式涂敷的，钢管通过喷涂区域的过程非常快。通过调整钢管传送速度，能够确保管道上任意位置在喷涂区域的停留时间不会超过粉末的胶化时间。对于手动涂敷工艺，该规则也同样适用。因此，当使用静电喷涂或植绒喷涂时，如果部件比较小，就可以使用胶化时间比较短的粉末。当部件表面积比较大时，由于完成整个喷涂需要花费的时间更长，因此就需要使用更长胶化时间的粉末。

一些粉末固化时间短，利用金属余热便可完成固化反应。但有些粉末固化时间长，就需要将试件再次放入烘箱中进行后固化。因此工厂布局、涂敷设备和涂敷技术应与最终涂层产品的要求相匹配，以确保涂层性能能够满足规范要求。此外，所使用的涂层材料应能满足涂敷工艺的要求。

当涂层固化不完全时，这种交联不充分的涂层易碎且容易破损，涂层的耐化学介质性较差。当采取后固化方式时，容易引起过度固化，导致涂层发脆，还可能会影响涂层的耐化学性和长期稳定性。

(3) 稳定性。尽管 FBE 通常使用潜伏型固化剂，但即使粉末在室温环境下储存，依然还会持续发生缓慢的化学反应。这些反应将会导致粉末的胶化时间缩短或"提前"。如果使用前粉末在储存阶段已提前反应很长时间，这将大大缩短粉末的胶化时间，从而导致熔体黏度增加，并极有可能导致涂层外观不佳[4]。大部分环氧粉末均要求在低于 27℃的环境温度下进行储存。

6.2.2　性能要求

尽管定制涂层的性能要求取决于特定的服役状况，但基本与 FBE 直管道涂层的要求相同，包括：
- 物理和化学稳定性
- 耐土壤应力作用
- 附着力和抗冲击性
- 耐阴极剥离性

一般而言，由于这些涂层部件后续并不涉及弯曲问题，因此涂层的柔韧性并不重要。有关性能的详细介绍，请参阅"第 3 章 单层、双层及多层 FBE 管道外涂层"。

6.3　粉末涂敷工艺

虽然整个涂敷工艺过程本身很简单，但细节很重要。涂敷步骤包括[5]：

- 清洁
- 进行酸洗、表面处理和/或涂刷底漆(当规范或客户指定时)
- 对不需要涂敷的区域进行遮挡或喷涂脱模剂
- 加热
- FBE 涂敷(对于多层体系，还需涂敷外层)
- 去除遮挡材料
- 固化
- 冷却
- 检查

　　有关涂敷工艺的步骤和测试方法的详细介绍，请参阅"第 8 章　FBE 涂敷工艺"和"第 9 章　FBE 管道涂层涂敷过程中的质量保证：厂内检查、测试和误差"。

6.3.1　清洁

　　无论选择何种涂层系统，表面处理都是确保涂层长期性能的关键。如图 6.2 所示。

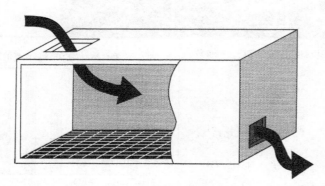

图 6.2　喷砂清洁时，操作人员需具有清晰的视野，能够确保整个喷砂清理过程更加有效。利用空气循环除尘，能够提高喷砂处理区域的能见度(图片由 Wheelabrator Abrasives 公司提供)

　　应将试件表面锋利的边缘打磨至约 3mm 半径的圆弧。可使用砂轮或切屑锤进行焊瘤去除。

　　所有油、油脂、水或可溶性污染物都应根据 SSPC-SP 1 的规定进行去除[6]。极端情况下，对于油脂和其他有机污染物还可将试件在 370℃条件下至少加热 10h 来去除。通过燃烧过程能够去除新钢材表面的碳氢化合物或沉积的油污，也能除去管道服役过程中吸附的有机污染物。

　　为了获得最佳的涂层性能，表面处理应达到 NACE NO.2/SSPC-SP 10 规定的近白级[7]。对于某些特殊情况，可能还需达到 NACE 1/SSPC-SP 5 规定的更为彻底的喷砂清洁[8]。通过喷砂清洁还能够在金属表面形成特定的锚纹形态或粗糙度。大多规范要求金属表面锚纹深度应达到 40~100μm。使用尖锐的磨料，如无机矿物质或硬质钢砂可在金属表面形成满足规范要求的锚纹深度。达到规范锚纹深度要求时所使用磨料的粒径越小，所能形成的峰值数(即峰密度)就越高，从而可为涂层粘接提供更好表面状态。另外，过度喷砂反而会降低金属基材表面的完整性[9]。

不同类型的喷砂磨料会导致显著不同的涂层性能，如图 6.3 所示。但仅规定某一类型磨料往往还是不够的。每一分类中都有许多材料可供选择。各类磨料的差异主要包括颗粒形状(角形、圆形或球形)、尺寸(级配尺寸或多种尺寸磨料的混合)和硬度。

磨料：FBE涂层性能

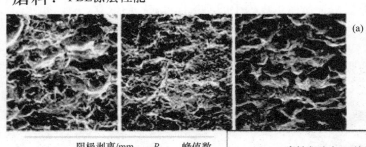

(a)

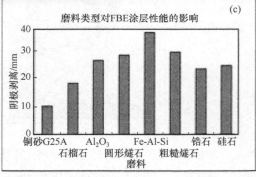

	阴极剥离/mm	R_z	峰值数
铜砂G25A	11	82	35
石榴石	19	72	33
Al$_2$O$_3$	28	63	31
圆形燧石	30	54	31
Fe-Al-Si	39	43	30
粗糙燧石	31	46	31
锆石	25	45	29
硅石	26	44	29

(b)

图 6.3 喷砂磨料的选择非常重要，它将直接影响涂层性能的测试结果。在 1986 年的一项研究中，McCurdy 采用了两步喷砂清洁处理方式。所有试板首先用 S-280 钢丸处理，然后使用图(b)给出的磨料逐一进行二次处理。对每个试板涂敷的涂层进行 65℃、−2V、10d、3% ASTM-G8 电解质溶液条件下的阴极剥离测试，每种处理介质给出的结果各不相同。平均粗糙度深度(R_z)和峰值数与涂层性能之间无关联。介质本身的特征可能比锚纹仪测量的数据更重要。(a) 用不同类型磨料喷砂后钢板表面的显微照片。(b) 根据 McCurdy 的处理程序得到的钢板表面锚纹数据和涂层阴极剥离测试结果。(c) 磨料类型对涂层阴极剥离测试结果的影响[10,11](照片由 3M 公司提供)

影响性能的因素包括磨料的硬度和棱角度，如图 6.4 所示。磨料越硬和密度越高，所形成的锚纹就越深，如表 6.1 所示。使用钢质磨料时，大多使用洛氏 C

硬度不低于 55 的钢砂。带棱角的磨料能够产生比圆形磨料更为粗糙的表面。对于任何特定类型的磨料，如果锚纹越深、峰密度越高、表面越粗糙，涂层的性能就越好。尽管大部分涂层规范均规定了锚纹深度的要求，但实际上峰值数才更重要。可采用复制胶带或锚纹仪来测量锚纹深度，但复制胶带法仅能提供锚纹深度。锚纹仪就可以提供表面峰值数、锚纹深度和放大的锚纹曲线等可供参考的信息。

表面处理：锚纹

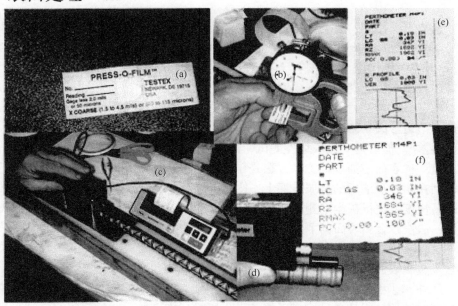

图 6.4　锚纹深度是喷砂清洁后最常测量的项目。但实际上，峰密度数据对管道涂层性能更为重要。使用尺寸小、硬度高、带棱角的喷砂磨料能够增加金属表面的峰值数。(a 和 b)使用复制胶带进行锚纹测量。(c 和 d)使用锚纹仪进行测量。(e 和 f)使用锚纹仪测量得到的粗糙度、峰值数和锚纹深度数据(图片和照片由 3M 公司、B. Brobst 和作者提供)

表 6.1　莫氏硬度表

硬度	材料
1	滑石
2	石膏
3	方解石
4	萤石
5	磷灰石
6	微斜长石
7	石英

续表

硬度	材料
8	黄玉
9	刚玉
10	金刚石

注：莫氏硬度等级范围为 1～10，其中 10 为最硬等级。在定制涂层处理工艺中，大多使用硬度为 6～8 的喷砂磨料[12]。

影响涂层性能的另一个因素是喷砂清洁后的表面清洁度。某些磨料处理时产生的灰尘要比其他磨料多。磨料碰撞碎裂时产生的灰尘会影响金属表面的灰尘残留量。磨料中原本含有的灰尘量以及喷砂后小颗粒磨料的去除效果会影响整个喷砂循环系统清洁处理后的灰尘度。

确定金属表面材料嵌入情况最有效的方法是界面污染测试。有关测试过程的详细介绍请参阅 "第 9 章 FBE 管道涂层涂敷过程中的质量保证：厂内检查、测试和误差"。但这是一项破坏性测试，需要从涂层样品上裁切试件。

另一种表面清洁度的测试方法是压敏粘带法，如图 6.5 所示。首先将它牢牢地粘贴在喷砂清洁后的金属表面上，然后再撕下来。通过目视检查可评估金属表面的清洁度。进行灰尘度测试时，通常使用透明或白色胶带。为了实现最佳观察效果，从喷砂金属表面撕下后，需将透明胶带粘贴于白色表面上。这不但可以保留记录，还使得灰尘度观察更加容易。另外，使用显微镜还有助于区分钢、铁屑和嵌入金属表面的磨料等不同物质。

此外，还可以在喷砂清洁后的钢管表面涂抹 5%的硫酸铜溶液来测试清洁度。铁和可溶性铜盐中的二价铜离子能够发生置换反应，所形成的铜很容易被看到。铁锈和其他表面污染物在铜黄色背景下会呈黑色。但通过该方法无法将嵌入基材锚纹中的钢质磨料区分出来，它与硫酸铜溶液反应也会呈现铜黄色。细小的污染物颗粒往往需要使用手持显微镜才能观察到。

有些污染物很难被看到或发现。油和盐就是两个典型的例子。喷砂清洁前，必须将所有可见的油脂或油污去除干净。表面的盐污染可通过铁氰化钾测试发现。盐与铁反应形成亚铁离子(Fe^{2+})。亚铁离子与铁氰化钾发生反应能够形成明亮的蓝色化合物。最常用的方法是使用 5%铁氰化钾溶液饱和的试纸测试。首先将打湿的试纸在钢表面贴压 30s，然后移出。被铁盐污染的区域将使黄色试纸呈现蓝色。

所准备的试纸应保持干燥，并储存在避光容器中。使用时，用蒸馏水或去离子水润湿即可。铁氰化钾溶液处理过的试纸不可徒手触摸。应使用钳子或戴上橡胶手套操作，以免试纸被手上的盐分所污染。

表面处理

盐和背面污染

- 铁氰化钾试纸或滴液
- 污染物压敏粘带法测试
- 硫酸铜测试

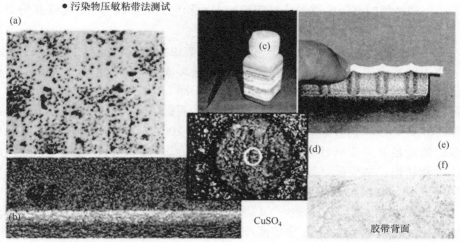

图 6.5　必须将肉眼可见以及不可见的污染物清除干净。通过压敏粘带法测试能够发现表面嵌入的污染物颗粒。通过硫酸铜溶液能够确定金属表面残留污染物的类型。将溶液涂抹在处理后的金属表面，洁净区域的金属表面呈现铜黄色，而嵌入金属表面的铁锈和无机磨料将不会发生变化。铁锈和无机污染物在铜黄色背景下将显示为黑色。当将硫酸铜溶液涂抹于金属表面时，由于铜黄色会对细小污染物造成一定的遮挡，因此需要仔细观察。如果黄色铁氰化钾溶液变为蓝色，表明金属表面存在铁离子，说明有盐污染的迹象，但它检测不到没有与铁发生反应形成亚铁离子的盐。(a) 铁氰化钾试纸与被盐污染金属表面接触后的照片。(b) 将铁氰化钾溶液滴到钢表面，被盐污染的区域就会变成蓝色。(c) 5%的硫酸铜溶液。(d) 将硫酸铜溶液滴在钢表面，清洁表面变成了铜黄色，但铁锈没有发生变化。(e) 通过白色胶带可以将钢表面上松散嵌入的碎屑除掉。(f) 粘有嵌入颗粒的胶带背面(照片由 B. Brobst, D. Sokol, 休斯敦 Sokol Consultancy 和作者提供)

　　硫酸铜和铁氰化钾都是表面污染物，因此测试应在不进行涂层涂敷的区域进行，或在涂敷前清除干净。

　　尽管喷砂清洁对减少表面盐污染有一定的效果，但往往还需要采取高压去离子水冲洗或磷酸酸洗与去离子水冲洗相结合的方式才能将盐类污染物彻底清除干净。

　　最后，喷砂磨料中导电性可溶物的含量也很重要。特别是当磨料不进行回收处理时，使用低导电性磨料就非常重要了。喷砂时，受盐污染的磨料会将盐带到钢管表面。有关表面污染的影响和电导率的测量方法，请参阅"第 8 章　FBE 涂敷工艺"和"第 9 章　FBE 管道涂层涂敷过程中的质量保证：厂内检查、测试和误差"。

磨料选择时应注意[13]：

- 磨料尺寸越大，金属表面越粗糙、锚纹越深，但峰值数/峰密度就越低。
- 磨料越硬，金属表面越粗糙，锚纹会越深、越尖。
- 带棱角的磨料能够形成更粗糙的表面和更优的锚纹形态，能够获得更好的涂层性能。
- 磨料尺寸越小，喷砂速率越快，峰值数也就越高。

使用尺寸合适、清洁且正确级配的磨料是形成均一锚纹形态的基础。磨料粒径尺寸必须足够大，这样才能将铁锈去除干净。但它又应该足够小，这样才能最大限度地增加对金属表面的撞击次数，从而提供最佳的表面处理覆盖率。例如，每千克 G50 钢砂的颗粒数是 G12 钢砂的 200 倍。当钢砂颗粒的尺寸及所承载的能量足够将铁锈打碎并形成规定的锚纹形态时，磨料粒径越小，它的清洁速度就越快。如果设计规范仅要求锚纹深度，没有针对喷砂磨料的规定，可能会导致涂层性能差。

用于磨料喷射清洁的压缩空气必须不能含油、含水。冷凝排水器是将压缩空气中油和水清除掉所必需的。应定期检查排水器并排水。可在没有磨料的情况下，将白布放在喷嘴处来快速检查压缩空气中是否有油[14]。

如果采用密闭式喷砂方式，高效的通风系统能够有效去除灰尘并提供更好的视野，如图 6.2 所示。应优选气流从上到下的方式将灰尘从下部带走，随后带有灰尘的空气进入集尘器处理。当空气清洁分离器磨料回收操作正确时，可除去超过 99% 的细粉和污染物。要达到更好的钢砂处理效果，关键是要确保空气流全宽幅过滤。由于空气进入后遵循阻力最低路径通过的原则，因此磨料帘幕一旦存在空隙，将会大大降低清洁处理效果[9, 13]，如图 6.6 所示。

小结：金属表面清洁处理：

- 金属表面锋利的边缘应打磨至半径约 3mm，应使用砂轮或切屑锤将焊瘤清除干净。
- 可使用干净织物和有机溶剂，如 MEK(甲基乙基酮)或甲苯，将金属表面的油污和油脂擦去。不可使用汽油或煤油等石蜡型溶剂。
- 极端情况下，可将试件在 370℃ 条件下加热至少 10h 来去除油脂和其他有机污染物。经过这一燃烧步骤能够去除新钢材表面的碳氢化合物或沉积的油污，也能除去在管道服役过程中吸附的有机污染物。
- 使用磨料喷砂处理使管道表面达到近白级，且锚纹深度和峰密度符合要求。
- 喷砂后，可使用真空吸尘器或干燥、无油的空气将表面残留灰尘吹扫干净。
- 如果金属表面检测到盐或其他可溶性无机污染物，涂敷前必须采用酸洗或高压去离子水冲洗的方法去除。

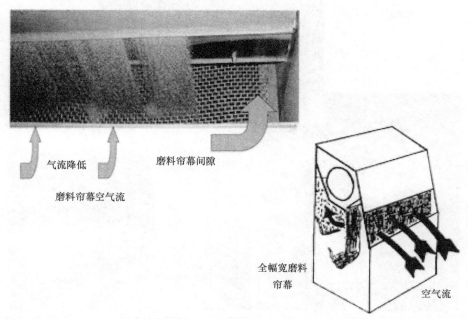

图 6.6　为确保处理有效，应对喷砂系统的分离器和集尘器定期进行维护。气流通过分离器能够有效将灰尘除去，可提高喷房的可见度。应对回收磨料进行清洁处理。如果系统参数合适，就能够确保空气流工作良好。磨料帘幕应始终全宽度处理。由于空气始终遵循阻力最低路径通过的原则，当磨料帘幕存在空隙时，用于除尘的空气流将会通过空隙出去，会极大影响分离器的清洁效果(图片由 Wheelabrator Abrasives, Inc.提供，照片由作者提供)

6.3.2　遮蔽

　　一般而言，部件上通常都需要预留无涂层区域。因此，为防止这些区域被涂敷到，有必要事先进行遮蔽处理。遮蔽是指对部件的某些区域进行遮挡来防止被涂敷上涂层。此外，还可采用对已完成涂敷部件局部打磨或切除的方式处理。

　　遮蔽胶带、脱模剂、卡具和塞子都可用作遮蔽材料。多种胶带可供选择，包括纸、铝箔、玻璃丝布和聚四氟乙烯(PTFE)等。

　　当预热部件涂敷完成后，应立刻将遮蔽胶带、塞子或涂有脱模剂的涂层除去。此时温度仍高于其 T_g，涂层柔软，去除容易，能够被干净地整条去掉。当部件冷却后，涂层会变硬，想清除干净就会变得非常困难了。如果遮蔽胶带在部件上发生了熔黏，会导致胶带去除变得困难。使用胶带遮蔽时，需要在一端预留折叠的搭接头，以便带上防护手套或用钳子一撕便能去掉。铝箔也是一种有效的遮蔽材料。图 6.7 介绍了胶带遮蔽和涂敷后进行涂层打磨的示例。

遮蔽

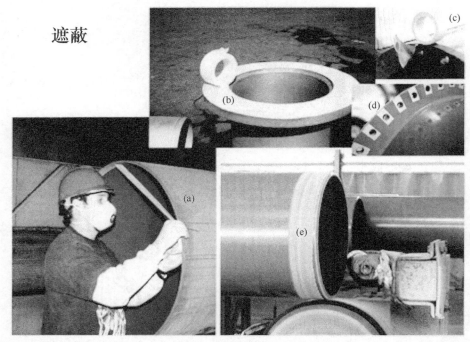

图 6.7　通常工件的某些区域不应有涂层。这种情况下，涂敷前可以使用胶带(a～d)、冷或热卡具或其他技术进行局部遮蔽处理。也可使用脱模剂，涂敷后再将该区域涂层去除。(e) 涂敷后也可采用打磨的方式来去除涂层(照片由 3M 公司和作者提供)

　　脱模剂的工作原理是阻止涂层与金属表面粘接。这意味着涂层涂敷后，能够被很容易地除掉。使用时应小心，以避免对原本需要涂敷的区域以及与涂敷区域接触的设备造成污染。

　　使用卡具也是局部避免涂层涂敷的有效方法。热夹具在工件预热步骤之前安装，将被同样喷涂上涂层。涂敷后，将它们与工件分离。之后将卡具上的涂层剥离后便可重新使用。也可采用将冷卡具连接到热工件上的方式，依靠卡具热传导性低、质量大和接触面积小的特点，最大程度降低涂层涂敷前的热传导。由于涂敷时卡具是冷的，因此粉末不会在卡具表面熔化。

　　对螺纹孔可以使用硅胶塞进行遮蔽保护。阀座槽和法兰孔可以铰孔到特定的公差要求。大部分固化后的 FBE 涂层可以进行机加工。涂敷后，孔和管端还可进行螺纹加工。某些情况下，喷涂前金属中的凹槽可能会被挡上，之后可以采用双组分液体环氧进行涂敷。

6.3.3　加热

　　加热炉或其他加热装置是涂层涂敷过程中的另一个关键单元。对于形状不规则的物体，加热炉更为合适。加热炉有采用空气循环加热的间接式燃气加热炉，也有电加热的电炉。但实际中，更多厂家使用燃气火焰直接加热炉，这种加热方式加热速度更快，即使对大体积、高质量工件进行加热，也能保持很高的生产效率。感应线圈最适合对称工件的加热。此外，间接空气循环加热、电加热炉/加热器也有被使用。

加热环节的目标是在实现与其他环节或加工过程速度相匹配的同时，提供经济且均一的工件温度。加热炉可以是小型加热箱，也可以是带有传动系统的步进通过式加热炉。如图 6.8 所示。

图 6.8　多种加热方式可用于定制涂层涂敷时的加热。包括：(al 和 a2) 小型加热箱；(b) 大型间歇炉或输送炉；(c) 感应线圈加热。可用于对管段的单次加热，或对以精确传送速度移动的管道加热，使其达到涂敷要求的温度(照片由得克萨斯州康罗市的 CCSI 公司和作者提供)

加热装置除了初始投资外，运营成本也很重要。所以在进行加热炉选择时，需考虑工件尺寸、形状、厚度、材料和生产速度等因素[15]。

选择加热炉时应考虑以下因素：
- 总体设计：生产效率和人工维护
- 工件温度的均匀性
- 工件质量和外形

- 产量
- 最小占地面积(加热炉的占地面积)
- 能源效率
- 无污染加热源
- 物料搬运

定制涂层涂敷时一个重要问题是工件温度的均匀性。许多工件的质量分布是不均匀的。例如，管端法兰通常要比管壁厚得多，从而增加了厚壁区域温度偏低，涂层固化不完全，薄壁区域过热，涂层发生降解的可能性，反之亦然。出于对生产效率的考虑，浸入式加热炉的空气温度通常要远高于工件取出时的温度。无论是在间歇式加热炉还是输送式加热炉中，工件通常需要在高温循环空气中暴露足够长的时间才能达到规定的涂敷温度。工件各部分达到规定温度所需要的时间是有差异的，这取决于工件的质量分布。从加热炉中取出时，工件的薄壁区域可能比厚壁部分温度要高得多，但厚壁区域的冷却速度更慢。这些因素会影响粉末沉积时的堆积速率，并可能导致涂层厚度和颜色的差异。

具体的解决方案应在涂敷前进行试验验证。对于工件中质量大的区域，可在工件放入加热炉之前先局部预热，目的是让整个工件加热后取出时各区域达到均匀的温度。加热炉温度可以低于所规定的加热温度，但需要增加工件的停留或浸入时间，这将显著提高工件温度的均匀性。另外一个方法是将工件在高温加热炉中一直加热，直到最厚的部分也达到规定的涂敷温度。取出后，实时监控工件各区域温度，分段操作，只对达到规定涂敷温度的区域进行涂敷。

工件温度分布不均的另一个原因是许多工件尺寸非常大，导致整个涂敷过程需要花费很长时间才能完成。这意味着喷涂开始时工件的温度情况与最后喷涂时存在很大不同。图 6.9 给出了工件降温过程的计算机模拟曲线。

1. 温度测量

有几种技术可用于工件温度测量。主要包括：

- 温度指示测温蜡笔
- 热标签
- 热电偶
- 红外(IR)/光学测温计

每种温量方法都各有利弊。另外，还必须认识到，每种测温方法可能会给出不同的测量结果。如果已有工艺涂敷的涂层性能良好，就不应对其进行调整来适应新的测温方法。

(1) 测温蜡笔。测温蜡笔能在特定温度下液化或熔化。可用于各种温度测量，工件涂敷所涉及的温度都可包括在内，例如，测温时，如果 200℃蜡笔熔化，但

涂层试件形状对冷却速率的影响

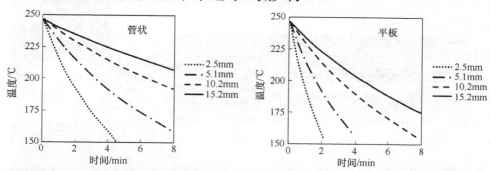

图6.9 厚度相同时，管道试件比平板试件的冷却速度要慢。如果工件各区域质量分布不同，冷却时的降温速度也是不一致的，这主要取决于金属厚度。在静止的空气中，已涂敷区域(正常涂层厚度，如 400μm)的降温速度比未涂敷区域要快。带封头或管状工件的热量散失要比平板工件慢，这是因为平板工件的所有表面均有对外热辐射，而管状工件仅从外表面向外辐射热量

210℃蜡笔不熔化。这意味着工件温度介于 200℃和210℃之间。尽管测温蜡笔所指示的温度并不精确，但在熟练的操作员手中，还是能够提供行之有效的涂敷工艺信息。使用测温蜡笔测温，会在管体测温表面形成残留物，导致该测温区域涂层附着力降低。因此，应尽快读数，并尽量降低使用次数。

(2) 热标签。热标签采用类似的测温概念。将示温材料涂在胶黏剂背材上，通常设定一组温度敏感区域，如温度范围为 232~260℃的标签可能具有三个中间温度。当每个区域达到预定的指示温度时，标签将变为黑色。通过将标签贴在工件上，可以快速看到该区域已达到的最高温度。

(3) 热电偶。热电偶通常为手持式设备。将温度传感器放置在基板上进行温度测量。热电偶测温响应时间很慢，通常需要几秒钟，但结果更精确。不过，热电偶的测温数据往往与红外测温或测温蜡笔的测量结果不一致。测温探头和主机的匹配非常重要。图 6.10 给出了测温蜡笔和热电偶温度测量的对比。

(4) 红外/光学测温计。红外/光学测温计通过测量物体的辐射能来确定它的表面温度。测量结果取决于工件表面的发射系数。但喷砂后钢管表面的发射系数因清洁度不同差异很大，导致未涂敷工件的红外测温结果可能是非常不准确的。对于未涂敷工件，可以先将一块发射系数约为 0.95 的遮蔽胶带粘贴到测温目标区域，之后再进行温度测量。如果红外测温计所设定的发射系数与此相同，就能给出非常准确和精确的温度结果。FBE 涂层的发射率也约为 0.95，对已涂敷区域，正确使用光学测温计才能获得准确的温度信息。

(5) 小结：加热。在 FBE 涂敷前，需要将管道或工件加热到涂层材料供应商指定或根据过去经验确定的温度范围，通常为 180~250℃。FBE 固化度和涂层

温度测量

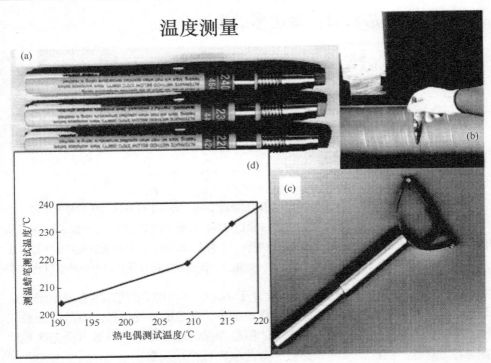

图 6.10　热电偶是一种功能性温度测量装置，但它与红外测温枪或测温蜡笔测温结果的一致性
不好。(a) 不同温度的测温蜡笔；(b) 使用测温蜡笔对管道测温；(c) 热电偶探头；(d) 测温蜡
笔和热电偶可以产生 10℃甚至更大的测温偏差[16](照片由作者提供)

外观与涂敷温度和涂层的热历史有关。了解工件加热过程和温度测量方法并运用
这些知识，对于定制涂层的质量控制非常重要。

6.3.4　熔结环氧粉末涂层涂敷

有几种方法可用于 FBE 功能性定制粉末涂层的涂敷：

- 流化床浸涂：粉末通过气流作用在腔室中充分分散，通过将热工件浸入
  "流化"状态的粉末中实现涂层涂敷。
- 植绒喷涂：粉末通过压缩空气被喷涂到已预热的工件上完成涂敷。
- 静电喷涂：用压缩空气将粉末喷涂到已预热的工件上，喷涂时通过静电
  电荷来提高粉末的使用效率。

1. 流化床浸涂

流化床由上下两个腔室组成，中间由多孔膜或扩散板隔开[5,17]。上腔室填充
粉末涂料。空气由下腔室进入，通过扩散板进入上腔室使粉末呈悬浮态。根据 FBE

和所用设备的不同，粉末有效体积通常会增大 20%~50%。图 6.11 给出了粉末流化床的图片和照片示例。

流化床

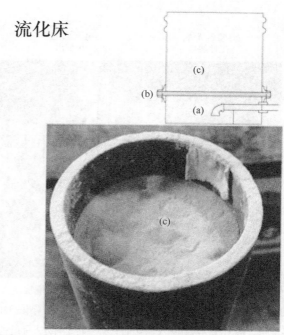

图 6.11 压缩空气通入供气室(a)，经扩散板(b) 使涂敷室(c) 中的粉末呈悬浮态。工件可在粉末中几乎无摩擦阻力地移动。当预热工件浸入涂敷室时，粉末将立刻黏附在工件所有裸露的表面上(图片由 3M 公司提供，照片由作者提供)

由于粉末颗粒是悬浮在空气中的，工件在流化床中移动时几乎是没有摩擦阻力的。一旦将预热工件浸入流化床中，悬浮于空气中的粉末将立刻与热工件相接触，随即发生粉末的熔融和流动，最终完成工件涂敷。

流化床浸涂是高效完成复杂工件涂敷的有效方法。当将工件从流化床中移出时，粉末会在水平表面堆积，必须将这些粉末吹掉。使用带有扩散式喷嘴的高压气枪(500kPa)可有效去除工件表面多余粉末，同时还不会干扰熔融层，如图 6.12 所示。

流化床涂敷区需配备除尘系统，用于将工件浸涂后表面吹扫掉的粉末灰尘清除干净。涂敷工件尺寸和流化床特性决定着除尘系统的设计。

每种粉末都有其独特的流化和涂敷特性。粉末组成、颗粒形状和粒度分布等特性是决定粉末流化性能和工件最终涂层外观的主要影响因素。

空气质量非常重要。若空气中存在油污，其将会渗入并堵塞扩散板孔隙，导致气流分布不一致，粉末流化不均匀。空气露点高，将造成粉末吸湿、成团。粉

流化床涂敷

(d) 完成

(a) 喷砂清洁，　　　　　　(b) 从流化床　　　　　　　　　　　　　(c) 吹掉
　　工件加热　　　　　　　　　中取出

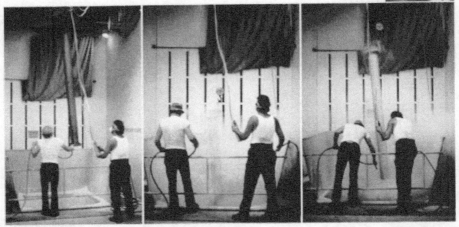

图 6.12　粉末流化床是复杂工件涂敷的有效方法。增加浸入和提出速度能够更好地控制涂层厚度。若工件缓慢进入或缓慢移出，工件顶部在流化床中停留的时间比底部短，将导致粉末在工件底部更多堆积。将工件从流化床中移出时，必须将工件水平面上多余的粉末吹掉(照片由 3M 公司提供)

末中的水分会导致涂层的孔隙度增加。粉末流化时，典型压力约为 140 kPa。对于大尺寸流化床，需要增加的是空气体积，而不是压力。

　　维持气流均匀至关重要。多孔扩散板清洁处理不恰当也会影响流化床的涂敷性能。压缩空气直接吹扫或施加到扩散板上会堵塞扩散孔。应仔细检查扩散板两侧空气密封件周围是否有孔洞及泄漏。应检查压缩机是否存在喘振问题。

　　流化床关闭一段时间后，其中的粉末可能会吸湿，导致粉末流化困难。可在正式生产半小时前启动流化床，先用干燥的流化空气将粉末中的水分除掉。

　　FBE 颗粒呈一定粒度分布，通常为倾斜的钟形曲线。由于涂装过程中小粒径粉末的消耗速度比粗颗粒快[18]，如果一直使用最初加入的粉末进行涂敷就需要定期调整输入的空气量来使粉末始终保持良好的流化状态。通过多次、少量频繁补加粉末也可使流化床中的粒度分布始终处于接近最初平衡的状态。

　　粉末的粒度分布、流变性以及流化床的操作会影响工件的成膜速率。另外，工件温度、浸没时间和工件的散热性也是影响涂层成膜速率的主要因素。图 6.13 是环氧粉末涂层成膜速率的一个示例。对于大尺寸工件(如长度为 3m)，上下部位涂层的厚度差异能达到 500μm。扰动(垂直或侧面方向)有助于提高工件涂层厚度

的均匀性。浸涂时，涂层厚度的均匀性取决于工件进出流化床的速度。快速进出，有助于降低工件上下不同部位的厚度差异。

2. 植绒喷涂

植绒喷涂是将不带电的粉末直接喷涂到工件上的涂敷工艺。植绒喷涂系统喷枪配有简单的压力罐，压力罐直接或通过虹吸系统与粉末流化床相连。与静电喷枪相比，植绒喷枪价格更低，具有成本优势。另外由于植绒喷枪的操作部件少，也没有高压静电系统，因此其不容易出现故障，维修简单、成本低。植绒喷枪的出粉量是静电喷枪的数倍，这对于大尺寸工件的涂敷是很有益的。与静电喷涂相比，植绒喷枪能够更方便地实现内部角落和凹槽处的涂敷，但存在过喷，从而使浪费量更大的问题。对于复杂工件，达到涂层规定厚度时，粉末的过喷量可能会高达 40%。

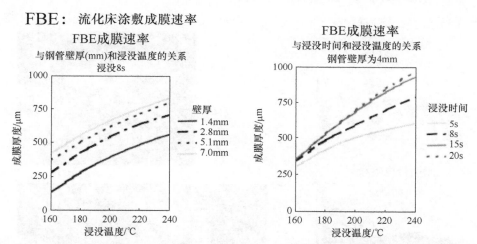

图 6.13　涂层的成膜速率受到许多因素的影响。一些因素是环氧粉末的固有特性，但主要的影响因素还是工件温度、浸没时间和工件的热容量。涂层成膜速率越慢，涂层厚度的均匀性就越好[19]

3. 静电喷涂

静电喷涂系统由喷枪、供气系统和电源构成。通过将带电粉末喷涂到接地工件上来实现涂层涂敷。

静电喷涂是粉末定制涂层涂装的主要方法，可采用静电热喷或冷喷方式。为满足埋地/水下防腐所规定的涂层厚度和附着力要求，通常采用的是利用压缩空气将带电粉末喷涂到预热工件上的热喷方式。

当工件涂层厚度较薄时(通常为 25~100μm)，可采用冷喷方式，即喷涂后再进行后加热固化，以实现粉末的熔融、流动和固化。但涂层达到一定厚度后，会在工件(接地)与之后喷涂的粉末间形成绝缘。另外，工件外层粉末带有电荷，也会对后喷粉末形成"同性相斥"。绝缘和电荷排斥效应限制了工件所能达到的最终喷涂厚度。根据所用粉末和喷涂设备的不同，最终所能形成的涂层厚度通常为75～200μm。

　　静电冷喷工艺很少用于功能性涂层的涂敷。为了达到功能性涂层预期的附着力和其他性能要求，往往需要专门对工件的涂层系统进行设计，并采用热喷涂工艺。冷喷工艺更多是用于装饰性粉末涂敷，目的是取代传统的液体漆涂层。

　　静电喷涂工艺能够增加粉末转移率，降低过喷浪费问题，这将有助于提高粉末厚度的一致性。静电喷涂涂层的连续性更好，尤其是在工件边缘和焊缝处。

　　粉末静电喷涂主要有两种带电方法：

- 电晕放电
- 摩擦带电

　　图6.14是粉末喷涂喷枪的图片和照片示例。

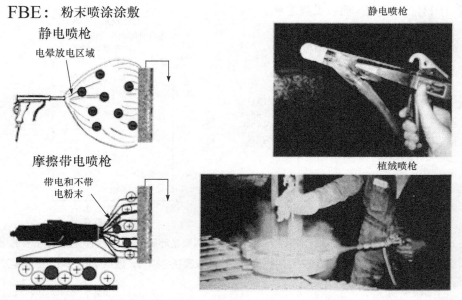

图6.14　静电喷涂和植绒喷涂都是FBE涂敷的有效方法(图片由J. P. Kehr在Kreeger基础上提供，照片由3M公司和作者提供[20])

4. 电晕放电喷涂系统

　　电晕放电喷枪使用3万～10万V的高压，通过电离空气产生电晕放电，并在电极附近形成密集的负电荷。当粉末涂料从静电喷枪头部喷出时，就会捕获电荷而带上负电，在气流和电场的作用下飞向接地工件并吸附在其表面。对于冷喷工艺，随着喷附的粉末逐渐增多，电荷积聚也会越来越多。当达到一定厚度时，由于静电排斥作用导致工件只能达到一定的涂层厚度，因此冷喷工艺主要用于装饰性粉末的涂装。

功能性(主要是防腐涂层)涂层往往要求涂层更厚、附着力更好。工件预热后,粉末与工件一接触便立即熔融,使得粉末所带电荷随之消散,这样已形成的涂层就可以继续吸引新的粉末。因此热喷工艺可以显著提高整体涂敷效率,使更多粉末被涂敷在工件上,大大降低了粉末的回收量。

当粉末喷入死角时,就会发生法拉第笼效应。喷涂的粉末颗粒将会更多集中到死角的边缘处,导致边缘处场强增加,从而会排斥之后新喷涂的粉末到达死角的内部。尽管法拉第笼效应对加热工件涂敷的影响不大,但仍有一定的负面作用。植绒喷涂工艺,可以将粉末喷涂到死角内侧,是解决法拉第笼效应的有效方法。将静电喷枪上的电荷关闭,仅用压缩空气进行粉末喷涂,可直接将静电喷枪转换为植绒喷枪。

5. 摩擦带电喷涂系统

摩擦带电喷涂系统很少用于功能性粉末的涂敷。它通过粉末与喷枪的摩擦来实现粉末粒子的带电。粉末粒子失电子,带正电荷。摩擦带电没有电晕放电系统的电力线,从而极大降低了喷涂时的法拉第笼效应问题。静电喷枪和摩擦带电喷枪的图片如图 6.14 所示。

6.3.5　供粉

出于经济性、安全性和清洁性的考虑,必须对过喷的粉末进行回收。某些情况下,回收的过喷粉末还可循环使用,这能最大限度地减少材料浪费,降低涂敷成本。采用流化床喷涂时,供粉系统主要是收集被吹散和空气中弥漫的粉末。

粉末喷涂时,主要包括以下四个环节[22]:
- 粉末调节
- 喷枪系统:供粉、静电装置和喷枪
- 喷粉室
- 粉末回收和再利用

(1) 粉末调节。粉末调节系统通常可同时用于处理回收的和新添加的粉末。当回收粉通过集尘系统时,会吸收空气中的水分,因此需要在喷涂前对回收粉进行干燥。流化床供粉系统可实现对粉末的干燥处理,这是因为供粉所用的压缩空气是足够干燥的,能够很容易地将回收粉中的水分除掉。筛分系统可将回收粉中的结团物筛除,还可把新加入粉末中,生产时漏筛的超大粒径颗粒一并筛除。

用于输送或流化粉末的压缩空气应干燥且无油。为实现水分的有效去除,压缩空气在操作压力下的露点温度应达到-30℃或更低。当喷涂长胶化时间、低温涂敷粉末时,可能需要使用露点温度更低的压缩空气。

　　粉末储存时的气候和温度控制对于粉末质保期至关重要。为避免出现水汽凝结问题，打开包装时，粉末温度应高于工厂空气的露点温度。因此当气候炎热潮湿时，在打开粉末包装前，应在工厂里先放置几个小时，以使粉末材料与当地的室温条件达到平衡。

　　(2) 供粉系统。通过文丘里系统能够实现粉末从流化床或进料斗向喷枪的供粉。其他类型的供粉系统还包括加压罐或螺杆进料器。之前已对静电喷涂装置和喷枪进行了介绍，喷涂时，可根据实际情况对粉末流速、喷涂模式和静电电压进行调整。粉末流速过高容易导致更多的粉末回收或浪费。

　　(3) 喷枪系统。喷枪系统是一个集成单元，既有简单的也有复杂的，包括：
- 　　单个手动喷枪
- 　　对移动工件进行喷涂的固定喷枪
- 　　可与工件一起移动的往复式自动化喷涂系统

　　(4) 喷粉室。喷粉室能够实现粉末沉积并收集过喷粉末，以便后续处置或回收。进行气流控制可有效避免对涂层涂敷的干扰，还能有效避免气流将粉末带到车间里。图 6.15 给出了有关自动粉末喷涂系统的图示。

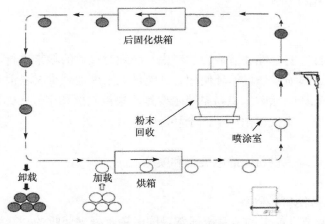

定制涂层自动涂敷线

图 6.15　使用带有传送线的自动喷涂系统可极大提高喷涂效率(流程图由 J. P. Kehr 在 Adarns 基础上绘制[21])

　　安全是喷涂时应考虑的重要因素。粉末与空气的混合比例必须始终低于爆炸下限(LEL)。大多数环氧粉末的 LEL 通常在 $50\sim100\mathrm{g/m^3}$ 之间。这就意味着必须始终提供足够的气流使粉末与空气的比值一直保持在该限值以下。通常，大多数设计会考虑 2 : 1 的安全系数，即如果粉末的 LEL 是 $60\mathrm{g/m^3}$，那么设计提供的气流将使粉末含量始终低于 $30\mathrm{g/m^3}$。

(5) 粉末回收/循环处理。回收系统的核心是集尘器，通常采用旋风分离器或袋式/滤筒式过滤系统，或将两者组合使用。对粉末进行回收循环使用还是直接废弃回收主要还是取决于经济性的考虑。如果决定废弃，就需要考虑后续的环保问题。由于粉末是细小的颗粒状产品，大多数处理场要求粉末在弃置前先进行固化处理，这可以通过对废弃粉末加热来实现。

6.3.6　固化

固化是一种时间/温度现象。任何给定的 FBE，温度越高固化速度就越快，温度越低就需要越长的固化时间。对于能够快速固化的 FBE，利用工件自身余热通常就可以实现涂层的完全交联，这时工件的质量和厚度是非常重要的。但对于胶化时间长的 FBE，通常还需要进行后固化。所采用的大多数 FBE 涂敷程序，通常不会造成涂层过度固化。但有些后固化操作，有可能会造成此问题，从而导致涂层出现分子链降解和性能损失(如脆性增加)的问题。涂敷时应遵循粉末生产商推荐的操作要求。图 6.16 是粉末固化窗口和采用 DSC 方法测试涂层固化度的

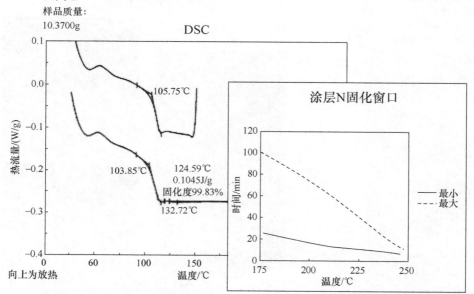

图 6.16　固化是 FBE 涂敷过程中的关键环节。如果交联度不够，涂层就无法达到预期性能。为了实现涂层完全固化，就需要涂层在最短固化时间内获得足够的热量。如果需要进行后固化，涂层就有可能存在过度固化问题。应遵循粉末生产商所提供的固化要求。DSC 提供了一种对涂层破坏程度最小的固化度测试方法

示例。未固化完全并允许冷却的涂层，之后还可以通过再次加热的方法进行涂层后固化。如果涂敷程序中包括后固化，就必须确保涂层已达到冷却时固化度的要求，以避免冷却时的热冲击造成涂层开裂。

此外，还有几种快速确定涂层未充分固化的测试方法。固化不充分时，涂层是发脆的，因此可以通过简单的刀尖翘拨方法来测试涂层的固化情况。固化不足时，涂层呈碎屑状。固化良好时，涂层可切割，呈卷曲状。通过 MEK 擦拭的方法也可以获得涂层固化的相关信息。测试时，用 MEK 试剂浸透的白布在涂层上来回摩擦 50 次(25 个循环)。如果白布变色了，表示涂层固化不足。如果涂层中存在易溶于 MEK 的有机颜料，即使涂层已固化完全，擦拭时也可能造成一些变色。测试人员需要具备针对特定涂层的丰富经验，才能使其成为一种有用的测试方法。另一种快速但有破坏性的方法是冲击强度测试。

若涂层只是存在轻微的固化不充分，通过上面的测试是无法获得相关信息的，只有当涂层固化严重不足时才能被发现。如图 6.17 所示，上述三种方法都是主观性测试，无法很好地规定测试过程或对结果进行良好解释。

FBE涂敷：涂层固化快速测试方法
擦拭试剂：
甲基乙基酮：$CH_3COC_2H_5$
CAS号：78-93-3

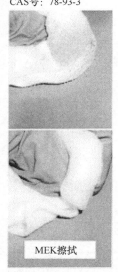

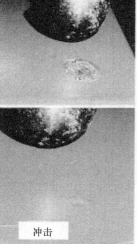

未固化

固化

MEK擦拭　　　　小刀　　　　冲击

图 6.17　通过 MEK 试剂擦拭、小刀刻划和冲击等测试能够获得涂层固化不充分的相关信息，但无法区分涂层存在轻微固化度不足的情况。另外，由于这些都是主观性测试，结果往往取决于检验员的经验(照片由作者提供)

　　利用 DSC 能够获得更为准确的试验结果，如图 6.16 所示。更多测试细节，请参阅"第 9 章　FBE 管道涂层涂敷过程中的质量保证：厂内检查、测试和误差"。DSC 测试能够提供更加有用的涂层固化信息，测试时只需要一小块涂层即可。但DSC 设备昂贵，对测试人员的要求也高。

6.3.7　冷却、检查和修补

　　必要时，可通过水喷淋的方式来实现工件的强制冷却。否则就只能让工件在环境温度下缓慢散热。喷涂完成后，通常需要进行外观、漏点和涂层厚度测试[23, 24]。目视检查包括检查滴垂、流挂、漏涂和涂层破损等缺陷。可使用高压电火花或湿海绵(可设定为 67.5V、90V 或其他电压)进行涂层漏点测试。当采用高压电火花测试时，可依据 NACE RP0490-95[23]或 ASTM G 62-87 [25]开展。如果先前的涂敷工艺研究对涂层的固化情况未充分掌握，测试前应首先进行固化度测试，如图 6.16、图 6.17 和图 6.18 所示。

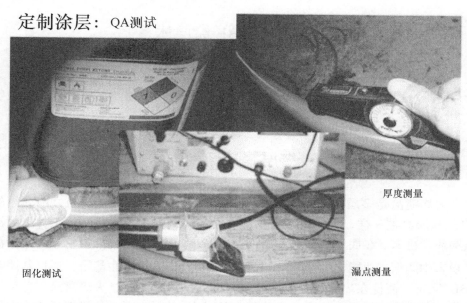

定制涂层：QA测试

厚度测量

固化测试

漏点测量

图 6.18　除了目视检查外，还应对涂层进行厚度和漏点测试。如果测试前对工件的固化情况未充分掌握，测试前应首先进行涂层固化度测试(图中为 MEK 擦拭测试)(照片由作者提供)

　　若涂层存在漏点，可使用多组分液体(MCL)环氧涂料或修补棒进行修补：
- 首先应根据 SSPC-SP 1 的规定，将破损区域中的所有油污、油脂和其他污染物清除干净[6]。
- 采用钢丝刷、角磨机或喷砂等方法将破坏区域的锈蚀清除干净。

- 采用修补棒修补时，为增加粘接，应先对破损点四周约为 2.5cm 范围内的涂层进行打磨处理，形成粗糙表面。采用双组分液体环氧涂料修补时，只有当涂层出现粉化时才必须进行打磨处理，但如果先把表面打磨一下，修复效果会更好。
- 将松散的材料刷干净。
- 涂敷 MCL 修补涂料或修补棒(热熔棒)。

使用修补棒修补时，关键是对涂层表面的预热。预热温度应达到当修补棒涂抹到修补区域时能够熔化并留下残留物。然后使用加热炬来维持涂层温度使修补棒持续熔化。修补时，涂层出现轻微发黄是可以接受的，但不能出现碳化或起泡的情况。

使用 MCL 修补时，关键是确保配比准确并混合充分。另外，管体温度还应达到修补涂层规定的最低固化温度要求。关于修补棒和双组分修补涂料的详细信息，可参阅"第 10 章　管道装卸与安装"。

6.4　多层 FBE 涂层体系

流化床浸涂、植绒喷涂或静电喷涂工艺可实现 FBE 涂层的连续涂敷。无论最终外涂层是提供耐磨、耐高温还是抗紫外线等功能，均可采用这样的涂敷工艺。

6.5　多层聚烯烃涂层体系

火焰喷涂是多层定制涂层中聚丙烯涂层的常用涂敷方法。与之前介绍的 FBE 涂层涂敷一样，首先要进行工件表面处理和加热，然后在热工件上喷涂底层环氧粉末。在底层 FBE 胶化之前，喷涂 FBE 和功能化低温粉碎聚丙烯混合粉末中间层。"功能化"是指在聚丙烯分子链上接枝功能性基团，通过基团与 FBE 反应，使得在环氧和聚丙烯涂层间形成化学键。通过火焰喷涂工艺，可以将功能化聚丙烯粉末喷涂至规范要求的厚度。火焰喷涂时，聚丙烯粉末在接触工件之前便已熔化，在堆叠至规范要求厚度的过程中，无须依靠工件金属余热和已喷涂层的热传导作用。火焰喷枪中的惰性气体流能够驱动聚丙烯粉末喷出，并将其与火焰本身隔离。当聚丙烯层达到指定厚度后，将供粉系统关闭，继续用火焰加热，进行涂层表面平滑处理。图 6.19 是多层火焰喷涂工艺的涂敷工艺步骤及涂敷后的管件。

多层聚丙烯涂敷

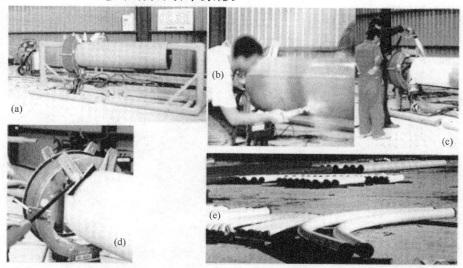

图 6.19 在定制涂层涂敷车间，多层 PP 涂层的涂敷过程与 FBE 涂敷类似。区别在于，最后采用火焰喷涂工艺使聚丙烯涂层达到规范所要求的涂层厚度。(a) 感应线圈加热；(b) FBE 喷涂；(c) 化学改性聚丙烯低温碎粉末的火焰喷涂；(d) 进行最终产品的漏点测试；(e) 采用 FBE/聚丙烯涂层体系的弯管(照片由得克萨斯州康罗市 CCSI 公司提供)

6.6 液体涂层体系

液体涂层的一个优点是大多数涂料都不需要再额外提供热量就能实现固化。这意味着现场施工只需要喷砂清洁和喷涂设备就可进行涂敷，如图 6.20 所示。

6.6.1 双组分液体涂料(多组分液体涂料)的涂敷

刷子、滚筒、刮刀、无气喷涂和传统的高压喷涂是 MCL 涂敷常用的工具。如果工件表面温度低于空气露点温度 3℃以上，喷砂和涂敷前应先对工件进行预热处理。为使涂料获得最佳混合，单个组分温度应至少达到 20℃。尽管混合温度可以更高，但会缩短涂料的适用期[26]。

混合前，各组分应预先搅拌均匀。通常而言，固化剂和树脂的颜色不同，将两者混合后，应搅拌至颜色均匀。

对于双组分液体环氧或液体聚氨酯涂层，也可采用双组分喷涂系统，实现涂料的自动配比、搅拌和喷涂。混合前，各组分单独储存。为了达到适当黏度，通常会在储存罐、输送管或两者上面都安装加热器。通过两个或三个输送泵将各组

定制涂层：*液体涂料*

图 6.20　大多数液体涂层体系往往只需要喷砂清洁和涂敷设备就可以进行现场施工。(a) 钢砂
喷射清洁；(b) 在现场涂敷后的工件[照片由英国管道感应加热有限公司(PIH)提供]

分按固定体积输送到混合器歧管或喷枪处。由于喷涂前才进行涂料混合，因此不存在涂料适用期的问题。混合比例对涂层性能至关重要，设备选择、设置和维护也同样重要。有关喷涂设备和涂敷过程的照片，如图 6.21 所示。

应根据生产商提供的参考数据，涂敷前需确认涂料所允许的最低固化温度。如果工件的温度条件低于特定涂层的固化温度要求，需依据生产商的说明对工件先进行预热。如果涂料生产制造商没有提供具体的固化说明，当环境温度在−10～10℃之间时，为了确保涂层固化完全，可先将零件预热至 65℃ 左右再进行喷涂。如果天气更冷，应预热至 90℃ 左右[27]。

当工件温度高于 90℃ 时，涂敷时应小心，以防止涂料组分的挥发。可采取两次喷涂的方法来解决这一问题。第一道喷涂时，可将涂层厚度喷涂至 250μm 左右，待其表干后再进行剩余厚度部分涂层的涂敷。

液体涂层的一个优点是当涂层处于液体时就可以进行厚度测量。如果涂层厚度达不到规范要求，立刻就能补涂。对于高固含量涂料，可以实现涂层厚度达到 1mm 而不产生流挂。使用高固含量涂料能够显著提高涂敷效率，可有效解决为达到规定厚度需要多道涂敷的低效问题。

工件涂敷双组分涂料时的处理和固化时间在很大程度上取决于温度。有些聚氨酯涂层可在低至−20℃的温度下涂敷。一些特殊配方的环氧树脂体系可在 0℃ 条件下使用。但这些涂层在这样的温度下不能达到完全固化，需要通过之后高温加热才可以实现完全固化。固化后，涂层的检查和修补程序与 FBE 涂层类似。

双组分喷涂涂敷

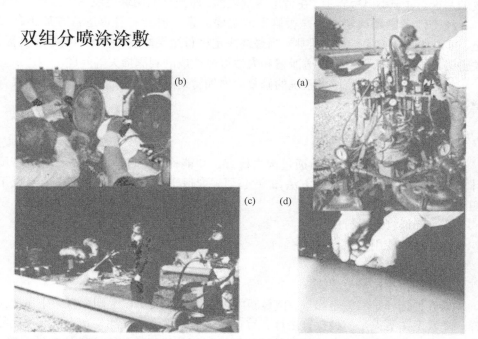

图 6.21　(a) 双组分喷涂系统使用体积泵将各组分从各自的容器抽出。(b) 将各个组分添加到各自储罐中。两个组分会在喷枪或接近喷枪的区域自动混合，因此涂料的适用期不会对涂敷造成影响。(c) 喷涂过程非常简单。(d) 液体涂层的优点是固化前能够进行厚度检查。当使用 100% 无溶剂体系时，如果涂层厚度偏低，可直接在原涂层上再次喷涂(照片由 B. Brobst 提供)

6.7　管道修复涂层体系

当维护现有防腐系统的成本(如升级或增加额外的阴极保护系统、进行局部涂层修复等)超过涂层修复成本时，涂层的经济寿命就即将结束[28, 29]。

有些公司通过电流密度的计算来确定管道上存在的漏点情况。当管道涂敷有与敷设环境相匹配的涂层系统时，为保护管道免受外部腐蚀，管道表面每平方米需要的阴极保护电流一般会低于 $10\mu A$[①]，这即可满足小漏点或涂层局部破损对阴保电流的要求。

随着管道老化和涂层降解，需要的电流密度将逐渐增加。对于大口径管道

---

① 微安是电流单位安培的百万分之一，或表示为 0.000001A

(660～1070mm)而言，一家公司使用 3500μA/m² 的电流密度作为考虑进行涂层修复的基准。对于小口径管道，在考虑修复之前，所允许的阴保电流密度会更高[30]。

经济性考虑是决定涂层是否修复的主要因素，但所有管道运营方都还有安全、可靠和高效方面的运行准则。当最终决定进行涂层修复时，还必须考虑监管、关键时期输量降低、由于管道泄漏和失效可能造成的利润损失等问题。

推迟或放弃对腐蚀保护系统的修复会增加管道的安全运行风险，进而导致管道泄漏、污染。

6.7.1 涂层失效时的选择

一旦确定外涂层已失效(通过沟内检查、智能检测器、皮尔逊法、电流密度计算或直流电压梯度测量等方法)，就必须采取适当的补救措施[31]，主要有以下四种选择[28,32]：

- 降低管道运行压力
- 放弃使用
- 更换管线
- 进行涂层修复(更换)

第五种选择是将管道出售，但是新的运营方依然要从以上四个方案中做出选择。降低工作压力是一种权宜之计，旨在延长失效管道的使用寿命。放弃使用往往是由于存在管输量过剩或其他管线能够承担原管线运输能力这样的替代方案。

决定更换还是修复，最终将取决于对成本以及在监管准则范围内管道运营安全性、可靠性和输送效率的综合考虑[33]。上述每项操作的财务花费受多种因素影响，因管线各不相同。表 6.2 给出了换管和翻新相对花费的一般评估[34, 35]。

表 6.2　不同管径换管与修复的相对成本比值

管径/mm	修复与换管成本的比值
860	30
710	35
460	60

6.7.2 对修复涂层的要求

需要找出最为理想的修复涂层。通过对 39 家管道运营公司的调研，总结了修复涂层应具备的性能清单[36]，其中提到最多的性能主要包括：

- 抗土壤应力、耐阴极剥离和高温性能
- 抗冲击

- 修复成本
- 吸水率和水渗透性
- 回填时间

(1) 抗土壤应力、耐阴极剥离和高温性能。抗土壤应力是涂层抵抗周围黏土干/湿交替外部作用的能力。涂层耐阴极剥离是指管道在阴极保护条件下，漏点区域涂层抵抗局部剥离的能力。尽管所有有机涂层均会发生阴极剥离，但当涂层配方良好时，就可以最大限度地降低涂层的阴极剥离程度。在管道运行温度条件下，尽管实验室的阴极剥离测试能够反映涂层预期性能的相关信息，但无法预测涂层服役时的长期性能。通常，阴极剥离试验仅作为不同涂层抗阴极剥离性能相对优劣的一种对比方法。

(2) 抗冲击。涂层的抗冲击性能对于最大限度降低管道安装过程中出现的涂层破损非常重要。除了进行涂层保护外，正确回填或对回填土进行处理都能降低涂层破损发生的概率。

(3) 修复成本。管道修复项目的成本取决于许多因素，其中包括地形和土壤类型。崎岖地形和岩石地质将大大增加修复成本。在美国，620mm 口径管道，每米管道通常的修复费用在 75～100 美元之间[34]。上面测算只是一个概数，具体的修复成本，在农村农田区域、城市和城市近郊之间差别很大。

另外一个因素是材料成本。图 6.22 给出了材料在总修复成本中的占比，修复材料每千克的价格在 10～20 美元之间波动。修复材料比选时，尽管材料价格是考虑的因素之一，但最终选择通常是依据性能而不是看它的成本。

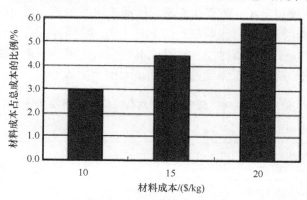

图 6.22　修复材料只占整个修复项目成本中很小一部分

(4) 吸水率和水渗透性。这些项目主要是用来评价涂层在水下或潮湿埋地环境中的性能。最为理想的聚合物涂层应具有平衡的水分子和氧气渗透性，不会对管道阴极保护产生屏蔽效应。

(5) 回填时间。尽量减少从涂敷到管道重新回填的时间非常重要。实际回填时间需要根据具体项目来定。

6.7.3 涂层材料

许多涂层材料都可用于管道修复，但每种材料都有其特定的优点和缺点。目前，最常见的涂层修复材料主要包括[36, 37]：

- 防腐胶带：阴保屏蔽、粘接强度低、易脱层、易导致钢管应力腐蚀开裂 (SCC)、焊缝处形成空鼓。安装方便，有时成本更低[38]。
- 煤焦油：耐土壤应力差、能够承受的工作温度低、容易发生 SCC、存在健康和安全问题。涂敷方便。
- 环氧煤沥青/聚氨酯煤沥青：能够承受的管道最高操作温度较低、存在健康和安全问题。需要更长的固化时间和回填时间。
- 聚酯涂料：阴极保护情况下，性能差。但可在低于 0℃ 环境中固化。
- 液体聚氨酯：迅速固化、低温固化、良好的抗土壤应力性、没有报告过存在 SCC 风险。但与液体环氧体系相比，涂层的耐阴极剥离性能差。
- 液体环氧：良好的附着力，良好的耐土壤应力性，良好的耐阴极剥离性能，在潮湿环境中依然性能良好。比聚氨酯体系的固化时间长，低于 5℃ 时固化速度慢，没有报告过存在 SCC 风险。

6.7.4 材料选择：液体环氧/液体聚氨酯涂料

对于所有的涂层系统，需要在涂敷和性能上进行权衡。通过配方的改进，涂层修复材料能够达到与工厂涂敷高性能 FBE 涂层相当的性能，如表 6.3 所示。进行材料选择时，应平衡回填时间、材料成本和涂层性能等因素。通常，环氧类涂层是修复的首选，除非施工温度过低或回填时间至关重要。

表 6.3　修复涂层能够达到与工厂涂敷高性能 FBE 涂层相近的性能[39]

测试/性能	单层 FBE 涂层	液体环氧涂层	液体聚氨酯涂层
阴极剥离 (14d，65℃，1.5V)/mm	4.3	6.5	9
冲击强度(ASTM G14，16mm 冲头，24℃)/J	2.4	2.8	3.2
单位体积的材料成本	X	$3.1X$	$2.6X$
水蒸气渗透率① g/(mil·in²)(24h)	1.8	1.8	4.3
回填时间(24℃)/min	—	160	30

① C. A. Harper，塑料和弹性体手册，(纽约，麦格劳希尔集团，1975)，p9-28。

6.7.5　修复(重涂)方法

无论选择何种管道涂层修复材料，一般修复步骤都是相同的：

- 管道开挖
- 去除旧涂层
- 管道检查，并进行必要的缺陷修复/换管
- 表面处理
- 涂敷新涂层
- 水压试验。通常，如果修复时，将管道从管沟中移出并进行机械作业，投用前应先进行水压试验
- 管道回填

管道开挖：进行管道涂层修复时，常用的方法有两种：

- 沟内作业
- 沟外作业

1. 沟内修复作业

沟内作业可用于局部管段和连续管道修复。当修复连续管道时，悬空长度应不超过 45m，支撑堆应不少于 10m，如图 6.23 所示。实际的悬空长度和支撑堆长度取决于管径、壁厚和钢材的强度。待开挖处完成涂敷和回填后，才能将之前的支撑堆挖开，并进行新开挖管道的清洁和重涂操作。

沟内作业时，悬空长度主要以悬空管能够支撑自重而不屈曲作为依据。管沟开挖的宽度和深度必须足够大，以确保修复过程中每个阶段中所使用的设备都能够进行操作，包括清洁和涂敷。

不论哪种情况，成本花费最高的是进行管道下方土壤的开挖，尤其是遇到岩石地质时。

施工时，应将为满足现场施工特殊要求所产生的成本计入材料成本。例如，如果一种修复涂层要求管道下方的开挖距离为 30cm，另一涂层只需要开挖 20cm，增加的建设和人工成本都有可能超过材料所节省的成本。

如果采用沟外防腐，就意味着首先必须先中断管道输送，将管道切割移出管沟后才能进行修复。修复时需将管段置于滑轨并支撑到地面以上，以方便修复作业。

(1) 去除旧涂层。旧涂层可采用锤击和刮除等方式来去除，如图 6.24 所示。手动方式可以很容易地将剥离的涂层去除干净，但想将依然粘接良好的涂层清除掉几乎是不可能的。当涂层含有石棉材料时，工作人员需进行适当防护。

开挖修复：
支撑堆

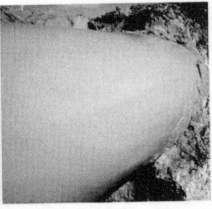

图 6.23　沟内修复方法可用于局部管段或连续管道修复。当修复连续管道时，悬空长度应不超过 45m，支撑堆应不少于 10m。待新涂敷且固化完全的管段回填后，才能将之前的支撑堆挖开进行新开挖管道的修复(照片由 3M 公司提供)

手动去除旧涂层

图 6.24　旧涂层既可以采用手动方式，也可以使用高压水洗等自动化设备进行清除(照片由 3M 公司提供)

　　可采用自动化系统去除旧涂层,如使用压力为140MPa的高压水枪[40]。另外,使用高压水还有助于去除管道表面的可溶性污染物。清洁速率取决于涂层类型、厚度、管径大小、是否存在增强材料、涂层的粘接性等因素。在进行如煤焦油磁漆等热塑性涂层去除时,环境温度和管道温度对处理效果的影响比较大,这是因为热塑性材料在较高温度下会变软,从而导致涂层不容易被处理干净。胶带类防腐层的清除往往会更加困难,难易程度主要取决于胶带的剥离情况、所用胶黏剂类型,是否有底漆以及缠绕的层数等因素。

　　(2) 管道检查,并进行必要的缺陷修复或换管。将旧防腐层去除后就能看到管体的腐蚀状况,如图6.25和图6.26所示。在新防腐层涂敷之前,根据情况必须进行管体缺陷修复或换管。当管道停输修复时,可用新管段将缺陷管段替换掉。当压力管道不停输修复时,管体修补比较困难,但可以使用套筒或其他缺陷修复方法来完成[41]。

图 6.25　通过手动或自动喷砂处理,可以将管道表面清洁至近白级(照片由 Incal 管道修复公司和 3M 公司提供)

　　(3) 表面处理。有关表面清洁度和污染物对涂层性能的影响,可参阅本章前面关于定制涂层清洁处理一节。图6.27是喷砂磨料对涂层性能影响的说明。

检查： 清洁后进行腐蚀破坏检查

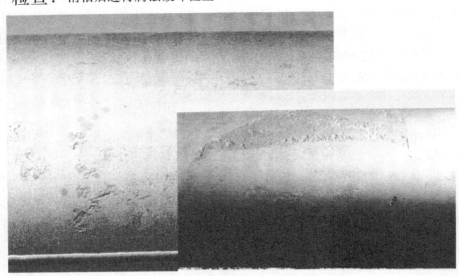

图 6.26　喷砂清理前或后均可进行管体缺陷检查。但是喷砂清洁后更容易检查。在新涂层涂敷前,针对存在显著管体缺陷的区域需先进行缺陷修复或换管操作(照片由 Incal 管道修复公司提供)

磨料： 不同磨料处理对涂层性能的影响

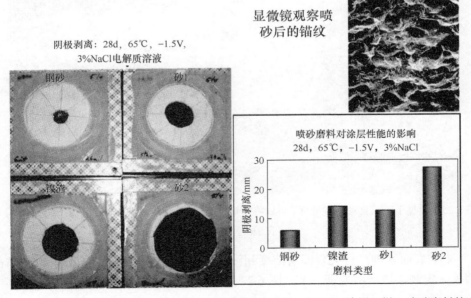

图 6.27　修复涂层的性能取决于管道表面的清洁度和锚纹。与 FBE 涂层一样,喷砂磨料的选择对于修复涂层的最终性能至关重要(照片由 3M 公司提供)

可采用手动式或自动式喷砂清洁设备。对于 760mm 口径管道，自动喷砂设备每分钟可清洁 3m 左右[42]。喷砂后应进行锚纹形态和盐污染物的测试，如图 6.28 所示。

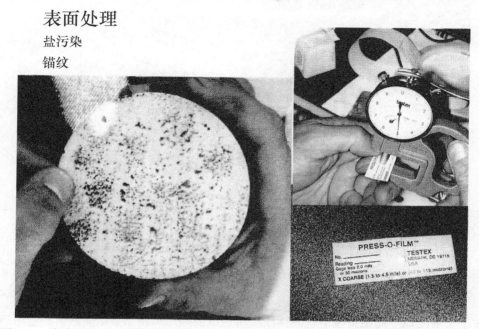

表面处理
盐污染
锚纹

图 6.28　清洁处理后，对管体表面进行盐污染物含量和表面锚纹深度的测量(照片由 D. Sokol Consultancy、B. Brobst 和作者提供)

(4) 涂敷新涂层。热固性涂层的涂敷和固化要求取决于每个修复项目的具体情况。图 6.29 给出了一个涂层修复过程的示例。涂层修复主要可分为以下三类：

- 沟内(沟下)停输修复
- 沟内(沟下)不停输修复
- 沟外修复

尽管沟内或沟外涂层修复的程序基本相同，但对不停输管线的修复需要特别注意。由于管体表面温度与管输温度基本相同，当管输温度低于周围空气的露点温度时就会出现湿气凝结。大多数涂层均无法在潮湿管道上实现良好修复。另外，热固性材料必须能够在修复的环境温度条件下完全固化。

管输介质(特别是流动介质)也是一个大的散热器，这意味着对管道表面施加的热量能够被立刻带走。因此，对管道表面加热不会加速涂层系统的固化。相反，如果管道输送介质温度高而环境温度低，管道内部介质的热量将有助于涂层固化。

对于沟内修复，涂层材料应能满足涂敷几小时后就能回填的要求。对于需要连续修复的长管道而言，尽管可能不需要快速回填，但表干时间应小于 4h，这能

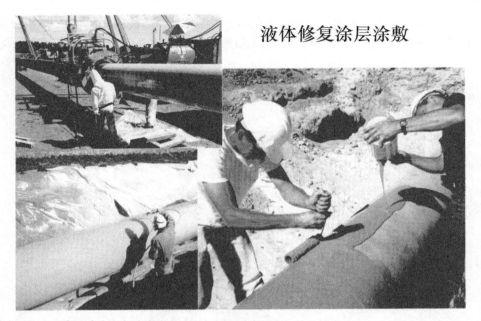

图 6.29　可采用手动或自动喷涂方式进行涂层涂敷(照片由 Incal Pipeline Rehabilitation 和 3M
　　　　公司提供)

够最大限度地降低昆虫停落对液体涂层所造成的漏点风险。手工涂敷时，适用期
是一个重要的影响因素，必须有足够的时间来进行混合和涂敷。

对于双组分喷涂系统而言，适用期并不是关键因素。这是因为组分混合仅发
生在喷嘴处或喷嘴附近，之后便立即涂敷。此时，涂敷和涂料自身性能则是最为
重要的影响因素。

2. 沟内修复：狭小空间

狭小空间或城市区域的管道涂层修复对修复程序、涂层材料和涂敷方法都提
出了更高的要求，如图 6.30 所示[43]。修复的批准过程可能就很漫长，不但需要
协调交通管制安排，还得现场安排警察疏导交通。为了尽量减少交通中断，这些
修复工作通常在周末开展并完成。开始修复之前，需要先设置混凝土或其他物理
屏障，以将交通区与工作区分开。

进行作业坑开挖，待管道露出后，应先定位管道和涂层异常区域，之后去除
管道涂层(或切割换管)，然后进行管道清洁并重新涂敷。修复涂层必须达到一定
固化度才能进行回填操作，以防止回填过程中的涂层破损。如果整个修复作业没
有在周末完成，则必须先用稳定的沙土回填作业坑，然后再放置一块重钢板，以
确保工作日的交通正常。等到下一个周末，才能继续进行修复作业。

开挖修复：人口稠密区域

图 6.30　在交通流量大的地区，修复工作必须在周末进行。如果周末未完成，还必须将开挖区域临时关闭并盖上钢板以确保工作日的交通。因此，修补或修复涂层的固化速度至关重要。(a) 在周末开挖前，必须先进行交通管制并设置路障。(b) 找到管道异常处，去除管道涂层，然后进行管道检查和修补。之后进行管道表面清理，并涂敷涂层。当涂层达到足够固化度而能够承受回填后，进行作业坑回填操作，之后恢复交通(照片由 Kinder Morgan 公司 J. D. Davis 提供)

　　涂层的固化速度对于缩短作业坑的回填时间至关重要。简而言之，整个操作过程包括作业坑开挖、旧防腐层清除、管道检查(可能需要切割换管)、涂层修复或重涂、固化以及在尽可能短的时间内将作业坑回填好。

　　3. 沟外修复

　　快速的沟外涂层修复方式具体要求也不相同。其中最为关键的是新涂敷管道返回至支撑堆的时间间隔。自动化作业线涂敷时，要求涂层 3～5min 后的硬化程度能够具备支撑管道自重的能力。涂敷前，先对支撑装置上的管段进行预热，来加快涂料的固化速度，缩短放回时间。

　　首先将管道表面的污垢清除干净，然后将管道从管沟中取出，置于滑轨之上，如图 6.31 所示。使用刀切设备来清除旧涂层和管道上残留的污垢，使用高压喷水机可将残留的大部分碎屑清除干净，只留下底漆痕迹。焊缝增强区和可能存在腐蚀的区域可采用手工喷砂方式，并进行检查。

　　自动喷涂作业线紧跟喷砂作业线进行涂层涂敷。在好天气里，每天可以涂敷 2km 以上。涂敷时，最为关键的是要尽量减少空气中的灰尘量。在施工作业带进行频繁喷水作业，可有效降低灰尘的影响[43]。

涂层修复：沟边修复

图 6.31　沟外涂敷工程示例：(a) 先使用推土机，然后使用铲车将管道上方和两侧的土清除干净。(b) 使用刀切设备来将大部分管道旧涂层和残留的污垢清除干净。(c) 使用高压喷水机将大部分残留物清除干净。(d) 安排一个手工喷砂机组对焊缝区域和可能存在腐蚀而需要进行切割的区域进行清洁处理。喷砂后，能够在管体表面形成一定的锚纹。(e) 自动化作业线紧跟在喷砂设备之后进行喷涂作业[43](照片由 Kinder Morgan 公司的 J. D. Davis 提供)

(1) 水压试验。根据美国交通部(DOT)关于天然气管道的规定，如果管道被从管沟中移出并进行了机械作业，使用前需要进行水压试验。

(2) 回填。尽管回填时修复涂层不必完全固化，但必须具备足够的强度来承受安装的应力作用。另外，埋地后涂层还必须能进一步完成固化反应。

6.7.6　小结：涂层修复

管道修复是一个基于经济性和管道完整性的决策。修复材料选择是一个技术性问题。在整个修复项目的总成本中，材料往往只占很小的一部分，大约为总成本的 4%。

管道修复时，有许多涂层材料可供选择。因此，在进行材料选择时，就需要腐蚀工程师具备良好的判断力，能够充分考虑到涂敷过程所面临的环境条件、管道运行温度和当地的土壤状态等因素。每种涂层体系都有各自的涂敷特性和要求，这些在进行材料选择时都必须要考虑到。

6.8　本 章 小 结

对于整个管道系统而言，除了直管道，还有一些特殊的管件(如弯管和三通)也需要进行防腐保护。这些管件也可以使用 FBE 涂层涂敷，但需要特殊的配方设计才能与涂敷工艺相匹配。由于直管道形状对称且简单，因此可以使用自动化装备进行涂敷。直管道涂敷效率高、成本低，能够适应市场竞争中的成本要求。直管道 FBE 涂敷产品的胶化时间和固化时间都比较短。相比而言，由于管件形状各异，往往无法通过自动化方式进行涂敷，通常只能采用手工涂敷。此外，涂敷时异形工件装卸、移动更加困难，手工操作导致涂敷工艺速度要慢得多。基于此，就需要对涂层材料的涂敷特性(胶化时间和固化速度)进行重大调整，才能达到与自动化涂敷工艺相媲美的涂层性能。

液体环氧和液体聚氨酯涂料、双层 FBE 和三层聚烯烃涂层也同样适用于管件防腐。每种涂层都有其独特的涂敷流程和要求。管道修复时，经常选择双组分液体环氧树脂或液体聚氨酯涂层体系。

6.9　参 考 文 献

[1] J.A. Kehr, G. Natwig, "Fusion-Bonded Epoxy Coatings: A Solution to Corrosion Problems inthe Navy," paper no. 98035, Louisville, KY: (U.S. Navy and Industry Corrosion Technology Information Exchange, June 1998).

[2] K.W. Gray, D.S. Richart, "The Chemistry of Epoxy Powder Coatings for Pipe Protection". NACE Gulf Coast Corrosion Seminar, Feb. 5, 1980 (Houston, TX: NACE).

[3] J.A. Kehr, "Fast Gel, Fusion-Bonded Epoxies for Protecting Pipelines," J. Prot. Coatings Linings 6, 6 (1 989), pp. 15-18.

[4] K.E.W. Coulson, D.G. Temple, J.A. Kehr, "FBE Powder and Coating Tests Evaluated," Oil Gas J: 85, 32 (1 987): pp. 41-53.

[5] A.A. Schupbach, "Custom Coating Guide: For Application of Scotchkote Fusion Bonded Epoxy Coatings," 3M,80-6111-8038-3, 2000.

[6] SSPC-SP 1, "Cleaning of Uncoated Steel or a Previously Coated Surface Prior to Painting or Using Other Surface Preparation Methods" (Pittsburgh, PA: SSPC).

[7] NACE No. 2/ SSPC-SP 10, "Near-White Metal Blast Cleaning" (Houston, TX: NACE, 1994).

[8] NACE No. l/SSPC-SP 5, "White Metal B1ast Cleaning" (Houston, TX: NACE, 1994).

[9] H. Roper, Wheelabrator Abrasives, Inc., telephone conversation with the author, Nov. 26, 2001.

[10] R.C. McCurdy, "Hot Roll Steel Surface Preparation for Fusion Bonded Epoxy," 3M report,1986.

[11] ASTM G 8-96, "Standard Test Methods for Cathodic Disbonding of Pipeline Coatings " (West

Conshohocken, PA: ASTM, 1996).

[12] G. Snyder, L. Bleuthin, "Abrasive Selection: Performance and Quality Considerations, " J. Prot. Coatings Linings 6, 3 (1 989): pp. 46-53.

[13] "Blasting Using Compressed Air Equipment," Wheelabrator Abrasives, Inc., ABC3886-5/97, May 1997.

[14] D.R. Sokol, C.M. Herndon, "Surface Contamination: Sources and Tests," Tenneco Gas MQ-845,Dec. 7, 1989, p. 5.

[15] E.R. Meyers, "Convection Ovens," Technical Paper FC72-962 (Dearborn, MI: Society of Manufacturing Engineers, 1972), pp. 2-5.

[16] D. Neal, Fusion-Bonded Epoxy Coatings: Application and Performance (Houston, TX: Harding and Neal, 1998), pp. 21-30.

[17] D. S. Richart, "Coating Processes, Powder Technology," Kirk-Othmer Encyclopedia of Chemical Technology, http: //www.interscience.wiley.com (Feb. 16, 2001).

[18] K. Ruhly, "Fluidized Bed Processing," Technical Paper FC72-933 (Dearborn, MI: Society of Manufacturing Engineers, 1972), pp. 2-6.

[19] J.A. Kehr, interna13M report, circa 1985.

[20] K. Kreeger, "Application Variables for Powder Coating Systems," Nordson Corporation, http://www.nordson.com (Aug. 23,2001).

[21] J.R. Adams, "Powder Coating Using the Flocking Process", Technical Paper FC72-933(Dearborn, MI: Society of Manufacturing Engineers, 1972), p.1.

[22] S. Duncan, "Powder Handling," Technical Paper FC72-954(Dearborn, MI: Society of Manufacturing Engineers, 1972), pp.1-14.

[23] NACE Standard RP0490-95, "Holiday Detection of Fusion-Bonded Epoxy External Pipeline Coatings of 250 to 760μm(10 to 30 mil)"(Houston, TX:NACE,1995).

[24] ASTM G 12-83(latest revision), "Method for Nondestructive Measurement of Film Thickness of Pipeline Coatings On Steel" (West Conshohocken, PA: ASTM).

[25] ASTM G 62-87, "Standard Test Methods for Holiday Detection in Pipeline Coatings" (West Conshohocken, PA: ASTM, 1998).

[26] L.D. Vincent, "Ambient Condition Effects on Pot Life, Shelf Life, and Recoat Times," MP 40,9 (2001), pp. 42-43.

[27] Nova Gas Transmission Ltd., "Coating Application Procedure for Coating Girth Welds with Liquid Coatings (CAP-4)," December 1998.

[28] S.A. Taylor, "worldwide Rehabilitation Work is Undergoing Major Changes," Pipeline Industry, February 1994.

[29] D.P. Werner, "Selection and Use of Anti-Corrosion Coatings for External Corrosion Control of Buried Pipelines," Fourth European and Middle Eastern Pipeline Rehabilitation Seminar, paper no: 16 (Abu Dhabi: Pipeline Integrity Management, 1993).

[30] J.D. Davis, Kinder Morgan, Inc., email to author, Jan. 23, 2002.

[31] W. F. Marshall, "Sound Plan Key to Making Cost Effective Rehabilitation Decisions," Pipe Line and Gas Industry, August 1996.

[32] J.A. Beavers, K.C. Garrity, "100 mV Polarization Criterion and the External SCC of Underground Pipelines," CORROSION/2001, paper no. 01592 (Houston, TX: NACE, 2001).

[33] J.L. Banach, "Evaluating Design and Cost of Pipe Line Coatings," Pipe Line Industry 68, 4 (1988): pp. 37-39.

[34] S.A. Taylor, personal interview, October 1997.

[35] A.F. Bird, "Corrosion Detection Interpretation and Repairs of Carbon Steel Pipeline Utilizing Information Generated by an Ultrasonic Intelligent Vehicle," CORROSION/2001, paper no .01634 (Houston, TX: NACE, 2001).

[36] "Requirements of Pipeline Refurbishment Coatings," (Houston: Specialty Pipeline Inspection and Engineering, Inc., May 1995).

[37] D. Neal, A. Sansum, "A Look at Pipeline Rehabilitation Coatings," Pipeline Digest, March1996.

[38] T.R. Jack, et al., "External Corrosion of Line Pipe - a Summary of Research Activities Performed since 1983, " CORROSION/ 95, paper no. 354 (Houston, TX: NACE, 1995).

[39] C.A. Harper, Handbook of Plastics and Elastomers (McGraw-Hill: New York, NY, 1975), pp.9-28.

[40] S.A. Taylor, "Field Removal of Cold-Applied Tape Systems from Large Diameter Transmission Lines Using High and Ultra High Pressure Water Jetting," CORROSION/2001, paper no. 01605 (Houston, TX: NACE, 2001).

[41] A.K. Denney, S.I. Coleman, R. Pirani, N. Webb, P. Turner, "Products Pipeline Rehabilitated While on Stream," Oil and Gas Journal, Jan. 9, 1995.

[42] W. Derden, "One-Pass Pipeline Rehabilitation," Pipeline and Utilities Construction, July 1991.

[43] J.D. Davis, Kinder Morgan, Inc., email to author, Feb. 13, 2002.

第 7 章   补口涂层与内涂层

7.1   本 章 简 介

➢ FBE 作为 FBE 主管道的补口涂层
➢ 非 FBE 的其他补口涂层
➢ 三层结构涂层管道的补口防腐
➢ 内衬/内涂层管道系统的内补口防腐

"链条的坚固程度取决于它最薄弱的一环。"[1]这一概念同样也适用于管道。补口区域的防腐通常被认为是整个管道涂层体系中最为薄弱的环节。现场通常采用焊接方式进行单根管道的相互连接,这就意味着裸露的现场焊接区及与主管线的搭接区还需在现场进行防腐作业。此外,本章还介绍了一种替代管道焊接的接头方式——机械连接,连接后,该方式不再需要进行现场防腐。

现场补口防腐所选择的材料应能提供与工厂涂敷主管线涂层相当的防腐性能,同时兼具现场适用性和经济性[2]。此外,补口材料应与主管线涂层兼容,并与主管线涂层搭接区结合良好,形成统一的整体[3]。

管道现场补口备受关注,主要是因为施工受限、作业时间受限以及现场环境条件多变等因素,都可能影响管道的预期服役寿命[4]。近些年,对高强钢管线开裂风险的担忧正在逐渐加剧,这种情况更有可能集中在脆弱的环焊缝区域。如果现场补口区域所使用的涂层材料质量差,只会进一步加剧这一薄弱环节的安全风险[5]。

7.2   补口涂层的选择

在进行补口涂层选择时,应考虑以下因素[4,5]:

(1) 施工要求:
• 表面处理
• 施工速度(安装周期)
• 对安装人员的技能要求
• 班组规模
• 设备要求

(2) 与主管道涂层的相容性

(3) 管道建设与铺设方法

(4) 材料和涂敷成本

(5) 管道服役环境和运行条件

(6) 管道设计寿命(使用寿命的要求)

(7) 管道的日常维护预算

(8) 与阴极保护(CP)的兼容性

(9) 当地健康、安全和环境(HS&E)要求及法规要求

(10) 管道运行温度/负荷率

(11) 土壤盐含量和电阻率

(12) 管道移动和土壤应力及沉降的可能性

(13) 地面条件/土壤类型

FBE 主管道涂层(热固性、热引发固化环氧涂层体系)与大多数常见的补口体系均具有良好的兼容性，包括：

- FBE：FBE 主管道涂层的首选补口方式
- 喷涂、刷涂或滚涂无溶剂多组分液体(MCL)涂料，如双组分无溶剂环氧涂料或无溶剂聚氨酯涂料
- 聚乙烯(PE)热收缩带/套：热熔玛蹄脂型或者涂刷液体环氧底漆型
- 冷缠或热缠胶带，如聚氯乙烯(PVC)胶带或聚乙烯胶带

为实现补口材料与主管线聚烯烃涂层(聚乙烯或聚丙烯)的良好粘接，应特别考虑其兼容性。当在补口区域涂敷和固化 FBE 涂层时，中间共聚物胶黏剂和外层聚烯烃的熔融温度会限制管道所允许的最大预热温度。

关于三层聚烯烃管道的补口防腐，将在本章"三层结构聚烯烃管道涂层体系的补口防腐"一节中详细讨论。

7.2.1　FBE 补口涂层

对于 FBE 涂敷管道，补口材料的首选就是 FBE 本身。FBE 环焊缝涂敷补口技术广为人知，并已在世界各地数千千米的管道(包括陆上和海上)上被广泛使用了几十年。通过使用与主管线相同的 FBE，能够确保现场补口涂层与工厂 FBE 涂层性能相当并完全兼容，成为一体。在施工现场，双层 FBE 也同样易于涂敷。

FBE 现场补口与工厂涂敷的工艺步骤基本类似，如图 7.1 所示：

- 清洁(喷砂)
- 感应预热
- FBE 涂敷及固化
- 检查

图 7.1　FBE 现场补口与工厂涂敷工艺相同：清洁、加热、涂敷、固化和检查。(a) 利用压缩空气磨料喷砂系统，将补口区域清洁至近白级。(b) 清洁处理应包括与主管线的搭接区域，宽度约为几厘米。通过使搭接区域粗糙并暴露出新的粘接界面能够确保补口与主管线涂层形成良好粘接。使用感应线圈将管道加热至 FBE 所要求的涂敷温度，通常接近 245℃。(c) 使用自动化喷涂系统将环氧粉末涂敷于已加热的补口区域，随之熔化、流动并固化。对于双层 FBE，喷涂系统有两个喷头，先涂敷底层，再涂敷面层。(d) 涂敷完成的补口涂层与工厂涂敷主管线涂层的性能相当。(e) 最后一步是漏点检测[照片由英国管道感应加热有限公司(PIH)提供]

现场焊接时，应特别注意避免焊接操作对主管线涂层可能造成的破坏。加盖一层绝热毯就可以很好地避免该问题的发生。

1. 清洁与锚纹(喷砂)

在进行防腐涂层(不论是 FBE，还是其他)涂敷时，基材的表面清洁度是确保所有涂层达到最佳性能的关键[6]。涂敷前，所有的表面污染物都需要采用合适的方法去除，去除方法可参考 SSPC-SP 1 中的相关规定[7]。应采取喷砂方式进行焊缝区域的清洁处理。必要时，处理前应使用锉刀或 SSPC-SP 2、SSPC-SP 3 或 SSPC-SP 11 中规定的其他方法将所有焊渣去除[8-10]，并将焊缝上的尖锐边缘锉平或磨平。喷砂清洁后，还需针对焊缝区域可能存在的焊渣或毛边再次进行目视检查。如果打磨处理对锚纹的影响超过了 3 cm²，应重新进行喷砂。

　　用于喷砂作业的压缩空气必须进行过滤和处理，以除去空气中的油和水。如果管道温度低于空气露点温度以上 3℃时，处理前必须先用感应线圈或其他适当的加热方法(如丙烷火炬)对钢管进行预热。如果钢管表面有外部杂质下落时(如下雨等)，必须在遮挡条件下进行喷砂清理，如图 7.2 所示。对于海上铺管驳船作业，通常使用密闭式循环喷砂设备和硬质、可回收喷砂磨料(如冷淬钢砂)。这可有效避免对铺设驳船滚轮和张紧系统的污染。基于特定安全或环境方面的考虑(如卷轴海底管道预制基地或环境保护区)，一些陆上作业也可能需要采用封闭式喷砂方式。手工喷砂(磨料不回收)时，操作人员需佩戴合适的安全防护装备。

图 7.2　阴雨天气时，应保护补口涂敷操作免受外部环境影响[照片由英国管道感应加热有限公司(PIH)提供]

　　喷砂后，处理表面应达到 NACE No.2/SSPC-SP10(ISO 8501-1)标准规定的近白级，典型锚纹深度为 40～100μm[11]。对于海上密闭式循环喷砂系统，锚纹深度允许达到 120μm[12]。补口两侧 FBE 搭接区 25mm 宽度范围的涂层应进行轻微打磨处理，以形成粗糙面。对主管线涂层上出现的锯齿状表面或粗糙边缘也需要进行平滑处理。若主管线 FBE 涂层出现了切断或开裂情况，应将其去除至完好涂层处。如果在喷砂处理时就发现了这一情况，应对暴露出的金属表面进行喷砂处理。

　　选择合适的磨料等级/类型非常重要，如图 7.3 所示。除了考虑清洁度和锚纹形态之外，管钢类型也在一定程度上影响着磨料的选择。与碳钢相比，不锈钢或双相不锈钢对磨料有着不同的要求。

尽管大多数规范对锚纹深度有严格的要求，但更重要的表面处理特征是粗糙度或峰密度。有关锚纹深度、峰密度和锚纹测量的影响因素，在"第 8 章 FBE 涂敷工艺"中有详细介绍。

所用的喷砂磨料(钢砂)必须清洁无污染，其中最主要的问题是可溶性盐污染。可对磨料进行电导率测试(详见"第 9 章 FBE 管道涂层涂敷过程中的质量保证：厂内检查、测试和误差")，结果应小于 75 μS。

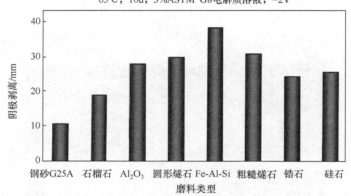

图 7.3　大多数规格都规定了锚纹深度的要求，但其他因素，如喷砂磨料的选择实则更为重要[13]

在运输或储存过程中，有可能会发生钢管的盐污染问题。此外，盐分也可能存在于卷管的钢板上。因此，大多数规范要求应随机检查每批钢管中几个补口处的氯化物或其他盐分的含量。可使用铁氰化钾试纸(详见第 9 章)或测温合适的技术进行测试。

除了随机盐污染检查外，还应进一步进行目视检查以及使用复制胶带进行锚纹深度测试，以确保外观和锚纹能够满足 NACE No.2/SSPC-SP 10 标准的要求[11]。标准中详细规定了表面需要达到的清洁度应在 5%的轻度污染以内。采用如 SSPC-VIS 1 规定的目视法有助于进行处理效果的对比[14]。应确保喷砂处理不会对后续涂敷造成污染。

2. 感应预热

预热之前，应采取空气吹扫或刷扫的方法来清除焊缝区域的灰尘或碎屑。出现闪锈可能是钢管存在盐污染或露点温度所致，因此应采取适当补救措施，具体详见清洁处理部分的介绍。

通过发电机和感应线圈加热系统将环焊缝区域的钢管温度升至粉末生产商建议的涂敷温度，通常为 240～250℃。可使用红外(IR)测温设备或测量蜡笔来测量钢管基体的温度。由于喷砂后钢管表面的发射系数会发生变化，将遮蔽胶带紧贴在钢管测温区域后再测量，可以增加 IR 测量的准确度。如果使用了测温蜡笔，在涂敷 FBE 前，应使用钢丝刷将所有蜡笔残留物清除干净。

由于工厂涂敷的主管线涂层可能已经吸收了水分，当对补口区域进行感应加热时，可能会发生主管线涂层的起泡问题。持续一段时间的阴雨天或清晨管体表面出现结露时，就容易发生涂层的起泡问题。当出现这一情况时，必须通过降低钢管的加热速度，来有效阻止涂层起泡。另外，也可以先将管道快速加热至 95℃，并在此温度下保持几秒钟，再继续将预热温度升高至 FBE 的涂敷温度。

现场补口加热时，需特别注意因太阳光照射所导致的钢管温度分布不均问题。直接暴露在太阳光直射下的管道表面可能比遮阳面高 35℃(即如果太阳光在管道上方直射，则管道下部的温度就会比上部温度低)。经常采用的纠正措施是通过调整感应线圈间距或中心位置，来平衡管道周向的温度分布。感应加热系统的加热效率与感应线圈和管道外径之间的距离有关。因此，当钢管表面与线圈的距离越远，加热速度就越慢。

恶劣天气会影响现场涂敷，使用防雨棚可以确保喷砂清洁、钢管加热和粉末涂敷等程序的正常开展。通过防风、防雨等措施的实施，FBE 可在多种施工环境(包括北极)下涂敷，如图 7.4 所示。

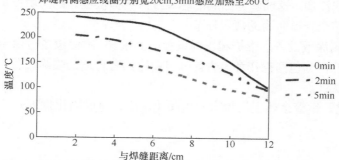

图 7.4　计算机模拟管道补口在无风条件下的冷却速度。研究表明，快速固化 FBE 可用于北极地区的现场补口。图中分别给出了未涂敷、粉末涂敷 2min 和 5min 后，随着与焊缝距离的增加，钢管温度的变化曲线[15]

3. FBE 涂敷及固化

(1) 粉末储存。为了确保粉末保质期，应将粉末储存在有温度控制的设施中，环境温度应低于生产商推荐的储存温度，通常不超过 27℃。短时间内高于此温度不会影响 FBE 的涂敷性能。冷冻或低温储存也不会对粉末造成不利影响。每天只取出当日的粉末涂敷用量，是一种很好的做法。粉末沿管道施工作业带(ROW)分布储存时，应避免太阳直晒或淋雨。不要将粉末储存在高温设备中或高温设备附近。大多数粉末在超过 45℃时，就会结团或成块。

如果施工现场是湿热环境，粉末应在使用前一晚从有空调的储存房间中取出，使其达到环境温度，可有效避免开袋时出现粉末吸湿凝结问题。

(2) 粉末涂敷。在已清洁、预热钢管的补口区域，尽管可采用手动方式进行 FBE 喷涂，但使用更多的是半自动旋转喷涂设备。利用喷头来准确控制粉末涂敷厚度，同时最大限度地降低过喷问题。粉末从流化床通过连接软管输送至喷头。用于粉末流化的压缩空气必须先经过调节和过滤处理，以去除空气中的油污、水分和其他污染物。补口区域粉末与两侧主管线涂层应至少搭接 20mm。

对于双层 FBE 涂层，应采用两个独立的流化床来供应每层各自的粉末，然后输送至一套多喷头半自动喷涂设备进行现场涂敷。这种情况下，喷涂系统需设计成可多喷头供粉结构。底层粉末流化床/喷头组合用于涂敷底层 FBE，随后面层粉末流化床/喷头进行外层粉末涂敷。也有些工艺同时运行两个喷涂单元，两层中间喷涂底层和面层的混合物。此外，还有使用两套流化床，共用一个喷头的情况(底层和面层粉末依次被送入同一个喷头喷涂)。

无论是单层还是双层 FBE，现场环焊缝补口区域的涂层厚度通常均大于工厂涂敷的主管线涂层。这能够为凸起的环焊缝区域提供更好的防腐保护，确保补口区域不成为整个管道防腐的薄弱环节。

FBE 现场涂敷设备的维护和正确设置至关重要。喷涂设备应由专业且有丰富现场经验的补口分包商操作和监督。分包商应拥有合适的喷涂设备、可靠的历史跟踪记录及认证。

(3) 固化。钢管余热引发粉末发生固化反应，完成固化过程。

4. 检查

(1) 外观、厚度、固化度和孔隙率。首先对涂敷后 FBE 涂层进行目视检查，确认焊道覆盖以及涂层的气孔情况。随后测量涂层厚度，并进行电火花检漏，如图 7.5 所示。厚度测量时，应使用经正确校准的干膜测厚仪分别测量焊道及其他区域的新涂敷涂层厚度。

可随机检查涂层的固化度和孔隙率。通过划×法测试时，如果涂层呈脆性碎

补口涂层：检查

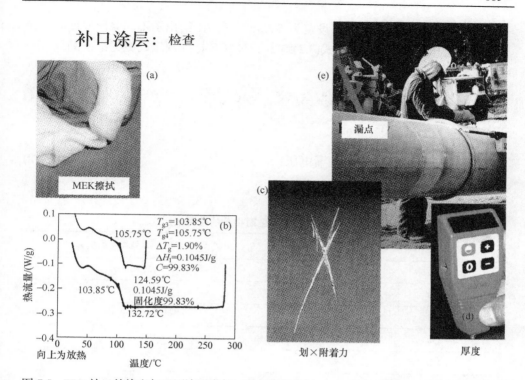

图 7.5　FBE 补口的检查与工厂涂层类似。通过溶剂擦拭(a) 和 DSC 扫描(b) 可提供涂层固化的相关信息。划×附着力测试也可反映涂层的固化情况。如果涂层呈碎屑状，表示涂层存在显著固化不完全的情况。(c) 划×法测试实际上是为了评价涂层的固化度或孔隙率，并非涂层与钢管之间的附着力。如果涂层孔隙率过大，翘拨后，使用手持式显微镜可以很容易观察到涂层呈泡沫状结构。厚度(d) 和漏点(e) 测试也是大多规范要求测试的基本性能(照片由 B. Brobst 和作者提供，图由 3M 公司提供)

裂，表示涂层存在显著固化不完全的情况。通过溶剂擦拭测试，如甲基乙基酮(MEK)，也可以发现涂层存在固化度明显不够的情况。但两种方法都无法测出涂层轻度固化不完全时的情况。因此，为了确保钢管预热和 FBE 固化过程是恰当的，还需使用差式扫描量热法(DSC)进行涂层固化度测试。

在进行划×法测试时，如果涂层容易碎裂，表示涂层也可能存在孔隙率过大的问题。如果刀片足够锋利，使用手持式显微镜可以观察到孔隙气泡。涂层中存在孔隙可能是由于盐污染、粉末吸湿或涂敷温度过高所致。

(2) 漏点。应依据 NACE RP0490-95 规定，在涂敷完成后进行涂层漏点检测[16]。尽管不是必须的，但在进行漏点测试之前，现场补口区域的温度建议应至少冷却到 95℃以下。这可有效避免因涂层温度过高所导致的击穿问题。

粗略计算时，检漏电压可设定为 5V/μm。表 7.1 给出了不同涂层厚度时，涂层的检漏电压要求。式(7.1)和式(7.2)给出了 NACE 标准规定的更为准确的最低检漏电压：

$$检漏电压: \quad V = 104\sqrt{T_{\mu m}} \tag{7.1}$$

式中：$T_{\mu m}$ 为涂层厚度，μm。

$$检漏电压: \quad V = 525\sqrt{T_{mil}} \tag{7.2}$$

式中：T_{mil} 为涂层厚度，mil。

表 7.1　不同涂层厚度时推荐的检漏电压

涂层厚度/μm	涂层厚度/mil	测试电压/V(四舍五入到最接近的 50 V)
250	9.8	1650
280	11.0	1750
300	11.8	1800
330	13.0	1900
360	14.2	1950
380	15.0	2050
410	16.1	2100
510	20.1	2350
640	25.2	2650
760	29.9	2900

资料来源：本表由 NACE 国际提供[16]。

(3) 修补。通常使用快速固化的双组分液体涂料或热熔修补棒进行涂层漏点修补。对于针孔状漏点，先使用砂纸对缺陷周围涂层进行打磨处理，以除去松散涂层、杂质，并形成粗糙化表面。打磨时，应仅对 FBE 涂层表面打磨，不应显著降低 FBE 涂层厚度或打磨到金属基材上。打磨区域应至少覆盖缺陷四周 25mm 范围。打磨后，应刷去灰尘及松散涂层。

使用修补棒修补时，关键步骤是使用丙烷火炬或热风枪将涂层表面预热到能够熔化修补棒的程度。不能使用焊枪进行表面预热，火焰温度太高，会导致 FBE 涂层被烧焦。加热火炬应能维持涂层温度并熔化修补棒。允许涂层出现轻微发黄，但不可出现烧焦或起泡现象。

当使用双组分(双组分液体涂料)修补体系时，除了上述处理步骤外，更为关键的是要确保两个组分配比正确且混合均匀。此外，管道基材温度还应满足修补涂料的最低固化温度要求。图 7.6 给出了使用修补棒和双组分液体涂料修补时的操作步骤。

有关修补程序的更多介绍，详见"第 10 章 管道装卸与安装"。

为了提升现场补口的涂敷效率，将喷砂除锈和加热/涂敷拆开单独分组流水作业，可显著缩短补口涂敷时间。在遵循粉末生产商固化要求的情况下，由于 FBE 涂敷后固化速度非常快，因此几乎在 FBE 涂敷后，就可以直接进行管道下沟回填或使用驳船(进入水中)直接铺设。

(4) 小结：FBE 作为补口涂层。由于现场补口和工厂预制主管线使用了相同的 FBE 涂层防腐，因此整条管道外部防腐涂层的质量和完整性应是一致的，可确保整个管道防腐涂层体系中无薄弱环节。

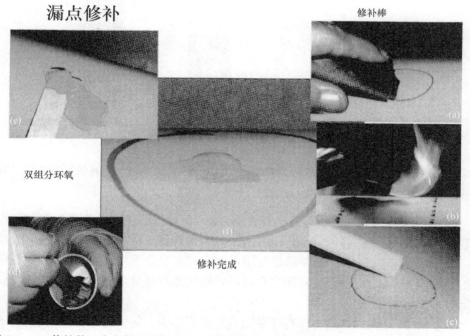

图 7.6 (a) 修补前，应先使用砂纸对 FBE 表面进行清洁和打磨处理。目的是进行修补表面准备，而不是去除原涂层。(b) 使用修补棒修补时，第二步是加热涂层表面。(c) 将修补棒在待修补区域来回摩擦，直至流下少量修补残留物，然后继续使用火焰加热来保持钢管涂层表面温度，使修补棒继续熔化。(d) 对于双组分液体修补材料，组分 A 和组分 B 必须正确配比并混合均匀。混合比例可以按质量比或体积比进行。使用双组分胶枪可自动分配每个组分的正确比例。(e) 将修补区域抹平。(f) 修补完成(照片由作者提供)

7.2.2　用于 FBE 管道的非 FBE 补口涂层

1. 双组分液体涂料

用于管道补口的多组分液体涂料通常是无溶剂(100%固含量)液体环氧或无溶剂聚氨酯涂料。有些涂料还可用于潮湿表面[17]。双组分液体涂料涂敷时推荐的表面清洁处理程序与 FBE 相同。不同清洁处理方法对涂层性能的影响，如图 7.7 所示。

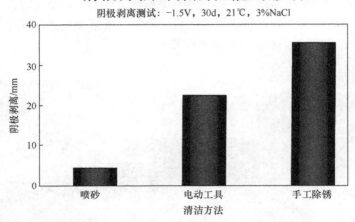

图 7.7　与所有涂层一样，液体涂层的最终性能受表面处理方法和清洁程度的影响很大。图中给出了 Norsworthy 研究的几种涂层抗阴极剥离性能的结果[17]

与所有涂层要求一样，涂敷前钢管表面必须保持清洁干燥。当管道温度低于空气露点温度以上 3℃时，需先用气体火焰或感应加热设备对管道进行加热除湿处理。

现场补口时，MCL 涂料最好使用可加热的多组分无气喷涂方法施工。该喷涂系统可自动配比、混合并利用半自动补口机实现双组分液体环氧或聚氨酯补口涂料的现场涂敷。

将 MCL 涂料的各组分保存于各自独立的容器中。为了达到合适的黏度，通常会在储存容器和输送管路上分别或同时安装加热器。使用两个或三个输送泵将固定体积的各组分分别输送至混合器歧管或半自动涂布机上的喷枪。由于各组分仅在涂敷前进行混合，因此不存在涂料适用期的问题。涂料配比至关重要。此外，喷涂设备的选择、安装与维护也同样重要。

此外，双组分液体涂料也可采用刷涂、刮涂或滚涂等方法涂敷，如图 7.8 所示。手工操作时，应首先将所需量的补口材料倾倒于补口顶部，然后使用刮刀、刷子或滚轮在补口区域涂刷平滑。

补口涂层：手工涂敷双组分环氧

图 7.8 双组分液体涂料可采用喷涂(尽管可采用手工喷涂，但最好使用半自动喷涂设备)、刷涂、滚涂或刮涂方法涂敷。(a) 手工涂敷时，应确保每一组分预混均匀且配比正确。涂敷前，将两个组分混合并搅拌均匀(b 和 c)。(d) 在漏点测试前，涂层必须干燥。手工涂敷时通常先将混合均匀的 MCL 涂料倒在管道顶部。然后用滚子、刷子或刮刀沿管道周向将涂料涂抹平滑(照片由 R. Renteria 和 TransCanada 公司提供)

为了达到最佳混合效果，各组分应先进行正确的状态调节，并按 MCL 材料生产商规定的混合比、温度、喷头类型/压力等条件使用设备混合。产品不同，混合要求也各不相同。固化剂和树脂混合后应搅拌至颜色均一。涂敷后，涂层外观和颜色也应一致。

应参考涂料生产商提供的数据，确定涂料的最低固化温度。有些液体环氧涂料在钢管温度低至 0℃时依然可以固化，无需对钢管事先预热。表 7.2 给出了一个低温固化的示例。大多数聚氨酯补口涂料可在更冷的环境中使用。

表 7.2 双组分环氧涂料在 24℃混合，涂敷于 5℃的钢板后继续固化 A

固化条件	T_g
5℃，24h	18℃
5℃，96 h	30℃
24℃，72 h	51℃

(A) 当钢板升温至室温时，涂层固化速度加快。涂层固化越充分，玻璃化温度(T_g)就越高。

管道安装后以及服役期间，温度升高时涂层依然可以进行后固化(如前所述，为加快涂层固化速度，可在涂敷前或涂敷后对补口区域进行预热)。一旦涂层固化到能够触摸的硬度，就可开展检查程序(如上述 FBE 补口涂层部分所述)。

当钢管温度低于 MCL 涂料生产商推荐的涂敷温度时，就需要对管道进行预热处理。当环境温度介于 –10～+10℃ 之间时，为确保涂层完全固化，应将管道预热至 65℃左右。当环境温度更低时，就可能需要将预热温度提高到 90℃左右[18]。

当钢管温度高于 90℃，涂敷时应特别小心，以防止涂料组分挥发。可先喷涂约 250μm 底层，待干燥至可手触时再涂敷剩余厚度的涂料，便可有效解决这一问题。

管件及弯管的定制涂层：除用于管道补口外，MCL 涂层系统的另一个优点是还可用于管件、弯管和HDD(水平定向钻)管道的现场涂敷。可使用相同的喷涂设备和MCL 涂层材料，详见"第 6 章 定制涂层和管道修复涂层"。使用半自动喷涂级环氧或聚氨酯涂料(单层高固体分涂料，采用"湿碰湿"喷涂工艺)时，涂层厚度最高可达到 2.5mm。

小结：双组分液体涂料。双组分 MCL 涂料可用于 FBE 管道的现场补口。清洁处理程序与环氧粉末相同。除在极端条件下，可无需对钢管预热，涂层可在环境温度下直接固化。理论上讲，多组分喷涂设备或手工涂敷均可用于涂料涂敷。液体涂层的一个优点是它们既可用于标准宽度或加宽补口的现场防腐，还可作为定制涂层用于管道系统其他部件的现场防腐。

2. 热收缩带/套(HSS)

聚乙烯热收缩带/套在 FBE 管道补口上使用有着悠久的历史。新发展的热收缩带/套产品，配套使用液体环氧底漆进行金属基体涂敷，可有效填充管道焊缝附近的空隙以及与主管线涂层之间的界面[19]。在此之前，传统热收缩带通常使用热熔型玛蹄脂胶黏剂来提供涂层粘接和防腐。

清洁度要求因制造商而异，但至少应使用电动钢丝刷打磨处理。但为了达到最佳性能，还是应进行喷砂处理。尽管 HSS 使用简便，但要求操作人员经过培训且具备操作技能。特别对于大中型管径的管道补口，还需要更长的安装时间。焊缝周边和主管线搭接区存在空鼓和气泡是有问题的。当热收缩带/套受热不足时，还可能会导致胶黏剂流动性差或与管道表面粘接强度低。当加热温度过高时，可能会导致热收缩带/套收缩引起聚烯烃基材开裂或破损[20]。采用感应预热，能够提升补口区域钢管预热温度的均匀性和可重复性，进而提高安装的可靠性和涂层的粘接强度，使各补口具有相近的收缩率。为与三层结构聚烯烃涂层相匹配，新开发的热收缩带/套与双组分液体环氧底漆一起配套使用。对于 HSS 补口，目前尚缺乏有效的现场检测技术标准(通常只进行厚度和漏点检测)。如果不进行破坏性测试，就无法测试气体空鼓或粘接性能这一关键问题。一些腐蚀专家对环焊缝区域热收缩带/套涂层的阴保屏蔽以及土壤应力破坏问题给予了关注。

小结：热收缩带/套(HSS)。作为环焊缝补口涂层，仔细安装的热收缩带拥有相对较好的服役状况。但该补口方式主要存在人工安装速度慢、空鼓、气泡夹杂、收缩不均匀、土壤应力损伤以及可能存在的阴保屏蔽等问题[21]。使用喷砂除锈、感应预热、改进胶黏剂性能、涂刷双组分液体环氧底漆作为粘接剂等措施有助于提升 HSS 的服役性能。

3. 冷缠胶带

冷缠胶带一般能与 FBE 管道涂层兼容。因为 FBE 涂层相对较薄，在基材和 FBE 涂层之间不太容易形成空鼓。但由于这两种不同的涂层体系在质量和性能上存在显著差异，FBE 管道选择胶带补口通常是基于成本和方便性的考虑。冷缠胶带可用于表面处理仅能达到 SSPC-SP3 等级(电动钢丝刷打磨)的情况。与其他涂层一样，如果采用喷砂处理来提高基体的清洁度和锚纹深度，就可以大大改善胶带的性能[9]。大多数胶带需要同底漆配合使用。

现场通常使用手工方法进行胶带缠绕施工，这不但速度慢，还需要一定的操作技巧。缠绕机能够辅助胶带缠绕，并可改进胶带搭接和张力控制[4]。土壤应力和阴保屏蔽是高介电胶带应用中存在的主要问题[22]。

小结：冷缠胶带。通常只有当主要考虑成本和方便性时，才会选择冷缠胶带补口。

7.3　三层结构聚烯烃管道涂层体系的
补口防腐

上述补口体系均在三层挤出聚烯烃(PE 和 PP)管道上有所应用(三层由 FBE 底层、聚烯烃胶黏剂中间层和聚烯烃面层组成)。应特殊关注的问题包括：

- 粘接性能：大多数涂层材料无法与聚烯烃形成良好粘接，从而产生了现场补口与工厂涂敷主管线涂层之间的粘接问题。
- 机械保护：很少有补口涂层能够与工厂涂敷的三层结构聚烯烃涂层的防腐和机械保护性能相媲美(双层 FBE 涂层和某些 MCL 涂层可能除外)。

为了提高涂层性能，在收缩带或胶带安装之前，有时会使用双组分环氧底漆来增强与钢管和 FBE 涂层的粘接。

　　从理论上讲,工厂预制的主管线涂层最好保留约 2.5cm 长的 FBE 涂层(对 FBE 和 PP 层进行交错打磨),来提升现场补口与主管线涂层之间的界面粘接。在进行焊接预留区打磨时,最为重要的是将整个 PP 共聚物胶黏剂层从 FBE 表面打磨掉。但实际上,对共聚物胶黏剂层的去除是比较困难的。研究表明,如果能将焊接预留区处胶黏剂层完全打磨掉,补口性能会得到改善[23]。

　　管端通常需要打磨成与管道水平轴向呈 30°的坡口,从坡口边缘开始长 50～75mm,来形成一个良好的黏结表面。坡口打磨应在工厂完成,只有修补时才在现场打磨。

7.3.1　用于三层管道的双组分液体补口涂层

　　与其他许多防腐涂层一样,多组分液体聚氨酯和环氧涂料的性能在过去几年中也有了显著的改善。尽管某些液体补口涂料无法与聚烯烃涂层(尤其是三层 PP 涂层)形成良好粘接,但有些 MCL 涂层确实比其他补口材料(如热收缩带或冷缠胶带)提供了更好的搭接粘接强度和涂层性能[12]。如图 7.9 所示。

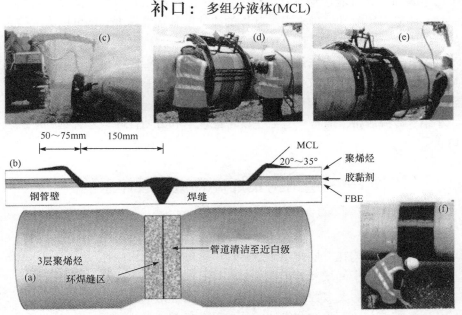

图 7.9　多组分液态涂层经常用于三层结构聚烯烃涂层的现场补口。(a 和 b) 三层结构聚烯烃涂层和 MCL 补口涂层示意图(涂层各层没有进行放大)。(c) 首先将补口区域喷砂处理至近白级。(d 和 e) 使用半自动涂敷装置进行补口材料涂敷。(f) 涂层检查[图片和照片由英国管道感应加热有限公司(PIH)提供]

一些 MCL 涂层需要依靠特殊的胶黏剂底漆来实现与低表面能聚烯烃涂层的粘接，如丙烯酸类胶黏剂，与 FBE 和聚烯烃均能形成良好粘接。现场 MCL 聚氨酯或环氧涂料也能与该胶黏剂形成良好粘接，如图 7.10 所示。一个令人关注的问题是，这些丙烯酸类黏合剂的剥离强度往往低于大多数三层聚烯烃涂层规格书所规定的指标。然而，与许多技术规格书一样，三层结构聚烯烃的剥离强度指标似乎是基于所观察到的最小测量值而规定的，并不是基于对涂层性能的要求。

补口涂层： 丙烯酸胶黏剂用于环氧和PE/PP的粘接

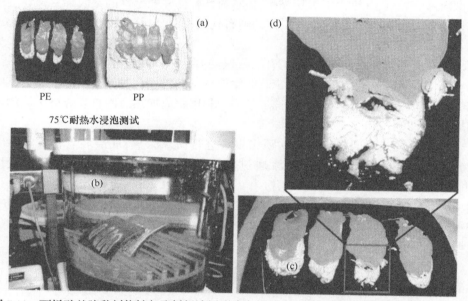

图 7.10 丙烯酸基胶黏剂能够与聚烯烃涂层形成良好粘接。液体环氧补口涂层也能与双组分丙烯酸基胶黏剂粘接良好。(a) 通过在 75℃，30d 条件下的耐热水浸泡测试，来评价涂层的粘接性能。通过小刀翘拨测试可以发现，尽管丙烯酸基胶黏剂能够切透，但依然与聚丙烯/聚乙烯和环氧涂层粘接良好。(b) 同样，热水浸泡后，丙烯酸基胶黏剂与工厂涂敷的聚乙烯和聚丙烯涂层依然粘接良好。(c 和 d) 测试完成后，双组分液体环氧涂料补口涂层依然很好地黏附于丙烯酸基胶黏剂上(照片由作者提供)

小结：用于三层管道的双组分液体补口涂层。MCL 可为三层结构聚烯烃(特别是 PE)管道提供良好的补口性能。无论是否使用胶黏剂底漆，补口性能主要还是取决于所采用的 MCL 涂层体系。目前，半自动喷涂 MCL 体系已广泛应用于跨国管道系统(通常是中大口径管道)的现场补口防腐。

7.3.2　多层补口涂层系统(适用于工厂预制的 PP 涂层管道)

1. 共挤片材缠绕

该工艺是最早成功应用于三层管道涂层的补口方式之一。尽管目前已不再广泛使用[23]，但可用来阐述三层补口涂层的工艺过程。补口前，首先应对主管线涂层的坡口宽度进行机加工处理，精度需满足允差要求。然后对共挤成型的聚丙烯片材依据机加工后的补口尺寸进行裁切，片材与坡口之间的距离允差不应超过 3mm。PP 补口片材与主管线 PP 层厚度相当，通常为 2～3.5mm。它由薄的功能化聚丙烯胶黏剂层(与 FBE 涂层粘接)和厚的具有良好稳定性的聚丙烯共聚物层构成，通过双层共挤工艺成型。阿联酋的阿布扎比石油公司(ADCO)在 Thammama C 和 F 项目中首次使用该补口方式，其主管线涂层为挤出聚丙烯，管端预留长度为 15cm[2, 24]。因此，该共挤片材的宽度必须控制在 29.7～30cm 之间。

补口安装时，应先在两侧的主管线涂层区加装管端保护器，以尽量减少感应加热时对聚丙烯涂层造成的热暴露。然后，利用感应加热线圈将环焊缝区域的裸钢加热至 220～240℃。

采用旋转式双层粉末半自动喷涂设备进行粉末涂敷,底层环氧粉末的厚度通常为 100～300μm，外层喷涂通过低温研磨工艺生产的化学改性聚丙烯(chemically modified PP，CMPP)粉末，厚度通常为 200～300μm。为确保 FBE 和 CMPP 之间形成化学交联，FBE 最后两道旋转喷涂时应喷涂 FBE 和 CMPP 的混合物。之后，继续旋转喷涂 CMPP，最终达到 FBE 底层及胶黏剂层的规定厚度。

FBE 底层和 CMPP 胶黏剂层所能形成的涂层总厚度具有自限性。这是因为已涂敷的涂层具有一定隔热作用，当涂层达到一定厚度后，从钢管穿透涂层后的热量已无法熔透更多 CMPP，表面也不再呈润湿状态。但管壁的余热依然可以确保 FBE 固化和 CMPP 熔化，并在两者之间形成牢固的化学键。

最后一步是安装聚丙烯共挤片材，首先使用电热鼓风干燥箱在 150℃左右对其进行状态调节，使它变软以易于包裹。调节后，将共挤补口片材的胶黏剂一面与之前涂敷 FBE/胶黏剂层贴合，使其与 CMPP 胶黏剂层接触。然后就像卷烟一样，将片材绕管道包裹，两头边缘几乎(但不完全)形成无缝对接。包裹后，使用可收紧的夹具将片材原位固定，直至温度降至胶黏剂熔点以下。然后将管端保护器去掉，使用便携式 PP 挤出机对周向和轴向的缝隙进行填充处理。现场挤出焊接处理能够将补口的 PP 涂层与主管线 PP 涂层熔合为一体。整个补口过程如图 7.11 所示。

尽管这种补口方式能够形成与主管线性能相当的涂层系统，但补口工艺既耗时又耗费大量的人力。只有具备特定操作技能的人员才能确保涂层的最终性能。

在 Thammama 项目中，每道补口班组的最小工作周期大约为 9min(班组 1)。这是基于多个班组同时工作统计的数据(各班组分别进行不同工序流水作业)，这还不包括在完成共挤片材缠绕(班组 2)和填充补口四周孔隙(班组 3)时，需间隔冷却时间 10～20min[2]。因此，这种补口方式不适合海底管道铺设。铺管船上只有一个或两个补口工位，整个补口所需要花费的时间是无法接受的。

补口涂层： 3层片材缠绕工艺

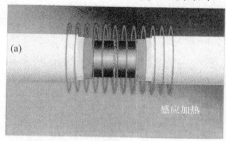
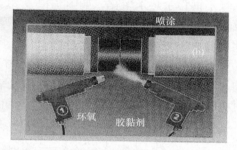

图 7.11　三层聚丙烯管道所采用的共挤片材补口方式，尽管要求非常精确的操作步骤和很高的操作技能，但能够形成与主管线涂层几乎完全相当的涂层系统。(a) 使用感应线圈将补口区域加热至 FBE 和聚丙烯需要的涂敷温度。(b) 使用喷涂系统涂敷 FBE 底层。为确保 FBE 与聚丙烯粉末的粘接，当 FBE 最后两道喷涂时需同时喷涂 CMPP，然后再继续喷涂 CMPP。(c) 将共挤聚丙烯片材在补口区域包裹后原位固定。(d) 使用便携式聚丙烯挤出机对补口四周的缝隙进行填充。目前，已有其他补口技术取代了这种用于聚丙烯管道的补口方法(图片由 Basell 公司提供)

小结：多层聚丙烯补口涂层。现场使用 FBE、CMPP 和共挤聚丙烯片材能够形成与工厂预制主管线涂层相当的补口系统。但由于这种补口工艺成本相对较高、操作耗时费力且需要专业化补口承包商现场施工，并不太适用。目前已被其他补口方式所替代。

2. FBE/CMPP 双粉末火焰喷涂体系

管道补口区域的表面处理、FBE 和 CMPP 的半自动机械喷涂程序与上述共挤片材的补口方法相同。采用半自动设备喷涂时，所能形成的双粉涂层总厚度通常在 400~800μm 之间。但实际有所差异，主要取决于管径和壁厚等因素。如前所述，喷涂前也需对主管线涂层安装管端保护器。

环焊缝区域 PP 层的最终厚度可通过手工火焰喷涂技术来控制。火焰喷涂时，使用惰性(氮气)载气来实现 CMPP 供粉，避免其与氧气/丙烷火焰直接接触。CMPP 在接触管道之前就已熔化，这使得涂层可自身逐层堆积达到所需厚度，而不需要依赖于钢管余热来熔化，如图 7.12 所示。这种喷涂方法通常使用两个 PP 火焰喷枪，两侧一边一个。当 PP 层达到规定厚度后，将供粉系统关掉，然后用火焰继续加热使涂层表面光滑。

火焰喷涂工艺不但消除了共挤片材工艺对主管线焊接预留区涂层精确加工的尺寸要求，还能极大提高补口涂敷效率(例如，无须等待 PP 片材冷却，也没有对主管线和补口涂层之间缝隙填充的耗时操作)。

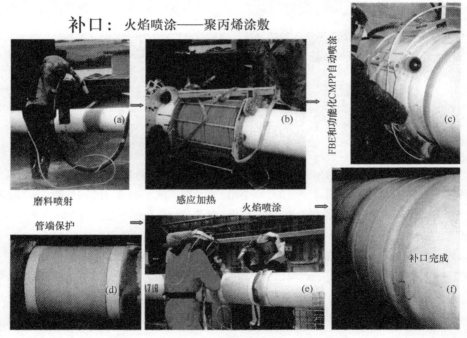

图 7.12　火焰喷涂涂敷程序：(a) 使用磨料进行喷射清洁。(b) 感应加热。(c) 使用半自动涂敷设备进行 FBE 和功能化 CMPP 自动喷涂。(d) 利用钢管余热实现 FBE 固化并熔化功能化 PP 粉。(e) 火焰喷涂前，在主管线搭接区安装管端保护器。(f) 补口涂层性能与主管线涂层几乎相当[照片由英国管道感应加热有限公司(PIH)提供]

CMPP 火焰喷涂工艺对人员的操作水平要求很高。此外，喷涂时粉末在火焰中暴露而吸收了额外热量，因此 PP 共聚物(CMPP)中需要含有特殊的抗氧稳定剂。从表 7.3 可以看出，CMPP 涂层的性能与主管线 PP 共聚物涂层的性能几乎相当。

表 7.3　与 PP 共挤片材工艺相比，火焰喷涂补口工艺对涂层性能几乎没有影响，但却极大提高了涂敷效率[5,25,26]

测试	PP 共挤片材工艺	PP 火焰喷涂工艺
压痕硬度(20℃)/mm	0.03	0.06
压痕硬度(100℃)/mm	0.3	0.9
抗冲击强度/(J/mm)	23	16
剥离强度(110℃)/(N/5cm)	400	200
阴极剥离(20℃/28 天)/mm	3	—
氧化诱导期(220℃)/min	50~75	20~60

目前，该涂敷方式被广泛应用于弯管和管件的涂层防腐。但对于海底管道铺设而言，这种补口方式花费的时间还是太长。

小结：火焰喷涂双粉末体系。采用火焰喷涂施工工艺，能够形成与主管线涂层性能近似相当的补口系统。尽管该工艺要求人员具有一定的操作技能，但与共挤片材方法相比，已经极大简化了补口过程。

3. 火焰喷涂：使用双组分液体涂料作为底漆

该工艺的准备和清洁处理程序与 FBE 火焰喷涂工艺相同。首先对清洁后的补口金属表面和主管线外露底层 FBE 喷涂双组分液体环氧涂料。应避免喷涂到补口区域两侧的聚烯烃涂层上。在液体环氧涂料完全固化之前，喷涂聚烯烃胶黏剂粉末。或者涂敷混有胶黏剂的第二道液体涂料。最后，采用与上面类似的火焰喷涂技术继续涂敷共聚物[27,28]。

小结：火焰喷涂(使用双组分液体涂料作为底漆)。使用双组分液态底漆的主要优点是如果环境温度高到足以使双组分液体环氧涂料固化，就能够省去感应线圈加热这一环节。

4. 螺旋热缠绕聚丙烯胶带

该工艺的表面处理以及 FBE/CMPP 双粉末半自动设备喷涂涂敷步骤与上述火焰喷涂方法相同。同样，半自动设备所能涂敷的双层粉末总厚度通常在 400~800μm。喷涂前也需要对主管线管端处涂层进行遮蔽处理，以避免破坏补口搭接区。最后，使用 PP 胶带螺旋热缠绕，最终达到总厚度要求。如图 7.13 所示。

图 7.13　对于螺旋缠绕 PP 胶带补口工艺，其 FBE 和 PP 胶黏剂粉末的涂敷过程与 FBE/CMPP 双粉末涂敷工艺相同。(a) PP 层打磨。(b) 钢管喷砂清洁处理。(c) 补口区域加热。(d) FBE 和 CMPP 双粉末涂层喷涂。缠绕前应对 PP 胶带进行加热调节，使胶带具有足够的柔韧性。(e 和 f) 螺旋缠绕时，利用辅助加热，在控制缠绕张力和胶带搭接比例的情况下完成补口缠绕。(g) 与两侧主管线的搭接宽度应至少达到 50mm[照片由英国管道感应加热有限公司(PIH)提供]

　　PP 胶带缠绕前，应先在烘箱中进行预热处理。这能使胶带具备以可控张力绕补口缠绕时所需的柔韧性。通过对胶带搭接宽度的控制，能够达到规定的 PP 涂层厚度。补口胶带与主管线涂层的搭接宽度应不少于 50mm，这是非常重要的。为了形成良好的界面粘接，缠绕前应对主管线搭接区进行预处理。通常，PP 胶带的内聚强度与主管线涂层相当，甚至更好。关于补口胶带的相关测试，如图 7.14 所示。

　　胶带缠绕的补口体系与共挤片材的补口方法有所不同，它由一层相对较薄的 CMPP 材料构成，并不包括共挤的胶黏剂层。胶带既坚固又有一定的柔韧性。该胶带能够在连续螺旋缠绕时与胶带基材自身以及与主管线涂层均形成良好粘接[2, 29, 30]。整个补口速度快，所需时间短，能够满足海上管道铺设的要求。

小结：螺旋热缠绕聚丙烯胶带。螺旋胶带缠绕补口技术能够提供与共挤片材补口工艺相当的涂层性能，但这种半自动补口涂敷工艺速度更快。

补口涂层：PP胶带测试

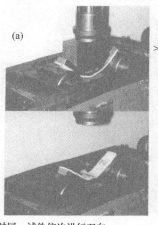

剥离强度测试，胶黏剂层破坏>8N/mm，100℃

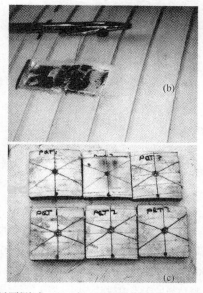

阴极剥离：
65℃和110℃
NFA49-711

对同一试件依次进行双向弯曲，来验证驳船铺设的适应性。0℃，10%伸长率

图7.14　对PP补口胶带的性能，在第三方实验室进行了测试。(a) 在0℃下进行弯曲和反向弯曲测试，涂层的断裂伸长率为10%。(b) 剥离强度测试，用于评价胶带与基材之间的粘接性能。(c) 阴极剥离测试后的样品照片[照片由英国管道感应加热有限公司(PIH)提供[29, 31]]

5. 三层宽片补口体系

这种补口过程与之前介绍的补口工艺非常相似，该补口板材是一种共聚物挤出的PP薄膜。它比管道补口宽，至少与两侧主管线各搭接50mm以上。应根据补口涂层的厚度要求，来确定所需的缠绕圈数。缠绕时，利用压辊可有效避免涂层与管体间出现空气夹杂。该补口工艺的涂敷速度能够满足海底管道的施工要求，并且还能适用于J型敷设时的垂直补口。如图7.15所示。

小结：三层宽片补口体系。该补口方式能够满足深海管道施工时的快速补口要求。

6. 注塑成型PP补口

焊接预留区处理与其他三层补口方式相同，应对PP主管线搭接区进行打磨

补口涂层：宽片补口体系

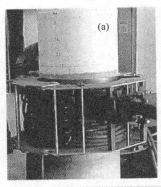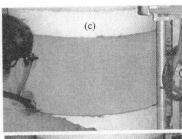

图 7.15 喷砂清洁后，首先对补口两侧的主管线涂层用胶带进行遮蔽保护处理。(a) 使用感应线圈将管道加热至规定的涂敷温度。(b) 使用自动喷涂设备将 FBE 喷涂至规定厚度(通常为 150～250μm)，然后喷涂化学改性的聚丙烯胶黏剂，厚度为 300～500μm。(c) 当管道仍然很热且胶黏剂处于半熔融状态时，将主管线搭接区的保护胶带取下来。(d) 将事先预热好的挤出 PP 共聚物胶带沿补口及主管线搭接区缠绕。缠绕过程中，应使用热空气对胶带进行加热，使其呈半熔融状态，以便与之前缠绕的补口胶带以及主管线涂层形成紧密粘接。(e) 补口完成，准备后续检测[32](照片由得克萨斯州康罗市的 CCSI 公司提供)

处理以形成过渡层。喷砂清洁后，使用感应线圈将钢管加热至规定的涂敷温度，随后喷涂 FBE 和胶黏剂。然后，用挤出机将聚烯烃注入安装在补口与主管线搭接区的模具中。由于所注入补口材料的温度足够高，因此它能与主管线涂层相熔合。

通常，涂层的最终厚度至少为 10mm。对于 J 型深水铺设方式，该补口方式的速度是足够快的。例如，NPS 24×32mm 的管道，补口时间仅为 6～7min。图 7.16 是该补口技术的涂敷设备及施工过程。

小结：注塑成型 PP 补口。注塑成型补口方式能够满足深海管道施工时的快速补口要求。

补口：注塑成型——聚烯烃涂层

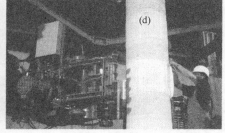

图 7.16 注塑成型补口工艺可用于海底管道 J 型铺设，也可用于陆上管道的防腐补口。(a) 对补口区域使用感应线圈预热。与其他聚丙烯补口方式一样，加热后喷涂底层 FBE 和 CMPP 胶黏剂层。(b 和 c) 注塑聚丙烯面层。(d) 完成补口(照片由 Eupec PipeCoatings 有限公司提供)

7.4 保温管道补口体系

保温管道经常用于重质原油、液态碳氢化合物和气体的高温输送[33]，能够确保输送时油品的低黏度，还可防止水合物的形成和蜡沉积，但这意味着管道必须能保温[34, 35]。

目前，有几种方法可用于保温管道的防腐补口。例如，以底层 FBE 作为防腐层，外部施加保温层的结构，主要包括：

- 复合聚氨酯保温：使用玻璃或陶瓷微珠和聚氨酯复合
- 半圆形聚氨酯预制复合或发泡保温瓦块
- 注塑成型：PP 或聚氨酯、复合 PP 或复合聚氨酯现场直接发泡

7.4.1 复合保温补口体系

复合保温补口体系由填充中空微珠(气泡状)的聚合物材料构成。在保温性能方面，中间填充的中空玻璃微珠或陶瓷气泡微球发挥了很大作用。此外，玻璃微

珠和陶瓷微球也能提供涂层所需的抗压强度。补口时，首先正常涂敷 FBE 或聚氨酯底漆，然后在补口处安装可重复使用的模具，之后注入复合聚合物。当使用聚氨酯时，需使用特殊的注入设备来防止微球损坏[34]。聚氨酯能够快速固化，可在几分钟后脱模。采用铺管驳船安装时，补口涂层应具有足够的韧性以抵抗滚轮的外力作用。此外，该补口方式还可用于卷筒驳船的海上施工安装。

7.4.2　注射成型聚氨酯(IMPU)补口

不管是否包括聚氨酯瓦块，注射成型或复合聚氨酯补口的施工工艺与上述程序类似，只是用聚氨酯底漆替换了 FBE 防腐层，聚氨酯或复合聚氨酯(SPU)保温瓦块可在现场设计。现场安装模具后，注入保温材料形成固态或复合 IMPU 弹性体，对补口形成密封，如图 7.17 所示。

补口：保温管道补口涂层

焊缝区域的FBE涂层　　　　　　　　　　　预发泡或复合聚氨酯

注射IMPU进入模腔内填充缝隙　　　　脱模后保温补口修补

图 7.17　管道的保温补口方法有多种。在此示例中(a、b 和 c)，首先将发泡聚氨酯保温瓦块安装到位，然后安装模具。(d) 注射 IMPU。(e) 完成补口。在安装保温层之前，通常先在补口区域涂敷聚氨酯底漆，形成防腐层[照片由英国管道感应热有限公司(PIH)提供]

7.4.3　聚丙烯保温体系

除保温面层是通过挤出模塑工艺安装外，保温 PP 补口涂层的施工与普通 PP 涂层类似。首先对补口区域进行喷砂清洁和感应加热，然后涂敷 FBE 和 PP 胶黏剂层。之后对搭接区涂层进行预热处理。在焊缝区域安装液压模具后注塑发泡或复合 PP 涂层，填充补口区域并与主管线涂层形成搭接。最后将补口处模具拆除。如果对安装速度要求很高，补口后可进行水冷硬化处理[36]。

7.4.4 保温补口体系的选择

防腐和保温补口方式的选择主要取决于以下因素：

- 保温效果
- 安装速度的要求
- 安装位置，即水深，埋设还是直接海床敷设
- 管道的操作和设计温度
- 管道安装方法(S-Lay 法、卷筒驳船法、J-Lay 法还是捆绑法)

整条管道的总传热系数(OHTC)计算应包括补口区域。总目标是尽量减少管道输送时的热量损失，使管输介质在要求的输送温度下到达目的地。该目标的实现取决于补口和主管线涂层的保温特性。这就意味着不使用复合或发泡保温层，单有防腐层可能还是不够的。

与其他现场管道补口一样，施工速度取决于管道的安装方法。对于铺管驳船安装而言，速度和流水作业时间至关重要。但对于卷筒驳船或陆上安装时，安装速度并不太重要，因此就能有多种保温补口方式可供选择。

小结：保温管道的补口。有几种低热传递系数的涂层体系可用于保温管道的补口。每种补口方式，都需要先进行防腐保护。补口保温层可以是复合涂层，也可以是发泡材料，如聚氨酯或 PP。但如果管道的整体传热系数足够低，补口区域也可以不进行保温。

7.5 内补口：腐蚀控制解决方案

管道内焊缝区域的高性能防腐与外涂层补口同等重要。在进行内补口时可采用如下方式：

- 先对整个管道内补口区域涂敷，再采用机械或螺纹接头连接
- 使用带涂层的焊接内接头进行连接
- 使用液体或粉末涂层材料对管道内补口区域进行防腐

7.5.1 机械接头

通常情况下，井下油管两端带螺纹，并涂敷有内涂层。内涂层从管道末端的边缘一直延伸至初始的几道螺纹上。管道通过外部的非焊接过盈配合连接，且无须焊接预留区。

　　通常，在施工方堆管场先将机械压入式接头安装到管道一端。安装时，首先将双组分液体环氧涂敷在管道自由端的外表面和接头的内表面。液体环氧能够起到润滑作用以便于将管道插入接头。使用移动液压机提供管端插入接头所需的轴向力，整个接头安装过程花费的时间不到一分钟。环氧树脂固化后，就能为暴露的金属区域提供密封和防腐保护，如图 7.18 所示。

图 7.18　对于非焊接外部连接系统，每根管道均在工厂进行了整体内防腐。将双组分液体环氧涂料在现场涂敷到管道两端的外侧，未固化前起到润滑作用，固化后起防腐和密封作用。(a) 管道在液压作用下以机械过盈配合连接。(b) 切口显示管道机械固定到位，环氧涂料能发挥润滑和密封作用，最终实现对管道接口区域的密封和涂层保护。管端安装的弹性环能够避免接头时对内涂层造成损坏，并起到密封作用。(c) 管道现场安装过程(图片和照片由得克萨斯州休斯敦的 Jetair International 提供)

　　使用机械接头连接时，需事先对管道外涂层焊接预留区进行打磨处理，打磨长度略小于机械接头的一半。机械接头外表面也应涂敷 FBE 涂层。在施工现场将另一根管道的自由端插入前一根管道的机械接头后便能实现整条管道的连续防腐，无须再进行现场补口或修补。

　　该系统适用于 NPS2in～NPS12in 管径范围内的管道，能够满足高腐蚀性工况要求，包括输送含有 H_2S 和 CO_2 介质的情况[37]。

7.5.2 焊接内接头

焊接内接头最终将成为管道的一部分。该连接头由几部分组成，接头主体起到对齐管道的作用。外部中心有一个金属环，用隔热垫与连接头隔离。隔热垫能够防止焊接过程中热量对管道内涂层造成损坏。金属环上安装有间隔插销，用来确保与管道连接处的间隔均匀。连接头的防腐涂层应与管道工厂涂敷时所用内涂层材料相同或相当。涂层应从接头内部一直外延至两端。连接头上的 O 形环能够提供密封作用，以防止对未涂敷焊缝区域的腐蚀。

安装时，首先将内接头插入管道一端。通过焊缝导向插销来确保与管道对齐。然后将另一根管道插入外露的连接头部分，使用焊接凸点进行间隔。对管道末端进行点焊并与间隔插销断开。两根管道与连接头焊接完成的照片如图 7.19 所示。为了进一步提高其密封性，还可在连接头安装前在管端区域涂敷双组分液体环氧涂料。

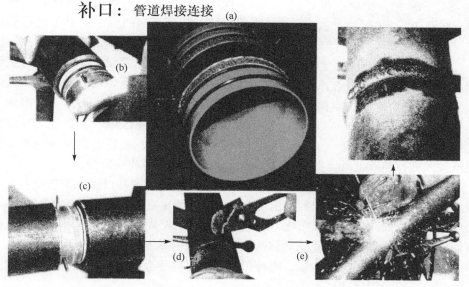

图 7.19 (a) 内接头由几部分组成。接头主体起对齐管道的作用。外部中心有一个金属环，用隔热垫与连接头隔离。隔热垫能够防止焊接过程中热量对管道内涂层的损坏。金属环上安装有间隔插销，用来确保与管道连接处的间隔均匀。连接头的防腐涂层应与管道工厂涂敷时所用内涂层材料相同或相当。涂层应从接头内部一直外延至两端。连接头上的 O 形环能够提供密封作用，以防止对未涂敷焊缝区域的腐蚀。焊接内接头的安装相对比较简单。(b) 首先将内连接头插入管道一端。(c) 然后将另一根管道插入外露的连接头部分，直至与焊缝导向插销对齐。(d) 先对管端点焊，使间隔插销断开。(e) 焊接完成。内涂层和 O 形密封圈能够防止对焊缝区域的腐蚀(照片由得克萨斯州休斯敦 CCB 国际公司提供)

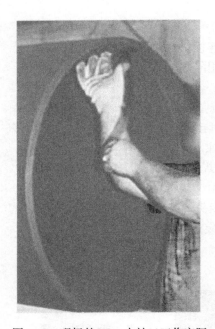

图 7.20　现场的 FBE 内补口工作实际上从工厂防腐时就已经开始了，事先应保留足够长的焊接预留区(照片由作者提供)

7.5.3　现场内补口涂敷：FBE 或液体环氧涂料

当管径足够大时，可以采用手工方式使用液体涂料进行环焊缝区域的内防腐。但首选还是使用与主管线性能相当的 FBE 涂层。内补口实际上从工厂防腐时就已经开始了，事先应保留足够长的焊接预留区，以避免现场管道焊接时对内涂层的损坏。如图 7.20 所示。

使用精密机器人喷涂系统进行现场内补口涂敷，可以达到与工厂相当的涂层性能。整个现场内补口过程与工厂涂敷基本类似，如图 7.21 所示。

现场焊接前，应对焊接预留区再次进行喷砂清洁，达到近白级[11]。喷砂处理区域还应包括焊缝两侧约 2.5cm 的主管线内涂层区域，通过形成粗糙化表面来提高补口与主管线内涂层的粘接性能。焊接之后，机器人通过视频反馈和远程遥控技术沿管道内部向下移动，定位至内焊缝区域[39]。机器人在焊缝两侧进行气囊充气，之后再次对焊缝及主管线搭接区进行喷砂处理，并采用真空方式移除喷砂磨料及残留物。

将机器人驶离焊接区域，通过外部感应线圈加热将内补口区域加热至粉末涂敷温度。将机器人再次移动到原位置，对内焊缝及主管线搭接区喷涂 FBE。补口涂层应与主管线涂层有轻微重叠。钢管余热使 FBE 固化。机器人利用摄像机检查焊缝区域的涂敷情况，完成后移动到下一补口区域。

为了利用相同的加热步骤，内补口和外补口往往会同时进行。此外，机器人还可喷涂双组分液体涂料。

小结：内补口。有几种可供选择的管道内壁环焊缝区域防腐补口方案。第一种是使用不需要焊接且不会造成涂层破坏的机械接头。第二种方案是使用带涂层的现场焊接接头，它利用防腐涂层和 O 形圈的组合来防止管输介质与金属的接触。第三种方法是使用机器人进行环氧粉末或液体涂料的内补口喷涂。当管径较大时，也可采用手工涂刷液体涂料的内补口方式。

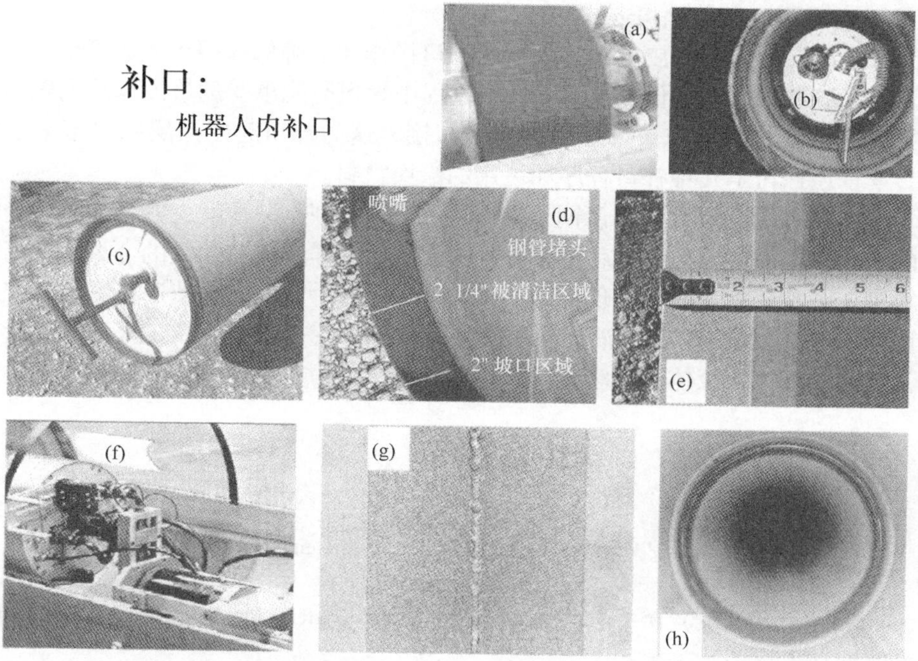

图 7.21 现场内补口与工厂 FBE 的涂敷过程类似, 不同之处在于现场需要使用复杂的机器人操作系统。由于无法在涂敷过程中以及涂敷之后测量管道内部的所有参数, 通常事先需要在模拟焊道上进行资格评定试验(PQT)。(a) 将多组分液体涂料喷涂到聚甲基丙烯酸甲酯的管道内壁。(b) 进行 FBE 内焊缝补口的 PQT 模拟测试。(c) 开始实际涂敷: 在管道端部放置一个隔离塞, 避免喷砂磨料进入管道内部, 同时避免对两侧的管道内涂层造成损坏。(d) 第一道工序, 对焊缝预留段和两侧几毫米范围内主管线内涂层进行喷砂处理[11]。(e) 然后将管端隔离塞向管道内侧移动约 2.5cm, 对搭接区内涂层进行粗糙化处理。(f) 将喷涂机器人放入管道中, 并使用摄像机对焊缝进行定位。(g) 通过摄像机观察处理效果。进行 FBE 涂敷时, 利用管道外部感应线圈加热方式, 使用喷涂机器人将涂层涂敷到管道内焊缝区域。(h) 机器人可沿内补口焊缝区域爬行, 通过摄像机能够识别并记录涂层的涂敷过程及结果[38](照片由俄克拉荷马塔尔萨 CRTS, Inc. 提供)

7.6 本 章 小 结

本章回顾了可作为 FBE 管道的各种防腐补口涂层方案。最佳的解决方案是使用与主管线涂层(工厂涂敷)相同的防腐材料。通过便携式喷涂设备的使用, FBE 已被广泛应用于大量工程的现场防腐补口。整个装置包括专门设计的喷砂清洁单元、用于管道预热的感应线圈以及沿管道周向旋转的粉末喷涂装置。本部分还探讨了 FBE 管道的其他补口方式。

　　三层涂层管道需要更精确、细致的补口操作才能确保获得令人满意的结果。但聚烯烃胶黏剂熔点较低，限制了涂敷过程中管道所能承受的最高加热温度。大多数防腐涂料均不能与聚烯烃形成良好粘接，这为补口时的涂层粘接带来了挑战。本章还探讨了几种补口程序和可用的涂层材料。

　　FBE 管道内壁焊缝预留区同样需要进行防腐保护。一种解决方案是将整个管道内表面使用涂层涂敷，然后用机械接头连接，这样就没有裸露的金属了。第二种解决方案是使用带涂层的现场焊接接头。还有一种方法是，使用机器人系统对管道焊接区域喷涂 FBE 或液体涂层。最后，如果管径足够大，工人可进入管道内，进行人工方式液体涂料涂敷。

7.7　参　考　文　献

[1] W. James, "The Sick Soul," The Varieties of Religious Experience, Lectures 6-7,1902.

[2] G.P. Guidetti, A.J. Paul, E.M. Phillips, G.L. Rigosi, "New Polypropylene (PP) Over Fusion Bonded Epoxy (FBE) Tri-Layer Field Joint Coating System for Lay Barge Application," unpublished, 1999.

[3] Coatings Round Table. "The Use of Coatings in Rehabilitating North America's Aging Pipeline Infrastructure," Pipeline and Gas Journal 227, 2 (2000): pp. 24-28.

[4] A. Andrenacci, D. Wong, J.G. Mordarski, "New Developments in Joint Coating and Field Repair Technology," MP 38,2 (1999): p. 40.

[5] A.N. Moosavi, "Advances in Field Joint Coatings for Underground Pipelines," MP 39, 8 (2000): pp. 40-44.

[6] D. Neal, "Comparison of Performance of Field Applied Girthweld Coatings," MP 36, 1 (1997): pp. 20-24.

[7] SSPC-SP 1, "Cleaning of Uncoated Steel or a Previously Coated Surface Prior to Painting or Using Other Surface Preparation Methods," (Pittsburgh, PA: SSPC, 1983 (editorial changes 2000)).

[8] SSPC-SP 2, "Hand Tool Cleaning" (Pittsburgh, PA: SSPC, 2000).

[9] SSPC-SP 3, "Power Tool Cleaning," (Pittsburgh, PA: SSPC, 2000).

[10] SSPC-SP 11, "Power Tool Cleaning to Bare Metal," (Pittsburgh, PA: SSPC, 2000).

[11] NACE No. 2/SSPC-SP 10 "Near-White Metal Blast Cleaning," (Houston, TX: NACE, 1994).

[12] I. Lancaster, PIH, email to author, Jan. 22,2002.

[13] B.C. McCurdy, "Hot Roll Steel Surface Preparation for Fusion Bonded Epoxy," internal report, circa 1986 (Austin, TX: 3M, 1986).

[14] SSPC-VIS 1, "Visual Standard for Abrasive Blast Cleaned Steel," (Pittsburgh, PA: SSPC, 1989).

[15] R. Schonherr, 3M, computer simulation charts provided to author circa 1985 (Austin, TX: 3M,

1985).

[16] NACE Standard RP0490-95, "Holiday Detection of Fusion-Bonded Epoxy External Pipeline Coatings of 250 to 760μm (10 to 30 mils)," (Houston, TX: NACE, 1995).

[17] R. Norsworthy, "Test Results of Epoxy System Applied to Wet Pipe Surface," CORROSION/2001, paper no. 01611 (Houston, TX: NACE, 2001).

[18] Nova Gas Transmission Ltd., "Coating Application Procedure for Coating Girthwelds with Liquid Coatings (CAP-4)," December 1998.

[19] P. Singh, J. Cox, "Development of a Cost Effective Powder Coated Multi-component Coating for Pipelines," CORROSION/00, paper no. 00762 (Houston, TX: NACE, 2000).

[20] R. Norsworthy, email to the author, Mar. 11,2002.

[21] A.A. Castro, W.J. Kresic, B.R. Scott, "Pipeline External Corrosion Management and Construction Methodology for Athabasca Pipeline," 1999 Western Conference (Calgary, Alberta: NACE International Northern Area, Mar. 8-11,1999).

[22] D.G. Temple, K.E.W. Coulson, "Pipeline Coatings, Is It Really a Cover-up Story? Parts 1 and 2," CORROSION/84, paper no. 355 and 356 (Houston, TX: NACE, 1984).

[23] A Paul, CCSI, email to author, Apr. 11,2002.

[24] D. Fairhurst, D. Willis, "Polypropylene Coating Systems for Pipelines Operating at Elevated Temperatures," J. Prot. Coatings Linings 14, 3 (1997): pp. 64-82.

[25] M. Nassivera, "Total's Experience with External Pipe Coating and Field Joints," Second ADCO Corrosion Conference (Abu Dhabi, 1998).

[26] G. L. Rigosi, Basell, email to author, January 2002.

[27] M. Gibson, K. Fogh, "On-Site Pipe Coating Process," US Patent 5,792,518, Aug. 11,1998.

[28] J.M. Katz, W.F. Rush, Jr., V. Tamosaitis "Method for Application of Protective Polymer Coating," US Patent 6,146,709, Nov. 14,2000.

[29] PIH Ltd., "PIH Automatic Dual Powder/Spiral-Wrap Single Layer Heat Assisted Polypropylene Tape Field Joint Coating for 3-Layer Polypropylene Factory Coated Pipelines," Sales pamphlet, November 2000.

[30] E. Berti, F. Culzoni, "Field Joint Coating for Steel Pipe Three Layers Polyolefin Coated. Case Study of Application in Western Desert Gas Development Project - Egypt," BHR 13th International Conference on Pipeline Protection (London: BHR Group, 1999).

[31] French Standard, NF A 49-711, "Three-Layer External Coating Based on Polypropylene Application by Extrusion," November 1992.

[32] 3LPPW-FJOF-PROPQAL-Gen, "Procedure for Three Layer Polypropylene External Coating of Field Joints Using the Extruded Co-Polymer Wide Sheet Technique," Oct 19, 2001, (Conroe, TX: CCSI, 2001).

[33] B.C. Goff, M.A. Walker, "The Challenge of Protecting High-Temperature Subsea Pipeline Systems," BHR 12th International Conference on Pipeline Protection (London: BHR Group, 1997).

[34] PIH Ltd., "Injection Moulded Polyurethane (IMPU) Field Joint Coating Systems for 3-Layer Polypropylene and Insulated Pipelines," Sales pamphlet, May 2000.

[35] M.J. Wilmott, J.R. Highams, "Installation and Operational Challenges Encountered in the Coating and Insulation of Flowlines and Risers for Deepwater Applications," CORRO-SION/2001, paper no. 01014 (Houston, TX: NACE, 2001).

[36] B.C. Goff, I.S. Lancaster, "Field Joint Coating for J-Lay' Deepwater Pipelay," BHR 13th International Conference on Pipeline Protection (London: BHR Group, 1999).

[37] M. Nayyar, ed., Piping Handbook, 7th ed. (New York, NY: McGraw-Hill, 2000), pp. B.481-B.505.

[38] "Internally Coated Field Joints on Welded Steel Pipelines: A Summary of Current Technology and Methods." CRTS brochure (Tulsa, OK: CRTS, 2002).

[39] J. Huggins, CRTS, email to author, Sep. 26-2001.

第8章 FBE 涂敷工艺

8.1 本 章 简 介

➤ FBE 涂层涂敷工艺介绍，包括来管检查、抛丸清洁、表面处理、加热、粉末涂敷、固化、冷却、检测和修补

➤ 影响涂层性能的涂敷因素：孔隙率、异常现象、厚度、网纹、成膜速率和覆盖率。

8.2 概 述

FBE 是一种单组分、热引发、热固性环氧粉末管道涂层。涂敷时，首先将粉末喷涂到被加热的钢管上，随后在热的作用下粉末发生熔融、流动和固化，最终形成与管体粘接良好、连续且均匀一致的防腐涂层[1]。防腐厂布局不同，可能会导致管道涂敷过程有所差异，但对于管道表面处理、钢管加热、粉末涂敷和检查应满足的基本要求是一致的。管道涂敷时，各环节的概述详见图 8.1。

管径大小、生产速度要求以及现有厂房的结构布局，都将显著影响 FBE 防腐生产线的设计。图 8.2 是 FBE 生产线的设计示意图，包括了 FBE 涂敷过程中的重要步骤。

FBE 管道涂层的涂敷是一个简单的步骤[3]。任何涂敷工艺，最终效果都将取决于对涂敷细节的关注和控制。本章将分别对粉末涂敷工艺和相关设备进行介绍，重点分析涂敷过程中应关注的各个细节。FBE 管道涂层涂敷工艺，主要包括以下工序：

- 来管检查
- 抛丸清洁(表面处理，可能还包括酸洗或其他处理)
- 加热
- 粉末涂敷
- 固化
- 冷却
- 检测
- 修补

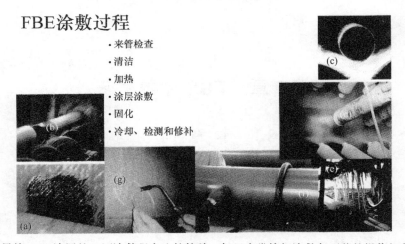

图8.1　尽管 FBE 涂层的工厂涂敷程序比较简单，但只有掌控好涂敷各环节的操作细节，才能确保最终涂层的性能满足规范要求。(a) 来管检查，管体表面显示有临时防锈漆。(b) 通过抛丸室对管体表面进行清洁处理。(c) 通过隧道炉加热管道。(d) 对已加热的管道，喷涂环氧粉末。(e) 对管道进行水冷，确保传送时涂层的安全。(f) 高压漏点检测，这是防腐厂内部检测程序的一部分。(g) 使用热熔修补棒，对漏点(涂层中的针孔)进行修补(照片由休斯敦 Sokol 咨询公司的 D. Sokol、3M 公司和作者提供)

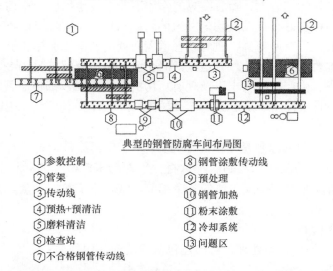

典型的钢管防腐车间布局图

①参数控制　　　　　　⑧钢管涂敷传动线
②管架　　　　　　　　⑨预处理
③传动线　　　　　　　⑩钢管加热
④预热+预清洁　　　　⑪粉末涂敷
⑤磨料清洁　　　　　　⑫冷却系统
⑥检查站　　　　　　　⑬问题区
⑦不合格钢管传动线

图8.2　尽管 FBE 防腐生产线可以有多种布局形式，但涂敷的各步骤都是依次开展的。典型的防腐生产线布局，包括进管站，由进管站通向管道传动系统。首先对管道进行预热除湿，预清洗除去油污、油脂或其他污染物。随后进入抛丸清洁系统和酸洗站。有些工厂可能还会采用铬酸盐涂敷工序来代替或补充酸洗处理。之后是钢管加热单元、粉末喷涂室和冷却区。生产线末端是防腐层检查和问题区，由此通向出管平台[2](布局图由得克萨斯州利文斯顿的 Pete Lunn, Lunn and Associates 提供)

8.3　来管检查

涂敷前，主要是对钢管的外观进行检查。钢管内部最常见的问题是海运和陆运过程中带来的木材碎片。检查时，首先要找出存在凹坑、椭圆度不够或焊缝缺欠的不合格钢管[4]。运送到防腐厂的钢管，最为常见的缺陷是管端损坏。虽然这并不会影响涂层涂敷，但这样的防腐管被运送到施工现场后，还需要对管端进行切割并重新打磨坡口，相同处理工艺现场的成本将是工厂的 10 倍。目前，行业的普遍共识是，如果防腐厂在收到钢管时没有发现缺陷，那后面再发现的缺陷就认为是在防腐厂造成的，所产生的相关费用将由防腐厂承担[5]。

另外检查时还需关注影响管道涂层涂敷的相关因素。如果管体表面或焊缝区域有氧化皮或表面缺欠，就需要进行打磨处理以降低涂敷后涂层的漏点数。此外，对可能影响涂层性能的其他因素也应仔细检查并进行处理。例如，有盐分污染时就必须进行酸洗处理，泥土或旧漆必须通过特殊的清洁处理。也还有可能存在其他污染物，如油污或油脂等。当管道表面存在未生锈区域时，这很可能是因为存在油污污染。管体表面的油污或油脂会导致磨料被污染，随后通过磨料快速扩散到之后原本未被污染的钢管表面。因此，这类污染物必须在抛丸除锈前就彻底清理干净。图 8.3 是一种清除油脂污染物的过程示例。

脱脂：涂敷与冲洗

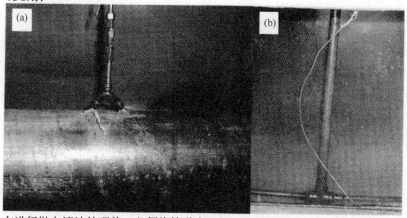

图 8.3　在进行抛丸清洁处理前，必须将管道表面的油污和油脂清除干净。钢管表面的局部污染区域，可依据 SSPC-SP 1 规定的程序进行。也可采用脱脂剂和去离子水组合冲洗的自动化在线处理方式。如果未处理彻底，管道表面残留的任何油污或油脂污染物都会在管道上大范围扩散，甚至还会扩散到已处理完的管道表面，导致管体污染物的处理成本高昂且难以清除干净。此外，油污和油脂同样还会污染磨料和抛丸设备，从而进一步加剧管道表面清理的难度。(a) 喷涂脱脂剂；(b) 水冲洗(照片由作者提供)

8.4　抛丸清洁(表面处理)

钢管表面的处理质量将决定所有涂层系统的最终性能[6]。清洁处理承担着去除管体表面影响涂层性能的污染物、在管道表面形成特定锚纹形态或粗糙度、为涂层黏附提供最佳表面状态的作用。管体表面清洁处理的第一步是清除污垢、油脂和油污等明显的污染物。通常可依据 SSPC-SP 1 的规定进行[7]。

防腐厂通常使用转轮抛丸设备(离心式抛丸)进行钢管表面处理，选用钢砂或钢丸作为磨料。转轮抛丸设备的工作单元主要包括：

- 抛丸室和密封
- 抛丸器和电机
- 磨料清洁和回收系统
- 集尘器
- 物料输送系统

磨料是整个抛丸清洁处理过程的关键[8]。

8.4.1　抛丸室和密封

抛丸室为封闭结构，用来支撑离心式抛丸器，容纳和回收工件反弹回的磨料，可最大限度降低磨料的损耗，还能有效保护抛丸区域的工作人员，如图 8.4 所示。进出抛丸室的管道四周设有密封帘。抛丸室安装有耐磨衬板，如耐磨橡胶、合成材料和金属合金耐磨板等。如果抛丸室体采用耐磨金属材质制成，设备的使用寿命会更长。抛丸室底部的磨料回收系统由螺旋输送单元组成，能将抛出的磨料和清理下来的氧化皮等去除物运输至斗式提升机，再经上部螺旋输送器运输至抛丸机顶部的清洁处理和回收系统[9]。

8.4.2　抛丸器和电机

抛丸轮通过将磨料抛射出去，来实现对钢管的清洁处理作业。在可控的流速下，磨料通过抛丸器上部的储料斗进入抛丸轮的中心部位[10]。抛丸轮转动，磨料被加速带入分丸轮中，然后由分丸轮的窗口抛出进入定向套，再经定向套窗口抛出，由高速旋转的叶片拾起，并沿叶片方向不断被加速直至从预定位置抛出。抛出的磨料以扇形流束飞出，直至到达指定打击点，实现对管道表面的撞击清洁。抛出磨料流束的实际宽度和长度，可通过叶片宽度和磨料从叶片端到被清洁物体表面的距离来进行控制。

抛丸器由以下部件组成[6,10]：

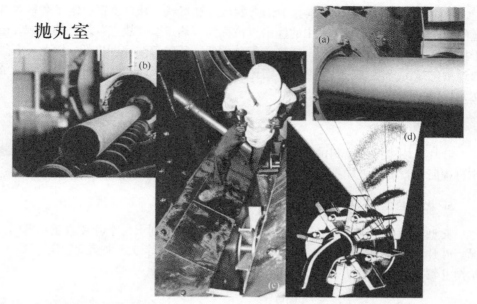

图 8.4　抛丸室的作用是容纳整个抛丸清洁处理过程。(a) 管道进入抛丸室；(b) 经过抛丸处理后的管道，离开抛丸室；(c) 抛丸轮的维护；(d) 抛丸轮将磨料抛向钢管表面(照片由作者和 Wheelabrator Abrasives, Inc.提供)

- 进料斗
- 分丸轮
- 定向套
- 叶片
- 抛丸轮组件

1. 进料斗

进料斗引导磨料流入分丸轮中心，然后泵入定向套的窗口。进料斗通常为 90° 布置，但有些生产商也可提供 45°或带有调节器的进料斗。

2. 分丸轮

分丸轮随抛丸轮组件同步旋转，使磨料通过定向套上的固定窗口抛出。分丸轮有不同规格，以实现与抛丸轮组件和叶片数量相匹配。

3. 定向套

定向套是固定的，用来调节磨料向叶片的流动。它的大小应满足与抛头的装配。定向套的开口决定了磨料抛射形态的尺寸和形状。开口位置决定了磨料对管道的撞击点。管道上最为集中的撞击点被称为"热点"。"热点"之外的区域，由于接触磨料的抛射密度较低，碰撞接触角也低，所以清洁程度也低。因此，必须通过调整撞击"热点"和管道的传输速度，来使管道四周和整个长度方向均能够达到均匀一致的处理效果。

4. 叶片

叶片是用来抛射磨料的。叶片采用平衡装置与抛丸轮组件相匹配，以防止操作过程所导致的抛丸轮振动。

5. 抛丸轮组件

典型的抛丸轮组件由八个叶片组成，也有从四个到十二个叶片数量不等的情况。叶片可通过弹簧夹、固定销或叶片上的铸造凸台等方式来实现固定。图 8.5 是抛丸轮组件的分解示意图。

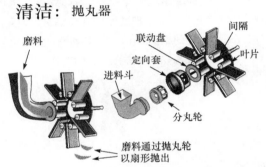

图 8.5　通过抛丸轮组件的磨料抛射，来实现管道的清洁处理。磨料从顶部的进料斗进入抛丸轮组件的中部区域。抛丸轮旋转，通过离心力加速，将磨料以扇形方式抛向管道表面。影响抛丸量的因素主要包括：①抛丸轮的承载能力；②电机的功率或马力；③磨料的速度。当进行系统设计或磨料选择时，必须同时考虑以上三个因素和磨料粒径(照片由 Wheelabrator Abrasives, Inc.公司提供)

磨料的流速取决于抛丸轮的尺寸和转速。根据抛丸轮直径不同，抛丸轮的转速通常在 1200～3600r/min 之间。抛丸轮的直径从 280mm 到 635mm 不等。图 8.6 给出了抛丸轮转速和尺寸对磨料速度影响的示例。

6. 电机

电机驱动抛丸器进行磨料抛射。电机功率从不到 1hp 到 150hp 不等。可通过电流表测量电机运行所需的电流量，然后根据所用电流的大小来评估清洁能力。当没有磨料抛射时，电机还需要足够的电流来克服抛丸轮、皮带传动以及轴承运转的摩擦力，并使设备以恒定的速度运行[11]。这被称为"空载电流"。

当磨料流入进料斗并到达叶片时，电机就需要通过增加电流，使抛丸轮能够以合适的转速将磨料抛向管道。当电机达到最大额定工作容量时，就会达到满载电流，如图 8.6 所示。例如，当操作电压为 440V 时，三相电机满载，输出功率为 1.2A/hp(0.9A/kW)。

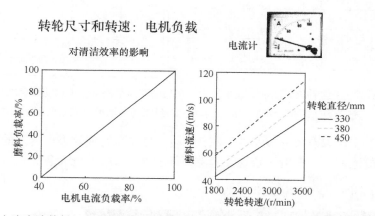

图 8.6　当电流表读数低于电机满负荷读数时，这意味着电机尚未达到最大工作容量，也就是还有能力抛射出更多磨料。根据抛丸轮和电机大小的不同，当每分钟增加 10～20kg 磨料抛射量时，就需要提高电机功率。磨料的抛射速度影响着管道被处理表面获得冲击能的大小，该抛射速度取决于抛丸轮的转速和尺寸[12](照片由作者提供)

当电流表读数小于满负荷读数时，这意味着要么是磨料供应不足，要么是抛丸轮被过量的磨料给淹没了，要么是进料呈现了紊流态，要么是机器被设置成了优化运行模式。为了达到更高的经济性，只要能达到涂层涂敷的表面处理要求，磨料的流量越小越好。对钢管表面进行过度抛射，并不能达到提高涂层性能[13]。

图 8.7 是根据几个抛丸设备制造商，基于不同抛丸轮直径的测试数据所给出的操作指南。尽管这些是随机数据，但可以说明在相同转速情况下，通过增加电机功率所能产生的效果。如果想确定设备上磨料的实际流量，只能通过捕捉测试来获得[14]。

8.4.3　磨料的清洁与回收

抛丸除锈作业往往会产生大量的灰尘和废磨料。通过筛分处理可以清除掉大量的污染物和碎屑。这些被污染的磨料通过回收系统传送至风选分离器。集尘器吸入清洁空气并使其穿透磨料流，通过磨料与空气抽力的相互作用，来清除磨料

磨料流速

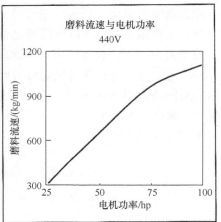

功率/hp	电流/A	电流/A	磨料流量/(kg/min)	磨料流量/(kg/min)	磨料流量/(lb/min)
	空载	满负荷		工作电流	工作电流
			220V		
25	20	62	305	7.3	16
50	40	122	652	8.0	17.5
75	66	188	943	7.7	17
100	82	233	1098	7.3	16
			440V		
25	10	31	305	14.5	32
50	20	61	652	15.9	35
75	41	94	964	18.2	40
100	58	116	1107	19.1	42
			575V		
25	12	25	307	23.6	52
50	24	50	650	25.0	55
75	38	75	959	25.9	57
100	52	100	1113	23.2	51

图 8.7　磨料流速受多种因素影响。表中给出了在相同转速条件下，电机功率和磨料流速的一
　　　　般关系。若想确定磨料的实际流速，只能通过捕捉测试来获得[14]

中的杂物、灰尘以及尺寸过小的磨料(碎屑)。为提高处理效果，落下的磨料应呈
均匀分散的流幕状，厚度一致且无缝隙，如图 8.8 所示。空气会优先通过磨料流

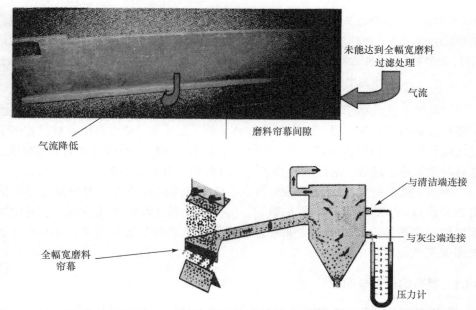

图 8.8　无间隙、全幅宽的空气过滤是确保磨料清洁与低粉尘的关键。空气会优先从磨料帘幕
的间隙通过，从而导致其他区域空气通过量减少，影响除尘效果。清洁的磨料可以最大程度地
　减少涂层的界面污染，并提高涂层的性能(照片由 Wheelabrator Abrasives, Inc 和作者提供)

的间隙或厚度更薄的区域。缝隙附近过多的气流通过，不但会带走大尺寸磨料，还会减少通过磨料流其余部分的空气流量。这将最终导致可用粗颗粒磨料的浪费，还使磨料中混入了过量的细粉。这些细小颗粒不但会磨损设备，还将被吹到管道表面。在级配磨料中，即使只有 2%的细粉，也将对抛丸设备的主要部件造成 50%以上的磨损。

维持磨料始终以最大宽幅下落是一个经常被忽视的问题，这主要是因为磨料位于抛丸机的顶部，在人的视线之外，也不容易靠近。但使用灯和镜子也可以方便地从抛丸机下部对磨料的流动情况进行观察，可提高对磨料流动状态观察的可视性和可靠性。另外的办法是在抛丸机上安装摄像机，通过操作台安装的监视器进行观察[13]。

8.4.4　集尘器

通过吸入空气，集尘器可用来去除分离器磨料中的细粉和抛丸室中的灰尘。集尘器必须具备足够的容量才可防止灰尘在管道表面沉积。除尘和磨料粒度分级是清洁过程中的重要环节。如果灰尘没有同磨料一起被抛出去，设备也就不会有灰尘[9]。

有几种类型的集尘器可供选用，如布袋式或滤筒式，来实现气流中灰尘的过滤。当灰尘在布袋或滤筒上聚集时，气流的通过阻力将增加，进而产生从过滤器脏的一面到干净一面的压降。压降的增加意味着气流的减少。应仔细监测集尘器工作状况。如果通过过滤器的压降增加到了 2.5cm，将会导致气流严重减少，大大降低分离器的清洁能力。当气流显著减少时，将会导致设备尘土飞扬以及高的钢管表面污染程度，进而降低涂层的附着力。因此，应经常对过滤器、布袋和集尘仓上的积尘进行清除作业。可通过振动或自动摇动方式来实现布袋积尘的清除。也可采用短脉冲气流的方法，临时从过滤器干净的一侧向脏的一侧进行吹扫，来去除表面灰尘。无论是布袋式或滤筒式过滤系统，都可以使用反向空气脉冲的方法进行表面灰尘清除。

压力计或磁控规都可用来测量过滤系统的压降。对于振动布袋，压力计水柱上的正常压降应在 5cm 左右。对于脉冲式集尘器，压降读数应该在 7.5cm 左右[10]。控制整个过滤系统的压降是非常重要的。应确定什么情况就需要进行灰尘清除。建议当压降增加到 6mm 时，就采取处理措施，使过滤系统的压降恢复到初始水平。

有一项关于集尘器的重要事项，常常没有被很好理解。收集到的灰尘不能存放在集尘斗中。集尘斗的功能之一是收集灰尘并将其导向合适的收集容器。另一个功能是作为一个膨胀室，允许较重的灰尘粒子在通过收集过滤器之前掉落。当灰尘在集尘斗中堆积时，空间的减少将导致空气旋涡，进而会带走之前从过滤器中除去的松散积尘，并使其重新沉积到过滤器中，从而导致空气流量严重降低。

应每天对集尘料斗进行检查，以确保它是空的。

8.4.5　抛丸磨料

进行管道清洁处理的第一步是根据管道涂敷的具体要求选择合适的磨料。第二步是正确设置和维护分离器，以形成平衡的磨料粒度分布，这被称为操作混合[15]。

1. 磨料的生产

铸钢磨料是通过钢水雾化处理、快速冷却所形成的固体钢丸。这一过程可通过多种方法来实现。最常见的方法是钢水在低压水流冲击下雾化成微小颗粒。这将产生类似于爆炸的可控过程，钢水颗粒呈花洒状喷落。通过调整水压，可在一定程度上改变钢丸的粒径范围。形成的钢丸在水池中汇集。随后将这些钢丸从水中捞出，干燥，之后通过选圆来去除不满足形状和粒径要求的颗粒。将得到的钢丸先筛选分级，再进行热处理和回火处理。根据 SAE J444 和 J827 标准的规定，最理想的粒径范围是 S70 到 S990[16,47]。这些钢丸经热处理后公称平均洛氏硬度应达到 40~45 HRC。对筛选出的不符合形状和尺寸要求的钢丸颗粒，可首先通过辊式破碎机或球磨机碾碎成钢砂，再进行热处理和回火处理至所需的硬度范围。表 8.1 给出了 SAE 标准对 FBE 管道涂敷常用磨料的要求[16]。

表 8.1　筛分时不同粒径钢丸和钢砂的通过情况

NBS/筛号	标准尺寸/mm	筛子尺寸/in	钢丸粒径				钢砂粒径		
			S390	S330	S280	S230	G18	G25	G40
12	1.70	0.0661	全部						
14	1.40	0.0555	最多5%	全部			全部		
16	1.18	0.0469		最多5%	全部			全部	
18	1.00	0.0394	最少85%		最多5%	全部	75%		全部
20	0.850	0.0331	最少96%	最少85%		最多5%			
25	0.710	0.0278		最少96%	最少85%		85%	70%	
30	0.600	0.0234			最少96%	最少85%			
35	0.500	0.0197				最少97%			
40	0.425	0.0165						80%	70%
45	0.355	0.0139							
50	0.300	0.0117							80%

（1）铸钢丸。通过喷雾工艺生产的钢丸是球形的。首先，通过分类、热处理和回火处理得到合适硬度范围的钢丸。然后在包装前，对钢丸进行最终筛分，获得满足行业规范粒径要求的钢丸[17]。

（2）铸钢砂。铸钢砂是通过破碎喷雾工艺过程生产出的形状和粒径不满足要求的钢丸而得到的。首先将这些破碎的颗粒筛选到大致的尺寸范围，然后再进行热处理。热处理后，依据 SAE 标准规定的尺寸范围进行再次筛选，然后回火处理至规范要求的特定硬度范围。目前，这个生产工艺已被广泛使用。但根据经验来看，可以将一些不同硬度范围的钢砂重新归类到同一类别，如表 8.2 所示。

表 8.2　生产商有多种表示钢砂硬度的方法。但主要采用随硬度增大，依次以字母 P、B(或 M) 和 L 表示的方法[9,18]

钢砂符号	洛氏 C 硬度	用途
GP	40～50	可用于转轮式或空气喷砂方式除锈，但会很快变圆
GB(GM)	50～57	可用于转轮抛丸在金属表面形成锚纹，比 GL 钢砂磨损少
GL	56～60	能够产生强烈且有棱角的表面，允许增加处理的线速度
GH	60～66	主要用于空气喷砂领域，来进行快速处理

2. 磨料的识别

钢丸用符号"S+数字"表示。数字大小与钢丸的公称尺寸相关，如 S330 表示钢丸的公称直径约为 0.033 in(0.84mm)。数字越大表示钢丸粒径越大。

钢砂用符号"G+数字"表示，数字与钢砂硬度和粒径大小有关，近似于 NPS 筛子的尺寸。如 G18 钢砂的公称尺寸为 0.0394 in(1.0mm)。由于钢砂的数字与筛子的尺寸有关，因此数字越大意味着钢砂的尺寸就越小[15,16]。

3. 磨料的使用

（1）钢丸。在进行转轮式抛丸处理时，钢丸可用来去除氧化皮和其他表面污染物。处理后，能够形成相对光滑且有金属光泽的管道表面，但这并不是形成最佳涂层附着力所需要的表面锚纹形态。

（2）钢砂。钢砂通过快速切磨处理，来实现钢管表面的粗糙化。处理时，应尽可能降低对已处理表面的影响。钢砂主要用于金属表面锚纹的形成，即形成满足管道涂敷要求的特定锚纹深度和表面粗糙度。当磨料操作混合控制合适时，钢砂能够形成具有更高峰密度的表面区域，从而为涂层提供更大的粘接表面积。如果锚纹形态和峰密度是均匀的，所增加的表面积并不会导致粉末消耗量的显著增加，才能达到所要求的涂层厚度。通过控制磨料混合比例，就可以得到均一的表面处理效果[9]。

8.4.6 抛丸清洁效率

对所有的抛丸处理操作，磨料对处理效率的影响因素主要包括：
- 颗粒形状和质量
- 颗粒尺寸
- 硬度
- 速度

被处理表面的硬度也会影响处理效率和最终的处理效果。

1. 颗粒形状和质量

磨料颗粒的质量和形状，以及它随冲击运动的速度，决定了所产生锚纹的形状和深度。

2. 颗粒尺寸

颗粒大小是影响抛丸处理效率的主要因素。降低磨料粒径能够增加单位质量磨料中的颗粒数量，从而显著提高磨料的处理能力。与大粒径磨料相比，由于单位时间内小粒径磨料对待处理表面的冲击更多，因此在磨料粒度不同而流量和速度相同的情况下，小粒径磨料的清洁速度会更快。另外，还需假设小粒径磨料的冲击能也足以打碎和清除表面的污染物，并能形成满足涂敷要求的锚纹。例如，1kg G25 操作混合磨料中含有超过 110 万个颗粒，而 1kg 的 G40 操作混合磨料含有超过 550 万个颗粒。相比而言，G40 和 G25 单位质量磨料的颗粒数之比是 5∶1，这使得 G40 磨料具有更快的清洁处理速度。

3. 硬度

大家均普遍认为，磨料越硬，处理效果就越好。使用钢质磨料进行抛丸处理的一般原则是：应尽可能使用最硬且粒径最小的钢质磨料，它能更快去除氧化皮和表面污染物，同时在表面形成满足涂敷要求的锚纹。但在使用转轮抛丸作业时，除非必须使用才能满足作业要求，否则还是不应使用较硬的 GH 钢砂。硬质磨料具有更高的能量转移系数，从而比软磨料的清洁速度会更快。许多情况下，在清洁速度明显较高的同时，设备的磨损也会更快。但在某些情况下，提高清洁速度能够抵消设备磨损成本的增加。因此，在决定是否使用 GH 钢砂时，应充分考虑并平衡清洁速度、磨损率和涂层性能要求等因素。

4. 速度

磨料颗粒的速度是影响锚纹深度和处理效率最为重要的因素，比其他因素的影响程度都要大。通过动能方程能够非常清楚地得到这一结论。方程如下：

$$E = \frac{1}{2}MV^2 \tag{8.1}$$

式中：E 为能量；M 为质量；V 为速度。

　　由于速度是公式中影响程度最大的变量，速度的微小增加就会使磨粒的能量水平或冲击强度显著增大。通过适当增加 G40 磨料的抛射速度，可达到与 G25 磨料在低抛射速度时相当的冲击能和锚纹深度。提高磨料抛射速度就意味着增加了单位时间内磨料颗粒的冲击次数，能够形成更为均一的锚纹以及更高的清洁处理效率[9]。

　　5. 抛丸处理的物理因素

　　抛丸处理的效果取决于单个钢砂或钢丸颗粒对工作表面冲击所传递的能量。颗粒对处理表面的能量传递取决于以下五个因素：

- 磨料颗粒自身的能量(速度和质量)
- 撞击角度
- 管道表面的硬度
- 磨料的硬度
- 磨料颗粒的形状

　　(1) 动能。如方程(8.1)所示，冲击能的大小取决于单个磨料颗粒的质量和速度。而质量取决于单个粒子的大小，与颗粒半径的立方成正比，如图 8.9 所示。例如，在相同的速度下，一个 G18 钢砂颗粒能够产生比 G50 钢砂颗粒大 20 倍左右的冲击能。磨料颗粒的抛射速度取决于转轮的外周速度、叶片的形状和长度。

磨料粒径： 粒径越大，作用力越大，冲击越深，覆盖率越低

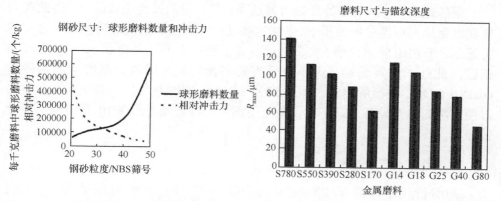

图 8.9　冲击能与颗粒半径的立方和速度的平方成正比。增大磨料粒径和速度，能够增加锚纹的深度。粒径越小，处理的覆盖率就越高，单位面积的冲击量就越大[19,20]

(2) 撞击角度。碰撞角是颗粒撞击表面所形成的角度。利用三角函数表中角度值的正弦值，就可以粗略地计算出，能够直接从颗粒表面转移到待处理表面可用能量的百分比。

(3) 磨料和管道表面的硬度。磨料和管道表面的硬度决定了从磨料颗粒转移到钢管表面储存能量的百分比。当磨料颗粒撞击表面时，它会发生变形并吸收消耗掉一些储存的能量。颗粒越硬，抗变形能力就越强，从颗粒转移到工作表面的能量就越大。这将在钢管表面产生更深的锚纹。如果钢表面越硬，磨料颗粒的变形程度就会越大，对应的能量传递就会越小。

(4) 磨料颗粒的形状。磨料颗粒的形状对碰撞点的接触面积有影响，撞击点是磨料颗粒与钢管表面能量转移的作业面。圆形颗粒的初始接触面积要比棱角分明的颗粒大得多。钢丸有压碎或压缩钢管表面的倾向，而钢砂有渗透和切割钢管表面的倾向。在同等大小/质量的情况下，钢砂比钢丸在管道表面产生的锚纹要更深。

6. 磨料的失效模式

每次撞击表面时，都将引起磨料颗粒的疲劳。尽管磨料破坏主要由颗粒破裂所致，但其失效模式还是取决于磨料的硬度。磨料越软，破裂前能够吸收的能量就越多，撞击时表面发生变形和压扁的情况就越多，因此呈现剥落失效的可能性就越大。磨料越硬，就越不容易被压扁，就更容易在颗粒内形成内应力，因此更容易发生破裂失效。硬质磨料往往会逐渐断裂成更小的、依然有锋利边角的锯齿状碎片，碎裂的磨料还能在管道表面形成锚纹。当软质的钢砂被循环利用时，颗粒的锯齿状区域会先逐渐变圆，颗粒的外观和所发挥的作用就开始像钢丸一样，直至颗粒再次断裂，继续重复这一过程。

钢砂越硬，它的清洁处理能力就越强，但自毁的速度也就越快。因此就需要在确保成本可接受的前提下，平衡这些处理因素与涂敷规范清洁要求之间的关系。对于 FBE 管道涂层，大多数规范要求使用洛氏 C 硬度在 56～60 之间的钢砂。此外，磨料的粒径大小也是需要平衡的重要因素，最常用的钢砂是 GL18～GL40，典型的钢丸选择是 S390～S230。有时在工厂一条生产线上会同时使用两套抛丸设备，第一套设备先用钢丸进行处理。图 8.10 是磨料的显微镜照片。

7. 操作中的混合磨料

使用过程中，不断有旧磨料破碎和去除，同时还有新磨料被不断加入，从而形成了"操作中的混合磨料"。混合磨料的粒度分布主要受以下因素影响[15]：

- 空气清洁分离器的作业情况

- 磨料的损失：被管道带出或从抛丸室中逸出
- 磨料的硬度
- 磨料的速度
- 损失磨料的替代比例
- 替代磨料的粒径

喷砂磨料显微镜照片

处理后的钢管表面　　　　　　　　　　磨料混合

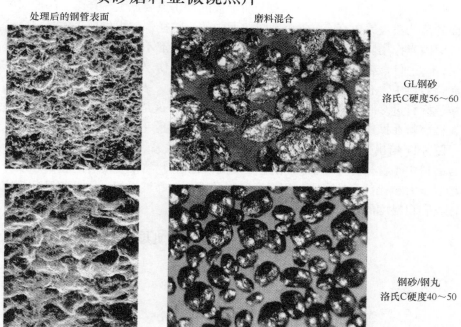

GL钢砂
洛氏C硬度56~60

钢砂/钢丸
洛氏C硬度40~50

图 8.10　硬质磨料往往会逐渐断裂成更小的锯齿状碎片。当软质钢砂被循环利用时，颗粒锯齿状区域会先逐渐变圆，颗粒的外观和所发挥的作用就开始像钢丸一样，直至颗粒再次断裂，继续重复这一过程。钢砂越硬，它的清洁处理能力就越强，但自毁的速度也就越快，同时还增加了抛丸设备的磨损率。因此需要考虑使用硬质钢砂对处理速度的提高以及对抛丸设备造成的额外磨损两者之间的关系。对于 FBE 管道涂层，大部分规范要求钢砂的洛氏 C 硬度为 50~60(照片由 3M 公司和得克萨斯利文斯顿 Enspect 技术服务公司提供)

　　应尽可能少调整已设定好的操作设置，以维持稳定且均匀的操作混合磨料状态。具体要求主要包括空气清洁分离器设置恰当、定期清洗、定时添加满足要求的新磨料、在规定的范围内对集尘器进行操作。操作混合磨料的平衡性会直接影响处理速度、表面清洁度、峰密度和锚纹样式(表面形态)。峰密度是影响涂层粘接的重要表面特征。

　　当磨料的类型、形状和硬度不同时，其破碎快慢和消耗速度也都是不一样的。通过对磨料的筛分测试，可以获得每种磨料的破碎曲线和预期的混合磨料组成。

　　磨料颗粒的粒径越大，所能形成的冲击能也就越大，去除管道表面氧化皮和其他污染物的效果就越好。此外，还能在处理表面形成最大峰谷比的锚纹。中等粒径的磨料颗粒，由于它的体积相对较小，从而在彻底清除污染物和清理凹坑方面就更为有效，同时也还有足够的冲击能在进行清洁的同时形成合适的锚纹状态。此外，单位质量磨料，中等粒径所形成的冲击点要比大粒径多，因此对管道表面的清洁覆盖率更高[21]。每个磨料单元中的小粒径颗粒提供更多的是轻微清洁和表面抛光作用。尽管磨料中大多数的小粒径颗粒都不具备形成合适锚纹所需的能量，但它们非常有助于去除表面松散黏着的污染物(界面污染)。通过实践发现，当混合磨料中含有不超过 3%～5%的小粒径颗粒时，表面处理效果会更好[9]。当小粒径磨料过多时，会增加涂层的界面污染问题，这是不想看到的情况。因此，小粒径磨料在操作混合磨料中的占比，存在着微妙的平衡问题。

　　图 8.11 给出了钢砂硬度和相对消耗量之间的关系。延迟添加新磨料将会导致混合磨料中小粒径部分的占比增加。过量添加新磨料将使得混合磨料的粒度分布更趋向于大粒径部分。当所使用混合磨料的粒度分布波动过大时，将导致管道表面锚纹和粗糙度的显著变化。

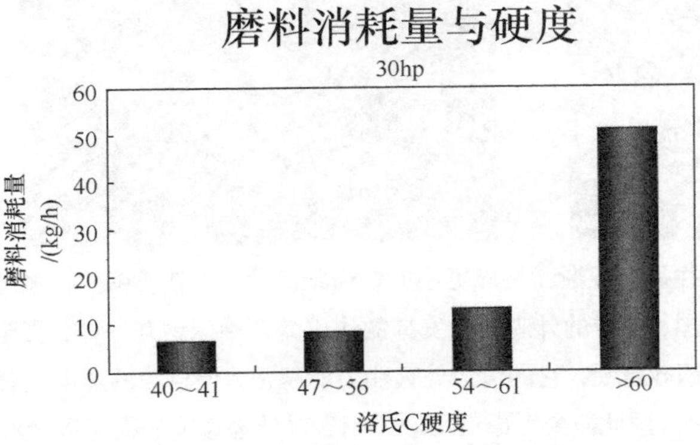

磨料消耗量与硬度

图 8.11　磨料的硬度会极大影响其破碎和消耗的速度，其他影响因素还包括磨料的类型、形状和化学组成[22]。由于存在上述多种影响因素，磨料的实际消耗量会与图中给出的数据有所不同

　　最为有效的管道表面处理，源自对磨料混合物的稳定控制，其中包括满足要求的磨料粒度分布范围。钢丸能够形成圆形轮廓，可有效去除氧化皮并形成丸坑状表面。钢砂能够形成棱角分明的粗糙表面，将有助于涂层的最佳附着，详见图 8.12。

喷砂后的显微照片

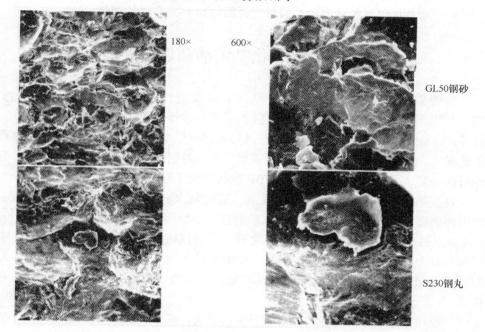

图 8.12　钢丸能形成圆形轮廓，可有效去除氧化皮。钢砂能够形成棱角分明的粗糙表面，更有助于涂层与基材的良好粘接(照片由 3M 公司提供)

大部分涂敷规范要求，清洁处理后的管道表面应至少达到 NACE NO.2/ SSPC-SP 10 标准规定的近白级[23]。

8.4.7　小结：抛丸清洁(表面处理)

无论使用哪种涂层体系，管道表面越清洁，涂层性能就越好。这也同样适用于 FBE 管道涂层。只要磨料的选用正确，同时将操作混合磨料维持在设定的参数范围内，且抛丸设备在最佳性能区间工作，构建一个具有合适轮廓和峰密度的表面并不是一件难事。对设备定期进行维护，使其在最佳性能区间运行，需遵循以下步骤[11]：

- 设置定向套，形成有效热点
- 调整管道的行进速度，使其不超过热点长度
- 确保磨料维持在之前所商定的流速，与管道清洁处理的速度要求相匹配(用电流表测量)
- 定期维护粉尘收集器。确保过滤器后压力表所指示的压力降，能够满足适当的空气流量通过设备和空气分离器

- 确保在空气清洗分离器中形成一个全宽幅且均匀一致的磨料流
- 准备小包装的新磨料，通过定时添加来补充磨料的消耗

8.5　污染物、化学清洁和表面处理

钢管表面存在的污染物能够降低所有涂层的性能，同样也包括 FBE 涂层[11, 24]。污染物的来源有很多，包括工厂用来卷管用的钢板所带入的污染物。此外，污染物还可能来自钢管的加工、运输、测试、装卸和涂层涂敷环节。在某些情况下，例如有时为了钢管储存的需要，人为对钢管事先喷涂油漆或清漆用于临时性防腐，但这一操作也为后续 FBE 涂敷带来了新的污染物。

直到随着质量控制测试技术的发展，通过对水分与污染物相互作用对 FBE 涂层性能影响的研究，大家才充分认识到管体表面污染物的问题。20 世纪 70 年代早期，在还没有形成有效评价技术之前，当出现很差的涂层测试结果时，其原因常常是个谜，无法给出很好的解释，如图 8.13 所示。经过多年的探索发现，人们对各种造成管道污染材料的来源以及它们对管道性能的影响有了更为深入的认识。

一般而言，管道表面通常会存在多种污染物。本节将它们划分为有机污染物(如油、脂和碳氢化合物)和无机污染物(如海水和融雪剂)两大类。

污染物
一些蛛丝马迹

(a)：“当我们把喷砂清理后的管道放入院子时，首先怀疑的是它的污染问题。在雨中淋了两天之后，我们注意到它们还没有生锈。”1979年，德国。
(b)：“一个很偶然的机会我们发现了盐污染的问题。我们把除锈过的试板放到一个蒸汽浴室附近。几个小时后，我们发现有些板子生锈了，有些则没有。”1981年，泰恩河畔纽卡斯尔。
(c)：“我知道我们的清洁处理工作做得很好。几个月来，我一直在车库里清洗零部件，它们都没有生锈。”1983年，印第安纳州。
(d)：“这个绿色的黏稠物不黏啊，对吗？”大约在1987年，美国。

图 8.13　直到随着质量控制测试技术的发展，通过对水分与污染物相互作用对 FBE 涂层性能影响的研究，大家才充分认识到管体表面污染物的问题。在那之前，测试结果很差的原因往往是个谜。多年来，人们对各种造成管道污染材料的来源以及它们对管道性能的影响有了更为深入的认识。(a) 卷管用的钢板可能被油污染；(b) 储存在海边的管道可能存在盐污染；(c) 压缩空气中的油污染；(d) 污染源不详

8.5.1　有机污染物

(1) 油和油脂。这类污染物的来源很广，包括管厂、钢板、装卸和转运设备

的滴落、液压油、被污染的磨料等。如果这些污染物在涂层涂敷前没被清除掉，将对涂层的附着力造成很大影响。

由于抛丸磨料是循环使用的，因此在整个抛丸过程中非常容易使原本集中的油污扩展到后续整批钢管上。此外，油脂还会污染管道的传送线。因此，需要在抛丸处理之前，就把管道表面所有可见的油和油脂清除干净。可采用 SSPC-SP1 标准推荐的蒸汽、溶剂或肥皂水等有效的方法进行处理[7]。如果使用了肥皂进行污染物清理，随后就必须用水彻底冲洗干净。

(2) 电阻焊(ERW)管：水溶性油污。在制造 ERW 管时，需要用到水溶性油。其实"水溶性油"这个用词并不太恰当。实际上它是一种油/水乳状液，由大量悬浮在水中的微小油滴所构成。新轧制的 ERW 钢管表面有一层黑色薄膜(通常称为碳膜或黑膜)。这种薄膜是油和氧化皮的混合物。当暴露于自然环境中时，便能够很快被侵蚀掉。对管子反复喷水润湿可加速这一侵蚀过程。在堆管厂里，可每天给管子喷水，直到钢管生锈，这样这一污染物就可被清除干净了。也有一些制管厂在管道装运前，就先使用清洗剂进行清洗。

(3) 乙二醇：水压试验。在寒冷地区，水压试验时，通常需要在水中添加乙二醇或其他防冻剂。与 ERW 管所使用的水溶性油类似，乙二醇也能在自然环境中被快速侵蚀掉。但如果水压试验后很快就需要进行防腐层涂敷，就需要重点关注乙二醇对涂敷可能造成的不利影响。

(4) 工厂涂漆。为避免钢管在运输和储存期间发生腐蚀，管厂经常使用油漆或清漆对钢管事先进行临时性防腐。但在涂敷具有长期防腐性能的功能涂层之前，需要先将临时防腐漆彻底清除干净。具体可采用热烧碱清洗、热浸泡、加热或刮除等方式。尽管很多时候，涂刷有临时防锈漆的钢管就可以正常开展管道清洁处理和涂敷作业，但由于油漆本身具有一定的弹性，残余的碎片可能会在抛丸过程中被带到钢管表面，进而形成残留。此外，油漆还会污染抛丸设备中的磨料和设备自身，并且很难清除干净。这些污染物将直接影响到涂层的附着力和外观。如图 8.14 所示。软质油漆，尤其是在钢管上形成厚流挂或滴液的软漆，更难清除，甚至根本无法通过抛丸的方法清理干净，往往需要采用更高水平的手动处理方法[25]。

油漆会污染磨料，反过来，磨料又会污染钢管上原来未涂刷油漆的区域。因此，去除油漆更好的方法是使用单独烧化或使用另外的抛丸单元先将带有临时防腐油漆的部位清除干净，之后再让钢管进入 FBE 涂敷生产线。即使钢管经过了烧化甚至锈蚀后，抛丸处理时，仍需特别关注空气分离器中磨料流的工作情况。因此，对带有临时防锈漆的钢管，应先进行一次初步的抛丸清洁，然后再将管道放置在自然环境中生锈，这样最终的处理效果会更好。

(5) 管道标识。通过抛丸清洁，可以很容易去除掉大部分管道标识漆。另外，由于标识只占管道表面积的很少一部分，通常也不会对磨料造成严重污染。但如

油漆临时防腐管与阴极剥离测试

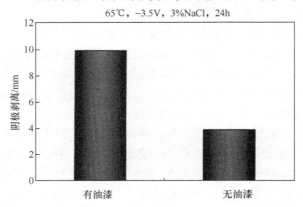

图 8.14　对采用油漆临时防腐的钢管，如果仅开展正常抛丸清洁处理，涂层性能往往较差[26]

果标识漆为蜡基材料，如木质蜡笔或油脂类铅笔，可能就会对管道和磨料造成污染。如果抛丸前能有足够的时间干燥完全，就可以用油性记号笔进行管道标识[24]。

（6）清除 FBE 涂层后的钢管。只要抛丸处理后，管道表面没有肉眼可见的 FBE 残留，通常就没有问题。

（7）空气管路中的油。压缩空气经常被用于抛丸除锈后管体残留物的吹扫或酸洗后钢管的干燥。因此压缩空气中必须是无油的。许多已经完成酸洗或抛丸清洁处理的钢管，在加热和涂敷之前，如果吹扫所使用的压缩空气中有油，将导致已经清洁好的钢管被再次污染。对气路油水分离器和过滤器的维护也非常重要。有证据表明，用压缩空气吹扫干净的白色抹布或白色滤纸几分钟，就可以证明气路中是否存在油或其他污染物。

（8）凝析物：火焰加热炉。由于气源不同，燃气中可能会存在高分子量的凝析物。在加热炉内，燃气中的凝析物能够被喷射到管道表面，进而污染抛丸设备中的磨料。

在使用加热炉预热时，凝结水可能还没来得及蒸发完，管道就进入了涂敷环节。如果听到噼啪的溅射声或者发现燃烧器火嘴发黑就说明存在这样的问题。如果涂敷前钢管表面就有凝析污染物，这将会导致涂层的阴极剥离测试结果不稳定。如果涂敷后立刻进行试验，结果可能会很差。但如果测试前将试板先放置了几天，阴极剥离的测试结果可能又是合格的。这种现象的机理以及对长期性能的影响程度目前尚不清楚。但大家已经充分认识到，维护好燃气管路过滤器是非常重要的。

（9）内部油料或油漆。加热时，如果从钢管内部有烟冒出，意味着挥发物在钢管加热过程中被烧掉了。这是一种警告信息，说明管道内部有污染物存在，见

图 8.15。除非烟只是从内涂层逸出的，否则钢管内外表面都有可能存在碳氢化合物污染。在任何一种情况下，挥发物都可能凝结到附近钢管的外表面，进而留下残余物，导致涂层性能降低。如果蒸气是碳氢化合物，还可能存在爆炸的危险。

管道内的挥发物

图 8.15　管道内部的挥发物说明钢管上存在有机污染物。除非挥发物仅从管道内涂层逸出，否则钢管的内外表面都有可能存在碳氢化合物污染。(a) 通过加热炉时，钢管末端有烟冒出。(b) 涂层涂敷后，钢管连接处有烟冒出(照片由作者提供)

8.5.2　无机污染物

一个典型无机盐的例子就是食盐，化学名称为氯化钠(NaCl)[27]。通常所说的盐类污染物是一类无机化合物的统称，还包括硫酸盐和硝酸盐等无机盐[28]。这类污染物一般来自海水或道路喷洒的融雪剂，在运输过程中造成钢板或钢管的污染。储存在海边的钢板或钢管也可能被盐污染。此外，酸雨或其他工业污染物也是一类污染源。另外在电弧刻蚀时所使用的过硫酸铵也可能会污染管道表面。还有一个污染源是硝酸盐，当用船运化肥时，在风力作用下，其能够导致附近船只上正在装卸的钢管被污染[25]。这些化合物与氯化钠一样，都有一个共同的特性：能降低涂层与钢管的附着力，并且/或者增加涂层自身的孔隙度(导致更多泡孔产生)。当管体表面形成腐蚀坑时，就有可能是盐污染所造成的。如果管体表面覆盖有无机盐，抛丸处理时会迅速污染磨料，从而导致后续被处理的钢管同样也被污染了。尽管通过维护磨料的空气筛能够显著降低管道的二次污染，但并不一定能够消除这一问题。图 8.16 对比了不同类型无机盐污染物和使用不同污染程度磨料处理，对涂层阴极剥离性能的影响。通过图 8.17 可以发现，仅通过抛丸处理，可能还无法清除掉所有污染物。

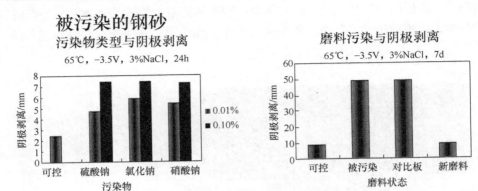

图 8.16　可溶性无机盐能够显著降低管道涂层的性能。尽管不同盐之间可能存在一定差异，但都导致了涂层粘接力的降低。具体表现为涂层抗阴极剥离性能下降(a)。抛丸清洁时，被污染的管道很快就会污染磨料，而被污染磨料上的盐分又会重新沉积到本来干净的钢管上造成再次污染。如图(b)所示，从左向右依次为：干净的钢板进行抛丸清洁并涂敷、采用相同的磨料对盐污染的钢板进行抛丸清洁并涂敷、使用处理过被盐污染钢板的磨料(现已被污染的)对未污染的钢板进行抛丸清洁并涂敷、将磨料重新更换为新磨料后对未污染的钢板进行抛丸清洁并涂敷。通过阴极剥离测试发现，抛丸磨料能被盐污染了的钢板所污染，并将污染物传递到干净的钢板上。相比而言，两个被污染钢板的抗阴极剥离性能更差。实际工厂中，由于磨料的空气筛能够去掉细小的污染磨料颗粒，因此上述在实验室进行抛丸清洁对比试验所造成的影响程度，工厂中会有所降低

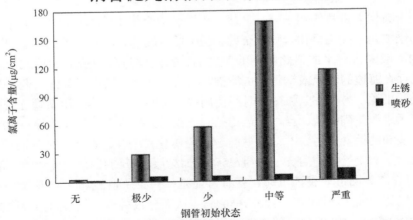

图 8.17　尽管通过抛丸清洁能够除掉大部分盐类污染物，但通常仍无法有效阻止涂层性能严重降低[29]。图中是不同盐分污染程度的钢管样品，经自然生锈后，管体表面氯化物含量的对比图。尽管通过抛丸清洁已经去除了大部分盐分，但残留的盐分依然导致涂层耐水浸泡附着力快速降低

(1) 污垢/干泥。尽管少量干泥可以通过抛丸清除掉，但由于存在潜在的污染风险，因此并不推荐这样做。此外，污垢颗粒的研磨性很强，会导致设备磨损增加。

(2) 酸洗。酸洗后，如果钢管表面的酸液没被有效冲洗，它将会变成污染物。如果钢管经过酸洗但尚未冲洗时就干了，之前被溶解的污染物将会重新沉积到钢管表面，随后水冲洗环节将不太可能将其彻底除去。如果冲洗水中可溶性固体的含量较高，可能会导致涂层的阴极剥离测试不合格。因此，大多数防腐厂通常使用去离子水进行酸洗后钢管的冲洗作业。

(3) 人触摸。盐和皮肤上的油会造成钢管表面的污染。脏的或有油的手套同样也会污染钢管表面，如图 8.18 所示。

图 8.18　用手触摸将会在钢管表面沾染盐分和油污。如图所示，抛丸和加热后的钢管表面依然可以看到手印(照片由休斯敦 Sokol 咨询公司的 D. Sokol 提供)

(4) 界面污染。尽管铁屑和磨料的碎屑能够嵌入到钢管表面，但钢管表面污染的主要来源还是带静电或带磁性的颗粒[9]。涂敷时，钢管上残留的这些颗粒被称为界面污染。被称为"界面污染"的原因主要是用来检测它的测试方法。测试时，首先从钢管上切下一个长条试件，然后将试件冷冻至低温并急剧弯曲，待涂层从钢管表面分离后，通过观察涂层背面来评估钢管表面的污染情况。虽然一定程度的界面污染是不可避免的，但通过定期维护保养空气分离器，使小的灰尘颗粒能够被有效去除，就能使界面污染程度尽可能降低。尽管 FBE 能够对颗粒进行有效粘接，但颗粒与钢管之间无法形成良好的附着。这意味着整个涂层的附着力会因为钢管表面小颗粒的覆盖而降低。如果 20%的钢管表面存在界面污染，FBE涂层的整体附着力将降低 20%。正常情况下，钢管的界面污染率通常在 10%～25%之间。在这一水平上，界面污染对 FBE 钢管涂层性能似乎没有明显的影响，如

图 8.19 所示。当然，钢管表面越干净，涂层的预期性能就会越好。

界面污染：
对阴极剥离的影响

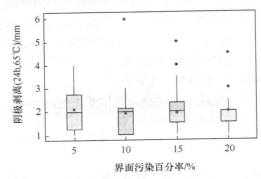

图 8.19　通过短期阴极剥离测试发现，当界面污染程度较低时，对 FBE 管道涂层性能似乎没有明显影响[30]。箱形图的箱体代表中间 50%的数据。箱体中的点表示所有数据的平均值。穿过箱子的线段表示中位数。从框中延伸出的线(须状)表示上下各 25%范围内的数据(剔除离群值)，星号(*)表示异常值

1. 酸洗

20 世纪 70 年代初，管道防腐引入了新的质量控制方法，如短期耐热水浸泡和高温阴极剥离测试。但经过几年的试验发现，很多测试结果非常令人困惑且无法合理解释。看上去很干净的钢管，涂层的测试结果往往很糟糕[31]。随着时间的推移，研究人员发现，钢管表面看不见的污染物是大部分测试结果不好的原因。

如前所述，污染物可以通过多种方式沾染到钢管表面。尽管抛丸处理能够清除大部分污染物，但尚不足以使涂层达到最佳性能。磷酸酸洗是一种清除这些残留污染物行之有效的方法。图 8.20 是钢管酸洗流程布置和酸洗站的照片。目前，市售的几种酸洗液可专门用于金属表面处理。酸洗液中除了磷酸，通常还需加入其他试剂来增加处理效果。整个酸洗处理过程比较简单，主要包括：

- 酸洗液施涂
- 酸液处理
- 低电导率水冲洗
- 干燥

(1) 酸洗液施涂。磷酸与管体表面污染物的化学反应和管体温度有关，温度越高，反应速率越快。管体温度一般为 40～50℃。稀释比(水：酸洗液)通常为 7：1～17：1[25]。

酸洗处理过程

● 酸液润湿管道表面

● 酸液处理

● 冲洗

● 干燥

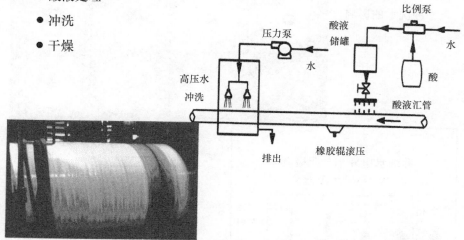

图 8.20　影响酸洗处理效果的主要因素是酸液浓度、停留时间和钢管温度。关键点包括：冲洗前钢管表面始终保持湿润状态、使用低电导率的水充分冲洗、使用无油空气吹干。照片是使用磷酸对抛丸后钢管表面的酸洗处理，白色是处理过程中发生反应所释放的氢气泡(照片由作者提供，流程图由 J. P. Kehr 提供)

(2) 停留时间。酸洗时间应严格限制。车间的实体布局以及钢管传送的线速度、处理液变干所需的时间(取决于钢管温度和湿度)、酸洗站的长度(影响冲洗前钢管表面化学清洁反应的可利用时间)都将影响管体的表面处理质量。增加酸洗区长度可以延长干燥前钢管酸洗的总停留时间。

(3) 冲洗。通过高压去离子水冲洗可以去除残留酸、可溶盐以及被酸溶液溶解或去除的松散物质。冲洗结束后，管体表面水的 pH 值应与新鲜冲洗去离子水的 pH 值相同。应确保所有酸液都被冲洗干净。早期采用酸洗工艺处理时，一个常见的问题是冲洗水的质量差。如果水的导电性高，意味着它的总溶解固体(TDS)含量也高，冲洗时反而会造成管体表面的二次污染。图 8.21 是高电导率冲洗水对涂层阴极剥离性能的影响。冲洗后收集的溶液应咨询酸洗液供应商后处理，并得到当地政府的授权。通常在排掉之前需先进行中和处理[25]。

(4) 干燥。在钢管被加热前，有些工厂使用压缩空气或鼓风机进行表面干燥处理。所使用的压缩空气应确保无油、无水。

有些工厂使用隧道型加热炉。在钢管进入喷粉室之前，利用加热炉的热量来干燥钢管。酸洗是去除污染物和改善钢管涂层性能的有效方法。图 8.22 分别使用被盐和油污染的试件开展了不同酸洗时间下的对比测试。研究发现，酸洗处理显著提高了涂层的抗阴极剥离性能，即显著降低了涂层的阴极剥离直径。

酸洗：

冲洗水的影响

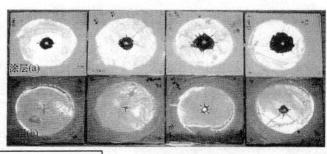

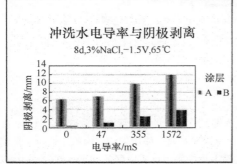

冲洗水电导率由左向右增大

图 8.21　必须使用低电导率的水来进行酸洗后钢管的冲洗。冲洗水中的可溶性固体会显著降低涂层性能。尽管钢管表面存在的污染物会导致所有涂层性能下降，但某些 FBE 涂层往往会更敏感，更容易受影响(照片由作者提供)

酸洗：停留时间的影响

48h，72℃,3%NaCl,−3.5V

图 8.22　酸洗(包括溶剂和清洁剂清洗)是去除有机和无机污染物的有效方法。增加处理停留时间(从开始施涂酸洗液到开始冲洗的时间间隔)可以提升处理效果。试验钢板受到了污染，但尚未生锈(即抛丸处理和酸洗前，被盐污染的钢板无锈蚀和锈斑)

短时间磷酸酸洗,然后再用去离子水冲洗,能够显著提高涂层性能。但随着酸洗时间的延长,性能可提升的程度就很小了。

在另一项实验中,钢板被过硫酸铵(用于刻蚀电弧处理)污染了。通过 EDXA 分析过硫酸铵的残余量(以硫的含量表示),发现抛丸处理能将大部分过硫酸铵污染物除去。但阴极剥离试验结果表明,钢管表面依然有足够的残留污染物存在,测试结果并不好。对比发现,采用酸洗工艺处理后,涂层的抗阴极剥离性能显著提高。图 8.23 对比了抛丸清洁和酸洗处理对残余污染物清除效果和阴极剥离试验的影响。

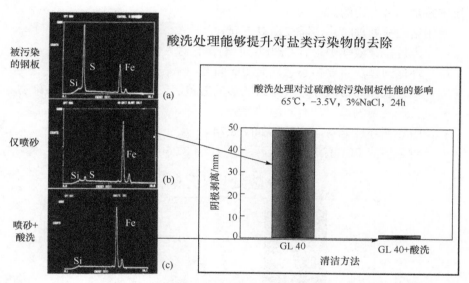

图 8.23　EDXA 分析显示,抛丸处理能够将大部分过硫酸铵污染物去除。(a) 对过硫酸铵污染钢板的分析发现:存在微量的硅元素和大量的硫元素(抛丸处理前)。(b) 抛丸处理后,硫元素的峰值大幅度降低,表明大部分污染物已通过抛丸处理被去除掉了。但阴极剥离测试结果表明,即使很低含量过硫酸铵的残留也会严重影响涂层性能。(c) 酸洗处理,能够有效去除残留的过硫酸铵,使涂层性能恢复到正常水平(EDXA 图由 3M 公司提供)

酸洗处理并不能确保产品性能一定能够满足要求。还需根据污染物的类型、浓度和附着性,对酸洗程序进行相应调整。可使用铁氰化钾或其他残留污染物检测技术来测试酸洗处理效果。

酸洗处理程序的要点主要包括:

- 提高钢管温度不仅会增加磷酸与管体表面污染物的反应速率,还会缩短钢管所需的干燥时间。
- 延长水冲洗前的停留时间,可以达到更有效的清洁效果。

- 必须保证水冲洗前，钢管表面始终保持湿润状态，不可变干，否则会造成二次污染。
- 使用低电导率的去离子水充分冲洗，可以实现最佳的处理效果。

2. 铬酸盐处理

尽管 FBE 涂层在抗阴极剥离和耐热水浸泡方面性能各不相同，但通过铬酸盐处理可以使原本表现较差的涂层性能得到提升[32,33]。铬酸盐处理能够改善涂层的抗阴极剥离性能，并拓宽涂敷时的涂敷温度窗口。这对于涂敷温度普遍偏低的三层体系是非常有用的。

使用铬酸盐处理时，还需权衡以下问题：

- 毒性。铬酸盐中含有 Cr^{6+}(六价铬)，它对人体是有害的。
- 环保问题。主要担心意外泄漏的问题。
- 钢管表面的污染。铬酸盐只能形成覆盖层，不能去除已有的污染物。
- 长期高温测试时，有起泡的趋势。
- 耐热循环性能有所降低，如图 8.24 所示。
- 对高性能 FBE 涂层效果不明显，如图 8.25 所示。

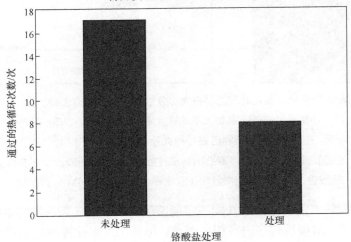

图 8.24　对 3PE 涂层的耐热循环测试。处理程序为：60℃±5℃，8h 加热、20～25℃，水中浸泡 15h、空气中干燥 1h、然后–60℃低温冷冻 8h 为一个循环。通过对比测试发现，经过铬酸盐处理的样品经过 7～8 次循环发生了脱层，而未进行处理的样品经过 17 次循环后依然没有脱层迹象[34,35]

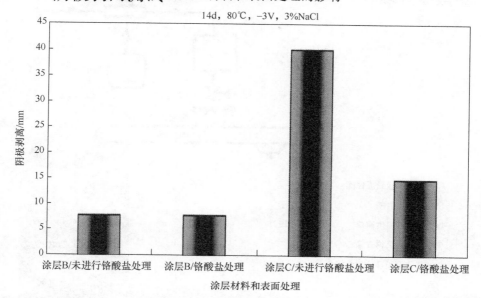

图 8.25　铬酸盐处理后，涂层性能的提升情况与 FBE 材料本身有关。涂层 B 的性能改善非常有限，但涂层 C 的抗阴极剥离性能有大幅度提升

　　铬酸盐施涂工艺与磷酸酸洗类似，只是少了冲洗环节。图 8.26 是铬酸盐处理流程图和处理站的照片。由于铬酸盐无法去除污染物，因此需要对已经清洁干净的钢管进行处理，所以常与酸洗处理配合使用[36]。处理过程是：施涂和干燥。为了加快干燥并防止铬酸盐被钢管传送轮带走，涂敷前通常需要先对钢管进行预热。一般而言，需要先用水将铬酸盐浓缩液稀释到 6∶1～12∶1后使用，最好用蒸馏水或去离子水稀释。稀释后，溶液应不断搅拌以防止沉淀形成。铬酸盐涂刷过厚会导致粘接强度降低，甚至分层。一般通过淋涂、刷涂、刮涂、辊涂或擦拭等方式来涂抹均匀。如果采用淋涂方法，就需要增加一个过滤再循环系统，来将钢丸/钢砂或其他固体残留去除掉。使用擦拭的方法能够避免形成液滴、流挂以及焊缝区域的堆积物。溶液干燥前，钢管温度通常为50～80℃，不得超过 100℃(水的沸点)。根据所用铬酸盐浓度的不同，钢管颜色会有不同程度的加深。热熔型测温笔很难测量深色背景下的管体温度，导致钢管离开预热炉后的温度很难被准确测量。

　　废弃物必须按照制造商的要求和当地的法规进行收集和处理。铬酸盐施涂区域的工作人员必须经过相关培训，并穿戴满足要求的防护装备。

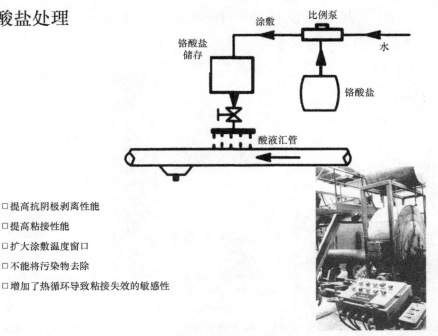

铬酸盐处理

□提高抗阴极剥离性能

□提高粘接性能

□扩大涂敷温度窗口

□不能将污染物去除

□增加了热循环导致粘接失效的敏感性

图 8.26　对于大部分涂层而言，在 FBE 涂敷前进行铬酸盐处理通常可以提高涂层的抗阴极剥离和耐热水浸泡性能。此外，铬酸盐处理还能扩展涂敷温度窗口，但无法去除管体已有的污染物。当前性能优异的 FBE 涂层，在没有使用铬酸盐处理的情况下，也能达到类似的性能。铬酸盐处理的主要缺点是 Cr^{6+} 对人体和环境的危害。另外，铬酸盐处理还有降低涂层耐热循环性能的趋势[35](流程图由 J. P. Kehrand 提供，照片由作者提供)

8.5.3　小结：污染物、化学清洁和表面处理

当钢管表面存在盐污染时，为达到良好的涂层性能，使用磷酸酸洗处理是非常必要的。此外，这一处理工序也是一种保险措施，可有效清除未知的、未被怀疑的或者未被观察到的污染物，以避免涂层剥离或起泡问题的发生。

尽管铬酸盐处理能够提高某些 FBE 涂层的附着力，但它并非对所有涂层都有效。因此，使用性能更佳的涂层材料才是最为重要的。无论是否使用酸洗或铬酸盐处理，加强对 FBE 涂敷各环节的关注和重视也同等重要。

8.6　钢　管　加　热

FBE 涂敷前，必须先对钢管预热。温度对粉末涂敷至关重要，钢管温度将会极大影响粉末的润湿和固化。

(1) 润湿。高的涂敷温度能够提升涂层与钢管的粘接强度[37]。这是因为提高涂敷温度可以降低熔体黏度并使其具有更好的润湿性(更好地润湿钢管表面)，如图 8.27 所示。涂敷温度上限通常由 FBE 涂层呈泡沫化时的温度来确定，本章后面部分将对此进行讨论。

涂敷温度：对热水浸泡和阴极剥离性能的影响

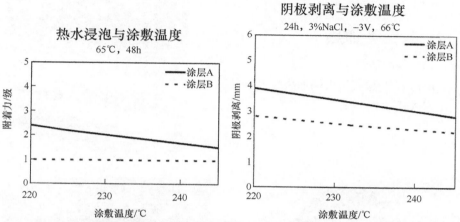

图 8.27　高的涂敷温度能够降低粉末的熔体黏度，从而提升粉末对钢管的润湿性。试验结果表明，随着涂敷温度的增加，涂层的抗阴极剥离性能和耐热水浸泡附着力都有所提升。附着力结果分为 1～5 级，其中 5 级表示涂层可以很容易被整片去除[38]。相比而言，新一代的涂层 B，可以在更宽的涂敷温度窗口使用

(2) 固化。FBE 的每个颗粒中都含有环氧树脂和固化剂。高温下，这两种组分的反应将决定最终涂层的主要性能。涂敷温度越高，反应时间(又称为交联时间或固化时间)就越快。为满足工艺要求，并实现生产的经济性，涂层必须能够快速固化并迅速提升强度，即随着喷涂进行，涂层必须快速固化且足够坚固以承受传送轮对加热钢管的外力作用。最终，在进入水冷环节之前，涂层必须固化完全。否则，一旦钢管被冷却，涂层就无法再继续发生固化反应。

8.6.1　加热

钢管可采用以下三种方式进行加热[39]：
- 感应线圈加热
- 隧道式加热炉
- 浸入式加热炉

目前，国际上主要采用前两种加热方式，如图 8.28 所示。三种加热方式均有

应用，但各种加热方法特性各异，对钢管涂敷的影响也各不相同。

(1) 感应线圈加热。线圈中电流流动能够在钢管中产生磁场。交变电流产生热量，钢管温度迅速上升。为了增加加热能力并确保温度的一致性，感应线圈应串联使用。钢管上形成了磁场，表面的铁屑倾向于竖向排列，这可能会略微增加涂层的漏点数量。由于感应加热不连续，钢管两端最后几厘米处的温度会略低于其他部位。

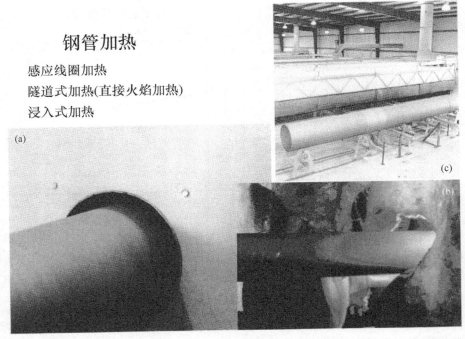

图 8.28　尽管国际上主要采用感应线圈加热(a) 或隧道式加热(直接火焰加热)(b) 两种加热方式，但也有公司采用浸入式加热(c) (照片由作者提供)

(2) 隧道式加热炉(简称隧道炉)。使用天然气为加热炉提供能量。利用天然气燃烧时形成的火焰和热辐射来加热钢管。为了提高加热能力和温度的均匀性，隧道炉可以串联使用。与感应线圈加热相比，隧道炉需要更长的加热时间才能达到相同的加热效果，因此为了达到相同的生产效率，就需要更多传动线和更长的车间。天然气直接火焰加热能够将钢管表面微小的须状物和挥发性有机污染物烧掉。但如果天然气中含有高沸点烃类组分(也被称为凝析物)，就可能会造成钢管表面污染。因此，对天然气供给管路上过滤器和过滤系统的维护是非常重要的。

不论是感应线圈加热，还是隧道炉加热，它们都是 ΔT 类型的加热方式，即加热后钢管各区域都将提升相同的某一特定温度，原本各区域的温差并不会消除掉。如钢管在某一温度下进入，通过加热后提升了某一特定温度(例如 200℃)，然后离开。这就是说，如果开始钢管的温度为 35℃，加热后离开时的温度就是235℃。如果钢管在进入加热系统前，管体的温度分布不均匀，那么当它离开加热系统时，管体的温度分布依然还是不均匀的。此外，壁厚不均也会导致钢管温度发生变化。对这两种加热方式而言，钢管长度不会对加热效果产生影响。

　　大部分防腐厂在进行钢管加热和涂层涂敷时，主要使用金属连接器或连接头进行相邻钢管的连接。但热量能从钢管传导到连接头上，这样连接头就变成了散热器，因此就会导致钢管末端温度的损失。近年来，已有使用外置聚氨酯接头来代替原来内置金属接头的应用[25]，管端温度降低的问题逐渐得到了改善。图 8.29 列出了感应线圈加热和隧道式加热炉各自加热过程的特点。

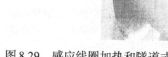

图 8.29　感应线圈加热和隧道式加热炉加热有一些共同的特点，它们都是 Δ T(均匀温升)设备，也就是说，它们给钢管各个部位提供的能量是相同的。假设钢管壁厚一致，所输入能量对钢管的温升就是一定的，如 200℃。但如果钢管进入加热系统前温度就是不均匀的，那它离开时温度依然也是不均匀的。由于相邻钢管接头的散热问题，管端温度要比管体温度低。壁厚变化也将导致钢管温度的变化(照片由作者提供)

　　(3) 浸入式加热炉。燃气火焰浸入式加热炉的工作方式类似于一个连续的面包烤箱，如图 8.30 所示。钢管从一端进入，被加热至涂敷温度后，从另一端移出。由于这种加热炉主要依靠对流加热，因此加热速度很慢。为此，确保钢管温度均匀的关键是加热炉校准、气流和整个加热炉内部温度的均匀性。由于加热时间长，即使钢管最初温度分布不均，对最终的加热效果也没有什么影响。燃气加热炉占地大。加热箱的宽度必须确保能够容纳最长尺寸的钢管，为了保障防腐层涂敷效率，加热炉的长度也必须能够确保可持续供应加热至规定温度的钢管。

　　通常，浸入式加热炉的加热时间约为 1h，而其他两种加热方式的加热时间仅为 1min。不管哪种加热方式，加热时间主要取决于机组功率/加热能力、加热效率、壁厚和管径大小。浸入式加热炉主要用于 FBE 内涂层涂敷时的钢管加热。

　　管子发蓝有时被作为钢管拒收的标准，特别是在浸入式加热炉加热时。从冶金学的角度来看，加热后钢管表面出现蓝色氧化，说明钢管有可能已经被加热到超过业主规范所限定的温度了[40]。不过，实验室测试表明，钢管发蓝对涂层的性能没有多少影响，如图 8.31 所示。

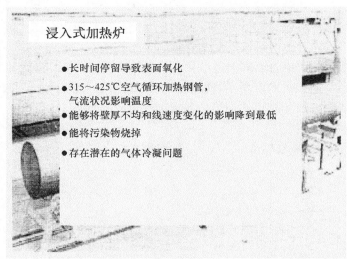

图 8.30　浸入式加热炉需要非常大的厂房空间。只有当加热炉足够大时，才能提供足够量的加热钢管来进行高效生产。加热时，长时间停留可以将管体表面的挥发性有机物烧掉。钢管温度的均匀性主要取决于气流以及对加热炉的校准(照片由作者提供)

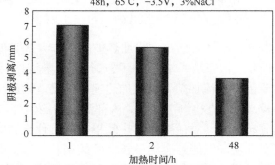

图 8.31　在加热过程中，钢管表面发蓝从冶金学意义上讲可能是一个问题，但实验室测试表明，它并未对涂层的性能产生负面影响

钢管加热方式的选择应主要考虑以下几方面的因素：

* 经济性
* 燃气和电力的可用性以及价格

- 生产线加热设备所能利用的空间
- 预期的涂层涂敷速度

8.6.2　温度测量

通常，可采用以下三种方法进行钢管温度测试：

- 热电偶
- 测温蜡笔
- 红外/光学测温计

1. 热电偶

这类测温设备通常为手持式，由于反应时间相对较长，因此很难在移动的钢管上进行测试。防腐厂所使用的热电偶通常需要先焊接在金属耐磨带上。金属带与钢管接触几秒后才能达到平衡。但应用于带有焊缝凸起的螺旋钢管时依然存在问题。热电偶可以提供许多有用的信息，但与红外测温枪和测温笔得到的测试结果一致性不好，如图 8.32 和图 8.33 所示。因此，非常重要的一点是应避免同时

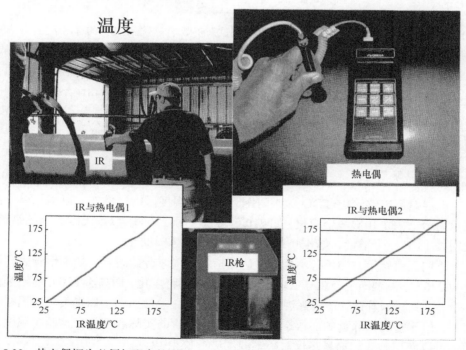

图 8.32　热电偶探头必须与配套的测量和显示仪器组合使用，两者的匹配非常重要。此外，热电偶的校准也很重要。图中示例显示，对同一钢管的涂层温度进行测量，其中一个热电偶与红外的测量结果一致性很好，但另一个热电偶则相差了 10~20℃(照片由作者和 3M 公司提供)

温度测量

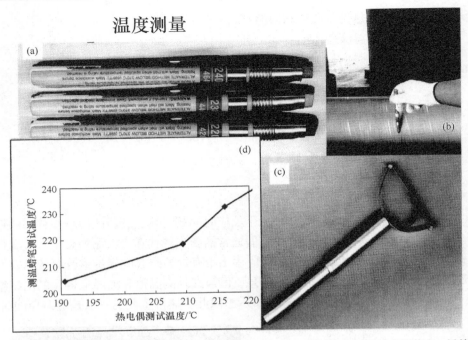

图 8.33　经过适当培训，就可以通过测温蜡笔测试来获得与涂敷温度相关的有用信息。尽管热电偶是一种实用的温度测量装置，但它很难在移动钢管上使用，与红外测温枪或测温蜡笔测试结果的相关性也差。(a) 不同温度的测温蜡笔。(b) 使用测温蜡笔进行钢管温度测量。(c) 热电偶的温度探头。(d) 测温蜡笔和热电偶的测试结果不一致[42](照片由作者提供)

使用多种测温方式交叉控制。如果防腐厂使用测温蜡笔测温良好，那就没必要因为与热电偶测试的温度不同来调整工艺。

2. 测温蜡笔

测温蜡笔能够测出 FBE 涂敷时钢管的一个温度区间。例如，以国际单位制表示的蜡笔，每 10℃ 一个变化，如 210℃、220℃ 和 230℃。以华氏度表示的蜡笔，大约每 13°F 一个增量，如 450°F、463°F、475°F 和 488°F。

不同温度蜡笔，颜色各不相同，达到指定温度时开始熔化。如果钢管表面温度为 226℃，测温时所有低于 230℃ 的测温蜡笔都将熔化，而高于 230℃ 的蜡笔都不熔。这就意味着钢管的实际温度应在 220～230℃。测试时，如果某一测温蜡笔熔了，但比它高的邻近的那根蜡笔没熔，这时钢管的实际温度就在这两个温度之间。可以使用差式扫描量热仪对蜡笔温度进行校正[41]。

采用测温蜡笔进行温度测量需要具备一定的操作技巧，特别是在测量传送速度快、转速快的钢管时就更为重要。有经验的检验员通过测试能够获得更多有用的信息，如"热 230℃"意味着测温时 230℃的蜡笔能够快速熔化，但 240℃的蜡笔不熔。"冷 230℃"则表示测温时 230℃的蜡笔基本不熔。测量区域应具备足够的光线，这也是获得准确测温信息的关键。

测温蜡笔标签上的温度值往往会给人一种能够非常精确测得钢管真实温度的暗示，特别是在将华氏蜡笔温度转换成国际单位时。"钢管在 232℃进行涂层涂敷"听起来很精确。实际上，这只是钢管真实温度的近似值，但基于测温蜡笔标签温度值的表述方式非常便捷。

3. 红外/光学测温计

红外测温枪利用辐射能来计算所测物体的温度。使用红外测温时，最为关键的是测试物体(如钢管或涂敷钢管)的发射系数。发射系数表示物体吸收或辐射热量的相对效率。理论上，如果一个物体能够吸收所有的辐射能，则发射系数就被定义为 1.0。抛丸清洁后钢管的发射系数为 0.3～0.6。涂敷钢管的发射系数约为 0.95。

抛丸清洁后钢管连接处的发射系数波动非常大，这就意味着红外测量裸管温度的曲线波动也非常明显。去除 FBE 涂层后再抛丸清洁钢管与新抛丸钢管的发射系数并不相同。由于涂敷钢管的发射系数非常稳定，因此，光学测温更适用于涂层涂敷后钢管温度的测量。

使用红外测温枪时应注意以下问题：

(1) 测温枪至待测钢管路径内的光路要清洁。由于红外探测器给出的结果是粉尘颗粒温度和钢管背景温度的平均值，因此当测温点位于喷粉箱附近时，空气中弥漫的粉尘将导致测试结果严重偏低。

(2) 目标钢管必须大于红外测温区域的覆盖范围，测温范围随两者距离的增加而增大。对于小管径钢管，测温枪必须靠近钢管表面布设，否则实际测试的是钢管及其工厂背景的温度，给出的结果将低于钢管的真实温度。图 8.34 是测温枪与待测钢管距离为 3m 时测温区域的相对情况。

一些红外测温枪配有激光瞄准器来帮助确定被测物表面。尽管有一定帮助，但其会造成对实际测量表面区域大小的错误认识。新设计的红外测温枪具有一种由激光点组成的圆形光圈。光圈随着距离的增加而增大，更为接近测温区域的实际大小。

红外测温的优势是测温速度快、能够连续测量从而给出温度随时间的变化趋势、能够给出沿钢管周向和轴向的温度变化。其可以很方便地与其他测温方式进行对比并校正。测量结果可直接存入计算机中，供随时查看。

红外测温枪能够通过监测涂层的外表面温度来确定涂层的固化程度。由于涂层对热量具有一定的隔绝作用，所以钢管的实际温度要比涂层高几摄氏度。一般情况下，涂层的导热系数为 0.02～0.04℃/μm。对某一特定温度下的钢管，若涂层厚度从 300μm 增加到 400μm，涂层的表面温度会降低 2～4℃，这主要取决于涂层自身的导热系数和孔隙率。图 8.35 分析了三种涂层导热性对涂层表面温度的影响。

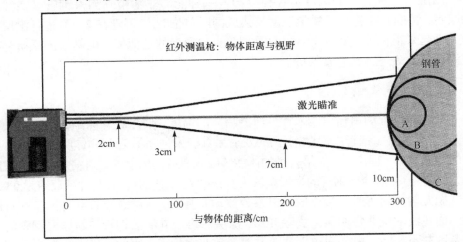

图 8.34　红外测温计的测温区域会随着距离的增加而变宽[43]。图中测温距离为 3m，由于红外测温区域(为 10cm)的宽度大于钢管 A 和钢管 B 的直径，此时将测试距离设置为 3m 将是错误的。虽然激光瞄准器非常有用，但经常会造成误解，错误地认为温度测量就只是在激光标记的表面区域进行。新一代红外测温计所使用的激光圈与测温区域尺寸更为接近(照片由 3M 公司提供)

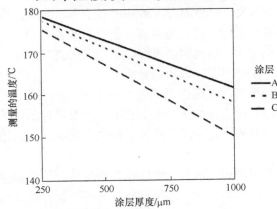

图 8.35　使用红外测温枪对涂层外表面进行温度测量。由于涂层具有隔热性，所测得的涂层外表面温度要比钢管温度低几摄氏度。两者的温差取决于涂层的隔热性能(即涂层本身的导热系数和孔隙率)

8.6.3 钢管温度波动

理想情况下，整个涂敷过程中钢管的温度应该是均一且恒定的。但实际上，是在一定范围内不断变化的。涂敷过程控制的一项重要内容就是要尽量减少钢管温度的波动。尽管每种加热方式都有其特有的温度波动问题，但都能将钢管温度控制在一个可接受的范围之内，如图 8.36 所示。

温度曲线：

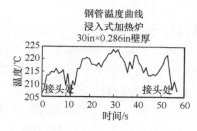

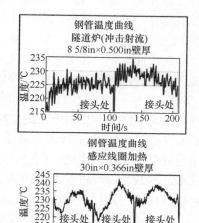

图 8.36 不同加热方式所产生的温度均一性问题各不相同。对于隧道式加热炉和感应线圈加热，加热区域钢管传送速度的变化会直接影响到最终的加热效果。加热前，钢管各区域原本的温差，在加热后将依然存在。例如，在阳光直射下的管子，上半部分比下半部分的温度高，就存在加热后钢管有一半区域比另一半区域温度高的问题。对于浸入式加热炉，更为关键的是对沿钢管长度各加热区域的温度校准

钢管温度波动主要源于以下原因：

- 钢管传送速度的改变
- 管端效应
- 壁厚变化
- 弯管
- 过程中断
- 发射系数变化

(1) 钢管传送速度的变化。对于感应线圈和隧道炉这两类加热方式，钢管传送速度是一个重要的控制参数，它将直接影响钢管被加热时间的长短。降低传送速度，就意味着延长了钢管在加热区域停留的时间，将导致钢管温度升高。传输

速度发生变化，一个原因是输送线的钢管负载发生了变化，另一个原因可能是后续管与引管的衔接出现了问题。当钢管通过测温区域时，带有计算机数据传输接口的红外枪能够直接获取温度数据，传输至计算机后能够给出随时间或沿钢管传送距离温度变化的数据表格和曲线。利用温度曲线呈重复交替性变化这一规律，通过对比温度突变与钢管操作步骤的时间对应关系，能够获取变化发生的相关线索。

如图 8.36 所示，感应线圈加热温度曲线呈现了相对一致的峰谷波动。当钢管传送速度增加时，出现了波谷；降低时，出现了波峰。通过对比加热时钢管接头处与其他工序的相对位置关系，就可能查明发生温度波动的原因。

对于浸入式加热炉，如果不同加热区域的温度有差异，将会导致沿钢管长度方向的温度变化。钢管在加热炉中的停留时间将会影响整根钢管的最终温度。

(2) 管端效应。采用感应线圈加热时，钢管的连接影响了加热的一致性，导致出现冷端问题。这主要是因为在线加热方式需要使用连接器，连接器散热问题导致管端温度降低(详见感应线圈和隧道炉加热部分)。

管端温度低，就容易固化不完全，是最有可能 QC 测试不合格的区域，因此通常在管端区域裁切管环进行质控检测。此外，管端也是最有可能被内部吹扫出的残留物以及内部挥发性冷凝物污染的区域。因此，如果管端样品检测合格，就能够证明整根钢管涂敷的质量。

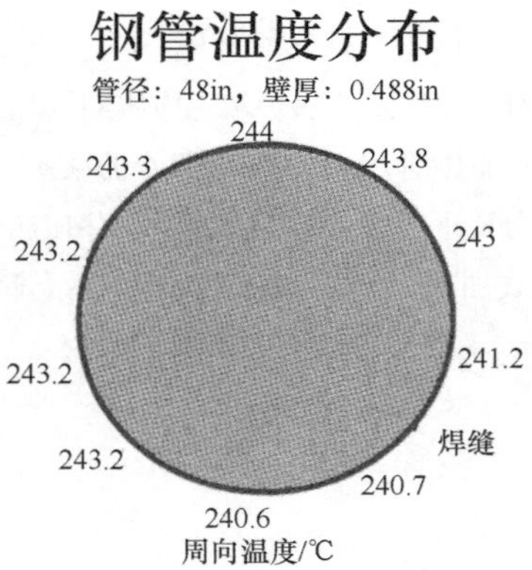

(3) 壁厚变化。壁厚问题对无缝钢管来说更为重要，这主要是由于在无缝管生产时，沿钢管周向会有壁厚变化的扩径过程。由于沿钢管长度或圆周方向的热传导相对较慢，当存在壁厚变化时就容易在这些区域形成显著温差。通常情况下，这一问题的影响不大。除非涂层涂敷至水冷的时间间隔与涂层完全固化所需要的最少时间非常接近，这时就容易导致钢管温度偏低区域的涂层无法固化完全。此外，焊缝也是钢管潜在的低温区域。温度分布如图 8.37 所示。

图 8.37　壁厚差异是造成沿钢管周向形成温差的原因之一，这对于无缝管而言更为显著

对于快速加热方式，沿钢管周向形成温差的另一个原因是钢管每旋转一周的行程与加热单元长度的比值。例如，如果一个感应加热线圈的长度为 45cm，钢管每旋转一周的行程为 10cm，那么只旋转了四次就离开感应加热区域的焊缝，就会比邻近螺旋焊缝的温度低，但这种差异通常是可忽略的。

(4) 过程中断。在涂敷过程中，有几个环节能够增加钢管的热容量。首先是进管的干燥环节。其次，抛丸清洁也能增加钢管储热。这些步骤对钢管的处理是

一致的,因此只有在发生流程中断时才会成为影响钢管温度的因素。如图 8.38 所示。例如,正常生产时,加热钢管进入检查或吹扫工序时的冷却速度是一致的,但如果中午暂停休息或设备发生了故障,就会导致钢管的冷却时间变长。中断后进管温度与正常工序时的温度有差异,就可能需要对预热程序进行调整。

温度: 生产流程中断

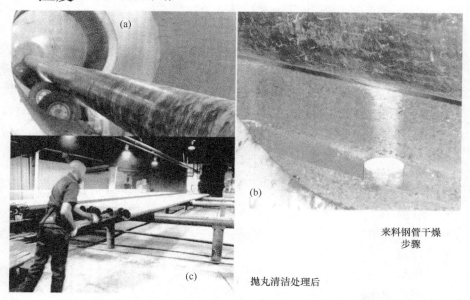

图 8.38　涂敷过程中的干燥(a 和 b)、清洗和抛丸清洁等环节,都能增加钢管温度。当钢管进入储存区时,如吹扫(c)或检测环节,它的降温速度是均匀的。为了使各钢管在进入加热环节前的温度保持一致,就需要确保每个工序及各工序间保持相同的时间间隔。此外,还应尽量降低厂房内的通风(照片由作者提供)

　　(5) 发射系数变化。经过两次清洁处理后,钢管表面的嵌入物更少,发射系数更低,对热辐射的吸收能力就更差。使用隧道炉加热时,就需要特别考虑这一情况。工厂仅在每班开始时,在不进行涂层涂敷的情况下,使用启动管来校准加热程序,然后再重新回到清洁处理环节。在相同传送速度和加热设置情况下,被清洁处理两次的钢管的温度要比相邻仅处理一次钢管的温度低 10℃左右。对预清洁钢管分组处理或者调整钢管的传送速度能够消除这一差异。

8.6.4　小结:钢管加热

　　实现钢管各区域加热均匀往往不可能。温度取决于所采用的测温方法,合适的测温设备、良好的人员培训和仔细操作是实现钢管温度准确且精确测量的关键。影响钢管温度波动的因素有很多，包括所采用的加热方法以及工厂涂敷的多个工艺环节。

FBE 涂层涂敷对工艺波动具有足够的适应性。对于工艺控制良好的防腐厂，正常的涂敷工艺波动不会影响涂层的最终性能。

8.7　粉末涂敷

FBE 涂层的涂敷工艺非常简单，首先使用静电喷枪将粉末喷到被加热的钢管上，随后粉末熔融、流动，最终固化。本节将重点阐述粉末的涂敷过程并着重解释其中的关键细节。此外，还将针对影响涂敷效率和涂层性能的相关问题进行分析。

影响涂敷效率和涂层性能的因素主要包括：

(1) 粉末储存。

(2) 供粉系统。

(3) 粉末涂敷。

(4) 影响涂层性能的涂敷因素：

- 孔隙率。
- 异常现象。
- 厚度。
- 网纹。
- 成膜速率。
- 覆盖率(粉末利用率)。

8.7.1　储存

粉末储存时的关键是潜伏性提前反应问题[44]。高温涂敷时，粉末能够快速发生化学反应，但使用前，即使粉末储存在低温环境，也会缓慢发生化学反应。这被称为"提前反应"的缓慢过程，决定了粉末的保质期。粉末在环境温度下的反应活性在很大程度上取决于材料的化学性质。材料固化反应速度快，保质期通常也会较短。因此，生产商应提供有关保质期的相关信息。很多规范要求，粉末应在低于 27℃ 的环境下储存。如图 8.39 和图 8.40 所示。

粉末开封前应尽可能与环境温度保持一致，直接将低温粉末暴露在潮湿且高于粉末温度的空气中，将导致水汽凝结。凝结的水汽可能会出现在包装上，也可能在粉末输送过程中被带到流化床中。

回收粉应在涂敷时直接回收利用。若必须储存，应存放在密封良好的容器中以防受潮。

储存

● 储存空间干燥

● 储存温度<27℃

● 打开包装前，需确保粉末
温度高于环境露点温度

图 8.39　新生产粉末储存时最为重要的是环境温度。对于大部分粉末而言，库房温度低于 27℃
就能满足要求。回收粉应直接回收使用，若必须储存，应存放在密封良好的容器中，以免受潮。
打开粉末包装前，非常重要的一点是要确保粉末已接近环境温度。如果将温度低的粉末直接暴
露在潮湿且高于粉末温度的空气中，将导致水汽凝结(照片由作者提供)

保质期：环氧粉末的变化

短胶化时间粉末

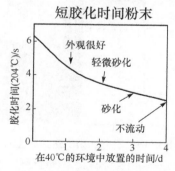

长胶化时间粉末

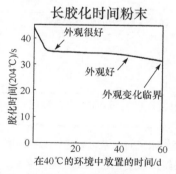

图 8.40　有些粉末的保质期很短，但有些粉末却可以在室温环境下储存几年依然性能稳定

8.7.2　供粉

　　首先供粉系统将粉末从粉筒中抽出、输送并将其喷涂到热的钢管上。随后收集
过喷粉末对其进行处理后再输送回粉筒继续使用。经过上述过程完成钢管涂敷[45]。
供粉时的关键问题包括：

- 吸湿和除湿
- 撞击熔合
- 污染物和结块粉末的去除

(1) 吸湿和除湿。任何经过研磨的材料都能很快与周围环境达到平衡，FBE 也不例外。它能快速吸收空气中的湿气[46]。粉末循环回收系统工作时需要使用大量空气，而空气中本身就有水分。例如，如果循环回收系统操作时的环境温度为 30℃，空气相对湿度为 70%，抽气量为 115m³/min，那么每 8h 将凝结约 1100L 的水。如果空气中存在水分，当粉末进入集尘和循环回收系统时将会吸湿，但这些水分必须在喷涂前去除干净。

干燥空气能迅速去除回收过程中粉末吸收的水分。因此，用来将干燥粉末流化并输送至喷枪压缩空气的露点温度至关重要。图 8.41 给出了干燥压缩空气除湿的效率曲线。为了达到最佳效果，压缩空气的露点温度应达到或低于-30℃，这就需要使用干燥剂除湿系统。

粉末与空气露点温度

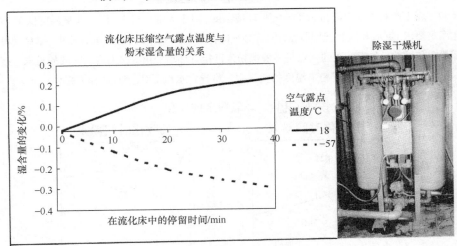

图 8.41　流化床中的干燥压缩空气能够快速除去 FBE 中的水分。为了达到最佳的性能要求，压缩空气的露点温度应达到-30℃甚至更低，因此应使用干燥剂除湿系统进行空气除湿。从图中给出的曲线可以发现，当空气的露点为 18℃时，粉末中的湿含量呈现了增加的趋势，而当空气露点温度为-57℃时，就能够有效降低粉末的湿含量(照片由作者提供)

(2) 撞击熔合：粉末通过送粉管路快速输送时，如果瞬间转向就有可能出现撞击熔合的情况。主要包括喷枪枪头、旋转阀或螺旋输送器等，任何可能因摩擦导致粉末熔融的区域都有可能出现撞击熔合现象。喷枪和送粉管的撞击熔合减小了通过尺寸，降低了出粉量。发生撞击熔合的粉末如果喷涂到加热的钢管上，可能会导致涂层出现缺陷。针对这一问题,可以通过降低空气速率来降低粉末撞击强度,也可通过尽可能减少送粉管路的转弯和转向来降低撞击熔合发生的可能性。此外,回收粉更容易出现撞击熔合问题。

(3) 污染物和结块粉末的去除。供粉系统包括喷涂设备:流化床、软管、静电系统和喷枪(图 8.42),还包括粉尘收集器和筛分系统。合适的筛分处理能够减少粉末结块堵塞喷涂设备以及落到钢管上的可能性。在流化床上安装磁铁可有效去除粉末中的铁屑杂质。

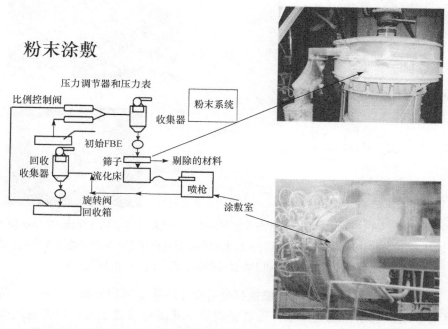

图 8.42　整个涂敷系统包括多个功能单元,来实现粉末涂敷、收集、回收再处理并重新回到粉箱与新粉末混合再涂敷的功能(照片由作者和 3M 公司提供,流程图由 J.P. Kehr 提供)

整个粉末涂敷系统中有一个粉尘收集器,其功能与清洁处理一节中集尘器的功能类似。不同之处在于,如果粉尘收集器中的空气温度过高,粉末结块可能会导致除尘器堵塞,进而缩短粉尘盒或集尘袋的使用寿命。结块程度取决于粉末的熔点以及空气和设备的温度。因此,定期监测空气温度、气流大小并经常检查工作状态是非常必要的。

带有磁铁的振动筛经常通过筛除大粒径颗粒(也包括吸湿结块的粉末),来剔除不满足要求的粉末。滤网的设置必须合适,确保在去除污染物的同时还允许可用的粉末进入供料系统。对筛除后物料流的检查能够获取筛除物的粒径信息。应定期对筛子进行检查，确认是否存在漏洞。

喷涂系统包括实现粉末流化的流化床、将粉末吸入喷涂软管的文丘里管以及将粉末喷涂到钢管上的喷枪，如图 8.43 所示。

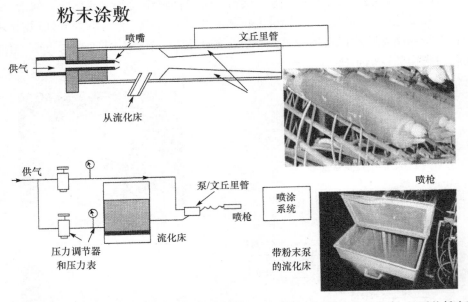

图 8.43　喷涂设备包括用于调节粉末状态并使其在空气中呈悬浮状态的流化床。悬浮状粉末更容易通过软管输送到喷枪上。粉末泵通过文丘里管将粉末从流化床中抽出并输送至喷枪，用于钢管喷涂(照片由作者和 3M 公司提供，图示由 J.P. Kehr 提供)

安装在流化床粉末入口处的磁铁格栅有助于清除金属污染物。也有一些防腐厂将条形磁铁悬浮在流化床中，或者将圆形饼状磁铁放置于文丘里管进气道周围。经常清洗和清除磁铁上的铁屑是非常重要的。

(4) 安全。粉末是细小的分散物，它能与空气形成具有爆炸性的混合物。因此必须同时满足地方、州、联邦和 OSHA 的相关标准。目前已有试验方法可用来测量粉末的最低爆炸浓度和爆炸烈度[47]。该方法能够测出粉尘在空气中达到爆炸条件的最低浓度。如果一种粉末的最低爆炸浓度约为 100g/m³，那它的爆炸烈度与匹兹堡煤灰相当。取煤灰的爆炸烈度为 1.0，粉末的爆炸烈度可按下式计算：

$$爆炸烈度 = \frac{样品最大爆炸压力 \times 样品最大爆炸压力上升速率}{匹兹堡煤灰最大爆炸压力 \times 匹兹堡煤灰最大爆炸压力上升速率} \quad (8.2)$$

如果粉末的爆炸烈度为 0.7，这就意味着其爆炸力尽管没有匹兹堡煤灰爆炸那么严重，但依然很危险，如表 8.3 所示。由于粉末存在爆炸的可能性，对涂装系统(流化床、喷粉室和集尘器)进行接地是非常重要的[2]。火灾探测器通常置于喷粉室、互通管路和粉尘收集器区域。粉尘收集器需带有防爆装置，以便将爆炸压力输送到建筑物之外。大多数涂装系统都配备有火灾探测器触发的 CO_2 灭火单元。

表 8.3　示例 FBE 的爆炸烈度，利用式(8.2)计算结果为 0.7[47]

样品	最大爆炸压力/psig	最大爆炸压力上升速率/(psi/s)	爆炸烈度
环氧粉末	75	1785	0.7
匹兹堡煤灰	83	2300	1.0

8.7.3　涂敷

1. 单层 FBE 涂敷

早期的喷粉室是将大量的粉末吹入一个狭小的封闭空间中，被称为"云室"[48-51]。钢管从这个封闭空间中穿过，粉末熔化到钢管表面。随后，喷粉室引入了静电技术以降低粉末过喷问题[52]。20 世纪 60 年代末期，静电喷枪布局设计更为精细，呈螺旋状排列。流化床多孔隔板置于粉筒内部，压缩空气通过多孔隔板进入粉筒，就可以防止粉末在粉筒内的堆积。

目前，许多防腐厂对喷枪布局进行了简化，直接将多把喷枪集中布置在喷粉室一侧[53]。这使得对喷枪进行位置调整、布置和维护变得更加容易。图 8.44 是历年来喷粉室布局设计的演变示例。

合理的喷枪位置和排布可以确保涂层的一致性，并尽可能降低粉末过喷问题。采用多枪喷涂能够更为方便地调整涂层厚度。喷枪与钢管的距离通常为 10～20cm[36]，距离太近会引起静电弧和起火，粉末也容易熔结到枪尖上。应将喷枪分开布置而不是集中喷涂同一区域，采用多道喷涂工艺有助于控制涂层孔隙率。逐层熔合增加了粉末的流动性，能够获得更为光滑的表面。

2. 双层 FBE 涂敷

双层或多层 FBE 涂层喷涂系统的设计应尽量避免或减少不同回收粉的混合。主要有两种方法，第一种是增加一个喷粉室，单独进行第二层粉末的喷涂和回收，来有效避免回收粉的混合。第二种是使用一个喷粉室，但将其分割成三个喷涂区。第一个喷涂区只喷涂底层防腐粉，第三个喷涂区只喷涂外层粉。使用一个粉尘回收系统同时回收底层和面层的过喷粉末，然后进入一个单独的流化床，通过第二喷涂区(中间区)喷涂，最后形成一个夹在底层和面层之间的三明治结构。

两种喷涂方法各有其优缺点。第一种方法可保持两层涂敷完全分离，但投资成本高。第二种方法所形成的中间混合层兼具底层和面层的一些特性，还能确保与钢管粘接的底层以及最外面的面层中无回收粉掺入，如图 8.45 所示。回收粉所

喷粉室：发展演变

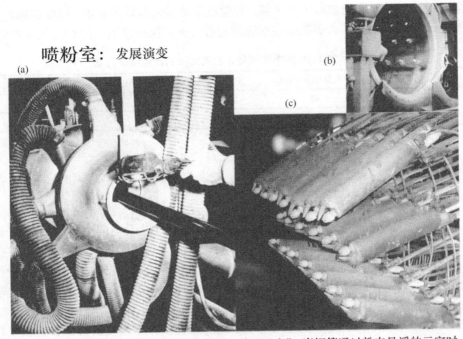

图 8.44 (a) 早期喷粉室是使用鼓风机来形成一个"云室"，当钢管通过粉末悬浮的云室时，完成涂层涂敷。(b) 后来使用静电喷枪来减少粉末过喷，设计更为精细，但增加了成本和维护的复杂性。(c) 将喷枪全部布置在喷粉室的一侧，这样的设计更为简单，降低了调整难度和维护成本(照片由 R. F. Strobel, 3M 公司和作者提供)

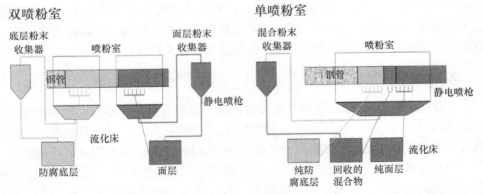

图 8.45 一些防腐厂同时使用两个喷粉室进行双层环氧粉末喷涂，该方法可实现两层完全独立喷涂，但投资成本高。另外一种选择是使用一个喷粉室和一个粉尘收集器，底层和面层粉末各使用一个单独的流化床，回收粉进入另外的流化床来喷涂中间层(流程图由作者提供)

形成中间层厚度不同，有可能会造成外层性能不同程度的降低。

双层 FBE 涂敷时，早期关注的重点是两层喷涂的时间间隔问题。理论上讲，在底层喷涂后且处于胶化状态时喷涂第二层，两层间会发生化学反应，但这真的能形成良好的粘接性能吗？通过大量实验室测试发现，至少对于所研究的双层 FBE 体系，即使底层固化 10min 后再喷涂面层，两者依然可以形成良好粘接。这一情况还需要得到其他涂层体系的证实，如图 8.46 所示。

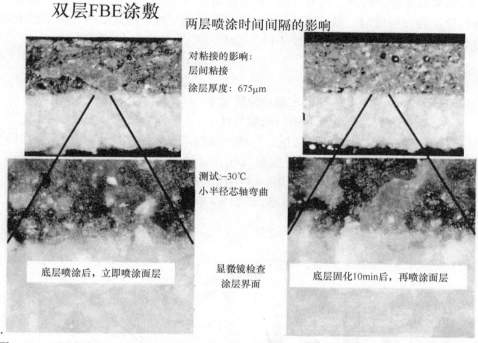

图 8.46　面层喷涂前底层的固化程度是否会影响两层之间的粘接呢？研究了喷涂底层后立刻喷涂面层及喷涂的底层先在 235℃固化 10min 后再喷涂面层两种情况下的影响。对固化后的涂层试件低温冷却至−30℃，使用小半径芯轴快速弯曲，产生穿透整个涂层的裂纹，就能获得用于测试的涂层碎片。通过显微镜观察发现，立即喷涂面层和底层固化 10min 后再喷涂面层，所形成的涂层界面无差异，也未观察到涂层间有分层的迹象(照片由作者提供)

8.7.4　影响涂层性能的涂敷因素

设计、维护和涂敷过程都将显著影响涂层的最终性能。本节将重点讨论影响涂层性能的各种因素：

- 孔隙率
- 涂层异常
- 网纹

- 涂层厚度
- 成膜速率
- 覆盖率

1. 孔隙率

如果涂敷温度过高，所有 FBE 涂层都将夹带气孔[38]。当气孔占比大到足以降低涂层物理强度时，就将成为问题。"泡沫粘接"就是用来描述孔隙率过大的专业术语。涂层孔隙率主要取决于以下影响因素：

- 粉末的化学特性
- 湿含量
- 粉末涂敷温度、喷枪布局和涂敷速率
- 钢管表面污染状况和钢材的脱气性

(1) 粉末的化学特性和湿含量。一些环氧粉末发生固化反应时，会有气体产生。贯穿整个涂层的断面出现了大量气孔，就是固化反应会产生气体的证据。图 8.47(a)对比了不同粉末化学组成时涂层孔隙率的差异。

粉末湿含量也会影响涂层孔隙率，如图 8.47(b)所示，影响程度与以下因素有关：

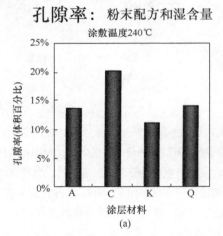
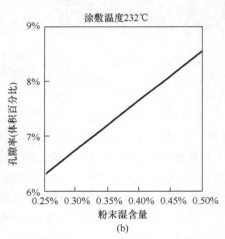

图 8.47　(a) 环氧粉末的化学组成极大影响着涂层的孔隙率。配方不同时，涂层孔隙率也有差异。(b) 对某一特定粉末，粉末的湿含量是影响涂层孔隙率的重要因素，主要取决于粉末中原有的湿含量、循环使用过程中粉末吸收的以及被除去的水分量，还有回收粉的掺混比例。涂敷过程中应重点控制进入流化床和喷枪压缩空气的干燥程度(以露点温度表示)

- 粉末本身的湿含量(不同粉末生产商可能会存在差异)
- 回收粉的湿含量

- 回收粉和原粉的掺混比例
- 流化床和喷枪供粉压缩空气的露点温度

降低回收粉的掺混比例能够在一定程度上降低涂层的孔隙率，但更为重要的是要严格控制流化床和静电喷枪压缩空气的露点温度。图 8.41 给出了流化床干燥压缩空气对粉末除湿效果的数据。

打开包装后，粉末能够快速吸收空气中的水分。大包装粉末在空气中短时间暴露，只有最外面暴露的粉末能够吸湿，因此通过流化床混合后，整体平均湿含量的变化不大。由于粉末吸湿后会结块，因此最好在使用的时候才把包装打开。粉末包装的密封性也非常重要，图 8.48 是粉末在潮湿空气中暴露不同时间对涂层孔隙率影响的对比照片。

粉末吸湿： 55%环境湿度暴露

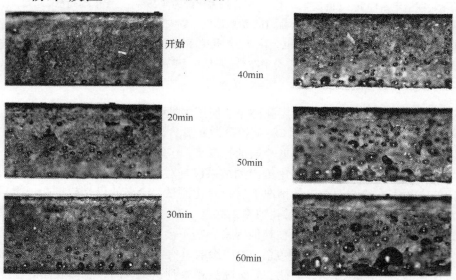

图 8.48　打开包装，粉末就能快速吸湿。尽管短时间空气暴露，只会影响外层粉末，但最好还是在将粉末加入流化床前打开包装。粉末包装的密封性至关重要。图中对比了粉末在相对湿度55%空气中暴露不同时间后，涂层断面孔隙率的对比照片[54](照片由 3M 公司提供)

从冷库中取出的粉末，应等到温度恢复到环境温度后再打开包装。否则就会导致水汽凝结。

(2) 粉末涂敷温度、喷枪布局和涂敷速率。除湿含量之外，涂敷温度是孔隙率的最大影响因素。如前所述，高的涂敷温度会提高涂层的粘接性能，但也会导致涂层孔隙率增加。因此，应在不产生过度孔隙的前提下，来确定所能使用的最高涂敷温度，如图 8.27 和图 8.49 所示。

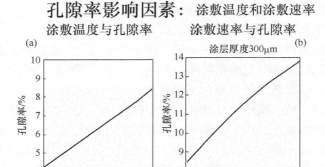

图 8.49　上图描述的是某一特定粉末在相同湿含量情况下，涂敷参数对孔隙率的相对影响。如图所示，在给定条件下，220℃喷涂时，涂层孔隙占比约为 4.25%。当温度提高至 250℃，涂层出现的孔隙大幅增加，占比约为 8.5%。(a) 涂敷温度是影响涂层孔隙率的主要因素。尽管提高涂敷温度能够增加涂层附着力，但也会导致涂层孔隙率增加，两者之间相互竞争。(b) 喷枪出粉量和布局会影响涂层的成膜速率。分散布局、降低单个喷枪出粉量会降低涂层成膜速率和孔隙率

降低涂敷速率可以降低涂层孔隙率。使用多把喷枪，同时降低单把喷枪的出粉量，能够降低涂层的孔隙率。将喷枪分散布置，使得每道粉末喷涂后挥发性物质能够在通道间逸出，也能降低涂层的孔隙率。

图 8.49 使用时应注意：图中给出的结果仅是对涂层孔隙率的相对影响。试验使用特定粉末在给定湿含量的情况下进行对比测试，给出的只是趋势性规律，例如在特定涂敷条件下，220℃时孔隙率未必是 4%，但相比而言，250℃时孔隙率一定会大幅增加，实际孔隙率在其他因素影响下会有所不同。

通过图 8.35 的试验可以发现，FBE 涂层具有一定隔热性，涂层温度从内向外逐渐递减，呈梯度分布。因此，后续喷涂粉末到达钢管时，管体表面的温度要比之前低。在给定的钢管温度下，首先在钢管表面喷涂一层薄的底层，间隔几秒之后再依次喷涂外层，这种处理方式不但能够使底层的挥发性物质有时间逸出，还为后续粉末喷涂依次提供了较低的温度表面，可有效降低涂层的孔隙率。FBE 涂层的隔热特性能够很好地解释涂层孔隙状况的分布特点：越接近钢管涂层孔隙越多也越大，越接近涂层外表面孔隙越小也越少。

(3) 钢管表面污染状况。应仔细检测钢管上的污染物情况及类型，并确定其来源。通过对钢管传送系统的检查可能会发现污染源。很多规范都要求，如果在涂层涂敷前出现了钢管氧化，应重新进行抛丸处理。他们认为再次抛丸后再进行涂层涂敷就能解决钢管氧化的问题。

事实上，如果抛丸后短期内钢管上就出现了可见的氧化现象，这是盐污染所致。盐污染后钢管更容易生锈。再次抛丸处理只是掩盖了这一问题，涂敷后依然还会出现涂层起泡和粘接失效问题。

表面存在污染物的钢管被氧化后，即使没有出现明显变色，也会影响 FBE 涂层的孔隙率。如图 8.50 所示，用小刀沿水平方向翘拨，涂层很容易被剥落，与钢管粘接界面呈现了泡沫化粘接，这是表面存在盐污染并已被氧化的重要线索[55]。

如果钢管表面存在盐类污染物，只能通过酸洗或其他方法去除。无法通过降低涂敷温度、降低粉末含水率以及降低涂敷速率来解决盐污染物对涂层孔隙率的影响。

(4) 小结：孔隙率。涂层孔隙率(以及覆盖率)是上述多种因素共同作用的结果，无法仅考虑单一因素来预测。例如，回收粉从喷粉室经粉尘收集器返回到流化床的过程中会吸湿。如果基于这一事实，所得出的结论就是使用回收粉将导致涂层孔隙率增加。

钢管污染对孔隙率的影响

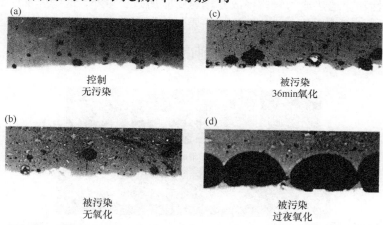

图 8.50　盐污染导致的钢管表面氧化能够引发 FBE 涂层的泡沫化粘接。试验钢板被人工海水污染生锈后，抛丸清洁达到近白级，加热后喷涂粉末。试验对比情况如下：(a) 将钢板立刻放入烘箱加热；(b) 钢板先在实验台放置 36min 后，再放入烘箱加热，此时钢板表面没有肉眼可见的氧化；(d) 钢板在实验室过夜后，再放入烘箱加热，此时钢板表面已有氧化变色。通过对比发现，钢板 a，抛丸后立即放入烘箱加热，没有时间被氧化，涂层孔隙与对比板 a 大致相当。钢板(c)和(d)随着在空气中被氧化时间的延长，涂层孔隙率逐渐增大[55](照片由 3M 公司提供)

在某一特定情况下，这一结论可能是准确的。但在其他情况下，可能就不准确了。例如，如果流化床使用的压缩空气非常干燥，就能迅速除去粉末中的水分。此外，回收粉末无法像新粉那样被高效流化或喷涂。尽管这个问题影响不大，但它会在一定程度上降低涂敷速率，反而会减小涂层孔隙率。因此上述因素相互作用的结果可能是，提高回收粉用量反而降低了涂层孔隙率。当孔隙率过大时，仔细分析可能的原因才能找到解决方案。

2. 涂层异常

FBE 涂敷时有很多描述涂层异常的术语，包括：
- 气孔
- 鱼眼
- 火山群
- 火山口

尽管涂层中夹杂有灰尘、橡胶颗粒等物质时也能导致涂层异常，但异常更多是由活性物质引起的。当出现气体爆炸性逸出时，可能会在涂层中形成一个或多个气泡，也可能会在内部产生气泡的位置形成塌陷。图 8.51 和图 8.52 中涂层表面的小凸起和类似于火山口的凹痕，可能就是当粉末与热的钢管表面接触时，其中的挥发性物质遇热成为气体释放并迅速膨胀所致。另外，这些挥发性物质也有可能在钢管表面或内部。这些污染物主要包括以下几类。

异常：由面层到底层整个断面

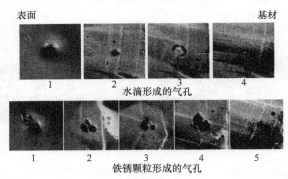

图 8.51　涂层表面异常的大小、形状及成因各异。图中为两处涂层异常的显微镜观察照片。最左侧为涂层表面照片，最右侧为靠近金属基材的照片。通过由外向里依次切片，依次观察缺陷的演变过程。从中可以看出表层下方的气泡结构，也能发现可见的污染物(照片由作者提供)

- 水滴
- 油污
- 粉团
- 粉末撞击熔合：其中包裹有空气或湿气
- 粉末中有生锈的铁屑或生锈的磨料碎屑

- 钢管表面的污染物
- 粉末中的污染物
- 钢管金属或焊缝处逸出的氢气

异常重构

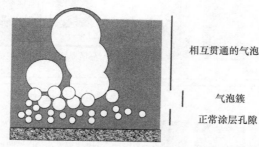

图 8.52　本图给出了涂层内部气泡成串的示意图。从单个的小气泡演变成气泡簇，然后相互连通形成从表面一直延伸至基材附近的一串气泡(图片由作者提供)

涂层异常现象的原因多种多样。图 8.53、图 8.54 和图 8.55 分别给出了几种异常情况的可能原因分析。

涂层异常：快速脱气

来源：

生锈的铁屑

焊缝处气体逸出

其他：
- 钢管表面的污染物
- 粉末中的污染物
- 粉末结团

水滴

灭火剂

图 8.53　导致涂层产生缺陷或气孔的污染物很多，如生锈的铁屑、焊缝处挥发出的气体、水滴和灭火剂等(照片由休斯敦 Sokol 咨询公司的 D. Sokol 和 3M 公司提供)

涂层异常的原因通常很难找到。最好先用锋利的刀片以窄条方式将涂层切开，然后用显微镜直接观察气孔本身。如果在气孔中没有发现残留物，就意味着污染物完全挥发了，就可能是水滴所致。

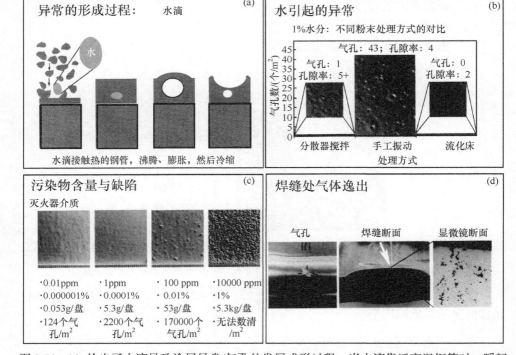

图 8.54　(a) 给出了水滴导致涂层异常/气孔的发展成形过程。当水滴靠近高温钢管时，瞬间沸腾变成水蒸气，但由于被包裹在涂层中，会先膨胀形成一个圆顶鼓包。当涂层温度降低后，水蒸气冷凝并被涂层所吸收，最后在涂层表面留下一个凹坑。(b) 如果水分能被粉末快速吸收，这将导致涂层孔隙率增加，但不会造成涂层外观缺陷。如果涂敷时未被吸收仍为液体状，这将导致如图(b)中间图片所示的严重外观缺陷。如果先将粉末放到分散器中搅拌几分钟，粉末将水分吸收后再喷涂，将导致涂层产生非常高的孔隙率[图(b)中左侧照片]。如果使用流化床将粉末吸收的水分去除后再涂敷，涂层中无气孔，孔隙率正常(2 级)，如图(b)右侧照片所示。(c) 固体污染物(如灭火剂)如果在涂敷温度下挥发也将导致类似的现象。(d) 新焊接钢管逸出的氢气也会导致涂层异常(照片由休斯敦 Sokol 咨询公司的 D. Sokol 和 3M 公司提供，图片由作者提供)

　　水的来源多种多样。夜间，集尘器可能会发生冷凝。如果在黎明时出现了涂层异常，但随着时间的推移逐渐消失了，就说明整个喷涂系统可能存在水。喷涂前，可以先让整个涂敷系统和流化床运行一段时间，就可以降低甚至消除这一问题。

　　水冷时，当存在水沿钢管的回流问题，水分就能通过循环进入喷涂系统。如果经常发现钢管连接处有水滴出现，就说明存在这样的问题。当水滴进入涂敷系统后就可能导致涂层异常。

　　绝大部分喷涂系统的流化床都安装有磁铁，以捕获抛丸系统或生产商打磨工

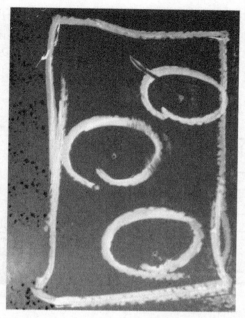

图 8.55　如果粉末喷涂时存在撞击熔合问题，粉团不规则碎裂后形成的小颗粒喷涂到钢管上将形成沿钢管呈无规律分布的外观缺陷。如果熔合的粉团中包裹了水分或空气，将在涂层内部或外表面形成空洞。如果粉末中包裹有固态的干颗粒物质，将在涂层表面形成凸起。当粉末喷涂时出现了撞击熔合问题，就需要对喷枪和软管进行吹扫清理(照片由作者提供)

序残留的铁屑。如果铁屑没有生锈，它在粉末中就是一种导电填料，可能会导致涂层漏点(高压放电涂层中的导通区域)。然而，如果任由铁屑在磁铁系统上堆积、生锈后再掉入粉末中，就有可能导致涂敷时出现涂层异常。

　　新钢管可能存在氢气逸出的问题。当存在这一问题时，在钢管直焊缝或螺旋焊缝区域通常会出现一系列气泡。随着时间的推移，通过钢管堆放能够消除这一问题，一般堆放一个月左右就可以了。或者，在涂敷前，对钢管加热也能驱使氢气从金属中逸出。

　　涂层异常也可能是因为粉末本身就存在问题，可能源于粉末回收阶段的累积，也可能是粉末原本就有问题。供粉系统中存在热点会引起粉末发生撞击熔合。当筛网允许这些大颗粒通过时就能进入喷涂系统。另外，当这些粉末在收集器的管路中积聚时，有时也会发生破裂。通过显微镜观察能够发现涂层中出现了一串气泡。粉末在生产阶段和涂敷阶段都有可能出现撞击熔合问题。

　　气孔会影响涂层的性能吗？虽然需要立即采取有效措施来解决涂层异常问题，但上述问题的答案取决于残留污染物和涂层异常的大小。如果水分子能够通过残留污染物形成通路，进而导致涂层出现漏点，就需要按漏点进行处理。

如果气孔中没有残留物，异常的影响就是降低了涂层厚度。如果厚度降幅很大就需要按涂层漏点来处理。即便开始通过了漏点检测，但随着时间的推移，管道储存时涂层吸水，后续再次检测时还可能将此处击穿，产生漏点。实验室测试发现，小尺寸气泡对涂层性能没有显著影响，如图 8.56 所示。

异常： 对涂层性能的影响

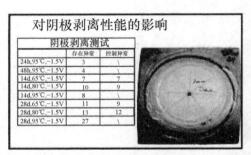

对阴极剥离性能的影响

阴极剥离测试		
	存在异常	控制异常
24h,95℃,-1.5V	3	\
48h,95℃,-1.5V	4	\
14d,65℃,-1.5V	7	7
14d,80℃,-1.5V	10	9
14d,95℃,-1.5V	8	\
28d,65℃,-1.5V	11	9
28d,80℃,-1.5V	13	12
28d,95℃,-1.5V	27	\

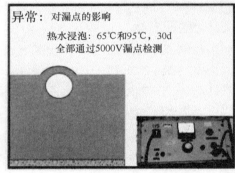

异常： 对漏点的影响

热水浸泡：65℃和95℃，30d
全部通过5000V漏点检测

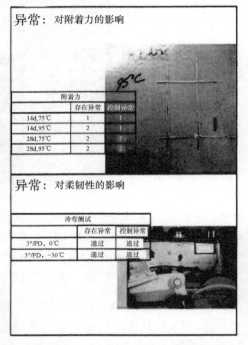

异常： 对附着力的影响

附着力		
	存在异常	控制异常
14d,75℃	1	1
14d,95℃	2	1
28d,75℃	2	2
28d,95℃	2	2

异常： 对柔韧性的影响

冷弯测试		
	存在异常	控制异常
3°/PD, 0℃	通过	通过
3°/PD, -30℃	通过	通过

图 8.56　应找到并消除引发涂层异常的来源。小尺寸气泡(25～50μm)对涂层性能的影响类似于孔隙率。通过实验测试发现，小气泡对阴极剥离、耐热水浸泡、弯曲等性能无显著影响。在热水中浸泡一段时间后，在超过规定电压下检漏时，异常处依然没有出现漏点(照片由 3M 公司和作者提供)

3. 网纹

网纹是涂敷时形成的薄的、发状纹路。喷涂时粉末熔结成一条线，外观像蜘蛛网。有些环氧粉末涂层体系比其他涂层体系更容易出现网纹问题。

通过调整设备能够有效避免涂层网纹的出现。降低静电荷、空气压力、出粉量和粉末湿度及增加喷枪与钢管之间的距离都有助于解决这一问题。

4. 涂层厚度

涂敷主要是为了形成均匀一致且满足规范要求厚度的涂层。但由于沿管道周向和轴向涂层厚度会有变化，因此大多规范都同时规定了涂层公称厚度和最小厚度的要求。有些规范还规定了最大值，但通常是没有必要的。"第 3 章 单层、双层及多层 FBE 管道外涂层"详细讨论了厚度对涂层性能的影响。

涂层的成膜速率随钢管温度的升高而增大。钢管温度波动会影响涂层厚度的均匀性。图 8.57 给出了涂层厚度不均匀的可能原因。管道传送速度变化将影响管道在喷粉室的停留时间，停留时间越长，涂层厚度就越大。粉末特性、软管尺寸和空气压力会影响喷嘴出粉的均匀性。多喷枪、低出粉量设计更容易获得均匀的涂层厚度。喷枪与旋转前进钢管的相对位置，对沿管道螺旋长度方向厚度变化的影响最大。

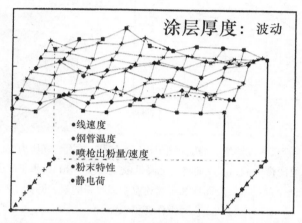

图 8.57 影响涂层厚度均匀性的因素很多。如线速度变化和管道温度波动，其中喷枪数量和位置是影响涂层厚度的主要因素

厚度测量是管道涂敷中的重要环节[56]。许多规范都要求当涂层厚度低于最低厚度要求时，需剥掉重涂。涂层过厚将增加涂敷成本，如果规定涂层公称厚度为 350μm，但最终实际平均厚度为 400μm，单纯材料成本就将增加 14% 以上。涂层厚度测量的影响因素很复杂，不同测试人员、不同测试设备就有可能得到明显不同的测试结果。因此，关于涂层的厚度测量，防腐厂与业主或检测方需针对厚度测试的具体细节事先达成共识。针对厚度测量的差异，将在"第 9 章 FBE 管道涂层涂敷过程中的质量保证：厂内检查、测试和误差"中进行详细分析。

5. 成膜速率

当生产效率受制于生产线成膜厚度要求时，成膜速率就变得非常重要了。成膜速率主要取决于钢管的上粉量、粉末的熔点和静电系统的带电效率。

每支喷枪的出粉速率是可以测量的。粉末的撞击熔合或粉泵内文丘里管的磨损都会导致出粉量降低。如果流化床和喷枪之间的连接软管过长，也会降低出粉量。尽管通过提高空气压力可以有效解决这类问题，但需要确保钢管的上粉速率低于粉末的熔化速度。图 8.58 给出了连接软管长度和空气压力对喷枪出粉量的影响。提高喷粉速度也可能会降低粉末通过静电场时的带电量，并增加撞击熔合的可能性。

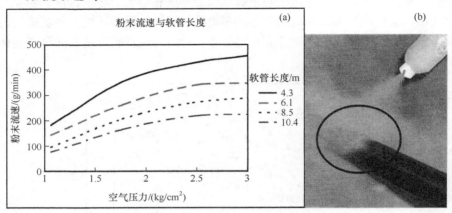

图 8.58　(a) 降低软管长度能够增加静电喷枪的出粉量[57]。增加空气压力也能增加出粉量，但如果超过了静电喷枪的带电能力，反而有可能降低喷涂效率。(b) 如果有太多粉末同时喷涂到钢管上，有可能无法全部熔融，反而增加了喷粉室中回收粉的量，降低了涂层的成膜速率(照片由作者提供)

6. 覆盖率

理论上讲，钢管的覆盖率很容易计算。知道涂层比重，每平方米管道所需粉末量就可以计算出来了。但实际上，理论用量和实际用量之间存在一定差异，主要受以下因素影响：

- 如何测量以及如何给出涂层的比重
- 涂层孔隙率
- 涂层厚度波动/钢管锚纹情况
- 核算量/粉末的浪费量

> 密度与相对密度的关系：密度是通过质量除以体积得到的，单位为 g/cm^3。相对密度是材料质量与相同体积参照物(如水)质量的比值，无量纲。尽管两者之间存在微小差异，但对于大部分计算而言，密度和比重的数值很接近，两者之间的差异可以忽略。

1) 比重和孔隙率

由于两者之间是直接相关的，因此可作为同一类问题来进行考虑。粉末相对密度(与密度类似)是进行材料对比很好的基准点。孔隙率对涂层相对密度影响很大(图 8.47 和图 8.49)，有些生产商提供粉末的相对密度数据，有些提供涂层的相对密度数据，也有一些两者都提供。

在测试方法允许的误差范围内，粉末相对密度的测试结果应该是一致的。但由于粉末喷涂成膜后涂层的孔隙率不同，相对密度是不一样的。粉末的湿含量、化学组成、涂敷程序和涂敷温度都将影响涂层的孔隙率。因此，粉末制造商给出的涂层相对密度只是特定涂敷方法下涂层相对密度的近似值。一旦确定了涂层的实际相对密度，覆盖率的计算就很容易了。

(1) 公制单位计算：

$$覆盖率 = 相对密度 \times 涂层厚度 \tag{8.3}$$

式中：覆盖率单位为 g/m^2；涂层厚度单位为 μm。

例如：涂层相对密度为 1.36(实际粉末相对密度为 1.44，但由于涂膜中存在气泡，涂层相对密度为 1.36)，厚度为 $407\mu m$：

$$覆盖率 = 1.36 \times 407 = 553 g/m^2 \tag{8.4}$$

但通常覆盖率更多使用当涂层厚度为 1mm 时，1kg 涂层样品所能涂敷的面积来表示。根据式(8.4)，当涂层厚度为 1mm 时，需要的涂层量为 1360g 或 1.36kg，即 1.36kg 材料能覆盖 $1m^2$ 管道。因此，1kg 涂层所能涂敷的面积就是 1/1.36，计算结果见式(8.5)。

$$覆盖率 = 0.735 m^2/(kg \cdot mm) \tag{8.5}$$

(2) 英制单位计算：

$$覆盖率 = \frac{192.2}{相对密度 \times 涂层厚度} \tag{8.6}$$

式中：覆盖率单位为 ft^2/lb，涂层厚度单位为 mil。

对于同一涂层材料，当涂层厚度为 16 mil 时：

$$覆盖率 = \frac{192.2}{1.36 \times 16} = 8.8 \ ft^2/lb \tag{8.7}$$

环氧粉末的数据单上通常给出的是涂层厚度为 1 mil 时，1 lb 粉末能够涂敷的面积。据此计算的涂层覆盖率为

$$覆盖率 = 192.2/(1.36 \times 1) = 141 \ ft^2/(lb \cdot mil) \tag{8.8}$$

在进行覆盖率对比时，非常重要的一点是明确对比是基于粉末的相对密度还是涂层的相对密度。

2) 涂层厚度波动/钢管锚纹情况

单根钢管防腐层厚度的波动主要取决于测量人员的技术能力和所使用的涂敷设备。通常单层 FEB 涂层的厚度为 125μm。由于大部分规范规定当涂层厚度低于最低要求厚度时需清除原防腐层进行重涂，因此防腐厂通常开始的时候先提高涂层厚度，然后再调整生产线直到达到可接受的厚度范围，以确保不用返工。当日涂层厚度的测试结果只是实际厚度的近似值。

图 8.59(a)是某防腐厂连续 12 天日平均涂层厚度的测量结果。从中可以发现，实际的平均厚度要比公称厚度高 4%以上。这一测试结果未考虑磁性测厚仪无法测量到锚纹内涂层厚度的情况。

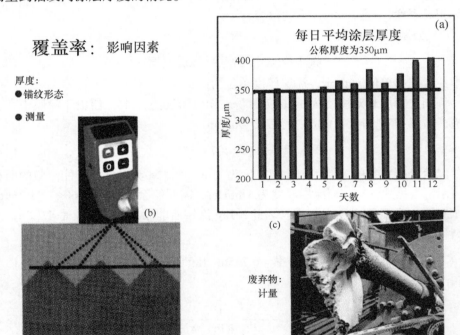

图 8.59　涂层厚度测量和粉末用量估算，在粉末用量报告中非常重要。(a) 日平均涂层厚度的变化图，通过 12 天数据的对比分析，日平均厚度在 348～401μm 之间变化，总平均厚度为 366μm，比规范要求的公称厚度高 4%以上。(b) 由于钢管表面锚纹的存在，磁性测厚仪实际测到的是波峰和波谷之间的某点。锚纹越深，意味着实际被消耗的未被计算进涂层厚度的粉末量就越多。(c) 喷涂时，粉末在喷枪和喷粉室内会有堆积。作为粉尘被除掉以及清洁黏附涂层时被扔掉的粉末量是很难估算的

测厚仪的校准以及所采用的测量技术对结果也有影响。某研究对比了三种测厚仪和不同校准基准对厚度测量结果的影响。通过对指定样品的测试发现，结果

在 378～419μm 之间变化，平均值为 402μm[58]，平均标准偏差约为 40μm。理论上，当采用的校准基准不同时，会产生 5%～10%的偏差。

3) 粉末损耗估算

随着时间的推移，粉末用量的估算也会越来越准确。特别是开始错误估算集尘器和流化床中残留粉末量的问题也将慢慢消失。但粉末的浪费往往是更难估计的，这主要取决于设备状况及操作。例如，有些集尘器和喷粉室设计不合理，导致过多粉末沉积，最终被浪费掉。

粉末是整个涂敷环节的主要成本，覆盖率至关重要。如果想更为准确地预估粉末用量，良好的过程记录是必不可少的。另外，当发现实际用量与预期用量存在差异时，应对工厂的涂敷工艺及时进行调查。

8.7.5　固化

环氧粉末一旦到达加热后的钢管表面时，会随即发生熔融、流动并开始发生化学交联的固化反应。随着熔融和固化反应的进行，环氧逐渐从易碎的、玻璃状的脆性材料转变成具有一定韧性的弹性材料，即 FBE 管道涂层。在固化过程中，粉末会从胶化时的液体状态最终变成固体涂层。当粉末处于胶化状态时，涂层的强度很小，也不具备管道涂层所需的各种性能。

随着反应进行，涂层强度不断增大，最终达到能够承受通过传送轮传送时的钢管质量。从最后一把喷枪到管道与传送轮开始接触的时间间隔称为接收时间或承载时间。

接收时间无法像胶化时间那样来进行准确定义，其受到诸多因素的影响，包括钢管直径和质量、传送轮直径和宽度以及它们的排列方式。总体而言，接收时间取决于涂层需要承受作用力的大小。需要承载的力越大，就需要越长的交联反应时间，来形成更高的涂层强度。涂层与传送轮之间良好润湿，可降低涂层摩擦力以及所受到的扭转力。管道涂敷时的时间管理和接收时间，如图 8.60 所示。

完全固化也是一个定义非常不清晰的专业术语，如图 8.61 所示。它通常被定义为所有可反应基团都被反应掉了，但由于经常存在环氧基团或固化剂过量的情况，所以这种情况实际上并不存在。因此，通过涂层到达预期性能时的交联度来定义完全固化更加符合实际情况。

固化反应取决于时间和温度，温度越高，化学反应发生的速率就越快，如图 8.62 所示。确定涂层的固化时间是非常复杂的，这是因为从涂敷开始管道就一直在降温。钢管壁厚越大，降温速度就越慢，因此同等条件下厚壁管的固化速度更快。

涂敷过程：固化时间管理

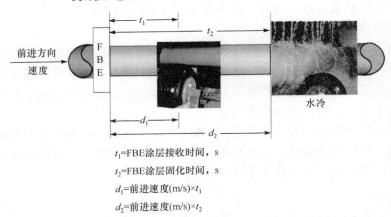

t_1=FBE涂层接收时间，s

t_2=FBE涂层固化时间，s

d_1=前进速度(m/s)×t_1

d_2=前进速度(m/s)×t_2

图 8.60　管道传送时，涂层获得对管道足够支撑力所需要的最短时间是非常重要的。这称为接收时间或承载时间。接收时间取决于涂层需要承受支撑力的大小，受钢管尺寸、质量、传送轮直径、排布等因素的影响。另外一个重要的时间参数是固化时间，它是从开始反应至水冷时的时间间隔。水冷处理，能够降低钢管温度，确保装卸时涂层的安全(照片由作者提供，图片由3M公司提供)

固化与时间

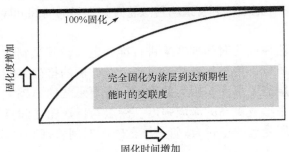

图 8.61　完全固化的定义非常不清晰。通常被定义为所有可反应基团都反应掉了，但经常存在环氧基团或固化剂过量的情况。因此，通过涂层到达预期性能时的交联度来定义完全固化更加符合实际情况[59]

　　对于 30s 左右就能完全固化的快速固化型环氧粉末而言，钢管降温效应的影响不太重要。但对于固化时间长的粉末而言，影响就很显著。在确定粉末固化时间(开始反应到水冷的最短时间)曲线时需要考虑钢管降温效应的影响。

8.7.6　小结：粉末涂敷与固化

　　粉末涂敷过程包括储存和供粉。需要在相对低的温度下进行粉末储存，以降

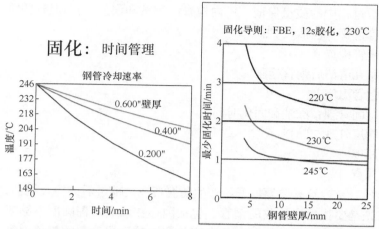

图 8.62　涂层固化时的反应速率取决于反应温度，温度越低，固化越慢。对于凝胶时间长的粉末，固化数据应考虑钢管的降温问题。如图所示，220℃涂敷时，粉末的固化时间最长，钢管降温对固化的影响更为显著，此时壁厚对固化的影响就更为重要了

低提前反应的可能性。也需要保持粉末干燥，必须密封包装防吸潮。喷涂再循环粉末会从空气中吸潮，因此喷涂前需通过流化床和连接静电喷枪的传输软管进行除湿处理。用于流化床和供粉的干燥压缩空气可有效去除粉末中的水分。

应避免污染物进入粉末中，使可能造成涂层异常的材料远离粉末或通过后续筛分去除。此外，不允许水滴进入粉末中。

由于 FBE 是一种热固性材料，其涂敷温度必须足够引发涂层的固化交联反应。涂敷后，钢管应有足够长的保温时间，以完成固化过程。

钢管涂敷时许多因素都很重要，主要包括孔隙率、涂层异常、网纹、厚度、成膜速率和覆盖率。

8.8　冷却、检测和修补

8.8.1　冷却(水冷)

大部分 FBE 涂敷线都采用水冷降温方式。钢管降温后更加容易进行装卸操作，同时还可避免操作人员的烫伤风险。此外，当涂层温度低于其玻璃化温度时(通常大部分 FBE 涂层为 100℃左右)，损伤风险也会降低。

8.8.2　检查：作业线及涂敷后涂层检测

尽管在防腐层涂敷及冷却后会开展防腐管的最终检测(详见"第 9 章　FBE 管

道涂层涂敷过程中的质量保证：厂内检查、测试和误差"），但有些阶段的过程检测也同等重要，包括[38, 60]：

- 　来管检查
- 　抛丸清洁后钢管检测
- 　钢管温度
- 　时间管理：酸洗和固化时间
- 　涂层外观与粘接
- 　厚度
- 　漏点

（1）来管检查。这是防腐厂开始产生防腐费用之前最后的检查机会，如图 8.63 所示。首先是要找出应拒收的钢管，包括因存在凹面、椭圆度不够或焊缝缺欠等导致的钢管强度降低的情况。其次应关注影响涂层涂敷的相关因素，包括需要另外打磨的氧化皮、因存在盐污染需要增加酸洗以及因存在油漆需要再增加特殊清洁步骤等情况。钢管表面沾染的油脂能够造成磨料污染，应在抛丸清洁前处理干净。

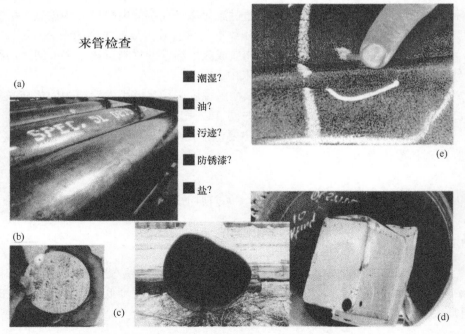

图 8.63　入厂钢管检查是确定拒收还是增加清洁费用、调整处理程序的最后机会。需要考虑的因素包括：(a) 油漆；(b) 如果存在盐污染，需要增加酸洗程序；(c) 椭圆度不够；(d) 杂质；
(e) 焊缝缺欠，导致涂敷后存在漏点(照片由休斯敦咨询公司的 D. Sokol 和作者提供)

　　(2) 抛丸清洁后钢管检测。钢管抛丸清洁后，更容易发现存在的结构性缺陷和氧化皮问题。通过肉眼或者非常简单的测试就能发现残留的污染物和盐分。应对钢管表面进行锚纹状况测试。利用胶带测试界面污染，能提供钢管表面处理状况的早期预警，如图 8.64 所示。

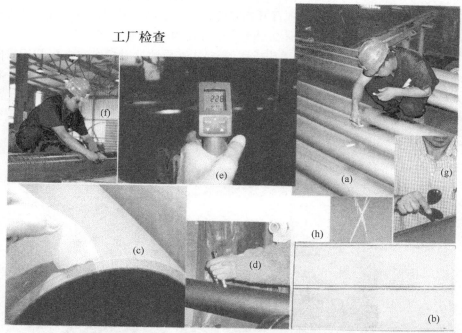

图 8.64　工厂检测涉及 FBE 涂敷的各个环节。(a) 复制胶带进行锚纹测试；(b) 胶带测试锚纹中嵌入的污染物；(c) 铁氰化钾盐污染测试；(d) 涂层涂敷前使用熔融蜡笔进行钢管温度测量；(e) 涂敷后红外测温；(f) 厚度测试；(g) 小刀翘拨测试；(h) 通过划×法进行孔隙率检查(照片由作者提供)

　　(3) 钢管温度。应确认并控制钢管温度。可在钢管进入或/和离开喷粉室时进行温度测试。

　　(4) 时间管理：酸洗和固化时间。钢管传送速度和总距离决定了所需要的传送时间。需确认能有足够的时间来进行酸洗处理。涂敷后，钢管温度和水冷前的固化时间应能满足固化曲线的要求，以确保钢管水冷前，涂层已固化完全。

　　(5) 涂层外观与粘接。表面出现橘皮(表面粗糙化)并不一定会影响涂层性能，当粉末胶化时间短而传送线速度慢时就容易产生橘皮。另外，当涂层出现橘皮时，也可能是由于粉末已有部分反应或涂层存在气孔。采用小刀翘拨法能够评估涂层的气孔状况，当涂层容易被切开或剥离、表面呈气泡状，就可能存在孔隙率偏高的问题。当存在孔隙率所导致的橘皮外观时，应检查：

- 涂敷温度是否过高
- 表面是否存在盐污染
- 空气干燥系统(粉末中存在湿气)

(6) 厚度。应尽早进行厚度测量，以确保涂层厚度能完全满足规范要求。检测时，大部分规范均要求每根钢管应进行多点测量。测厚仪的校准和操作人员的培训对精确测量至关重要。在项目开始之前，各方应对所采用设备和方法事先达成一致，以减少后续在厚度测量结果上产生分歧的可能性。

(7) 漏点。漏点(涂层上的微孔或薄弱点)能够导致接触探针或电极与钢管间形成电流通路。图 8.65(a 和 b)是检漏仪的照片。检漏时，当存在电流流动时，将触发检漏仪，发出警报声并/或闪烁警报灯，提示检测人员漏点的存在，并标记漏点的大概位置[61]。由于检漏电压高，有时会有电弧出现，可帮助检测人员确定待修补漏点的位置。采用橡胶电极时，经常会在涂层漏点处留下黑色痕迹。

工厂：漏点和修补

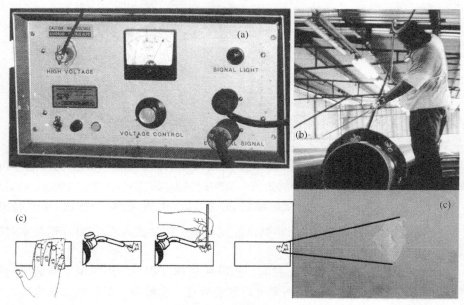

图 8.65　通常采用高压漏点检测的方法来探测涂层中存在的针孔或破损区域。涂层漏点过多往往是由于钢管表面状况不佳，通常需要在涂敷前打磨除去氧化皮或者增加涂层厚度。可采用聚合物修补棒或双组分液体环氧来进行漏点修补。(a) 对于厚的双环氧涂层，需要更高的检漏电压才能发现涂层存在的漏点。(b) 通常使用橡胶电极进行防腐管漏点检测。(c) 涂层漏点可采用修补棒修补。当破损面积更大时，可使用双组分液体环氧体系(照片由作者提供，图片由 3M 公司提供)

对于检漏电压的选择业内一直是有争议的，因为我们既希望找到涂层的所有漏点，但又不希望因为检漏电压过高导致新漏点的产生。漏点检测的目标是所设定的检漏电压不能超过薄弱区域所允许的电气强度。涂层的薄弱区域主要是钢管存在氧化皮的地方。如果氧化皮露出钢管表面 25~50μm，检漏电压就能穿透涂层形成漏点。NACE RP0490-95 给出了检漏电压的设定要求，该准则与空气击穿电压关系不大[61]。式(8.10)和式(8.12)分别采用公制和英制单位计算。例如，使用公制单位，当涂层厚度为 625μm 时，根据式(8.10)计算，涂层检漏电压为 $104\sqrt{625}$ V，即 104×25=2600V。使用英制单位，当涂层厚度为 25mil 时，根据式(8.12)计算，涂层检漏电压为 $525\times\sqrt{25}$ V，即 525×5=2625V。

公制单位：

$$V_{粗略估算}=5T_{\mu m} \tag{8.9}$$

$$V_{\text{NACE RP0490}}=104\sqrt{T_{\mu m}} \tag{8.10}$$

英制单位：

$$V_{粗略估算}=125\times T_{\text{mil}} \tag{8.11}$$

$$V_{\text{NACE RP0490}}=525\times\sqrt{T_{\text{mil}}} \tag{8.12}$$

式中：V 为峰值电压；T 为涂层厚度。

　　一些技术规格要求在最高钢管温度条件下进行漏点检测。FBE 涂层的耐击穿强度随温度的升高而降低。通常情况下，如果涂层已被冷却到能够装卸而不发生破损时，进行漏点检测，钢管温度就已经足够低了。当热钢管测试存在过多漏点时，可能需要降温后再测。关于温度与击穿强度之间的关系，详见"第 9 章 FBE 管道涂层涂敷过程中的质量保证：厂内检查、测试和误差"。

　　漏点检测是证实涂层完整性的有效方法。漏点过多往往是由钢管表面氧化皮穿入涂层所致。因此，在涂敷前对表面氧化皮进行打磨处理或者增加涂层厚度都是降低漏点数量的有效方法。

8.8.3　修补

　　聚合物修补棒非常适合低温运行管道(<50℃)小面积涂层漏点的修补。双组分液体环氧涂料更适用于大面积缺陷或高温运行管道涂层的修补。不管采用哪种修补方式，修补时应遵循以下程序：

- 根据 SSPC-SP1 的规定，先将破损区域存在的油污、油脂和其他污染物清除干净[7]。
- 使用钢丝刷、机械打磨或抛丸等方法，清除破损区域的锈蚀。
- 对破损周围约 2.5cm 范围内的涂层进行打磨处理，形成一个粗糙化表面。这样处理的目的不是降低涂层厚度，而是增加涂层与修补材料的粘接性。

- 清扫打磨后的残留物。
- 涂敷双组分液体涂料或修补棒。

当采用修补棒时，重要的环节是对涂层表面的预热。将修补棒涂抹在待修补区域时，如果有残留物出现，说明涂层表面温度已经能够满足修补要求了。应确保有足够的修补材料熔入待修补区域，直接对修补棒加热，使其滴入待修补区域表面是不够的。首先应对涂层表面加热，然后继续使用加热枪来维持涂层表面温度并使修补棒熔化。涂层有轻微变色是可以接受的，但不允许出现碳化或起泡问题。图 8.65(c)是修补棒修补时的照片。

对于双组分体系，关键是确保两个组分配比正确且混合均匀。此外，钢管温度还应达到修补材料最低固化温度的要求。关于修补程序的更多细节，详见"第10章 管道装卸与安装"。双组分液体环氧体系的修补方法如图 8.66 所示。

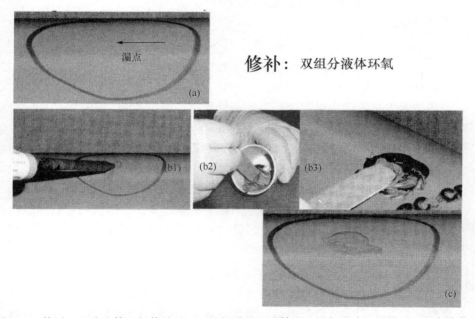

图 8.66 使用双组分液体环氧修补时，可根据质量比或体积比进行混合。另外，也有直接分配好两者比例的筒装结构。(a) 对于光滑涂层表面的小面积漏点，有如下几种混合方法：(b1) 使用静态混合器将按比例混合好的涂料直接涂抹到管道上。(b2) 当修补量较大或修补点较少时，可先将两个组分按比例在小容器中混合后再进行修补。(b3) 将两组分分别涂到涂层上，原位混合。(c) 完成修补。大多数技术规格书要求修补区域要比原涂层厚(照片由作者提供)

8.8.4 小结：冷却、检测和修补

尽管水冷过程对涂层的最终性能并不重要，但对提高工作效率、保护人员安

全以及避免涂层破损意义重大。许多人认为检测是涂敷过程中的最后一个环节。尽管最后环节进行涂层漏点和厚度检测非常重要，但涂敷前以及涂敷过程中的检测与评价也同等重要。这些检测从抛丸前开始，一直贯穿整个涂敷过程。涂层的任何破损或漏点都应在交付前进行修补。

8.9　本 章 小 结

　　FBE 的涂敷过程虽简单明了，但成功涂敷仍需全程关注每一环节的各个细节。这包括预先检查钢管有无损坏或涂敷问题，监测钢管表面清洁度和用于钢管表面清理的相关设备，检查钢管的预热温度和涂敷过程，关注固化状况、冷却、检测、修补和装卸等。必须严格控制钢管涂敷的各个环节，以确保成功涂敷。

8.10　参 考 文 献

[1] T. Fauntleroy, J.A. Kehr, "Introduction," Fusion-Bonded Epoxy Application Manual (Austin, TX: 3M, 1991).

[2] P. Lunn, "The Importance of Plant Design in Coating Pipe," NACE Tech Edge, Using Fusion Bonded Powder Coating in the Pipeline Industry (Houston, Jun. 5-6,1997).

[3] NACE Standard RP0394-94, "Application, Performance, and Quality Control of Plant- Applied, Fusion-Bonded Epoxy External Pipe Coating," (Houston, TX: NACE, 1994).

[4] A. Cosham, P. Hopkins, "A New Industry Document Detailing Best Practices in Pipeline Defect Assessment," Fifth International Onshore Pipeline Conference (Amsterdam, The Netherlands, December 2001).

[5] LaRose, Moody International Ltd., letter to author, Mar. 27,2002.

[6] A.W. Mallory, Guidelines for Centrifugal Blast Cleaning (Pittsburgh, PA: SSPC, 1984).

[7] SSPC-SP 1, "Cleaning of Uncoated Steel or a Previously Coated Surface Prior to Painting or Using Other Surface Preparation Methods, " (Pittsburgh, PA: SSPC).

[8] C.G. Munger, L.D. Vincent, Corrosion Protection by Protective Coatings, 2nd ed. (Houston, TX: NACE, 1999), pp. 218-227.

[9] H. Roper, Wheelabrator Abrasives, email to the author - long passages on blast cleaning used verbatim with minor editing, January 2002.

[10] "Mastering the Profiling Process with Wheelblast Machines," (Atlanta, GA: Wheelabrator Abrasives, Inc., 2000), p. 36.

[11] T. Fauntleroy, J.A. Kehr, "Mechanical Pipe Cleaning," Fusion-Bonded Epoxy Application Manual (Austin, TX: 3M, 1991).

[12] "Mastering the Profiling Process with Wheelblast Machines", (Atlanta, GA: Wheelabrator Abrasives, Inc., 2000), pp. 24-43.

[13] H. Roper, Wheelabrator Abrasives, telephone conversation with the author, October 2001.

[14] Mastering the Profiling Process with Wheelblast Machines (Atlanta, GA: Wheelabrator Abrasives, Inc., 2000), p. 21.

[15] E.A. Borch, "Metallic Abrasives," Good Painting Practice 1, Sr. ed. J.D. Keane, 2nd ed. (Pittsburgh, PA: Steel Structures Painting Council, 1982), pp. 32-44.

[16] SAE Standard J444, "Cast Shot and Grit Size Specifications for Peening and Cleaning," (Warrendale, PA: SAE, May 1993).

[17] SAE Standard J827, "Cast Steel Shot," (Warrendale, PA: SAE, May 1990).

[18] Mastering the Profiling Process with Wheelblast Machines (Atlanta, GA: Wheelabrator Abrasives, Inc., 2000), p. 9.

[19] http://www.webdata.org//epoxy/12S1. htm (Houston, TX: NAPCA, Aug. 23,1999), pp. 11-12.

[20] M. Morcillo, J.M. Bastidas, J. Simancas, J.C. Galvan, "The Effect of the Abrasive Work Mix on Paint Performance over Blasted Steel," Anti-Corrosion, May 1980, p. 6.

[21] D. Neal, "Surface Preparation," Fusion-Bonded Epoxy Coatings: Application and Performance (Houston, TX: Harding and Neal, 1998), pp. 5-19.

[22] http://www.webdata.org//epoxy/12Sl.htm (Houston, TX: NAPCA, Aug. 23, 1999), p. 10.

[23] NACE No. 2/SSPC-SP 10 "Near-White Metal Blast Cleaning," (Houston, TX: NACE, 1994).

[24] D.R. Sokol, C.M. Herndon, "Surface Contamination: Sources and Tests," MQ-845 (Houston, TX: Tenneco Gas, Dec. 7,1989).

[25] P. Mayes, Bredero Shaw Australia, email to author, Apr. 2,2002.

[26] V. Rodriguez, B. Luciani, "Effect of Contaminants on FBE Performance," CORROSION/98, paper no. 612 (Houston, TX: NACE, 1998), Table 3, Figure 3.

[27] B.P. Alblas, A.M. van Londen, "The Effect of Chloride Contamination on the Corrosion of Steel Surfaces," Protective Coatings Europe 2,2 (1997): pp. 16-27.

[28] B.R. Appleman, "Painting Over Soluble Salts: a Perspective," J. Prot. Coatings Linings 4, 10 (1987): pp. 68-82.

[29] D. Neal, T. Whitehurst, "Chloride Contamination of Line Pipe: Its Effect on FBE Coating Performance," MP, 34,2 (1995): p. 48.

[30] B. Munoz, Bayou Coating LLC, "Query 2001," email of data to author, Dec. 17,2001.

[31] T.A. Pfaff, "Treatment of Corroded Pipe: Field Experience with Petroline in Saudi Arabia" (Toronto, Ontario: Pfaff International, 1979).

[32] G.L. Higgins, J.P. Cable, "Aspects of Cathodic Disbondment Testing at Elevated Temperature," Ind. Corros. 5,1 (1987).

[33] C. Bates, "Chemical Treatment Enhances Pipe Coating Quality," Pipe Line Industry, Sep. 1989, pp. 34-39.

[34] A. Kataev, 3M, email to J.A. Johnson, Nov. 21,2000.

[35] A. Kataev, 3M, email to author, February 2002.

[36] T.A. Pfaff, "Application Guide: Fusion Bonded Epoxy Pipe Coatings (FBE)," (Toronto, Ontario: Pfaff International, May 2001).

[37] S.E. McConkey, "Application and Quality Control of Fusion Bonded Epoxy Coatings," J. Prot.

Coatings Linings 5, 5 (1988): pp. 26-31.

[38] T. Fauntleroy, J.A. Kehr, "Quality Control," Fusion-Bonded Epoxy Application Manual (Austin, TX: 3M, 1991).

[39] T. Fauntleroy, J.A. Kehr, "Pipe Heating," Fusion-Bonded Epoxy Application Manual (Austin, TX: 3M, 1991).

[40] D.R. Sokol, P.L. Faith, "Quality Assurance of Plant-Applied Pipe Coatings: Practices and Cost Analysis for Application of Fusion Bonded Epoxy," CORROSION/ 87, paper no. 474 (Houston, TX: NACE, 1987).

[41] M. Wilmott, Bredero-Shaw, email to author, Apr. 23,2002.

[42] D. Neal, Fusion-Bonded Epoxy Coatings: Application and Performance (Houston, TX: Harding and Neal, 1998), pp. 21-30.

[43] Scotchtrak Infrared Heat Tracer Instruction Manual (Austin, TX: 3M, 1994), p. 19.

[44] K.E.W. Coulson, D.G. Temple, J.A. Kehr, "FBE Powder and Coating Tests Evaluated," Oil Gas J. 85,32 (1987).

[45] T. Fauntleroy, J.A. Kehr, "Powder Application and Systems," Fusion-Bonded Epoxy Application Manual (Austin, TX: 3M, 1991).

[46] T. Fauntleroy, "Considerations for Compressed Air Dryer Selection for Use in Fusion Bonded Powder Applications" (Austin, TX: 3M, 1989).

[47] J. Christakos, "Dust Explosion Hazard Evaluation of Blue Green Powder" (Denville, NJ: Hazards Research Corporation, circa 1985).

[48] R.F. Strobel, "Coated Pipe and Process," US Patent 3,161,530, Dec. 15,1964.

[49] R.F. Strobel, S. Backlund, "Method and Apparatus for Coating Articles with Particulate Material," US Patent 3,208,868, Sep. 28,1965.

[50] R.F. Strobel, R.G. Eikos, "Apparatus for Cooling (SIC - Coating) Articles with Particulate Material," US Patent 3,361,111, Jan. 2,1968.

[51] J.G. Dickerson, Jr., "FBE Evolves to Meet Industry Need for Pipe Line Protection," Pipeline and Gas Industry, 84,3 (2001): pp. 67-72.

[52] R.O. Probst, C.R. Thatcher, N.N. Zupan, "Electrostatic Method for Coating with Powder and Withdrawing Undeposited Powder for Reuse," US Patent 3,598,626, Aug. 10,1971.

[53] N. Perrott, "Pipeline Coatings: a Technical Overview," 2001 (Kembla Grange, NSW, Australia: Bredero Shaw Australia, 2001).

[54] S. Attaguile, 3M internal report, 2001.

[55] J.A. Kehr, internal report, "Log 140: Foam Phenomenon," February 1987 (Austin, TX, 3M, 1987).

[56] ASTM G 12-83, (latest revision), "Method for Nondestructive Measurement of Film Thickness of Pipeline Coatings On Steel," (West Conshohocken, PA: ASTM).

[57] J.F. Williams, 3M internal report, "Powder Flow versus Pressure Tests," Sep. 7,1982.

[58] Neal, "Specific Procedures," Fusion-Bonded Epoxy Coatings: Application and Performance (Houston, TX: Harding and Neal, 1998), pp. 35-48.

[59] D. Neal, "FBE Powder Application," Fusion-Bonded Epoxy Coatings: Application and

Performance (Houston, TX: Harding and Neal, 1998), pp. 21-30.

[60] B. Munoz, "The Importance of Quality Manuals and ISO," NACE Tech Edge, Using Fusion Bonded Powder Coating in the Pipeline Industry, Jun. 5-6,1997 (Houston, TX: NACE).

[61] NACE Standard RP0490-95, "Holiday Detection of Fusion-Bonded Epoxy External Pipeline Coatings of 250 to 760 μm (10 to 30 mils)" (Houston, TX: NACE, 1995).

第 9 章　FBE 管道涂层涂敷过程中的质量保证：厂内检查、测试和误差

9.1　本 章 简 介

➢　涂敷过程中的厂内检查
➢　环氧粉末实验室测试
➢　涂层非破坏性测试
➢　涂层和裁切管环试样的破坏性测试
➢　显著影响测试结果因素的评价
➢　在质量保证过程中收集的数据用以涂敷优化的技术

本章分为两部分。第一部分根据防腐厂 FBE 的涂敷过程，依次介绍质量保证(QA)措施以及对每一环节的测量[1]。第二部分总结了涂敷过程以及涂敷完成后试验管环的测试程序。这一部分还简要阐述了长期测试项目以及不适合工厂进行质量控制的测试项目[2]。之所以包含这些内容，主要是因为区分用于选择合适涂层材料的质量评定试验和用于监测涂敷过程的质量保证试验都是非常重要的。

9.2　厂 内 检 查

管道涂敷过程可以分为几个阶段，以下步骤适合涂敷过程中的质量检查，如图 9.1 所示[3, 4]。包括：

- 进厂钢管检查
- 表面处理
- 加热
- FBE 涂敷、固化和冷却
- 检查和修补

9.2.1　进厂钢管

进厂钢管的检查是避免在涂敷生产和现场铺设中使用问题产品产生额外费

用之前的最后机会，如图 9.3 所示。防腐厂清晰地知道钢管合格与否的判定准则以及业主允许的替代标准是非常重要的[5]。通过肉眼观察可以首先发现钢管表面明显的物理缺陷，如凹面、不圆度或焊缝金属缺欠。需要观察的细节包括[6]：

- 弯曲度：钢管是否平直
- 凹面：深度和长度是否合格，如图 9.2 所示
- 裂缝
- 深的发裂
- 壁厚
- 电弧烧伤
- 焊缝缺欠
- 分层、表面粗糙度、氧化皮
- 坡口表面：裂纹、发裂、沟槽、坡口角、不规则

工厂检查

总览

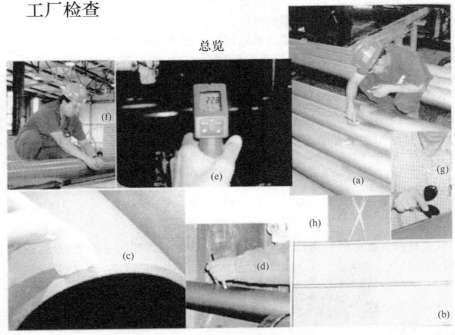

图 9.1　贯穿 FBE 涂敷过程的厂内检查。(a) 采用复制胶带法测量锚纹深度。(b) 采用胶带测试嵌入锚纹中的污染物。(c) 使用铁氰化钾测试盐污染。(d) 涂层涂敷前的温度测量。(e) 涂敷后的温度测量。(f) 厚度测量。(g) 小刀试验。(h) 采用划×法检查涂层孔隙率(照片由作者提供)

以下介绍的是影响涂层涂敷的钢管表面状态。一些表面缺陷可能通常不被视为拒收的理由，这是因为历史上它们作为正常钢管制造水平/供应过程的一

部分已经被接受了。这些表面缺陷可能导致涂层出现漏点、附着力降低等问题，给整个涂敷过程中的钢管处理带来了困难。通常需要根据业主的规范要求进行处理，包括(图 9.3)：

图 9.2　依据 API 5L2 规范，深度超过 6.35mm 的凹面被视为不合格缺陷。FBE 涂层的一个优点是，涂敷前未发现的凹面和未打磨缺陷，涂敷后更很容易被发现[7](照片由作者提供)

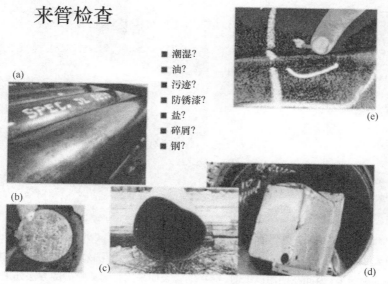

图 9.3　入站钢管检查是增加成本调整工艺清理钢管之前，最后的拒收机会。查找钢管表面是否存在污染或缺陷，包括(a)油、污迹、防锈漆，(b)盐污染，(c)不圆度，(d)碎屑，(e)导致涂层漏点的焊缝金属缺欠(照片由休斯敦 Sokol 咨询公司的 D. Sokol 和作者提供)

- 氧化皮，分层或者表面粗糙：需要进行打磨处理。
- 管道上的油或油脂对辊轮和磨料的污染：需要在钢管抛丸清洁前除去。
- 临时防锈漆：需要采取特殊的清理步骤[8]。
- 盐：需要采用酸洗或其他方式去除。

生锈管道上的无锈蚀区域表明有油污。油斑通常是肉眼可见的，甚至通过随机抽检都能够发现。但是其他的污染物(如盐)无法通过肉眼观察到，只能通过更加细致的调查才能证明其存在。可以采用铁氰化钾测试来完成。使用 5%铁氰化钾的去离子水或蒸馏水溶液浸泡即可得到测试试纸。制备好的试纸可以干燥后存储，以便之后使用。使用时，只需将试纸用去离子水浸湿即可。测试前，应将钢管表面的氧化皮或外层铁锈打磨或喷砂清除，以露出下方的金属底材。然后将润湿的试纸放到待测区域，如图 9.4 所示。如果试纸变蓝，则表明存在亚铁离子。亚铁离子是钢与盐反应产物中的一部分。如果试纸变蓝，就需要采用酸洗处理。

来管检查： 盐污染

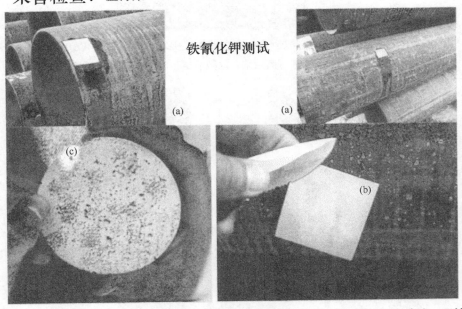

图 9.4　经 5%(质量分数)铁氰化钾溶液浸泡的试纸测试后变蓝，表明亚铁离子的存在。亚铁离子是钢和盐反应产物中的一部分。如果试纸变蓝，需要采用酸洗处理。由于表面锈蚀和氧化皮会影响试验结果，因此在使用试纸前，应将钢管表面采用打磨或喷砂的方法处理至近白级。(a) 将试纸放在钢管表面。(b) 试纸显示钢管表面无盐类污染物。(c) 试纸上的蓝色区域显示钢管表面存在盐污染(照片由休斯敦 Sokol 咨询公司的 D. Sokol、得克萨斯利文斯顿 Enspect 技术服务公司提供)

还有其他的测试方法可用来检测和定量钢管表面各种盐分的含量，包括擦取、冲洗或细胞回收法。从管道表面将盐分物质提取后，就可使用多种分析技术对其进行定量分析。电导率仪可提供可溶盐含量的总体信息。也可进行分析以识别某一特定离子的存在。其中最受关注的特定离子是氯离子、亚铁离子和硫酸根离子。市售的测试套装可用于这些离子的全部提取和分析。针对氯化物的分析可以使用试纸法、试管法或滴定法。试纸法和试管法是利用铬酸银遇到氯离子变色的原理(变成氯化银，为白色沉淀)。还有一些滴定套装可用于离子(如氯离子)的测定。亚铁离子可以通过试纸变色检测出来(如之前讨论过的铁氰化钾)。更精确的数据可以通过实验室的离子色谱分析获得[9]。样品采集、分析技术以及测试装置如图9.5所示。

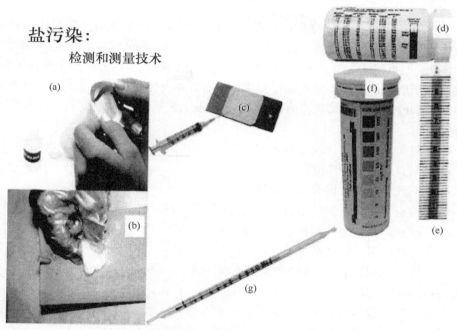

图9.5　照片列举了几种市售的样品提取和分析工具套装。(a) 用于收集样品的提取筒。(b) 棉签擦取，应佩戴手套以有效避免手上的盐分对样品造成污染。(c) 提取贴片。粘贴在钢管表面，然后将去离子水或蒸馏水注入到贴片中并抽出分析。(d 和 e)氯化物测试试纸工具套装。(f) 亚铁离子测试工具套装。(g) 离子检测试管(照片由宾夕法尼亚匹兹堡 KTA-Tator 提供)

一些观点认为盐含量低(不超过 20mg/m² 或 2µg/cm²)是可以接受的。另外一些观点认为钢管上检测出任何盐分都是潜在问题，需要采用如酸洗工艺进行去除。还有一些观点认为不管是否存在盐污染所有的管道都需要进行酸洗处理。如果基于前两种观点，首先需要测量盐污染程度以决定是否需要酸洗。如果基于最后一种观点，应检测经酸洗后盐分是否已被充分清除。

通过了解钢板的来源和钢管制造厂的情况，能够预知可能出现的污染。例如，钢板或钢管通过船运或者在冬季道路撒盐的时候使用卡车运输，就更容易发生盐污染的情况[5]。

9.2.2　干燥

钢管在进入抛丸设备之前一定要进行除湿处理。

9.2.3　表面处理

1. 抛丸清洁

工厂巡检应包括用于测量通过抛丸设备集尘器过滤系统后压降的压力计或压差表读数，以及抛丸设备上的安培表读数，如图 9.6 所示[10]。磨料的线速度也需要测量。如果使用空气刀来干燥或吹扫钢管，还应检查水油分离器和过滤装置。为确保在用磨料的尺寸和硬度满足要求，需要对原有包装进行检查。FBE 涂敷对磨料尺寸和硬度的要求详见"第 8 章 FBE 涂敷工艺"。清洁处理工序的巡检清单包括：
- 集尘器上压力计或压差表的检查
- 抛丸清洁的线速度
- 空气刀检查：确保空气无油、无水
- 检查指定磨料的原始包装标签：与生产商提供的硬度和尺寸信息对比
- 检查磨料的空气筛是否全帘幕工作
- 检查磨料的清洁度
- 检查吹扫作业区，确保气流能够阻止灰尘沉积到钢管外表面，并能够将管道内部的所有磨料清除干净

观察的内容包括检查确认磨料的空气筛全帘幕工作，抛丸设备或空气筛区域没有或几乎没有灰尘，如图 9.6 所示。取出一部分磨料样品进行粒径筛分分析和电导率测试，如图 9.11 所示。双手来回揉搓磨料可提供空气筛处理效果的相关信息，揉搓前后双手应依然保持干净。使用显微镜检查钢砂是否为圆形。如果钢砂的棱角变成了圆形，则表明钢砂的硬度不够。

对磨料进行粒径分析可以确认其更换频率。新磨料颗粒的粒径应在上限范围之内。随着颗粒反复进行抛丸清洁处理，它们会逐渐分解成较小尺寸的颗粒。除非将消耗的磨料经常进行更换，否则在用混合磨料的粒径范围会逐渐下降。此试验还提供了一种磨料中细粉去除程度的测试方法：筛盘中应只有很少量的颗粒存

清洁：巡检

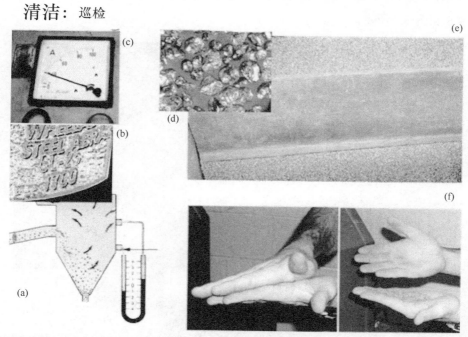

图 9.6　抛丸清洁过程的巡检能够为处理能力和维护提供有用的信息。(a) 检查压力计或压差表，通过测量灰尘收集器的压力降，来确认设备是否能够正常去除磨料中的细粉。(b) 检查磨料的包装膜或包装袋上的标签，确认在用磨料的类型。并与生产商说明书上提供的磨料硬度和尺寸进行对比。(c) 检查每个抛丸转轮电流表的读数，能够提供所抛磨料量的信息。(d) 使用手持式显微镜检查磨料的棱角。(e) 空气筛全帘幕工作对于抛丸过程的日常维护以及确保磨料的清洁度至关重要。(f) 在双手之间来回揉搓从空气筛中获取的磨料样本，可以粗略地看到磨料的清洁效果(照片由得克萨斯利文斯顿 Enspect 技术服务公司和作者提供。图片由 Wheelabrator Abrasives, Inc 提供)

在。实验室粒径筛分分析能够给出在用混合磨料的粒径分布范围。如果磨料更换频繁，则只需加入少量新磨料。

进行电导率测量能够确认进厂钢管上的盐分有没有污染磨料。在用混合磨料的电导率应低于 70μS。电导率测试所用样品为相同体积磨料和蒸馏水的混合物。将混合物倒入密闭容器中用手摇晃 1min。随后将水立即倒入另外一个容器中，使用电导率仪进行测量。目视检查确认钢管表面是否达到近白级(SSPC 10/NACE2，ISO 2 1/2)或更好的处理效果[14,15]。清洁后，钢管表面存在的结构缺陷和氧化皮就更容易看到，如图 9.7 所示。通过针对界面杂质污染情况的胶带测试，可以为钢管表面清洁问题提供早期预警。抛丸清洁后，钢管表面残留的污染物和盐分更容易被发现，也更容易使用铁氰化钾检测出来，如图 9.1、

图 9.6 和图 9.8 所示。

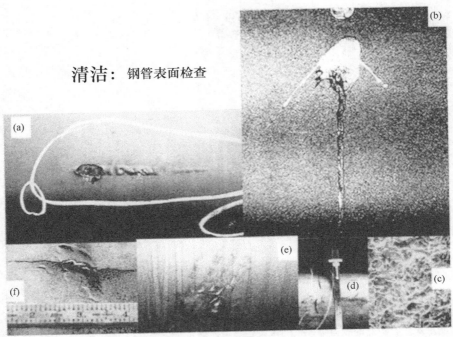

图 9.7　清洁处理后，钢管表面的结构性缺陷和氧化皮就更容易被发现。通过目视检查就可以发现影响 FBE 涂敷和性能的二次污染和缺陷。(a) 钢管上出现的分层。(b) 钢管表面上的鸽粪污染物，涂敷前应去除。(c) 使用显微镜观察抛丸清洁区域的表面粗糙度。(d) 在抛丸清洁后，更容易看到大的氧化皮。(e) 钢管表面上的手印显示出不良的处理习惯。(f) 钢管上出现的开裂
(照片由休斯敦 Sokol 咨询公司的 D. Sokol 和 3M 公司提供)

　　应对钢管表面锚纹进行测量，如图 9.9 和图 9.10 所示[16,17]。使用复制胶带可测量出钢管表面锚纹的深度。此方法操作更加容易，因此被广泛使用。触针式锚纹仪能够提供诸如峰值数、锚纹深度和放大后的表面锚纹轨迹等信息[18]。手持式显微镜对于检查钢管表面缺陷和抛丸后的表面粗糙度非常有用[19]。

　　抛丸后的检查清单：

- 目视检查钢管表面是否达到近白级的清洁度[14,15]
- 检查可能导致涂层漏点的结构性缺陷、氧化皮、表面粗糙度等。如有必要，还应进行打磨处理
- 使用铁氰化钾或其他方法检查盐污染情况
- 表面锚纹测量

清洁：巡检(继续)

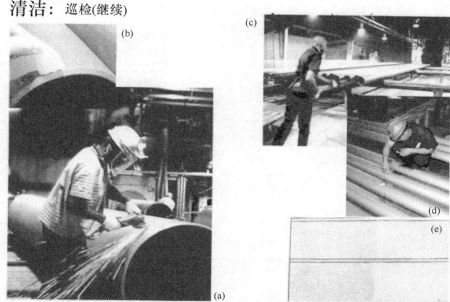

图 9.8　(a) 钢管表面目视检查发现的氧化皮或夹杂物需进行打磨处理。(b) 抛丸清洁后，使用铁氰化钾测定钢管表面的盐污染最为有效。(c) 对管道内部进行清除磨料的吹扫作业时，会形成浮尘，有可能会沉积到邻近的管道表面。因此需要经常检查吸气系统的有效性。(d) 复制胶带可用来测量钢管表面的锚纹。(e) 将白色或透明胶带对钢管进行粘贴，可对嵌入钢管表面的污染程度进行目视检查(照片由作者提供)

2. 化学处理：磷酸酸洗

酸洗并非是必须进行的处理工序。但如果钢管表面存在盐污染，就应进行酸洗处理。一些管道防腐厂和业主认为酸洗是有效避免管体污染导致涂层失效的保险措施。当采用酸洗工艺时，应进行如下检查：

(1) 浓缩液和去离子水的混合比例要求：混合后磷酸溶液的浓度通常在 3%~10%。

(2) 酸洗液的浓度：可以从酸洗液供应商的包装箱上获得。

(3) 钢管表面酸洗后的 pH 值，应为 1~2。

(4) 钢管表面温度，应<100℃。温度越高，清洁反应的活性就越高。

(5) 从开始喷涂酸液到开始水冲洗的时间间隔。

(6) 检查在磷酸涂敷和水冲洗之间是否存在钢管表面变干的问题。

(7) 测量磷酸稀释用水以及冲洗用水的电导率，应小于 30μS，如图 9.11 所示[20]。

(8) 冲洗步骤结束时，钢管表面水的 pH 值应在 4~8 之间。应与冲洗用水的 pH 值相同。

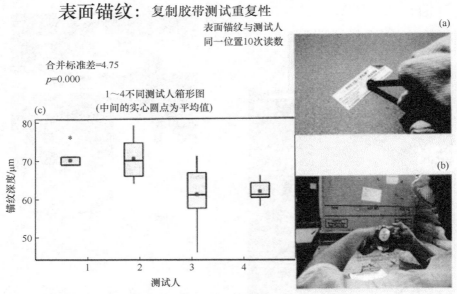

图 9.9 (a) 复制胶带可用来测量钢管表面的锚纹深度。此方法操作简单，因此被广泛使用。(b) 首先将胶带粘贴到经抛丸清洁的钢管表面，用施压工具将微孔塑料膜压紧在待测表面。移去胶带后，用弹簧式测微仪进行锚纹深度测量。(c) 不同操作者测量的结果之间存在差异性。如图(c)所示，任意一名实验员，对相同钢管的一系列测试，均得出了基于统计的不同结果。对操作者进行培训可减少测量结果之间的差异。所有操作者用同一标准的施压工具(a)对于提高结果复现性也很重要。在所使用的磨料恰当，且抛丸设备维护良好的情况下，复制胶带是一种测量钢管表面清洁过程的很有用的方法。图(c)的纵坐标表示锚纹深度。横坐标为不同实验员的编号。图中箱形图，箱体代表中间 50%的数据。箱体中的点表示所有数据的平均值。穿过箱子的线段表示中位数。从框中延伸出的线(须状)表示上下各 25%范围内的数据(剔除离群值)，星号(*)表示异常值(照片由宾夕法尼亚匹兹堡 KTA-Tator 和作者提供)

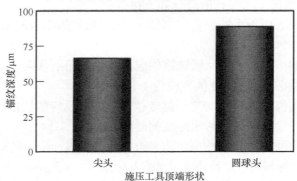

图 9.10 实际中经常使用如指甲或笔帽作为施压工具，这将导致同一样品显著不同的测量结果。因此，应使用标准的施压工具，如图 9.9(a)所示[11]

喷砂磨料评估：粒径大小和电导率

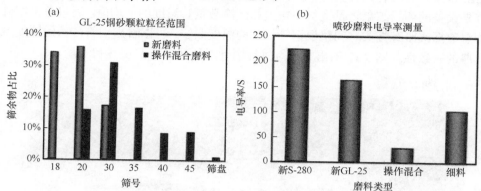

图 9.11　通过磨料的粒径分析可以确认磨料的更换频率。新磨料的尺寸处于整个粒径分布的上限。磨料颗粒反复进行抛丸清洁处理，将逐渐破碎成更小的颗粒尺寸，在用混合磨料的粒径范围会下降。此试验还提供了一种磨料中细粉去除程度的测试方法：筛盘中应只有很少量的颗粒存在。抛丸过程也要将盐分去除。对滴管中细粉样品的电导率测量发现，细粉的盐含量更高。

　　　　图中，混合磨料的电导率比最初的新磨料和废弃的细粉都要低[12,13]

(9)　如果使用空气刀进行吹干，应检查空气是否无油、无水。

3. 化学处理：铬酸盐涂敷

选择合适的 FBE，铬酸盐处理并非是总需要或必须采取的工序。铬酸盐已经被认为对环境和人体是有害的，在某些国家和地区已经禁止使用。当采用此处理方法时，应进行以下检查：

(1)　铬酸盐和去离子水的混合比例要求：混合后，铬酸盐的浓度通常在 5%～10%范围内

(2)　钢管温度应低于 100℃

(3)　测量稀释用去离子水的电导率应不超过 30μS [20]

(4)　使用比色板检查铬酸盐的涂敷量：可从浓缩液供应商处获得涂敷说明

9.2.4　加热

应检查直接火焰加热炉的冷凝物和烟灰对管道表面的污染。喷射式燃烧器或燃烧嘴上的烟灰是需要特别关注的地方，能够提供一定的线索[21,22]。钢管温度可在进入或离开加热室时测量，也可在两处同时测量。进入喷涂室之前的温度测量位置，应尽可能远离加热箱，以消除集肤热效应。当使用高强度加热系统时，如感应线圈或直接火焰加热，仅需要几秒钟就能使整个钢管断面达到平衡。但因为集肤热效应，炉子出口处的温度可能会比 FBE 涂敷前的温度高。用红外测温设

备测量涂敷后的管体温度时，应在喷涂室之后没有粉尘弥散的区域进行。否则，红外设备的测量结果将是空气中粉尘和已涂敷钢管温度的平均值。通过分析红外测温数据或跟踪接头之间整根钢管长度的温度曲线，可以看出钢管传送线速度或壁厚的一致性。图 9.12 给出了涂敷过程中针对加热环节的观察和测量。

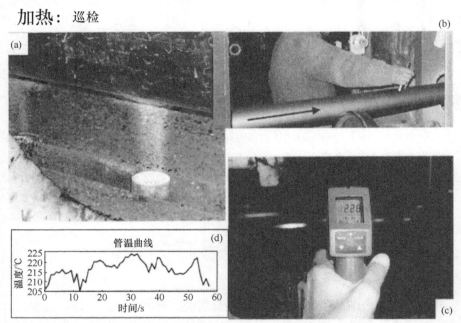

图 9.12　加热过程中的部分检查，包括(a) 炉子燃烧是否均匀，燃烧嘴是否有烟灰。(b) 使用测温蜡笔或其他方式进行温度测量时，应尽可能靠近喷涂室，以尽量消除可能存在的集肤热效应。(c) 在喷涂室出口处，使用红外测温枪可以有效地进行温度测量。(d) 红外测温枪的一个优点就是当与计算机端口连接时，可以获得管道的温度曲线。温度曲线有助于评估工厂的各种操作因素，如线速度变化可能引起的温度波动(照片由作者提供)

加热检查清单如下：

(1) 检查燃烧炉是否存在冷凝污染物。

(2) 测量待喷涂钢管的温度。测量时应尽可能远离炉子出口，在靠近喷涂室的区域测量。

(3) 检查钢管温度的均匀性。由此可反映出钢管传输线速度变化、壁厚变化、生产线中断以及钢管干燥步骤中加热不一致的问题。

9.2.5　FBE 涂敷、固化和水冷

涂敷过程的质量控制检查包括粉末处理。粉末的储存温度应低于粉末生产商

规定的温度，通常不超过27℃。流化床和喷枪中使用的干燥空气可有效去除粉末中的湿气。压缩空气的露点温度应为–30℃或更低。空气在环境压力下的露点要在带压状态下测量的露点温度低得多。如果空气的露点温度是在环境压力下测量的，可通过图表来确定压力状态下的露点温度。

应对筛网系统的孔径进行检查，以确保能将过大的粉末颗粒排除在外。应对流化床中的磁铁经常进行清洁。图 9.13 给出了粉末处理和涂敷检查的示例。许多业主的规范均要求对管端进行坡口处理。应对这一区域进行检查，确保满足规范要求。

涂敷：巡检

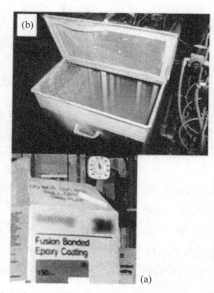

图 9.13　(a) 涂敷环节巡检的第一步是检查粉末存储场所的温度。大部分 FBE 材料要求存储温度不超过27℃。(b) 流化床压缩空气的露点温度应低于–30℃。(c) 对喷枪进行检查，应确保喷涂均匀且无波动。(d) 对粉末包装容器进行检查。无论是箱子还是袋子，在加入粉箱前都应接近环境温度。从低温储存区域取出后，包装袋外部可能会形成冷凝水。如果包装袋上的冷凝水滴落到供粉系统中，可能会导致涂层出现孔隙和气孔。如果在粉末依然低温的情况下打开袋子，会直接导致粉末凝结(照片由作者提供)

FBE 管道涂层完成固化所需的时间取决于涂料配方、钢管温度以及从涂敷到水冷的时间间隔。由于钢管温度随时间会逐渐降低，因此需要 FBE 生产商提供固化曲线来考虑喷涂后钢管温度降低对涂层固化的影响。图 9.14 给出了一个粉末涂层材料的一组固化曲线示例。对于特定壁厚的钢管，应测量从最后一个喷枪到水冷这段距离的钢管温度和时间间隔，并与粉末生产商的要求进行对比。如果至水冷的时间间隔比规定时间长，这是可以接受的。否则将导致涂层变脆以及弯曲失效。如果涂敷后涂层没有足够的时间固化，传送线的承接轮可能会损坏涂层。目视检查很容易发现出现的破损。通过降低传送速度、调整轮子布局和/或提高涂敷温度能够修正这一问题。

固化时间与温度和壁厚

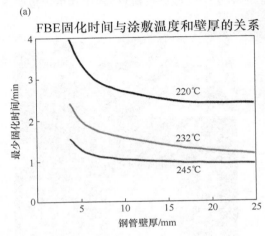

(a)

FBE固化时间与涂敷温度和壁厚的关系

(c)

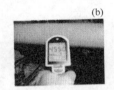

(b)

图 9.14　FBE 的交联反应称为固化，与时间和温度有关。温度越高，涂层固化越快。由于钢管温度随着时间会下降，因此固化曲线需考虑冷却速度的因素。(a) 某一市售 FBE 在 232℃下的胶化时间为 12s。(b) 测量从最后一个喷枪到开始接触冷却水的涂敷温度和(c) 时间间隔。将其与 FBE 生产商提供的壁厚和固化要求进行对比(照片由作者和得克萨斯利文斯顿 Enspent 技术服务公司提供，图片由 3M 公司提供)

涂敷环节检查清单：

(1) 检查粉末存储区域，确保环境温度满足生产商要求，通常不超过 27℃。

(2) 检查管端预留段是否满足业主规范的要求。

(3) 检查和清洁流化床中的磁铁。

(4) 检查筛网，确保其无孔洞，并能将过大的粉末颗粒筛除。

(5) 确定流化床供粉和粉末喷枪所用空气的露点温度，确保在压力条件下不高于−30℃。

(6) 确定涂敷时的钢管温度。

(7) 测量从最后一个喷枪到开始水冷的时间间隔。考虑涂敷温度和钢管壁厚，与生产商的要求进行对比。

(8) 目视检查经过传送轮子后，涂层是否出现破损、撕裂或褶皱。

9.2.6　检查

涂层涂敷和水冷之后，在检查区域可对涂层以及涂层的修补进行评估，包括[23]：
- 涂层外观
- 气孔
- 厚度
- 漏点检测
- 修补

1. 涂层外观

出现橘皮状花纹(粗糙的涂层)未必会影响涂层的性能。快速胶化的粉末加上慢的传输线速就可能导致涂层出现橘皮状花纹。但这也可能是粉末过期(由于老化或暴露于热的环境中，涂层材料不再流动)或涂层出现孔隙的征兆，详见"第8 章 FBE 涂敷工艺"。目视检查发现涂层出现粗糙后需进行后续测试。可通过胶化时间或外观测试以确认在存储或运输过程中粉末是否过期。可通过小刀翘拨测试来检测涂层的孔隙率。如果涂层很容易被切开，或者翘拨后基体上留下了气孔状的外观，这很有可能是因为涂层孔隙率过大。可使用手持显微镜来帮助评估。

如果橘皮是涂层孔隙导致的，并且生产商密封容器中的粉末没有其他可怀疑的方面，就需要对以下方面进行检查：
- 涂敷温度过高
- 盐污染
- 流化床或喷枪所使用的压缩空气露点温度过高

此外，还应对钢管是否存在缺陷进行检查。有些缺陷，涂敷后往往更容易发现。如果检查出钢管存在缺陷，应对缺陷区域清晰标记并依据约定的规范进行后续处理。需要处理的常见缺陷包括[31]：
- 深的划痕或划伤
- 超出业主规范要求的凹面。通常不超过 6mm 或大于 1/2 PDL(管径长度)
- 影响直缝焊的凹面

2. 气孔

详见"第8章 FBE 涂敷工艺"，其中关于引起气孔的原因有更多的描述和讨论。

3. 厚度

厚度测量和所采用的方法会影响涂层涂敷成本，涂料费用是涂敷成本的重要组成部分。当厚度低于规定的最小值时，涂层就需要被剥掉重涂。因此，事先商定好测量设备的校准方法以及校准频次是测量过程的重要环节，如图 9.15 所示[24]。大多数规格书要求对每根钢管进行多次厚度测量。

涂层厚度

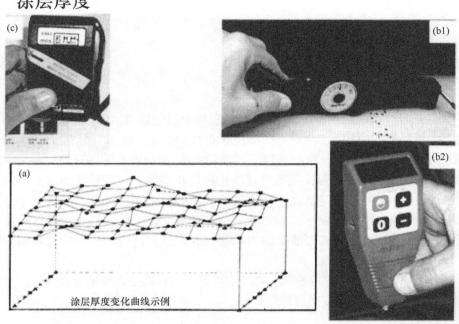

涂层厚度变化曲线示例

图 9.15 (a) 钢管轴向和周向涂层厚度的变化。不同测量仪器(b1 和 b2)给出了不同的结果。

(c) 事先商定好设备的校准程序是涂层厚度测量过程中的重要组成部分(照片由作者提供)

为确定双层涂层系统中每层的厚度，有时需要进行破坏性试验。可以使用切槽工具(如 Tooke 测厚仪)来测量每层的厚度[25]。

在实验室进行厚度测量结果重现性的评估，四名实验员使用两种类型的测厚仪对三个涂敷好的成品钢管样品进行测量。对每个样品的测试区域进行精确标记，让每个实验员使用每台设备对各样品进行六次测量。三个样品的厚度分别为 425μm、650μm 和 850μm。

试验结果表明，自动数字测量仪的测量结果复现性更好。至少有一名实验员对三个样本中的两个样本统计得出了不同结果，如图 9.16 和图 9.17 所示。这些结果表明，需要一个严密定义的方法并培训实验员才能获得可再现和可比较的结果。如图 9.18 所示，采用不同设备对同一涂层进行厚度测试得到了不同的平均值。

涂层厚度波动：测试仪1——数字测量仪

涂层1A测量结果的箱形图
(实心圆点为测试结果平均值)

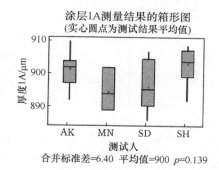

合并标准差=6.40　平均值=900　p=0.139

涂层1B测量结果的箱形图
(实心圆点为测试结果平均值)

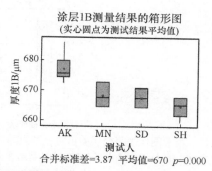

合并标准差=3.87　平均值=670　p=0.000

涂层1C测量结果的箱形图
(实心圆点为测试结果平均值)

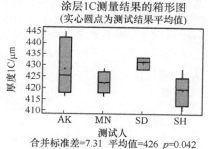

合并标准差=7.31　平均值=426　p=0.042

图 9.16　箱形图代表每个实验员对相同点厚度测量的读数范围。每个图的纵坐标为厚度。横坐标代表实验员的名字。每个实验员用数字测量仪(SSPC-PA 2 规定的 II 型电子磁性测量仪)对每个样品测试六次(三个位置，每个位置测两次)。测量仪在两次读数间均使用已认证的 600μm 标准厚度板进行校正。至少有一名实验员测得的结果与其他实验员存在差异(p 小于 0.05)。自动数字测量仪比手动香蕉测试仪的重复性更好。箱形图的箱体代表中间 50% 的数据。箱体中的点表示所有数据的平均值。穿过箱子的线段表示中位数。从框中延伸出的线(须状)表示上下各 25% 范围内的数据[27]

涂层厚度波动：测试仪2——香蕉测试仪

涂层2A测量结果的箱形图
(实心圆点为测试结果平均值)

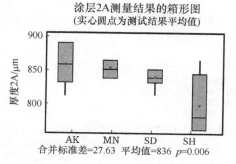

合并标准差=27.63　平均值=836　p=0.006

涂层2B测量结果的箱形图
(实心圆点为测试结果平均值)

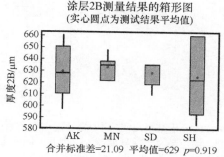

合并标准差=21.09　平均值=629　p=0.919

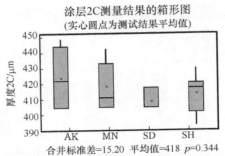

图 9.17 箱形图代表每个实验员对相同点厚度测量的读数范围。每个图的纵坐标为厚度。横坐标代表实验员的名字。每个实验员用手动香蕉测试仪(SSPC-PA 2 规定的 I 型测量仪)对每个样品测试六次(三个位置，每个位置测两次)。测量仪在两次读数间均使用已认证的 $600\mu m$ 标准厚度板进行校正。使用香蕉测试仪，至少一名实验员统计出不同读数(更大的标准偏差)。箱形图的箱体代表中间 50% 的数据。箱体中的点表示所有数据的平均值。穿过箱子的线段表示中位数。从框中延伸出的线(须状)表示上下各 25% 范围内的数据[27]

涂层厚度波动：测试仪对比

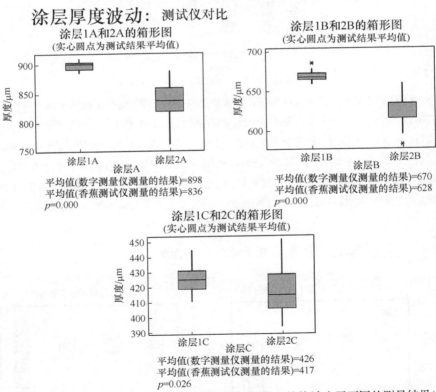

图 9.18 分析结果表明，两个测量仪在每个涂层厚度样品上均统计出了不同的测量结果(p 小于 0.05)。涂层越厚，差异就越大。因此，同一工程上负责涂层厚度测量的各方都必须形成共识，事先就测试仪器、校准标准和测试方法达成协议。由于不同实验员和测量仪将导致测试结果发生变化，因此必须共同商定具体的测定方法[27]

4. 漏点检测

一些规范要求在钢管温度最高时进行漏点检测。FBE 涂层的电击穿强度随温度的增加而降低，如图 9.19 所示。通常当涂层降温至装卸操作不会导致涂层破损时，即可进行漏点检测。如果热的钢管检测时漏点过多，可能就需要待钢管温度降低后再进行漏点检测。

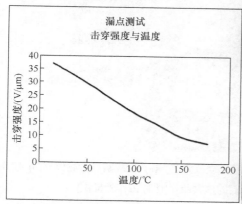

图 9.19　FBE 涂层的介电阻抗(电气强度)随温度升高而降低。如果涂层降温至装卸操作不会对涂层造成破损，一般来说，这个温度下就可以进行漏点检测。但是，金属表面的氧化皮穿透涂层可能会导致漏点过多。这种情况下，必须待钢管变凉以增加涂层的击穿强度之后再进行漏点检测，以有效阻止因涂层击穿产生的漏点，而不是去发现它是否存在[28](照片由作者提供)

在巡检期间，应复查漏点测试设备和检测程序。确保探头与涂层完全并紧密接触以完成漏点检测。检查检漏仪上的电压值，并与已测量涂层厚度规定的电压值进行对比[29]。大多数规范要求采用 5V/μm 或 NACE RP 0490-95 规定的电压值[30]。公式和计算示例详见"第 8 章　FBE 涂敷工艺"。应使用校准过的电压表对检漏电压进行定期校准，如图 9.20 所示。

漏点数量通常能反映出钢管表面的处理质量和涂层厚度。当漏点数量增加时，应调查找出具体原因，以便做出适当的改正[31]。

一般情况下，大多数技术规范会给出所允许的最大漏点数[32]，通常是基于钢管的表面积。如每 2.3m² 钢管允许有一个漏点。钢管表面积可采用式(9.1)计算：

$$面积 = \pi dL \tag{9.1}$$

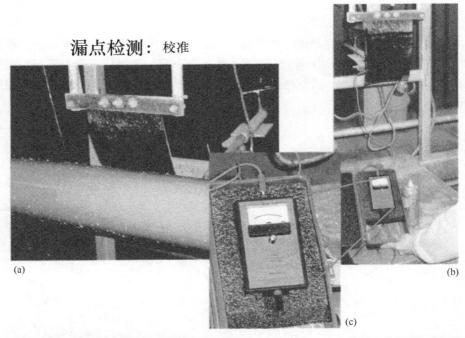

图 9.20　定期对检漏仪的电压进行校准，确保符合规范要求。(a) 在线漏点检测仪。(b) 使用
　　　　电压表进行电压测量。(c) 电压表的放大照片(照片由作者提供)

式中：$\pi \approx 3.14$；d 为钢管直径；L 为钢管长度。例如，如果 d=NPS24=0.61m，L=12.2m，钢管的表面积如式(9.2)所示：

$$\begin{aligned}面积&=3.14\times 0.61\text{m}\times 12.2\text{m}\\&=23.4\text{m}^2\end{aligned} \tag{9.2}$$

该管道所允许修补的漏点数为

$$允许修补的漏点数=\frac{23.4}{2.3}=10.2 \tag{9.3}$$

圆整到整数位，每根 NPS24 钢管上允许修补的漏点数为 10 个。对于 NPS48 钢管，基于同样的要求，每根钢管所允许修补的漏点数就是 20 个。

5. 修补

检查涂层的修补方法是否符合涂料供应商指南或业主技术规范的要求。一般的涂层修复指南，可参见"第 8 章　FBE 涂敷工艺"和"第 10 章　管道装卸与安装"。修补完成后需进行目视检查和漏点检测，如图 9.21 所示。

9.2.7　小结：厂内检查

开发完善的操作程序可以减少涂层问题。对涂敷过程中各个阶段的附加试验和观察有助于确保操作程序被使用且运转正常。

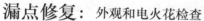

漏点修复： 外观和电火花检查

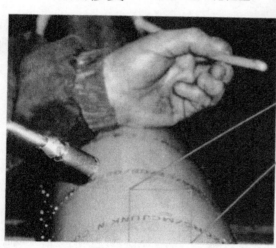

图 9.21　为确保原始漏点已完全被修复，修补后应进行目视检查和漏点检测(照片由作者提供)

9.3　质量控制的实验室检测

以下关于防腐厂实验室的质量控制检测分为粉末测试和涂敷试件测试两部分。涂敷试件测试可采用实验室喷涂试板，也可从最终涂敷好的成品管上切取试件。

9.3.1　粉末测试

一些技术规范要求使用前对进厂粉末进行检测，测试项目包括[32-34]：

- 外观
- 胶化时间
- DSC 扫描
- 孔隙率
- 柔韧性
- 热水浸泡附着力
- 阴极剥离

　　进行这些试验需要精心制定关于试板制备和检测程序的技术规范。实验室的喷砂清洁处理和涂敷技术会显著影响试验结果。由于操作上潜在的错误，一些规范还需依赖于：
- 在产品通过认可前，进行严格的预评定试验
- 制造商对产品要求的认证
- 涂料外观、胶化时间测试，以确保通过预审和认证粉末涂层体系的涂敷适用性

　　Coulson 等对 FBE 进行了自然老化和人工加速老化试验，结果显示在涂层弯曲、阴极剥离或热水浸泡后附着力等这些性能发生改变之前，粉末的外观和胶化时间早已发生了变化[35]。

　　对从制造商原始包装中取出的粉末样品，进行得最为频繁的测试包括：
- 外观
- 胶化时间
- DSC 扫描
- 红外(IR)扫描

1. 外观

　　外观检查非常简单，在加热板上加热一个垫圈或硬币，将其浸入到装有涂料的盒子中或实验室的流化床中，如图 9.22 所示。使用喷砂清洁后的钢板，将其预热至钢管的涂敷温度并用静电喷枪喷涂，能够得到与实际更加接近的测试结果。但后者需要操作者训练有素，因为涂敷速度和技术将显著影响涂层的外观。两种方法的目的都是查看涂料的流平是否光滑，以证明粉末在运输和存储过程中是否过期。

　　大多数情况下，实验室技术人员通常采用目测检查的方法，来确认粉末是否适用于工厂涂敷。更为细致的方法包括基于外观分级的对比板测试。

2. 胶化时间

　　胶化时间被定义为环氧粉末从液态到呈凝胶态所需要的时间。胶化时间的长短取决于试验温度。胶化时间测试具有很强的主观性。因此，定义精确的试验步骤对于获得不同人以及不同实验室之间相近的测试结果至关重要。因为很多技术规范要求胶化时间应满足制造商给定值的±20%。步骤清晰且可重复的测试方法，以及对不同区域操作人员的培训至关重要[32-34]。胶化时间的影响因素包括：
- FBE 配方
- 测试温度
- 温度测量方法及仪器
- 胶化时间测试方法

- 实验员的技巧和经验
- 对测试终点的定义

外观测试

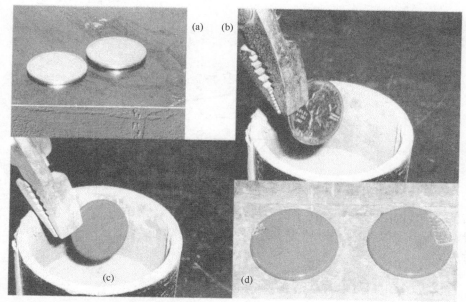

图 9.22　外观测试非常简单。(a) 使用垫圈或硬币这样的金属部件在烘箱或热板上加热。(b 和 c)将加热后的部件浸入到流化床中。(d) 目视检查。如果涂层流动性良好且表面光滑，这表明粉末没有过期。这个试验只是将涂料涂敷到一个很小的表面积上，所以不容易显示出污染物或气孔的影响。但可以有效地证明已经预选和预验证的粉末未超过其保质期且适于涂敷(照片由作者提供)

(1) 胶化时间的影响因素：FBE 配方。为满足工厂对粉末产量和质量的要求，每个 FBE 涂料体系的固化反应均已进行了优化。胶化时间是测试 FBE 反应活性的一种方法。根据测试温度的不同，每个涂料体系都有它自己的胶化时间范围。

(2) 胶化时间的影响因素：试验温度和测试方法。图 9.23 给出了胶化时间与测试温度之间的关系。加热板的表面温度随时间而循环。使用重的加热板能减少循环周期内的温度波动。另外一种低成本的测试装置是，使用便宜的加热板，然后在它上面放几块金属板。也可使用胶化时间测试的专用加热板。通过配备控制器来确保在整个循环阶段温度更加一致，并使整个加热板表面温度均匀。

测量温度的方法不同会导致结果出现明显差异，因此使不同地点执行测试的人员得到不同的胶化时间结果。测温技术和用于达到目标温度所使用测温设备的差异是解决这一难题的根源。图 9.24(a)给出了不同设备对热板中心位置温度测量

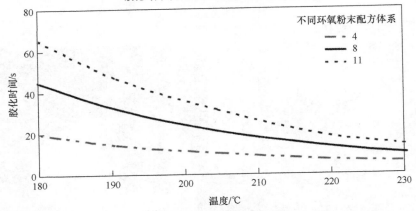

图 9.23　每个 FBE 涂料体系都有自己的胶化时间，这取决于试验温度

结果的差异。图 9.24(b)给出了同一技术员用同一粉末材料使用不同测试设备来设置加热板温度得到的粉末胶化时间之间的差异。图 9.25 给出了加热板的温度测量方法。

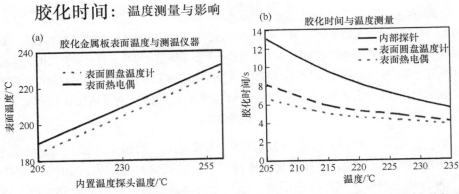

图 9.24　测量技术不同导致不同的测试温度。(a) 显示温度取决于测量设备。对同一热板且在相同位置进行温度测量，使用表面圆盘温度计和表面热电偶温度计和设备原来配备的内部水银温度计进行对比，两者之间的温差可高达 10℃。(b) 不同测温设备对粉末胶化时间曲线的影响。在每一个测温点，使用不同的测温设备进行加热板温度设定，胶化时间由同一个人员采用搅拌法测量。胶化时间的变化幅度超过技术规范所允许的±20%以上[36]

(3) 胶化时间的影响因素：胶化时间测试方法。NACE RP0394 给出两种测量胶化时间的方法：搅拌法和拉延法[32]。搅拌法是使用刮刀将少量粉末铺在热板的

胶化时间：温度测量

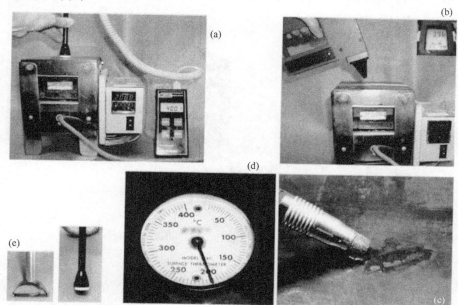

图 9.25　温度测量方法的不同导致所记录的温度存在明显差异。(a) 热电偶。(b) 红外测温枪。
(c) 测温蜡笔。(d) 表面圆盘温度计。(e) 热电偶探头(照片由作者提供)

中央。然后用刮刀或硬金属丝搅拌这个液态树脂直到呈凝胶态，如图 9.26 所示。拉延法是把环氧粉末置于拉延板末端 25mm 宽缺口处，手持拉延板与金属板成约 45°角，平稳移动使环氧粉末在金属板上迅速铺开，形成一条宽约 25mm 的环氧粉末带。当金属板上的粉末开始熔化时，立即启动秒表开始计时。然后将拉延板与金属板呈 45°，轻施压力使拉延板自重几乎全部作用在金属板上，用拉延板缺口处的一角间隔性重复划过熔化的环氧粉末带；当拉延板只能划透已熔化的粉末且不再接触金属板时，停止计时，记录时间，如图 9.27 所示。

(4) 胶化时间的影响因素：实验员的技巧和经验。在实验室进行的对比测试中，几名测试人员对同一树脂样品进行了多次胶化时间测试。在 204℃下的平均结果大约为 40s。其中经验丰富人员的结果复现性在±3s 以内。缺少经验的人员的结果复现性在±5s 以内。技术规范要求，允许胶化时间在给定值的±20%(±8s)之间波动，试验人员的差异性增加了测试结果的波动性。这可能导致根据规范判定材料是不合格的。地域间的差异(在不同的工厂或实验室用相同的粉末测量)也是一个影响因素。实验员和检测地域间差异的示例见图 9.28。

(5) 胶化时间的影响因素：终点的判定。在 NACE RP0394-94 中，搅拌法定义的终点为"当涂料变成不可搅拌的凝胶状时"。拉延法定义为"当刮刀只能划

胶化时间测试方法：搅拌法
(NACE RP0394程序A)

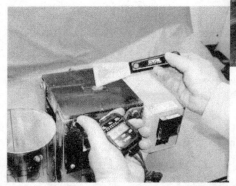

图 9.26　采用搅拌法测量粉末的胶化时间，将少量粉末倒在热板上，平铺开。然后搅拌，直至涂料由液态胶化变硬。热板上粉末样品的厚度会影响胶化时间的测试结果(照片由作者提供)

胶化时间的测试方法：拉延法(NACE RP0394程序B)

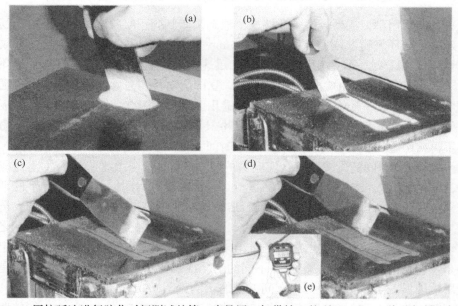

图 9.27　用拉延法进行胶化时间测试的第一步是用一把带缺口的刮刀(a 和 b) 将环氧粉末树脂平铺在热板表面。然后用刮刀反复地在熔化的粉末带上划过(c)，直到只能划过胶化了的涂层表面不再接触到金属板为止(d)。(e) 使用秒表进行胶化时间测量(照片由作者提供)

胶化时间的影响因素：

测试人与位置

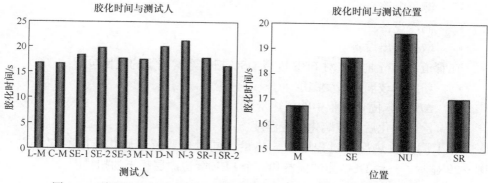

图 9.28　检测地点以及人员的差异导致胶化时间测试结果出现了明显差异

过胶化了的涂层表面不再接触到金属板为止"[32]。尽管这些定义很有效，但是每个人理解的差异，也会导致对于 40s 胶化时间的材料测试时出现几秒的偏差。这些定义的解释对不同人员和不同地点检测相同的材料也可能引起明显不同的胶化时间结果。因为试验方法的差异可能导致一次几吨的涂料被拒收，因此采用商定的方法并对做这项试验的人员进行培训至关重要。

3. 差示扫描量热仪(DSC)扫描

DSC 是一种热分析技术，能够提供粉末反应特性的指纹信息，可与已知标准数据进行对比。尽管 DSC 扫描测试能给 FBE 生产商提供许多有用的信息，但对防腐厂并不是特别有用[37]。

(1) DSC 介绍和测试方法。差示扫描量热仪能以恒定的升温速率对样品进行加热，通过测量样品温度变化时所需的能量来表征样品的特性。测试曲线表示为所需能量与温度的关系。该图提供了粉末在不同温度下发生物理变化的相关信息，还能给出样品的比热容变化[38]。当样品发生吸热反应时就需要吸收能量，如熔化或玻璃化转变，T_g 结果在图上显示为负斜率。当环氧树脂和固化剂发生放热反应时，就会放出能量，在图上表现为正斜率，如图 9.29(e 和 f)所示。

进行 DSC 测量时，使用两个铝坩埚：一个装样品，另一个为参比的空坩埚。试样和参比分别具有独立的加热器和传感器。每个测试单元的传感器控制各自的加热器电流，通过功率补偿使试样和参比的温度保持相同。通过测量电流(热能)消耗的差异就能得到测试曲线[38]。

DSC 仪器的基本部件包括：

• 　DSC 主机

- DSC 测试池
- 加热循环控制器
- 测量电路
- 制冷设备
- 数据输出设备

在管道涂料行业中，对 FBE 进行 DSC 扫描经常测量的项目包括：

- 粉末的玻璃化转变温度
- ΔH(粉末固化过程中的放热量)
- 涂层固化后的玻璃化转变温度

为了测试放热反应过程中的放热量，同时也要测量固化反应的起止点。

图 9.29 显示了一台 DSC 测试仪器和一个 FBE 管道涂层粉末的扫描图。

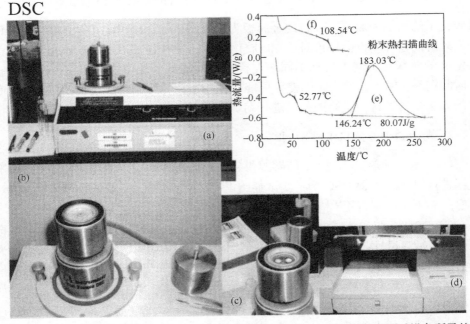

图 9.29　差示扫描量热仪包括以下主要部件：(a) DSC 主机，包括运行复杂测试设备所需的电路。(b 和 c) 测试单元和样品支持器。(d) 测试结果可以通过打印机打印，也可以作为文件储存到计算机上或通过显示器显示。DSC 图显示了几个常见的测量数据。(e) 为粉末样品的扫描曲线，显示出在这种情况下粉末的玻璃化转变温度约为 53℃，固化过程的放热量约为 80J/g，放热峰温约为 183℃。在粉末测试时，经常会对仍位于样品支持器上已固化好的粉末进行下一个扫描(f)。通过曲线(f)能够得到粉末固化后涂层的玻璃化转变温度，约为 108.5℃，此点是基线延长线与曲线拐点处切线的交点(照片由作者提供，图片由 3M 公司提供)

对测试方法有影响的因素包括：

- 样品量
- 样品与测试坩埚的接触面积
- 测试单元的气氛，如空气、氮气或氩气
- 坩埚的状态：密封/不密封/无盖坩埚
- 样品中的挥发物
- 坩埚中样品的堆积密度
- 升温速率
- T_g 测量技术
- 固化扫描能够达到的最高温度

许多测试方法将实验员绘制的外推基线与玻璃化转变处切线的交点作为 T_g 值[32-34]。这种取点方式可能会导致测试结果出现明显差异。使用计算机生成拐点的取点方式能够明显减少 T_g 值的差异性。为了尽可能降低试验结果的差异性，大部分技术规范均对关键因素进行了阐明，如加热速率(通常为 20℃/min)、样品量(10mg)、气氛(氮气)和最高扫描温度。在进行粉末扫描时，通常首先会进行一个不记录扫描曲线的调节程序，加热温度应高于粉末 T_g 值，以消除生产和储存过程中的残余应力。这样可以获得具有更高复现性和准确性的粉末 T_g 值。固化后的样品测试也有一个类似的调节步骤，加热温度应超过固化涂层的 T_g 值。

如图 9.30 所示，DSC 的测试结果在不同测试地点，也会有波动。为了将测试地点不同引起的结果差异降到最低，需要对测试步骤进行清晰定义并严格执行。为确保重现性，同一地点使用相同测试设备测试时，也需要注意细节。

4. 红外(IR)扫描

从 X 射线到无线电波，几乎所有频谱的电磁辐射光谱都可用于研究有机分子。红外辐射的吸收取决于高分子链中共价键相关振动或转动所需能量的增加。为了实现这种能量的吸收，须满足两个条件：

- 辐射光子具有的能量必须与分子激发态和基态之间的跃迁能量相等：辐射能被分子吸收，从而增加其固有振动
- 振动必须引起偶极矩的改变

所有含有共价键的有机分子，包括 FBE 管道涂料体系，均能显示红外吸收光谱。红外光谱仪的工作原理是使红外光束穿过样品，并记录能量的吸收(或表示为更常见的透射百分率)与波长的关系，得到红外扫描曲线。

FBE 涂料的红外光谱非常复杂，由许多窄的吸收带组成。不同情况下，得到的红外光谱可能会发生很大变化。这可能是由化学或仪器因素造成的。例如，调整扫描速率可能引起峰强和峰位置的改变。化合物在溶剂中的光谱可能与该材料

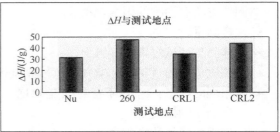

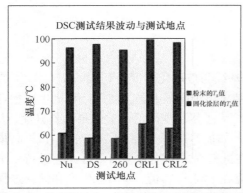

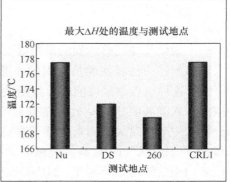

图 9.30　在不同地点，对同一粉末采用相同的 DSC 扫描程序，得到的测试结果存在很大差异。事先商定好关于样品制备和试验步骤的具体细节，对降低不同测试地点(如实验室或工厂)试验结果的差异性至关重要[40]

在固态时的光谱明显不同。

红外光谱扫描能够提供 FBE 涂料的指纹特性。红外光谱的谱图分析需要经验丰富且训练有素的分析人员[37]。红外光谱通常作为材料过程验证的一部分，并存档保留。粉末和固化后 FBE 涂层材料的红外扫描示例如图 9.31 所示。

5. 粉末测试小结

涂敷前，有多种试验方法可确定粉末的适用性。一些规格书要求工程上使用的所有粉末需要先进行实验室涂敷和性能检测。该过程很耗时、成本高并且容易出错。为了确保测试数据的准确性，各方都必须充分理解并严格遵守检测程序。

实际且越来越受欢迎的做法是使用高性能的预认证涂层涂料。使用前，涂料生产商已对这些涂料依据标准进行了测试认证。这种情况下，只需在防腐厂的实验室进行更简单试验来确定粉末涂料在运输过程中没有发生变化即可。通常，这些测试包括胶化时间或外观试验。同样，充分理解和控制测试程序对提高结果的复现性和有用性至关重要。

作为过程证明的一部分，任何一种粉末确认方式可能都需提供 IR 和 DSC 扫

红外(IR)扫描

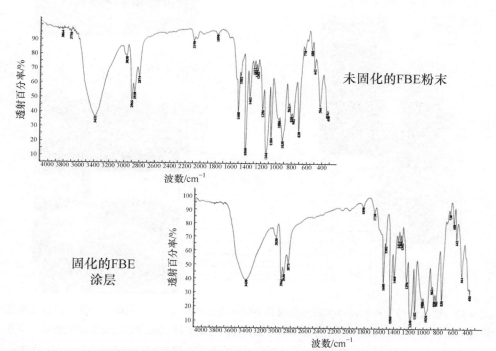

图 9.31　红外光谱扫描能够提供 FBE 涂料的指纹特性，通常作为过程验证的一部分(照片由得克萨斯州休斯敦 ITI Anti-Corrosion, Inc. 提供)

描数据，并存档备查。这些测试可通过防腐厂或第三方实验室开展。

9.3.2　非破坏性检测

　　非破坏性检测不需要破坏涂层或从钢管中截取管段样品，通过这些测试可以提供一些有用的信息。可开展的测试包括：

- 抛丸磨料的评价
- 表面锚纹的测量

1. 抛丸磨料的评价

　　(1) 筛分分析。常规的筛分分析是确认磨料的添加频率和抛丸清洁设备有效性的另外一种方法，如图 9.32 和图 9.34(a)所示。如果筛盘中有过多的细粉，则表明空气筛未有效工作。如果操作混合磨料筛分后，存在许多大尺寸的磨料，则表明旧磨料正被新加入的磨料替换掉。用显微镜可以观察磨料是否依然有尖锐的棱角。如果磨料变圆了，很有可能是磨料的硬度太低。

磨料： 筛分分析

500g磨料样品筛余物占比，筛分5min				
筛号	S280钢丸	S280钢丸操作混合磨料	GL25钢砂	GL25钢砂操作混合磨料
18	0.07%	7.9%	33.9%	0.06%
20	83.2%	53.9%	35.7%	15.8%
30	13.5%	25%	17.2%	30.8%
35	0%	6.4%	0.01%	16.5%
40	0%	2.8%	0%	8.6%
45	0%	2.4%	0%	9%
筛盘	0%	1.4%	0%	1.2%

图 9.32　通过粒径分析和显微镜观察能够提供磨料的重要信息。(a) 带振动器的一组标准筛能将喷砂磨料按尺寸依次增加的顺序筛分开。(b) 振动周期的长短将对测试结果造成影响，应在试验程序中明确规定。(c) 表中显示了从新磨料到操作混合磨料粒径分布的变化。(d) 将收集的磨料样品放到最上层的筛子中。(e 和 f)初始钢砂和钢丸的显微镜照片(照片和图表由得克萨斯利文斯顿 Enspect 技术服务公司提供)

(2) 电导率测量。另一种评价抛丸磨料的方法是对磨料的提取物进行电导率测量。测试时，需要首先将 100mL 去离子水或蒸馏水与 100mL 磨料混合，然后用手将密闭容器摇晃 1min，将水倒进另一容器中进行电导率测量。如果水与磨料的接触时间增加，将导致电导率增大。因此明确水和磨料混合后的摇动时间并立即分离是测试程序的重要内容，如图 9.33 所示。如果测得的电导率数值低，则表明磨料没有被可能沉积在钢表面的可溶性离子污染，说明空气除尘系统在正常工作，并且钢管本身导电性污染物的含量水平很低。

(3) 目视检查提取出的水溶液。目测检查与磨料混合后水的颜色也是非常有用的。如果水的颜色深，通常表明粉尘去除有问题。如果在水的表面发现了流动的油，说明钢管表面存在油污，应在抛丸清洁前去除干净。如果新磨料里的水溶性杂质很多，最好不要使用这样的磨料。但在紧急无磨料的情况下，也可以将少量受污染的新磨料加入到在用混合磨料中，如图 9.34(b)所示。添加少量高电导率磨料可能不会对涂层性能造成很大影响。一旦循环通过抛丸设备系统，污染物很可能被工作良好的空气筛去除掉。

磨料评价

磨料	电导率/μS
新S-280	32
第1台喷砂机操作混合后	21
新GL-40	>200
第2台喷砂机操作混合后	41

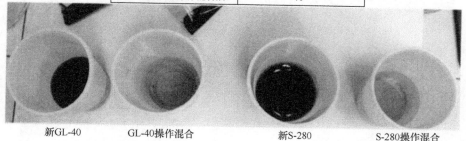

新GL-40　　　GL-40操作混合　　　　　新S-280　　　S-280操作混合

图 9.33　为了测量抛丸磨料中可溶性物质的电导率，首先将 100 mL 去离子水或蒸馏水与 100mL 磨料混合。用手摇晃密封容器 1min，将水倒入另一个容器中观察分析[12]。如果测得的电导率数值低，则表明抛丸机在正常运行且进厂钢管干净，没有对磨料造成污染。另外，如果提取出来的水外观相对干净，也从另一方面表明抛丸磨料中的细粉已经被很好地去除(照片由作者提供)

磨料评估：粒径和电导率

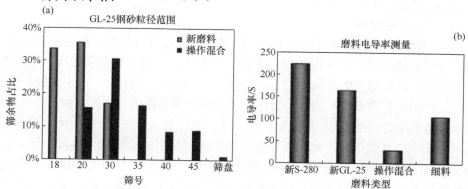

图 9.34　(a) 给出了 GL-25 新钢砂与操作混合磨料的对比图。筛盘中操作混合磨料中的细粉量高于预期值。(b) 表明一些新磨料的水溶性污染物含量很高，必须在抛丸清洁前去除。操作混合磨料的电导率明显低于原始新磨料的电导率，但细粉的电导率要高于操作混合磨料的电导率，这说明许多可溶性导电污染物已被空气筛去除掉[12,13]

磨料中的离子含量水平可以通过测量冲洗抛丸磨料后溶液的电导率估算出

来，如图 9.35 所示[41]。

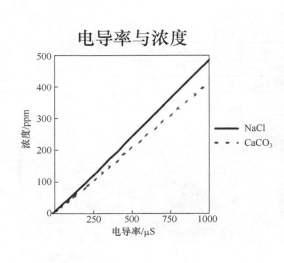

图 9.35　可以通过测量冲洗溶液的电导率来估算磨料中污染物的含量[41](照片由作者提供)

2. 表面锚纹的测量

表面锚纹的测量通常在抛丸清洁后的检查区域开展。尽管还有其他方法，但在 FBE 防腐厂，最常用的还是以下两种测量技术[16]：
- 复制胶带法
- 触针式粗糙度测试仪

(1) 复制胶带法。复制胶带由可控制厚度的聚酯薄膜片和涂敷在它上面的一层可压缩的微孔塑料膜组成。复制胶带有多种不同的微孔塑料膜厚度。在 FBE 钢管涂敷厂最经常用的是 40~115μm 厚度范围的胶带。测试时，首先将胶带贴在已抛丸好的钢管表面并用施压工具将微孔塑料膜压紧在待测样品表面。锚纹的轮廓峰到达聚酯薄膜的表面，微孔塑料膜渗透到锚纹的轮廓谷里。然后将胶带取下，技术员使用弹簧式千分尺测量复制胶带的厚度。将聚酯薄膜的厚度减去后(通常为 51μm)，就能得到锚纹波峰和轮廓谷的高度差。通常的测量过程如图 9.36 所示。对实验员的培训及其操作经验对于获得可重复性的测试结果非常重要，如图 9.9 所示。另外施压工具的构造对测试结果的影响也很大，如图 9.10 所示。

(2) 触针式粗糙度测试仪。这种类型的锚纹测试仪能以恒定的速率驱动尖头触针在抛丸处理后的钢管表面以直线的方式移动。驱动器/检测器单元测量触针随时间的垂直运动，然后可以将锚纹图和测量值一并打印出来，这将有助于表征抛丸后的表面状态[16]。粗糙度仪输出示例如图 9.37 所示。典型的锚纹测量结果将

表面锚纹：复制胶带

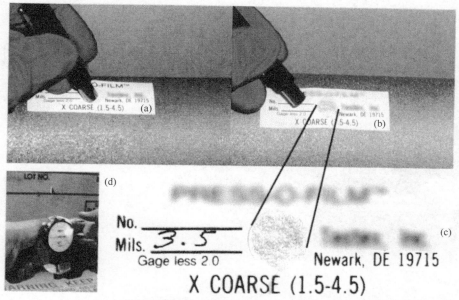

图 9.36　(a) 用复制胶带法测量表面粗糙度的第一步是将胶带贴到钢管表面并用施压工具摩擦测试点。为获得可重复性的测试结果，需要使用标准的施压工具，而不是用图中的笔帽。然后将胶带从钢管上移除(b 和 c)，并用弹簧式千分尺进行测量(d)。记住胶带背材的标准厚度很重要(通常是 51μm)，需检查制造商的说明书进行确认。一定要从读数中减去该标准厚度才可获得正确的锚纹深度(照片由作者提供)

评价长度分为五个独立的段，作为特征数据分析的基础。

触针式粗糙度仪测量的特征参数包括[42]：

* R_a：轮廓算术平均偏差。即在取样长度内轮廓距绝对值的算术平均值。
* R_{max}：每段的最大轮廓高度。即五段中，每段各自的最大峰值和最大谷值之和。
* R_z：评定长度范围内最大锚纹值的平均值。为确定这个数值，需将评价长度分为相等的五段，得到每段的 R_{max} 值，然后计算算术平均值即为 R_z 值。如果抛丸处理工艺一致性高，那么在管道长度方向不同区域测得的 R_z 值是相近的。
* P_C：峰值数。即评定长度范围内单位长度的峰值数。

3. 非破坏性检测小结

检查区域外的一些非破坏性测试可以在涂敷过程中或在实验室进行。磨料的清洁度是确保清洁处理过程有效开展的关键。通过磨料的电导率测试能够提供进

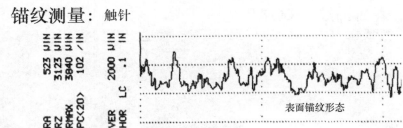

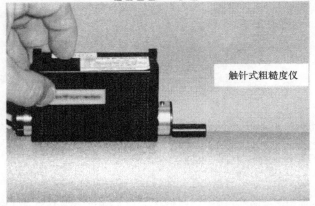

图 9.37　触针式粗糙度仪驱动尖头触针在抛丸处理后的钢管表面以直线的方式移动。驱动器/探测器单元测量触针垂直方向的运动量。微处理器能够存储数据并打印出表征表面形态的轮廓图和测量值(照片由作者提供)

厂钢管盐污染的相关信息。

抛丸清洁后钢管表面的锚纹测量可以进一步确认抛丸清洁过程是否在有效进行。尽管锚纹深度本身并不是关键的影响因素，但维持可复现的表面锚纹形态，能够表明整个清洁过程始终处于受控状态。

9.3.3　涂敷钢管的破坏性检测

破坏性检测包括对钢管上涂层直接进行的破坏性测试，如附着力或冲击强度测试，以及需要从钢管上切下管段的相关试验。图 9.38 给出了需要开展的破坏性检测项目的示例。上述两类测试，都可以在管环样品上开展，主要包括：

- 附着力
- 弯曲测试
- 冲击强度
- 孔隙率
- 界面杂质污染
- 阴极剥离

- 热水浸泡(HWS)测试(附着力)
- 固化后涂层的 DSC 测试

管环样品： 破坏性测试

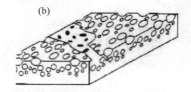

- 附着力
- 弯曲测试
- 冲击强度
- 孔隙率
- 界面杂质污染
- 阴极剥离
- 热水浸泡附着力
- 固化后涂层的DSC测试

图 9.38　一些试验可以直接在钢管上进行，无须裁切管环样品，如附着力、孔隙率和 DSC。其他性能测试则需要从钢管上裁切管环，并加工成标准规定的尺寸，如：(a) 用于评价涂层固化度和柔韧性的弯曲测试的试件；(b) 用于评价涂层孔隙率和界面杂质污染的片状涂层试件；(c) 能够反映钢管表面污染程度的阴极剥离试验试件[3](照片由 3M 公司提供，图片由作者提供)

1. 附着力

　　附着力试验通常就是孔隙率试验。它可以直接在涂敷后钢管的检查区域进行，从而避免裁切管段试样以及重新给钢管打坡口的花费，如图 9.39 所示。典型的做法是划 × 法，首先用锋利的小刀在涂层上划两条交叉角约 30°且穿透涂层直至钢管管体的直线。测试时，钢管的温度应低于 50℃[22]。然后用小刀或剃刀的刀尖从交叉点插入，向上向前翘拨切口内的防腐层。如果孔隙过多，涂层将被成片挑起，露出基底上蜂窝状的涂层断面。如果孔隙正常，涂层是被切开而不是断开[43]。

　　在附着力真正丧失的情况下，涂层很有可能从钢管表面被成片挑起。通过对涂层的微观检查可以揭示问题是否由粘接失效或涂层孔隙引起。

附着力

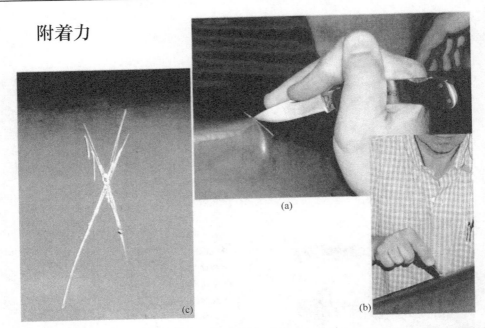

图 9.39　划×法附着力测试通常也是发现涂层高孔隙率的有效方法。(a) 用锋利的小刀刻划出两条相交且划透至钢管表面的直线，夹角约为 30°。(b) 将刀尖从交叉点插入，然后向上向前翘拨涂层。(c) 涂层没有形成泡孔粘接，仍然完好。如果孔隙过多，涂层将被成片挑起，用手持显微镜可以观察到涂层背面留下的多孔结构。在附着力严重丧失的情况下，涂层有可能从钢管表面被成片挑起。通过对涂层的微观检查可以揭示问题是否由粘接失效或涂层孔隙引起(照片由作者提供)

2. 弯曲测试

作为一种测试评定手段，弯曲测试能够评估涂层的伸长能力，也就是涂层能够经受现场弯曲而不发生开裂的能力。尽管评定试验经常会发生涂层失效，但也会呈现能够超出规范中的伸长率要求而未发生涂层失效的情况。

作为涂敷钢管质量控制的相关试验，弯曲测试的首要目的是确认涂层固化情况。柔韧性是 FBE 经过固化后获得的最终性能之一。

通常有两种弯曲试验方法[3,44-46]：

- 四点弯曲试验(图 9.40)
- 芯轴弯曲试验

不管采用哪种试验方法，都需要沿钢管轴向从管环样品上裁切条状试件。

(1) 四点弯曲试验。在四点弯曲试验中，将样条放置于两个固定支座上，利用外力驱动试件来实现弯曲过程。通常会一直持续弯曲，直到涂层发生破坏。有

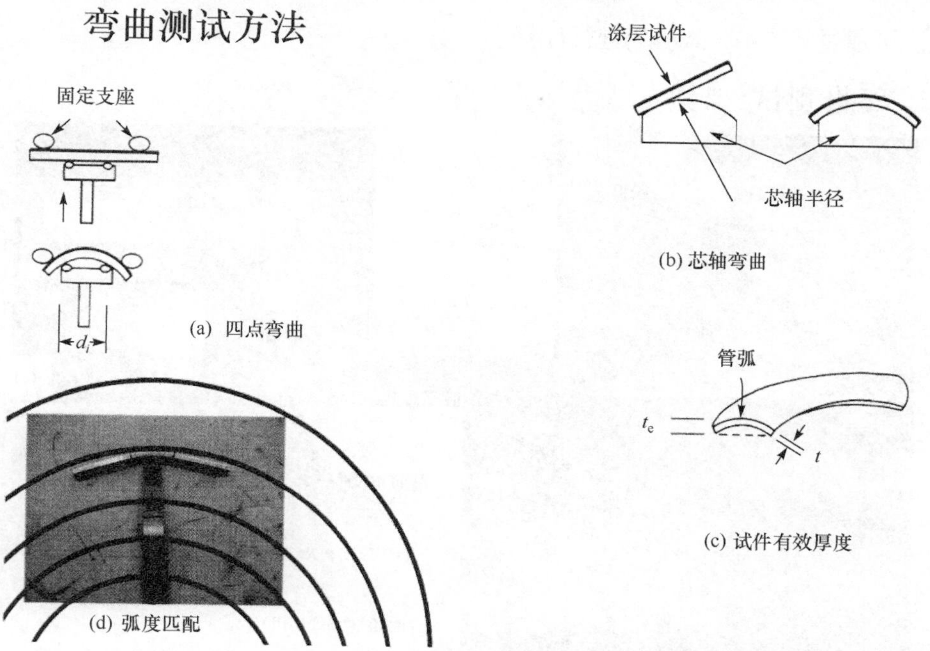

弯曲测试方法

固定支座

(a) 四点弯曲

涂层试件

芯轴半径

(b) 芯轴弯曲

管弧

t_e

t

(c) 试件有效厚度

(d) 弧度匹配

图 9.40　(a) 四点弯曲试验是利用活塞将置于移动端两个支座上的试件推向固定的两个支座，以实现试件弯曲。这将导致试件变形且涂层被拉伸。通常会持续弯曲直至涂层出现开裂或裂纹失效。可在两个驱动支座间(不是与涂层直接接触的区域)对试件进行观察。(d) 经四点弯曲后，样品的弯曲度可通过圆弧匹配的方法来确定。(b) 芯轴弯曲，使用已知半径的圆弧形弯曲头测试。为了计算涂层的伸长率或柔韧性，必须首先测量包括涂层在内的整个试件的厚度。(c) 对于小直径钢管试件，必须将试件的管弧考虑到试件的有效厚度中[3](照片由得克萨斯利文斯顿 Enspect 技术服务公司提供；图片由作者提供)

多种定义失效的方式，但通常采用应力区域是否出现开裂或裂纹来评判。直接与固定支座接触的涂层部分不包括在评价区域之内。一旦出现涂层失效，应立即停止测试并计算弯曲度数。为确定最终的弯曲度，可使用与已知曲率半径圆弧匹配的方法进行[44]。当弯曲试件与合适的圆弧相匹配时，即为该样品的弯曲度。通过式(9.4)，依据得到的曲率半径可以计算涂层的伸长率 R_{4pt}。圆弧匹配的方法对四点弯曲和芯轴弯曲都适用。

(2) 芯轴弯曲试验。测试时，将试件置于给定半径的芯轴上进行弯曲，如图 9.41 所示。弯曲后，评价试件涂层是否失效。

在质量控制测试中，根据试件尺寸计算芯轴半径，来进行"通过/不通过"测试。例如：规范要求进行 2°/PD 弯曲测试。在这种情况下，就需要使用弯曲后使得试件的弯曲度至少达到 2°/PD 的芯轴进行弯曲试验，且弯曲后涂层未失效为通过。可通过式(9.4)～式(9.7)进行计算。

弯曲测试: 计算

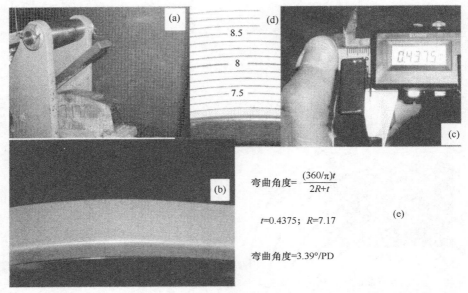

弯曲角度＝$\dfrac{(360/\pi)t}{2R+t}$

t=0.4375；R=7.17

弯曲角度=3.39°/PD

图 9.41　弯曲试验(a) 后，检查试件的涂层是否失效(b)。计算弯曲度时，应测量包括涂层在内的试件厚度(c)。根据式(9.5)计算(e)。根据测试所使用芯轴(a)的半径，通过计算可得到涂层的伸长率。也可通过弧形匹配(d)的方法，得到弯曲金属回弹后的永久弯曲弧度。图中试件弯曲后与 7.25 in 的弧形半径相匹配(试样弯曲回弹后的永久变形超过了 7.17 in 的曲率半径)，计算得出试件的弯曲度为 3.56°/PD(照片由作者提供)

　　为了进行对比或评定试验，每个试样可能需要选用一系列芯轴进行弯曲。首先从大半径的芯轴开始，然后由大到小逐一更换弯曲芯轴，直至观察到涂层失效。测试报告的结果为能够通过的最大弯曲弧度(最小的芯轴半径)，或出现涂层失效时的弯曲弧度。由于这些结果是逐渐递增的，因此确认报告为通过的结果还是失效时的结果很重要。也有一些实验室报告的是通过弯曲测试和涂层出现失效时两者的平均值。

　　有多种因素会影响弯曲的测试结果，包括测试温度、测试步骤、失效的定义、涂层的湿含量、弯曲的方法以及计算，如图 9.42 和图 9.43 所示。测试温度越低，涂层就越硬。测试步骤不同，得出的试验结果差异也很大。图 9.42 为采用同一涂层材料在相同工艺下制备样品，然后进行芯轴弯曲和四点弯曲的对比试验。结果显示，四点弯曲测量的涂层柔韧性比芯轴弯曲要高 65%以上。

　　在进行涂层材料对比或验收标准建立时，确定柔韧性的测试方法非常重要。

　　如图 9.43 所示，涂层失效定义不同会显著影响样品的失效比例。在测试项目中，针对涂层的失效定义需要事先设定并被各方接受。

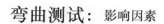

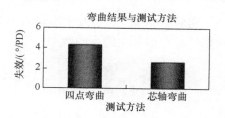

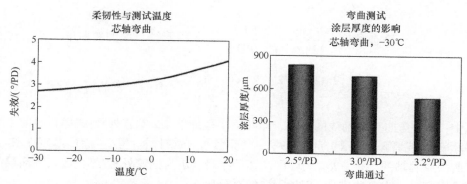

图 9.42　测试方法是影响弯曲测试试验结果的重要因素之一。出现涂层失效时，芯轴弯曲得到的试验结果通常要比四点弯曲小。低温将导致涂层更硬，在更低的弯曲弧度时就会出现涂层失效。尽管涂层厚度对于弯曲试验结果的影响并不显著，但依然会对测试结果造成影响[3,47]

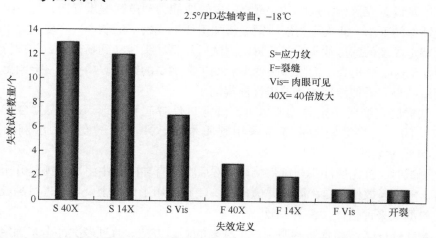

图 9.43　为了研究不同失效定义对测试结果的影响，使所测试的涂层在试验条件下到达接近失效状态。对弯曲的 13 个试样条逐一检查，并基于几种不同标准来进行通过或不通过的判定。结果显示，当将失效定义为在 40 倍显微镜观察下发现应力纹时，13 个样品全部未通过。另一种极端情况，当将失效定义为肉眼可见的裂缝时，除一个试件外，其他所有试件均通过了测试[3]

实验室测试中，有几个术语可用来定义涂层的弯曲程度。根据以下公式，可重新计算获得其他的弯曲数据：

$$PD = \frac{R}{d} = \frac{R_{am} - \frac{1}{2}d}{d} = 钢管直径 \qquad 弧形匹配弯曲 \qquad (9.4)$$

$$PD = \frac{R}{d} = \frac{R_d + \frac{1}{2}d}{d} = 钢管直径 \qquad 芯轴弯曲 \qquad (9.5)$$

$$弯曲角度 = \frac{360}{(2\pi R)/d} = \frac{57.3}{PD} \qquad 单倍管径长度的弯曲度 \qquad (9.6)$$

$$s = \frac{d/2}{R} = \frac{[2\pi(R+d/2) - 2\pi R]}{2\pi R} = \frac{50}{PD} \qquad 弯曲应变的百分比 \qquad (9.7)$$

式中：R 为弯曲头中轴线的半径，即芯轴半径加上 1/2 钢管外径(或样板厚度＋涂层厚度)，或者弧形匹配的半径减去 1/2 钢管外径(或样板厚度＋涂层厚度)；R_d 为弯曲头或芯轴的半径；R_{am} 为匹配圆弧的半径；d 为钢管外径(或金属板和涂层的有效厚度)；s 为弯曲应变(或伸长率)的百分比。

根据式(9.5)计算的弯曲示例如图 9.41 所示，单位以°/PD 计。

3. 冲击强度

冲击测试设备由冲击锤垂直导向管、冲击锤、冲头(球形冲击面)、试件固定装置以及设备支撑台组成[48,49]。垂直导向管应能为冲击锤提供导向，且不阻碍或减慢锤体的下落。冲头应为硬质钢经机加工所形成的半球状。一些规范要求使用达到特定硬度的球形冲头，并且每次测试后需将冲头转动到新位置，并按特定频次更换。这主要是为了消除冲头变形和变平对测试的影响。冲头变平会给出错误的测试结果，看似涂层的抗冲击性能提高了。

试样固定装置一定要能够尽可能降低试件弹起和变形。设备支撑台应该稳定且坚固，大多数实验室通常采用硬质木块。冲击测试设备的示例照片如图 9.44 所示。

测试时，首先使冲头与试件接触，然后在垂直导向管中将冲击锤提升至测量高度，随之释放使其自由降落并撞击冲头使其作用于试件上。可通过目测或使用漏点检测仪来评估试件是否失效。

ASTM G14 试验程序阐明了一种清晰的测试方法，通过多次冲击来确定通过或失败[48]。记录每次冲击的高度，以用于最终冲击结果的计算。

影响试验结果的主要因素是冲击能吸收的位置。如果冲击时样板发生了变形，这时大部分的冲击力都被钢吸收了，就会得到较大的冲击值。另外，如果试

冲击测试

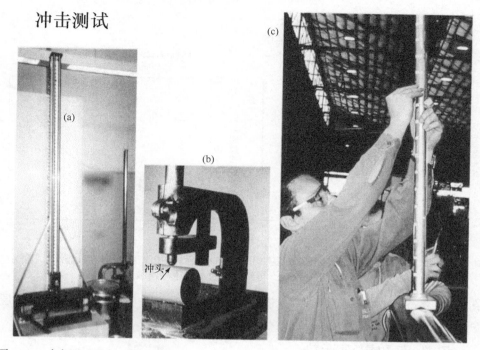

图 9.44　冲击测试设备由冲击锤垂直导向管、冲击锤、冲头(球形冲击面)、试件固定装置以及设备支撑台组成。垂直导向管(a)，应能为冲击锤提供导向，但不会阻碍或减慢锤体的下降。冲头应为机加工的半球状硬质钢(b)。试样固定装置一定要能够尽可能减少试件弹起和变形。设备支撑台应稳定且坚固。作为工艺评定试验的评估项目(c)，冲击测试可能会导致涂层破损但无法在检漏时被发现。可以在钢管裁切下来的管段试件上进行测试，不应在已安装好的管道上为了常规质量保证而进行冲击强度测试。在 PQT 中，使用手持式冲击强度测试仪与使用实验室设备得到的结果之间通常会存在很大差异(照片由作者提供)

件变形太大，超出了涂层的伸长率所引起的涂层失效并非因冲击所致，如图 9.45 所示。此外，温度也是涂层抗冲击性能的重要影响因素。根据 ASTM G14 方法测试时，增加涂层厚度可提高抗冲击能力。

　　作为 PQT 的评估项目，冲击测试可能会导致涂层破损但无法在检漏时被发现。冲击试验不应在已安装好的钢管上作为常规质量保证试验开展。更常见的是，此项试验可以在钢管裁切下来的管段试件上进行。作为一项质量控制试验，尽管各规范的要求并不相同，但大多数规范都要求应通过 1.5J 冲击[32,34]。1.5J 冲击失败很有可能是由涂层未固化完全所致。

4. 孔隙率和界面杂质污染

　　可通过低温冷冻后弯曲样条的方法进行涂层样品取样。干冰可以很好地使样

冲击测试的影响因素：
试板厚度和测试温度

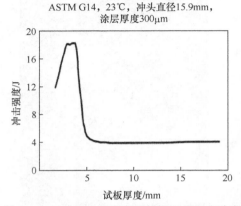

ASTM G14，23℃，冲头直径15.9mm，涂层厚度300μm

ASTM G14，3.2mm金属板，冲头直径15.9mm，涂层厚度300μm

图 9.45　冲击时，基底变形能够吸收更多冲击力，从而有效保护涂层免受损坏。降低试验温度会增加涂层的刚性，导致涂层更易发生冲击破坏[50]

条降温。将冷却的样条在小半径的芯轴上快速弯曲，如图 9.46 所示。这会使涂层

孔隙率和界面污染

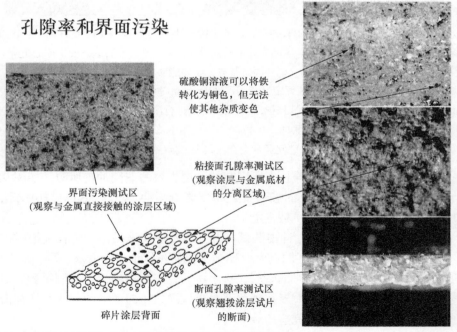

硫酸铜溶液可以将铁转化为铜色，但无法使其他杂质变色

粘接面孔隙率测试区（观察涂层与金属底材的分离区域）

界面污染测试区（观察与金属直接接触的涂层区域）

断面孔隙率测试区（观察翘拨涂层试片的断面）

碎片涂层背面

图 9.46　可通过低温冷冻后弯曲样条的方法进行涂层样品取样。将冷却的样条在小半径的芯轴上快速弯曲，这会使得涂层开裂并从基底表面分层。涂层片试样可用于粘接面和断面的孔隙率以及界面杂质污染程度的评估。粘接面孔隙率需要在涂层被撕开的地方观察。无法观察时，可使用刀片将粘接面表面切除一层很薄的表层后再观察(照片由作者提供)

开裂，并从基底表面分层。涂层片样品用于粘接面孔隙率、断面孔隙率以及界面杂质污染的测试。

(1) 孔隙率。孔隙率测试能够提供涂层中孔隙或起泡程度的等级。高孔隙率将导致涂层结构强度的降低。断面孔隙率观察需要在涂层清晰的断面区域进行。粘接面孔隙率观察需要在涂层与基底分开且靠近基底表面的区域进行。无法观察时，可使用刀片将粘接面表面切除一层很薄的表层以使气孔暴露出来。测试时，通常在 30～60 倍的显微镜下进行观察。孔隙率测试具有一定的主观性，如图 9.47(a)所示。为便于确认，需使用比对图，如图 9.47(b)所示。即使使用比对图，不同评估人员之间也存在很大差异。

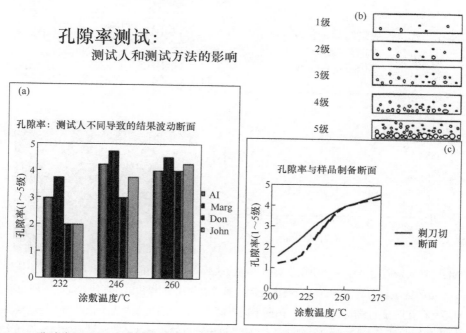

图 9.47　孔隙率测试有一定主观性。四个实验员对三个在不同温度下涂敷的试样进行了评估(a)。采用样条快速冷弯方法获得试样片。(b)为作为对比基准来进行等级评判。另外，对图(a)中的样品采用另外的取样方法进行孔隙率对比测试,首先使用锋利的剃刀划透涂层形成一个 V 形，然后使用 30 倍的显微镜进行观察(c)[51](图片由作者提供)

为了不等待裁切管段试样就能够快速得到涂层的孔隙率信息，一种类似于附着力的测试很有用。为避免气泡破裂，需要使用非常锋利的刀片在涂层上划个 V 形，最好使用新的刻刀刀片。在划透涂层的 V 形区域，用手持显微镜观察涂层的孔隙率等级。多加练习且细心操作，可以得到与从试样条上取下试样片相似的测试结果，见图 9.47(c)。

(2) 界面杂质污染。该测试使用的试样片与涂层孔隙率的取样方式相同，均可通过样条快速冷弯的方法获得。然后使用放大约 30 倍的显微镜目测评估涂层界面的杂质污染程度，记录污染物占整个评估面积的百分比。该项测试带有一定的主观性，不同实验员给出的结果可能会存在明显差异，如图 9.48 所示。为减少评价的主观性，应频繁使用对比图。观察者之间结果的差异，随界面污染量的增加而增大。

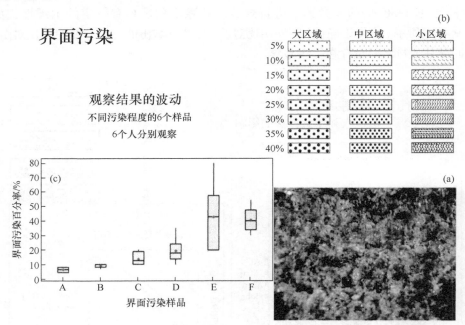

图 9.48　界面杂质污染评估必须在涂层的非断面区域进行(a)，不能观察分离时钢管表面依然有涂层残留的区域。为确保测试结果的重现性，通常需使用对比图(b)。即便如此，不同观察者之间还是存在明显差异(c)。选取六个预期不同界面杂质污染程度的样品，让六个人分别观察评估，结果如图(c)所示。通过对比发现，不同实验员给出结果的差异性随着污染率的增高而增大。箱形图的箱体代表中间 50%的数据。箱体中的点表示所有数据的平均值。穿过箱子的线段表示中位数。从框中延伸出的线(须状)表示上下各 25%范围内的数据(照片由得克萨斯利文斯顿 Enspect 技术服务公司提供，图片由作者提供)

为了研究嵌入涂层杂质的类型，测试前可使用 5%的硫酸铜溶液进行区分。可将 5%的硫酸铜溶液滴到涂层表面，也可将试样片置于溶液中。放置几秒后，铜能够与涂层表面的钢颗粒发生反应，但不会与氧化皮反应。在显微镜下观察时，与硫酸铜发生反应的钢有铜色，如图 9.46 所示。然后记录估算的界面杂质污染比例。表 9.1 给出了两个示例的评估结果。

表 9.1　界面杂质污染含量通常记录的两类数值 A

样品	界面杂质污染百分率/%	钢污染物占比/%
A	10	90
B	20	50

(A) 首先，界面杂质污染百分率是对涂层背面嵌入杂质总量的可视化评估。其次是对界面杂质中钢污染物数量的评估。如表所示，样品 A 大约有 10%的界面被可视杂质所遮蔽。在这些杂质中，90%是钢，剩下的 10%是不与硫酸铜反应的其他杂质材料。即涂层界面的 9%被钢颗粒杂质所覆盖。样品 B 大约有 20%的界面被可视杂质所遮蔽。在这些物质中，50%是钢，剩下的 50%是不与硫酸铜反应的其他杂质。也就是涂层界面 10%被钢颗粒所覆盖，10%被非钢颗粒覆盖。非钢类杂质通常是氧化皮和污垢。

　　界面杂质污染测试通常记录两类数值。一类是界面杂质污染百分率，是对于涂层界面嵌入杂质总量的可视化估算。另一类是界面杂质中钢污染物的占比。如表 9.1 所示，样品 A 大约有 10%的界面被可视杂质所遮蔽。在这些杂质中，90%是钢，剩下的 10%是不与硫酸铜反应的其他杂质材料。即涂层界面的 9%被钢颗粒杂质所覆盖，1%被非钢颗粒覆盖。非钢杂质通常是氧化皮和污垢。

　　5. 阴极剥离试验(CDT)

　　作为质量控制手段，阴极剥离试验是测量涂层附着力和评估抛丸清洁后钢管表面清洁度的基本方法。低于 25%的"界面污染"，通常就会对如阴极剥离等测试有显著的影响。肉眼无法观测到的隐形污染物，诸如油类、油脂及可溶性物质(如无机盐)也会对涂层性能造成一定影响。大多数用于质量控制的阴极剥离试验，周期通常为 24h 或 48h。尽管短期试验对快速鉴别涂敷工艺是否存在问题很有用，但不应与用来评价涂层长期性能的试验相混淆。

　　目前，已经有多个标准规定了很详细的试验程序，如 ASTM 方法标准以及 NACE、ANSI/API 和 CSA 等行业标准[32-34, 52-55]。试验步骤概述如下：

　　1) 阴极剥离测试样品的准备

- 从涂敷钢管上裁切试件，通常尺寸为 10 cm×10 cm。
- 在试件的一角上钻个孔，用于同电源的负极相连。也可对其中一个角进行打磨处理，使金属露出来。或者在金属板上以开槽的方式形成接线点，用于同负极连接。
- 在试件的中心位置钻一个穿透涂层直径为 3.2mm 的缺陷孔。应使用锥形冲头，其尺寸应能满足可以穿透涂层并形成直径为 3.2mm 的缺陷孔。
- 以缺陷孔为中心，使用密封胶将测试筒粘接到试件上。

　　2) 阴极剥离试验的测试程序

- 将事先预热至测试温度(通常为 66℃)的 3% NaCl 电解质溶液加入测试筒中，液面高度距顶部约为 15mm。

- 如图 9.50 所示组装测试单元，可在托盘里铺上沙砾或砂丸作为传热介质，为试板提供均匀的温度。
- 如果在加热板上进行测试，可在涂层处放置浸入式温度计来进行温度测量。
- 将试件与电源的负极相连，铂电极与电源的正极连接。
- 打开电源。
- 用饱和甘汞参比电极调节试件上施加的电压为−1.5V 或规定的其他电压。测试时，将电压表的一端与饱和甘汞电极相连，另一端与试件的阴极相连。
- 调节完毕后，记录测试开始时间，通常试验周期为 24h 或规定的其他周期。
- 记录。

3) 阴极剥离试验评价步骤

- 试验结束后，将连接线断开，移除测试单元。
- 将电解质溶液倒掉，去除测试筒。
- 使用通用小刀以缺陷孔为中心将 360°圆周划八个等分，向外呈放射状划割涂层，长度至少为 2cm，如图 9.49 所示。

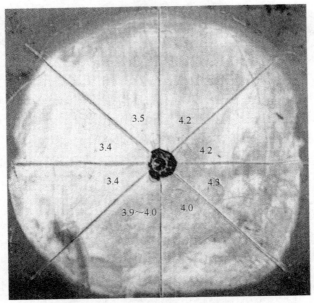

图 9.49　进行阴极剥离结果评价时，首先用通用小刀以缺陷孔为中心划出长度至少 2cm 的放射状线，应划透涂层至金属基底。待样品冷却至室温后，用小刀从缺陷孔开始向四周进行涂层翘拨。示例中，剥离半径按 CSA Z245.20-98 [34]标准的规定从缺陷孔中心点开始测量，这比 NACE RP0394[32]要求的从缺陷孔边缘开始测量增加了 1.6mm(照片由 3M 公司提供)

- 使试件自然空气冷却至室温。
- 从加热板上将试件移除的 1h 内，完成样品评估。

4) 阴极剥离试验：剥离性能的测量

- 以缺陷孔为起点，将通用小刀的刀尖插入涂层下方。
- 采用翘拨方式挑起涂层，直到涂层呈现明显的抗翘拨性为止。
- 测量从漏点边缘到涂层剥离区域的半径。如果剥离区域不是均匀的圆形，需测量几个取平均值(注：CSA 规定阴极剥离距离从缺陷孔中心开始测量。因此 NACE 标准的测试结果需要再加上 1.6mm 才能与 CSA 的结果进行对比)[32,34]。
- 报告剥离半径，以 mm(毫米半径)计。

阴极剥离试验是管道涂层质量控制测试的重要项目，因此充分理解影响试验结果的因素和变量很有必要(图 9.50)[56-60]。

5) 阴极剥离试验的影响因素

- 时间、温度和电压
- 温度梯度：试验装置中温度的扩散

阴极剥离：测试因素

- 测试参数
  温度
  电解质溶液
  电压
  测试周期

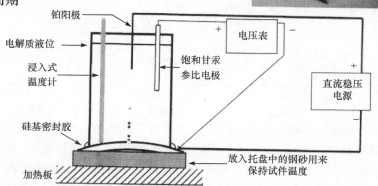

图 9.50 阴极剥离试验是确定涂敷时钢管表面污染程度非常有效的测试技术。多种因素会对测试结果产生影响。因此充分理解和控制这些影响因素，才能得到具有可比性和更有意义的试验数据[3](照片由 3M 公司提供，图片由作者提供)

- 电解质溶液的组成和 pH 值
- 缺陷孔尺寸
- 阳极位置：是否与电解质溶液隔离
- 涂层厚度
- 涂层应变(测试前，涂层试件先被弯曲)
- 样品制备：涂敷时蓝色氧化层的影响

(1) 阴极剥离试验的影响因素：时间、温度和电压。图 9.51 和图 9.52 对比了时间、温度和电压各变量对阴极剥离测试结果的影响。实验表明，对于工厂常用于质量控制的短期阴极剥离，温度对测试结果的影响最大[61]。因此，需要重点关注加热设备的温度设定以及关于测试温度的定义。测量加热板的温度时，使用表盘式温度计测量试件表面温度和使用浸入式温度计测量电解质溶液温度，得到的结果是不同的。这就意味着电解质溶液一定要在试验开始前就预热至测试温度。

阴极剥离测试的影响因素：

时间、温度、电压

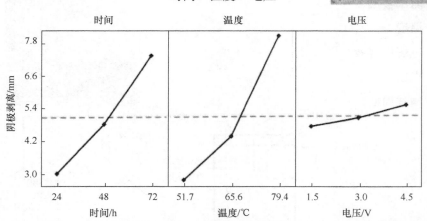

图 9.51　影响 24~48h 阴极剥离试验的相关参数，其中温度最为关键，几摄氏度的偏差都将显著影响试验结果。此外，时间也很重要，尽管几分钟并不会产生明显的影响，但几小时所产生的影响还是很大的。短期试验中电压的影响程度较小[61](照片由得克萨斯利文斯顿的 Enspect 技术服务公司提供)

试验周期非常重要。尽管试验结束时几分钟的延误不影响测试结果，但几小时的偏差会产生明显的影响。相比而言，电压并非那么关键。十分之几伏的偏差

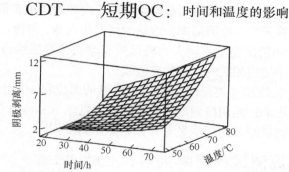

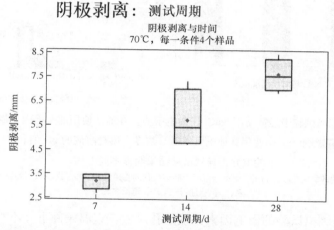

图 9.52　时间和温度是短期阴极剥离试验最重要的试验参数

不会显著影响短期阴极剥离质量控制试验的结果。当用于评定涂层材料性能的长期试验时，试验周期至关重要，如图 9.53 所示。

图 9.53　试验周期在涂层阴极剥离结果中扮演着很重要的角色，特别是用于涂层材料评定的长期、高温试验时。箱形图的箱体代表中间 50% 的数据。箱体中的点表示所有数据的平均值。穿过箱子的线段表示中位数。从框中延伸出的线(须状)表示上下各 25% 范围内的数据(剔除离群值)[62]

(2) 阴极剥离试验的影响因素：温度梯度。温度流动的方向会对试验结果造成影响[59]。大部分试验装置，如果是采用加热板加热，热量是从基底向涂层扩散；如果是使用烘箱控温，热量是中性热流。但如果存在温度梯度导致热流从电解质溶液穿过涂层再扩散到金属中(称为冷壁效应)，这种加热方式将对测试结果产生很大的影响。例如，当使用加热盘管对电解质溶液进行加热时，测试时由电解质溶液穿过涂层的热流比中性或由底板向涂层的正向热流梯度扩散更为强烈。反向热流试验对于管输天然气冷而周围土壤热的情况很有效，但测试结果与那些正向或中性热流梯度的情况完全不同。为确保所有涂层体系能够进行公平的性能对比，需要在试验中使用相同的热流梯度方式。

(3) 阴极剥离试验的影响因素：电解质溶液的组成和 pH 值。NaCl 溶液浓度的微小改变不会影响短期阴极剥离的试验结果，见图 9.54(a)。但电解质溶液 pH 值的改变会导致测试结果出现明显差异，见图 9.54(b)[63]。

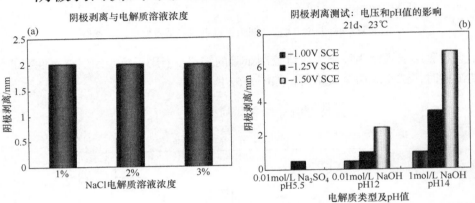

图 9.54　阴极剥离试验中经常使用 NaCl 作为电解质。在通常使用的范围内，氯离子浓度对短期试验几乎没有影响(a)。当使用其他电解质时，浓度会影响溶液的 pH 值。pH 值和施加电压的差异将导致试验结果明显不同(b)[63]

(b)的试验是在纯的环氧树脂上进行的，而不是市场上能够买到的管道涂料。通过这些数据能够看出趋势和相对关系，但绝对值与 FBE 管道涂料无关

(4) 阴极剥离试验的影响因素：缺陷孔尺寸。室温条件下，不管是短期还是长期阴极剥离试验，缺陷孔尺寸都会对试验结果产生一定的影响。大部分试验方法规定缺陷孔直径为 3.2 mm，应穿透涂层到达金属基底。大部分现成的冲头具有锥形尖端，有利于钻孔。理想情况下，应使冲头的整个直径穿透涂层，但超出的尖端部分就不应继续进入金属中，这样可以保证所有试验样品钢暴露的表面积是相同的。实际上，通过试验发现钻孔过程中小的误差通常不会对质量保证的试验结果产生显著影响，如图 9.55 所示。缺陷孔处暴露的金属越多，就需要越高的电流以维持试验电压，从而导致次氯酸钠的形成并持续增加，这将对长期试验产生影响，详见阴极剥离试验因素：阳极位置。

(5) 阴极剥离试验的影响因素：阳极位置，即与电解质隔离。阴极剥离测试时，氯化钠电解质溶液中发生的化学反应之一是形成次氯酸盐，见反应式(9.8)～

反应式(9.10)。

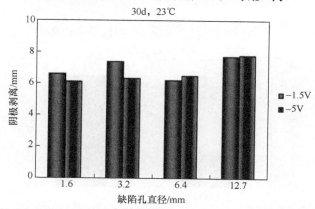

图 9.55　室温条件或短期阴极剥离试验时,缺陷孔的尺寸对试验结果的影响很小。但对于长期、高温试验,缺陷孔的尺寸影响则很大,缺陷孔大就需要高的电流水平以维持规定的试验电压。这就意味着电解质溶液中化学反应的速率变快,导致更多次氯酸钠生成。次氯酸钠是一种氧化剂,在高温和高浓度下会侵蚀 FBE 涂层,导致涂层厚度随时间的增加而逐渐降低。相比而言,涂层越薄,阴极剥离的速度就越快[64]。由于在实际的管道阴极保护系统中,阴极和阳极是相互分开的,因此在管道阴保的情况下,并不会生成次氯酸盐

阳极(铂丝)反应：

$$Cl^- \longrightarrow 1/2Cl_2 + e^- \qquad (9.8)$$

阴极(缺陷孔)反应：

$$2H_2O + 2e^- \longrightarrow 2OH^- + H_2 \qquad (9.9)$$

次氯酸盐的生成：

$$Cl_2 + 2OH^- \longrightarrow H_2O + Cl^- + ClO^- \qquad (9.10)$$

阴极附近生成的次氯酸盐是人为因素所造成的。也就是说,它只会发生在实验室的试验中,并不会在实际管道的阴极保护中产生。实际上,在阴极保护系统中,管道的阳极和阴极是被物理分开的。

短期或室温条件下的阴极剥离试验中,次氯酸盐的形成对测试结果影响不大。但在高温下,如果次氯酸盐作为试验溶液的一部分,会对长期阴极剥离试验造成很大的影响。在这种情况下,缺陷孔的尺寸就变得非常重要,如图 9.55 所示。对阳极进行隔离可防止氯化物与羟基发生反应,来尽可能降低次氯酸盐

的形成以及对涂层的侵蚀。有几种对阳极进行隔离的方法。其中一种方法是使用盘状的微孔膜来隔离生成的氯气。阳极隔离对阴极剥离试验结果的影响如图 9.56 所示。

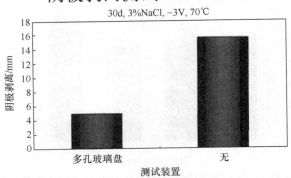

图 9.56　阴极剥离试验中，电解质溶液发生化学反应生成次氯酸盐。对于短期或室温条件下的试验，它的影响很小。但对于长期和高温试验，将导致测试结果明显不同。有几种方法可实现隔离两者间的反应来阻止次氯酸盐的生成。其中一种方法是用盘状的微孔膜来隔离，它允许电子流动且能隔离反应生成的氯气[64]

　　(6) 阴极剥离试验的影响因素：涂层厚度。用于质量控制的短期试验，涂层厚度的影响很小。但在进行涂料体系性能对比时，涂层厚度对结果的影响很大，如图 9.57 所示。

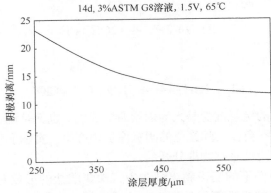

图 9.57　当使用阴极剥离试验来进行涂层性能对比时，确保不同试样涂层厚度一致很重要。对于 1~2 天的质量控制试验，涂层厚度很小的差异对于测试结果的影响很小[65]。但相比而言，1000μm 厚涂层的性能要优于 400μm 厚的涂层。涂层越厚，试验结果显示性能就越好

(7) 阴极剥离试验的影响因素：涂层弯曲。一些早期的 FBE 钢管涂层，尤其是采用酸酐固化的 FBE 体系，在弯曲后的试件上进行阴极剥离试验时，容易发生涂层开裂。但对于目前的大多数 FBE 管道涂层体系，由于化学结构上的提升和新固化剂的选择，这种情况已经不再发生。在进行阴极剥离试验后，弯曲试样最后通常会形成一个椭圆形的剥离区域，如图 9.58 所示。

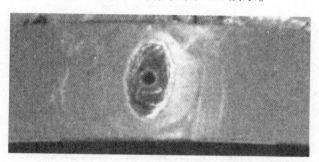

图 9.58　对于一些 FBE 体系，试验前先将试样弯曲，在进行阴极剥离时容易导致涂层开裂。对于目前在用的大多数 FBE 体系，这一问题几乎已经不存在了。但是，弯曲试件测试后，剥离通常呈椭圆形而不是未弯曲试件的圆形(照片由作者提供)

(8) 阴极剥离试验的影响因素：涂敷时蓝色氧化层的影响。一些质量控制项目要求在实验室涂敷 FBE，然后再进行阴极剥离试验。大多数实验室采用烘箱加热的方式。使用烘箱加热时，金属表面随着加热时间的延长会逐渐变暗，这与工厂涂敷时钢管的外观不同。实验室测试表明：烘箱加热过程中形成的氧化层不会对测试结果产生负面影响，如图 9.59 所示。

6. 热水浸泡测试(附着力)

热水浸泡测试的试件准备与阴极剥离测试部分的要求基本相似。从管段试件上裁切 10cm×10cm 的试块。测试区域应无漏点。粘接塑料圆筒并充满预热至 66℃的热水。一些规范要求使用去离子水或蒸馏水，以提高测试结果的一致性，使得不同实验室的结果具有可比性。去离子水的实验条件比自来水更加苛刻。测试时，将试样(用水充满测试圆筒)放在烘箱里或加热板上维持温度在 66℃，持续 24h。也可在其他规定的温度和时间条件下测试。另一种测试方法是将试样放在特定试验温度的水浴中。这样操作会使未涂敷涂层的试件边缘也暴露在水中，使得这个方法比在加热板的方法更为严苛。试验结束后，将水倒出，去除测试单元，趁热在测试区域划出穿透涂层直达基底约为 25mm×12mm 的评价区域。待试件冷却至室温后，进行涂层翘拨测试。大部分规范要求冷却时间最长不超过 1h。

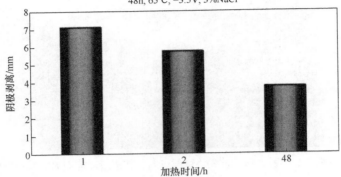

图 9.59　金属表面的氧化问题在实验室涂敷试件中普遍存在。试验结果表明：金属表面氧化或变蓝不会对测试结果产生负面影响

　　使用通用小刀进行涂层附着力评估。从长方形的一角将刀尖插入涂层下方，利用杠杆作用进行涂层翘拨，直至涂层表现出明显的抗翘拨性为止[32]。涂层附着力等级的定义如表 9.2 所示，划分为 1～5 级，其中 1 级表示热水浸泡前后附着力改变甚微，5 级表示涂层可整片从基底上剥离下来。

表 9.2　浸泡结束后，趁热在试件涂层上划一个矩形框，然后冷却。将涂层的附着力划分为五个等级，其中 1 级为最好[32]

级别	定义
1	涂层明显地不能被翘拨下来
2	被翘拨的涂层小于 50%
3	被翘拨的涂层大于或等于 50%，但涂层表现出明显的抗撬性能
4	涂层很容易被翘拨成条状或大块碎屑
5	涂层呈一整片被剥离下来

　　这项试验具有一定的主观性，并且不同操作者和不同实验室之间存在差异。为了得到可重复的试验结果，对时间和温度的控制至关重要，如图 9.60 所示。在阴极剥离部分讨论过的冷壁效应，也同样适用于热水浸泡试验[66]。

7. DSC：固化涂层

(1) 固化涂层的 DSC 测试程序。在管道涂层相关规范中，DSC 以 20℃/min 升温速度进行扫描。样品量约为 10mg。将其放在铝制试样皿中并加盖密封。也有一些规范要求在盖子上扎孔，以允许水分逸出[32]。通常使用氮气作为测试池的保护气，以使氧化降到最低。

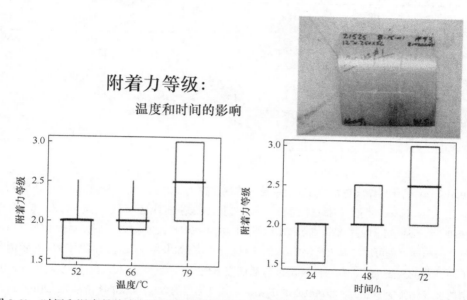

图 9.60　时间和温度是热水浸泡试验的重要影响因素。箱形图的箱体代表中间 50%的数据。穿过箱子的线段表示中位数。从框中延伸出的线(须状)表示上下各 25%范围内的数据[61](照片由得克萨斯利文斯顿 Enspect 技术服务公司提供)

首先，扫描升温至 110℃使应力释放(不需要记录该扫描线)，当试样皿有孔时，还能释放样品中的水分。图 9.61(a)记录该扫描线是为了说明此过程。然后将试样立即冷却至室温，随后加热扫描使涂层完全固化，记录为图 9.61(b)。通过该扫描可以获得涂层的玻璃化转变温度，即涂层的 $T_{g 涂层}$ 值，并用以 ΔT_g 的计算。涂层未完全固化的放热记录为 ΔH_1，也可通过这一扫描获得。根据 NACE RP0394 规定，涂层扫描设置的加热终点温度应比粉末样品放热结束时的温度高出 25℃[32]。其他规范要求终点温度约为 285℃[34]。研究表明，设定更低的终点温度可能会提供更多有用的信息[39]。之后将样品再次立即冷却至 20℃，最后扫描升温至固化涂层最终玻璃化转变温度 $T_{g 最终}$ 以上 25℃，如图 9.61(c)和(d)所示。ΔT_g 值按式(9.11)计算：

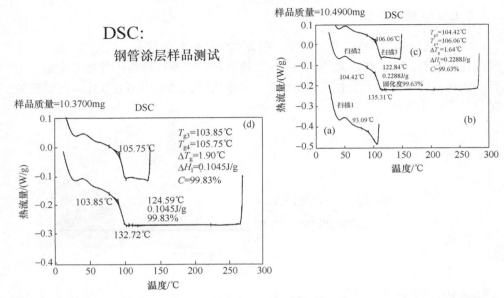

图 9.61 (a) 固化后涂层正常的处理程序是先对涂层在 110℃进行预处理，以去除水分和涂层的应力。通常不需要对这一扫描过程进行记录。图中记录该扫描线是为了说明这一过程。(b) 将样品冷却，然后从室温开始扫描，直至超出最终固化的温度(根据大多数规范要求，大约为 285℃)。通过这一扫描过程可以测量出涂层的 T_g 值和残余放热量(如果存在)或涂层的固化性。在示例中，没有可测量的放热量，否则在扫描线的 T_g 后面应出现一个"驼峰"。(c) 最后一次扫描应超出涂层的玻璃化转变温度值，得到最终的 $T_{g最终}$，来计算涂层的 ΔT_g。常见的扫描曲线如(d)所示，只记录两次扫描过程

$$\Delta T_g = T_{g最终} - T_{g涂层} \tag{9.11}$$

(2) 结果判定。尽管一些规范采用残余放热量作为评价涂层固化的标准，但大多数规范将其作为第二判定依据，首先选用 ΔT_g 进行判断。对于目前的大多数涂料体系，要求 ΔT_g 不超过 3℃。

(3) 负的 ΔT_g 值。了解 DSC 扫描程序对涂层的加热过程是否远超过其在工厂涂敷时固化过程的温度，这一点很重要。为了使涂层固化更完全，如果 DSC 扫描加热过程的温度过高可能会引起样品的热降解，从而导致 ΔT_g 为负值。例如，由于加热过程需要的时间长，因此其线速度通常会很慢。这就意味着在到达冷却站时涂层能够完全固化。这种情况下，DSC 扫描的结果经常是负的 ΔT_g 值。一些规范规定了负 ΔT_g 值的上限(最低值)，但这并没有必要。例如，一个规范可能要求 ΔT_g 在 +3～−2℃ 的范围内，涂敷时已经固化好的样品 ΔT_g 值可能会达到 −3℃ 或

更低。如果涂敷时没有后固化这一步骤，通常不会造成涂层的过度固化。得到负的 ΔT_g 值就认为涂层发生了过度固化，这是错误的认识。过度固化会导致涂层变脆，可通过弯曲试验来发现这一问题。

(4) 埋地或储存的钢管。尽管 ΔT_g 值可以为新涂敷好的钢管提供有用的涂层固化信息，但对于储存或安装后的埋地管道，可能会给出有误导的测试结果。钢管涂层在存储过程中会吸收水分引起涂层塑化，导致 T_g 值降低[67,68]。此时，进行 DSC 测试可能会给出更大的 ΔT_g，可能会被误以为涂层未固化完全。测试前，在样品皿上扎孔，当进行应力释放扫描程序时会使少量的水分释放。如果使用未扎孔样品皿测试，湿气将会带来更严重的问题。

如果 ΔT_g 测试结果表明涂层已经固化了，那说明涂层很可能已经固化得很好了。如果测试显示涂层未固化完全，实际上也无法知道真实的固化水平。测试前，对样品进行真空干燥和/或使用干燥剂干燥将有助于提高测试的准确度。ΔH_1 值能够提供有关固化程度的其他信息，但同样也必须确保涂层样品中不含起增塑剂作用的水分。

9.3.4　小结：质量控制的实验室检测

质量控制/质量保证项目中，检测是其中最为重要的部分。为了得到有效的检测结果，充分理解影响试验结果的变量因素以及涂敷工艺对涂层性能的影响是非常重要的。应制定严谨的检测程序并严格遵循，才能确保不同地点、不同检测人员以及不同时间得到的检测结果具有可比性。

9.4　挖掘质量保证数据用以优化工艺

许多人将检测视为成本项目。质量成本通常可分为以下四类[69]：
(1) 评估成本：检查和检测的成本。
(2) 预防成本：识别缺陷、实施纠正措施、培训和新设备购置的成本。
(3) 失效成本(内部)：修补或剥离的成本。
(4) 失效成本(外部)：物资成本以及延迟管线安装的成本。
为证明质量成本分析的合理性，有以下三个假设[70]：
(1) 失效发生的原因。
(2) 预防比进行涂层修复和剥除更经济。
(3) 性能可测量。
其他章节已经详细介绍了涂敷工艺的检查程序以及引起失效的相关因素。重新涂敷钢管比第一时间进行涂层修补的成本更高。如果管道施工被推迟了，也可能会产生额外的巨大成本，这是因为后续还需要对钢管进行进一步测试或者不得不重涂。

FBE 管道涂料工业始于 1960 年。从那时起，已开发出许多方法和技术用来测量涂敷过程中以及涂敷后的涂层质量。

本节将介绍一些用于分析和利用大量信息的相关技术，这些信息主要来自防腐厂、业主和第三方检测结构在质量评估和质量控制中所得到的数据。

重要的过程参数可参照之前的历史数据。数据图可以实现快速浏览，还能够把大量的表格信息处理为易管理的模型或图表。图表可以清晰地显示工艺过程是否在预期的范围之内，如果出现了重大偏差需要进行纠正，早期就能够提供预警信息。图 9.62 的箱形图是管段样品按月分组得到的测试数据[71]。如果出现明显变化就表示涂敷工艺存在问题或需要改进。

趋势图

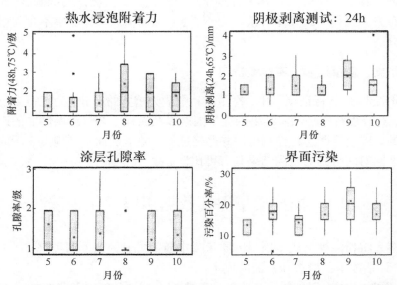

图 9.62　用各种图表技术可以捕捉大量的数据并以表格输出，这能够快速显示过程趋势或表明整个过程是否稳定[71]。箱形图的箱体代表中间 50%的数据。箱体中的点表示所有数据的平均值。穿过箱子的线段表示中位数。从框中延伸出的线(须状)表示上下各 25%范围内的数据(剔除离群值)，星号(*)表示异常值

性能与观察数的关系线也可以显示性能的变化，如图 9.63(a)所示。确定性能发生变化的原因，不管是变好还是变坏，可能都需要进行调查工作。在这个示例中，从其他测试得到的数据，如界面杂质污染百分率，将有助于改善涂层的性能。观察到的性能改善通常源于两类不同的原因。在产品 2 涂敷时采用酸洗工艺显示出的性能改善，用产品 1 代替产品 2 也同样如此。

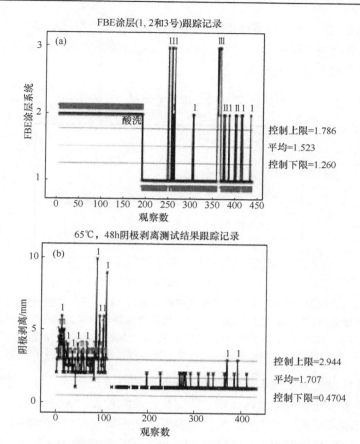

图 9.63　另外一种有用的技术能够根据时间跟踪单个结果，通过其可以查看一些特殊的原因，也可以显示变化趋势或性能发生的急剧变化，如图(a)所示。一旦发生性能改变，可通过调研同一时间收集的其他数据来解释观察到的性能变化。基于上述情况，通过四年期间收集的数据分析，分别从两个因素方面来解释涂层性能的提升。统计过程中，收集了三种 FBE 涂料。为了便于绘制图表，将三个样品分别编号为产品 1、2 和 3。涂层 2 主要用于前 180 个样品，从第 115 个样品开始，涂层性能有了显著提升，与这一时间段更加频繁使用酸洗的情况相吻合(b)[71]。从大约第 195 个样品开始，涂层 2 的性能表现更加优异

　　分析质量控制数据的价值在于它能显示出何时发生了变化。通常，真正的过程控制是学会努力去理解为什么会发生改变，而不仅仅是针对数据的测试和分析。

　　图 9.64 提供了一个示例。在二十世纪九十年代早期，开发出了测量抛丸后钢管表面氯化物水平的试验方法。在防腐厂进行了为期 30d 的现场试验，记录并分析数据。图 9.64 给出了氯化物水平对阴极剥离试验的影响，结果显示两者之间的大部分数据具有很好的关联性。但也存在一些高氯化物含量的钢管阴极剥离性能

也很好的情况。通过对一些测试点的研究发现，这些钢管样品均采用了酸洗工艺。质量控制主管应观察试验的相关性，当测出抛丸清洁后的钢管表面氯化物水平很高时，就应立刻开始采用酸洗工艺。

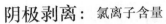

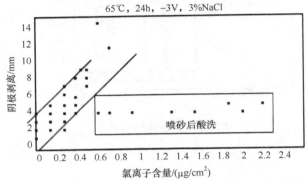

图 9.64　在 30d 周期内，防腐厂采用一种测量钢管表面氯化物水平的试验技术。图中给出了污染物水平与阴极剥离试验性能之间的关系。尽管氯化物含量与剥离之间存在着一定的相关性，但也有一些高污染率样品的阴极剥离性能依然很好。对个别数据的检查发现，这些变化主要是因为采用酸洗工艺对抛丸清洁后钢管上所观察到的氯化物进行了去除[72]

　　数据分析也能为涂敷工艺中不同部分处理的有效性提供信息。通常认为酸洗不但可以有效去除不可见的污染物，还能有效去除背面污染物。通过对两个防腐厂 163 个管段试样的研究发现，酸洗对界面杂质污染状况的改善很小，酸洗后钢管界面污染率的平均值约为 15%，未酸洗钢管的平均值约为 17%，如图 9.65 所示。尽管分析并非总能证明两者之间有关联，但能够提供有用的线索。钢管表面污染程度越高，酸洗处理可能会越有效(本研究未涵盖此项内容)。

　　对于管道涂层性能而言，大多数规范普遍认为界面杂质污染水平低于 25% 是可以接受的。对超过 200 个管段试样进行的研究证明了这一观点。当对界面杂质污染百分率在 5%~20% 试样进行热水浸泡和阴极剥离试验时发现，测试结果无统计学上的差异，如图 9.66 所示。

　　通过数据分析也能够得到影响生产能力的因素信息。图 9.67 显示涂层材料的选择对维持涂层性能始终符合规范要求十分重要。

9.4.1　概要：挖掘质量保证数据以优化工艺

　　通过 FBE 防腐厂的质量保证计划能够获得大量的数据。对这些数据的分析可以洞察各防腐厂的施工过程。也可以为 FBE 的涂敷过程提供有用信息，来确定工业措施的有效性。不过值得注意的是：与任何统计分析一样，重要的是要认

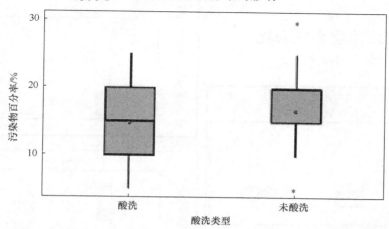

图 9.65　对 163 个管段样品的研究发现，酸洗后钢管的界面杂质污染百分率的平均值约为 15%，未酸洗钢管的界面杂质污染百分率约为 17%。箱形图的箱体代表中间 50% 的数据。箱体中的点表示所有数据的平均值。穿过箱子的线段表示中位数。从框中延伸出的线（须状）表示上下各 25% 范围内的数据（剔除离群值），星号(*)表示异常值[71]

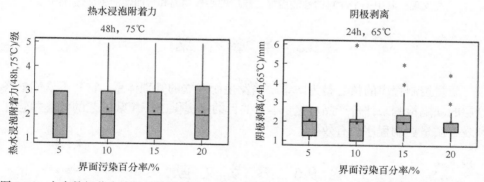

图 9.66　大多数规范允许界面杂质污染百分率达到 25%。对超过 200 个管段试样的研究表明，在 5%～20% 界面杂质污染范围内，各样品短期阴极剥离和热水浸泡试验无明显差异。箱形图的箱体代表中间 50% 的数据。箱体中的点表示所有数据的平均值。穿过箱子的线段表示中位数。从框中延伸出的线（须状）表示上下各 25% 范围内的数据（剔除离群值），星号(*)表示异常值[71]

识到，两个高相关性的因素并不一定意味着一个因素会导致另一个因素。这种关联可能只在特定的条件下才是正确的。数据分析很有用，能够提供线索，但必须鉴别使用。

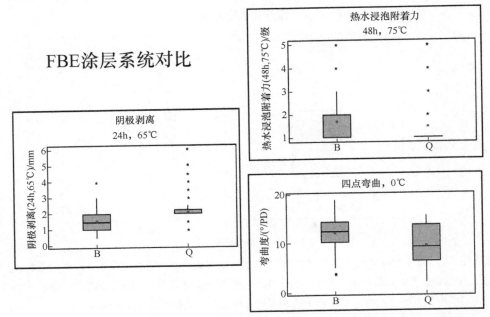

图 9.67　良好涂敷的一个可操作因素就是涂料的选择。通过数据分析能够显示产品的性能。示例中，两种产品很容易就能满足大部分规范的要求。通过对两个防腐厂 150 多个管段试样的研究发现，其中一个涂料的性能更好，涂层的阴极剥离和弯曲性能更加优异[71]

9.5　本 章 小 结

　　质量控制程序的核心是为防止缺陷发生而建立的管理体系。它并不依赖最终涂层的缺陷检测来评价产品质量。本章的目的是提供工厂涂敷工艺的概述并验证和观察质量控制程序的有效性。

9.6　参 考 文 献

[1] D.R. Sokol, P.L. Faith, "Quality Assurance of Plant-Applied Pipe Coatings: Practices and Cost Analysis for Application of Fusion Bonded Epoxy," CORROSION/87, paper no. 474 (Houston, TX: NACE, 1987).

[2] P.E. Partridge, "Testing Methods for Underground Pipeline Coatings," MP 30,12 (1991).

[3] T. Fauntleroy, J.A. Kehr, "Quality Control," Fusion-Bonded Epoxy Application Manual (Austin, TX: 3M, 1991).

[4] K.B. Tator, K.A. Trimber, "Inspection," Good Painting Practice 1, ed. J.D. Keane, 2nd ed. (Pittsburgh, PA: Steel Structures Painting Council, 1982) pp. 183-206.

[5] D. LaRose, Moody International ltd., letter to author, Mar. 27,2002.

[6] D.R. Sokol, C.M. Herndon, "Inspection Check Sheets," MQ-250 (Houston, TX: Tenneco Gas, Sep. 12,1988).

[7] API 5L, "Line Pipe," (Washington, D.C.:API, 2000), Section 10.

[8] V. Rodriguez, L. Castaneda, B. Luciani, "Effect of Contaminants on FBE Performance," CORROSION/98, paper no. 612 (Houston, TX: NACE, 1998).

[9] Bill Corbett, KTA-Tator, Inc., email to author, May 8,2002.

[10] SSPC-SP 1, "Cleaning of Uncoated Steel or a Previously Coated Surface Prior to Painting or Using Other Surface Preparation Methods," (Pittsburgh, PA: SSPC).

[11] N. Daman, 3M, telephone conversation with author, April 2002.

[12] J. Belisle, J.A. Kehr, "Blasting Abrasives: Conductimetric/Chloride Analysis of Water Extractables," J. Prot. Coatings Linings 7,11 (1990).

[13] Enspect Report, "21525 8-21 Sieve Analysis Review," (Livingston, TX: IQC Enspect Technical Services, August 2001).

[14] NACE No. 2/SSPC-SP 10 "Near-White Metal Blast Cleaning," (Houston, TX: NACE, 1994).

[15] ISO 8504-2:2000, "Preparation of steel substrates before application of paints and related products—Surface preparation methods—Part 2: Abrasive blast-cleaning" (Geneva, Switzerland: International Organization for Standardization, 2000).

[16] R.S. Stachnik, "The Art and Science of Surface Profile Measurement," CORROSION/00, paper no. 00612 (Houston, TX: NACE, 2000).

[17] S.E. McConkey, "Application and Quality Control of Fusion Bonded Epoxy Coatings," J. Prot. Coatings Linings 5,5 (1988): pp. 26-31.

[18] Mastering the Profiling Process with Wheelblast Machines (Atlanta, GA: Wheelabrator Abrasives, Inc., 2000).

[19] P.E. Partridge, "Photomicrography in Coating Failure Analysis," CORROSION/89, paper no. 94 (Houston, TX: NACE, 1989).

[20] T.A. Pfaff, "Application Guide: Fusion Bonded Epoxy Pipe Coatings (FBE)," (Toronto, Ontario: Pfaff International, May 2001).

[21] D.R. Sokol, C.M. Herndon, "Surface Contamination: Sources and Tests," MQ-845 (Houston, TX: Tenneco Gas, Dec. 7,1989).

[22] D.R. Sokol, C.M. Herndon, "Fusion Bonded Epoxy Pipe Coating Inspection," MQ-501 (Houston, TX: Tenneco Gas, Jul. 31,1990).

[23] B. Munoz, "Quenching and Final Inspection," NACE Tech Edge, Using Fusion Bonded Powder Coating in the Pipeline Industry, Jun. 5-6,1997 (Houston, TX: NACE).

[24] ASTM G 12-83 (latest revision), "Method for Nondestructive Measurement of Film Thickness of Pipeline Coatings On Steel," (West Conshohocken, PA: ASTM).

[25] ASTM D 4138-94 (2001), "Standard Test Methods for Measurement of Dry Film Thickness of Protective Coating Systems by Destructive Means," (West Conshohocken, PA: ASTM, 2001).

[26] SSPC-PA 2, "Measurement of Dry Coating Thickness With Magnetic Gages," (Pittsburgh, PA: SSPC, 1996).

[27] Test program conducted by author, Dec. 3, 2001.

[28] Tests conducted by author, circa 1980.

[29] ASTM G 62-87 (1998), "Standard Test Methods for Holiday Detection in Pipeline Coatings" (West Conshohocken, PA: ASTM, 1998).

[30] NACE Standard RP0490-95, "Holiday Detection of Fusion-Bonded Epoxy External Pipeline Coatings of 250 to 760 μm (10 to 30 mils)" (Houston, TX: NACE, 1995).

[31] Specification No. MS-7, "Plant Application of Fusion-Bonded Epoxy Coating," (Denver, CO: Kinder-Morgan, December 1999).

[32] NACE Standard RP0394-94, "Application, Performance, and Quality Control of Plant- Applied, Fusion-Bonded Epoxy External Pipe Coating," (Houston, TX: NACE, 1994).

[33] ANSI/API 5L7-88, "Recommended Practices for Unprimed Internal Fusion Bonded Epoxy Coating of Line Pipe" (Dallas, TX: American Petroleum Institute, 1988).

[34] CSA Z245.20-98, "External Fusion Bond Epoxy Coating for Steel Pipe," (Etobicoke, Ontario, Canada: Canadian Standards Association, 1998).

[35] K.E.W. Coulson, D.G. Temple, J.A. Kehr, "FBE Powder and Coating Tests Evaluated," Oil Gas J. 85, 33 (1987).

[36] T. Fauntleroy, J.A. Kehr, "Powder Application and Systems," Fusion-Bonded Epoxy Application Manual (Austin, TX: 3M, 1991).

[37] D. Neal, "Specific Procedures" Fusion-Bonded Epoxy Coatings: Application and Performance (Houston, TX: Harding and Neal, 1998), pp. 35-48.

[38] G.D. Mills, "Interpretation of Differential Thermal Data Analysis for Fusion Bonded Epoxy Powder Coatings" CORROSION/83, paper no. 112 (Houston, TX: NACE, 1983).

[39] P.E. Partridge, "Maximizing the Accuracy and Precision of Cure Determination on Fusion Bonded Epoxy by differential Scanning Calorimetry," CORROSION/00, paper no. 00770 (Houston, TX: NACE, 2000).

[40] Test program conducted by author, 1980.

[41] http://www.omega.com/techref/ph-2.html, Jun. 6, 2001.

[42] Mastering the Profiling Process with Wheelblast Machines (Atlanta, GA: Wheelabrator Abrasives, Inc., 2000), pp. 50-52.

[43] D. Neal, Fusion-Bonded Epoxy Coatings: Application and Performance (Houston, TX: Harding and Neal, 1998), Table 2.1, p. 43.

[44] D.R. Sokol, C.M. Herndon, "Coating Bend Tests" MQ-852 (Houston, TX: Tenneco Gas, Feb. 5, 1988).

[45] K. Varughese, "Pipeline Coatings - 1: Mechanical Properties Critical to Pipeline Project Economics," Oil Gas J. 94, 37 (1996).

[46] ASTM G 70-98, "Standard Method for Ring Bendability of Pipeline Coatings (Squeeze Test)," (West Conshohocken, PA: ASTM, 1998).

[47] S. Daniell, 3M internal report, October 1999.

[48] ASTM G 14-88 (latest revision), "Impact Resistance of Pipeline Coatings (Falling Weight Test)," (West Conshohocken, PA: ASTM).

[49] K. Varughese, "Pipeline Coatings - Conclusion: Understanding Mechanical Properties Critical to Project Economics," Oil Gas J. 94, 38 (1996).

[50] J.A. Kehr, internal 3M report, Dec. 18,1978.

[51] J.A. Kehr, internal 3M report, Jul. 23,1984.

[52] ASTM G 8-96, "Standard Test Methods for Cathodic Disbonding of Pipeline Coatings," (West Conshohocken, PA: ASTM, 1996).

[53] ASTM G 42-96, "Standard Test Method for Cathodic Disbonding of Pipeline Coatings Subjected to Elevated Temperatures," (West Conshohocken, PA: ASTM, 1996).

[54] ASTM G 80-88 (latest revision), "Standard Test Method for Specific Cathodic Disbonding of Pipeline Coatings," (West Conshohocken, PA: ASTM).

[55] ASTM G 95-87 (latest revision), "Standard Test Method for Cathodic Disbondment Test of Pipeline Coatings (Attached Cell Method)," (West Conshohocken, PA: ASTM).

[56] H. Davidova, O. Clupek, "Test Methods for Pipeline Coatings and Coating Materials Used in Czechoslovakia," BHR 8th International Conference on Internal and External Protection of Pipes (London: BHR Group; 1990).

[57] D. Neal, G. Cox, "Uncontrolled Variables Lower Disbonded FBE Test's Reliability," Pipe Line and Gas Industry 228, 3 (2001): pp. 33-34.

[58] R.E. Rodriguez, B.L. Trautman, J.H. Payer, "Influencing Factors in Cathodic Disbondment of Fusion Bonded Epoxy Coatings," CORROSION/00, paper no. 00166 (Houston, TX: NACE, 2000).

[59] J.H. Payer, D.P. Moore, J. L. Magnon, "Performance Testing of Fusion Bonded Epoxy Coatings," CORROSION/00, paper no. 00168 (Houston, TX: NACE, 2000).

[60] D.R. Sokol, C.M. Herndon, "Cathodic Disbondment Test (CDT)," PIT 5-853 (Houston, TX: Tenneco Gas, Jun. 10,1986).

[61] M.D. Smith internal technical report to J.A. Kehr, "Protective Coating Quality Control: Time Temperature and Voltage Dependence of the Cathodic Disbondment Test," Aug. 13, 1991 (Austin, TX: 3M, 1991).

[62] D. Neal, Fusion-Bonded Epoxy Coatings: Application and Performance (Houston, TX: Harding and Neal, 1998), Table 5.6, p. 43.

[63] R.E. Rodriguez, B.L. Trautman, J.H. Payer, "Influencing Factors in Cathodic Disbondment of Fusion Bonded Epoxy Coatings," CORROSION/00, Paper no. 00166, Figure 1.

[64] J.A. Kehr, "Cathodic Disbondment Test," unpublished technical service tip, Jun. 26, 1987 (Austin, TX: 3M, 1987).

[65] G.L. Higgins, J.P. Cable, L. Parsons, "Aspects of Cathodic Disbondment Testing at Elevated Temperature," Ind. Corros. 5,1 (1987).

[66] C.G. Munger, L.D. Vincent, Corrosion Protection by Protective Coatings, 2nd ed. (Houston, TX: NACE, 2000), p. 48.

[67] G.P. Bierwagen, et al., "The Use of Electrochemical Noise Methods (ENM) to Study Thick, High Impedance Coatings," Prog. Org. Coatings 29 (1996): pp. 21-29.

[68] J. Dunn, I.D. Sills, R. Pleysier, "Moisture Affects Bonded Epoxy Line Coating," Oil Gas J. 84, 9

(1986): pp. 63-67.

[69] R.B. Chase, N.J. Aquilano, Production and Operations Management: A Life Cycle Approach, 5th ed. (Boston, MA: Irwin, 1989), pp. 169-171.

[70] F. Scanlon, "Quality Costs in a Non-Manufacturing Environment," ASQC Quality Congress Transactions, 1983, pp. 296-300.

[71] B. Munoz, Bayou Coating LLC, "Query 2001," email of data to author, Dec. 17, 2001.

[72] C. Oliver, A&A Coating, Inc., letter to author, circa 1990.

第 10 章　管道装卸与安装

10.1　本 章 简 介

➤ 管道防腐厂：堆放场装卸——测试、叉车和吊装设备的使用
➤ 装运程序：垫块与支撑条、隔条、捆扎带的使用
➤ 运输方法：海洋运输、铁路运输和卡车运输
➤ 安装程序：漏点检测、修补、弯曲、焊接、管道的现场切割、施工作业带管道的装卸和储存
➤ 安装过程：沟下安装、定向钻穿越、驳船安装

　　FBE 和三层结构聚烯烃涂层都具有优异的韧性和抗损伤性。尽管 FBE 涂层具有较好的装卸特性，但相对于三层结构聚烯烃涂层而言，由于涂层厚度更薄，因此对装卸时外部机械损伤的耐受度更低。当被夹在岩石和坚硬地方(如钢)中间时，所有有机材料都可能受到损伤，因此在进行涂层管道搬运、装卸和运输时，必须操作正确且非常小心。正确的搬运和修补程序能够有效降低管道对阴极保护电流的需求。

　　关于涂层抗损伤的示例：将涂敷 FBE 涂层的 NPS 42(DN1050)钢管，通过铁路运输至 3000mile(5000km)之外，卸载后储存。尽管整个过程中，涂层钢管共经历了九个独立的装卸步骤，但最终通过电火花检漏发现平均每根管道的漏点数小于 1.5 个[1]。恰当的装运过程能够最大程度地降低涂层的破损，进而降低修补成本以及对阴极保护电流的需求。

10.2　防腐厂的装卸

10.2.1　测试

　　一些规范要求应将管道涂层的冲击试验作为其质量验收计划的一部分，如图 10.1 所示。尽管冲击试验可作为资格预审试验(PQT)的一部分，但不应在即将安装的管道上作为常规试验进行测试。已经通过漏点检测的冲击区域可能会有残余应力存在，在应力作用下该区域随后可能会逐渐发展成漏点。对于某些涂层，如三层结构聚烯烃涂层，冲击试验会导致涂层之间或涂层与钢管之间附着力的降

低。冲击试验也可以参照弯曲/柔韧性和阴极剥离这些破坏性试验那样在裁切的管环上测试。

图 10.1　尽管冲击试验可用于资格预审试验(PQT)的评估，但它可能会导致无法通过漏点检测发现涂层破损。因此冲击试验不应作为常规的质量保证试验在即将安装管道上实施(图片由作者提供)

10.2.2　叉车

叉车的叉臂应使用橡胶或致密(非发泡)的聚氨酯作为衬垫，以防止装卸时对管道涂层造成破损。紧急情况时，也可使用木头或厚的纸板作为衬垫使用，如图 10.2 所示。为了确保叉臂进入管道之间时不损坏涂层，叉臂厚度应比管道各层的间隔垫块至少薄 20 mm。当装卸压缝式放置的管道时，不应使用叉车。如果在叉臂的顶部、底部和尖部均包裹了致密的橡胶或聚氨酯衬垫，那么所用衬垫的厚度就不重要了。叉装后，应定期检查涂层状况，以确认叉装设备未对管道涂层造成破损。当一次叉装多个管道时，应注意防止管道之间的擦碰。

叉车

图 10.2　用于装卸涂层管道叉臂上使用的垫块必须始终处于良好状态。(a) 叉车的叉臂和夹具应安装衬垫以避免对涂层和管道造成破坏。(b) 加衬垫的夹具。(c，d) 安装衬垫后的叉臂。衬垫的撕裂或开口区域，可能会有毛刺或其他可能损坏涂层的突出物暴露出来(照片由作者提供)

10.2.3　吊装

　　吊钩的端部设计应防止对管道造成损伤。吊钩上的接触区域(斜坡处)应衬垫缓冲材料，如橡胶或铝。考虑到焊接问题，衬垫材料不应使用黄铜或铜。吊钩应有充足的宽度和深度，以适应钢管的内壁曲率。此外，还宜在钢管吊钩安装橡胶圈，以避免涂层的破损和吊装侧面摆动时对旁边管道的破坏。

　　叠放或压缝式放置管道均可采用吊装方式装卸。图 10.3 为裸管或嵌套管道的堆放示意图，图 10.4 是管道吊装示例。当垫块厚度未比叉臂厚度大 20mm，或者叉臂没有安装充分的衬垫时，应采用吊装方式装卸。真空提升机提供了另外一种提升和放置单根管道的方法，提升装置上的吸垫可以吸紧管道，不再需要人去安装吊索或吊钩。

图 10.3　(a) 叠放是指用木块或其他合适的隔条将管道分开。(b) 压缝式放置是指每根管道彼此靠近堆放。通常每个管道安装有隔条，以防止冲击和磨损破坏(图片由作者提供)

吊装设备

图 10.4　吊钩(a、b)、吊索(c) 和带衬垫的吊链(d) 均可与架空设备一起用于吊运压缝式或叠放式堆放的管道。管端不应在地面上拖动(照片由佛罗里达州巴拿马城 eb 管道涂层和3M 公司提供)

10.3　运　　输

10.3.1　垫块和支撑条

　　垫块，通常是木制的，用来提供每根管道和其他表面(如底板和运输工具)的支撑和隔离保护。在运输过程中，提供支撑保护垫块的质量非常重要[2]。腐烂或劈裂的木材可能会导致运输过程中装载物的损伤或者管垛的倒塌。图 10.5 为垫块失效导致管垛倒塌的示例。

图 10.5　无腐烂或裂口的优质垫块，对防止管道和涂层损坏至关重要。示例中，垫块破裂导致
了管垛倒塌的发生(图片由作者提供)

　　端部的垫块应被固定良好，且无凸起，以免对涂层或钢管造成损伤。这意味着所使用的钉子或螺钉不应与管道有接触。或者也可将钉子埋入木头中，如图 10.6 所示。此外，也可使用致密的橡胶垫来代替沉孔。在可能接触到管道涂层的地方，钉子应螺旋拧紧以防止滑脱。另外，也可以使用木制螺钉。

　　经常使用带轮廓垫块来进行管道固定。有时会使用地毯布或刨花填充的垫布作为内衬。但这些材料的磨损很快，用于固定内衬的钉子可能会导致涂层破损。如果垫块轮廓的切口尺寸过小，就有可能导致承压点涂层的磨损。如果垫块的轮廓能有效阻止管道滑动，即使尺寸偏大，也是适用的。当管道各层之间的垫块厚度大于 5cm 时，允许使用叉车搬运。但还应检查是否有可能导致涂层或管道磨损的砾石、污垢或尖锐凸起物的存在。

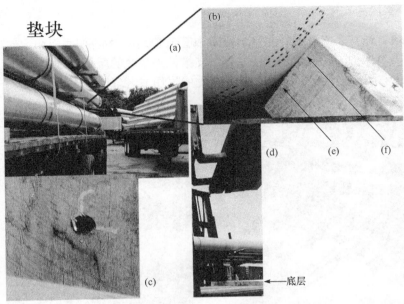

图 10.6 　(a) 使用垫块支撑并将管道固定到位。(b) 卡车运输时使用垫块和支撑条来隔离和支撑管道。(e) 用于管道固定的楔块必须安装正确，不可将钉子或螺钉置于与管道接触的位置。(f) 如果此位置存在固定楔块的钉子，可能会导致涂层破损。(c) 此外，也可将钉子埋入木头。(d) 也可用垫块来进行管道支撑，以避免管道与卡车或运输船的表面接触(照片由作者提供)

支撑条可避免管道与卡车、铁路或舱底尖锐物体直接接触。它们应该比可能的金属碎屑或凸起物至少高 2cm。

支撑条的宽度应大于其高度，不可集中布置，应均匀间隔放置以保证承力均匀[2]。

10.3.2　隔条

隔条可防止因管道滚到一起而造成的破损。此外，它们还能为沙砾或小石块落入管道间隔区域提供空间。在运输过程中管道来回移动时，夹在两根管道之间的沙砾可能会导致管道磨损。有几种类型的材料可作为隔条使用，详见表 10.1 和表 10.2 及图 10.7。表 10.1 列出了几种常用的隔条材料[4]。表 10.2 给出了隔条实现缓冲所需的数量和间距。

表 10.1　许多材料可用作管道隔条。如示例中给出的致密橡胶和紧密编织的聚丙烯绳[4]

类型	描述	宽度/mm	厚度/mm
A	防水纸筒	50	3
B	致密橡胶	75	6
C	致密橡胶	40	6
D	致密橡胶	75	15
E	紧密编织聚丙烯绳	—	9
F	紧密编织聚丙烯绳	—	13
G	紧密编织聚丙烯绳	—	16
H	紧密编织聚丙烯绳	—	19
J	紧密编织聚丙烯绳	—	25

表 10.2　Tenneco 气体公司规范 UC-200 建议的几种隔条间距 ^

管道质量/(lb/ft)	管道质量/(kg/m)	隔条类型	隔条之间的最大间距/mm
30	45	B	4.6
		C	4.3
		E	4
		F	4.6
		G	4.6
70	100	B	3.7
		C	1.8
		F	2.4
		G	4.6
		H	4.6
100	150	B	2.4
		C	1.2
		D	4.6
		F	1.5
		G	3
		H	4.6
		J	4.6
150	225	B	1.5
		D	4.6
		G	2.1
		H	4.6
		J	4.6
200	300	D	4.6
		G	1.5
		H	4.3
		J	4.6

续表

管道质量/(lb/ft)	管道质量/(kg/m)	隔条类型	隔条之间的最大间距/mm
250	375	D	4.6
		H	3.4
		J	4.6
300	450	D	4.6
		H	2.7
		J	4.6
400	600	D	3.4
		H	2.1
		J	3.4

(A) 每根管道应至少有三个隔条。指定长度(或部分)需要增加额外的隔条。隔条应沿管道均匀分布，且间隔不超过700mm。对于直径达到125mm的管道，建议采用A、B、C、E或F型设置。

图 10.7　隔条应在管道从防腐生产线下线前安装(照片由作者提供)

　　隔条的数量取决于隔条材质的抗压性和管道的质量。图10.7为管道储存和运输过程中使用的隔条。管端附近的隔条必须牢固固定，以防丢失。可用胶带将其固定在适当的位置，也可置于支撑垫块的内侧。由于聚烯烃涂层很厚，三层结构聚烯烃涂层管道通常不需要安装隔条。聚丙烯(PP)隔条可能会对聚乙烯涂层管道造成损伤[3]。

10.3.3　捆扎带

　　链条或绳索会对涂层和管道造成损伤。尽管在链条或绳索与管道之间装设衬垫能够起到一定的防护作用，但不建议这样做。最好还是使用宽的织物带进行捆扎，如图 10.8 所示。此外，金属捆扎带也很有效。

图 10.8　在管道运输过程中，可使用织物带(a1～a3) 来进行管道固定。(b) 也可使用金属捆扎带。捆扎带下面不需要装设垫块。在操作过程中垫块可能会松动，同时也没有必要对涂层进行保护。链条或绳索会对涂层和管道造成损伤(照片由 3M 公司、B. Brobst 和作者提供)

10.3.4　海洋运输

　　API RP 5LW 中对驳船和海洋运输要求进行了概述[5]。标准所推荐的做法中并没有对涂层管道和未涂敷钢管进行区分。但之前关于垫块、支撑条和隔条的介绍提供了最大程度上减少涂层破损的方法。

　　推荐做法中概述的主要问题包括钢的运输疲劳：

- 　端部损伤：通常发生在装卸过程中，或由运输过程中纵向位移所致。
- 　磨损或碰伤：因管道与舱底或相邻管道上的突出物发生摩擦或碰击而造成。
- 　疲劳裂纹：是管道质量产生的静载荷和船身垂直振动产生的循环载荷综合作用的结果。

　　从 B 级到 X70 级(管道等级通常指所用钢的抗拉强度)以及直径与壁厚比例
(D/T)低至 12.5 的管道均发生过疲劳损伤[6]。通常在如下位置易发生疲劳裂纹：沿
埋弧焊焊缝的边缘处、管道凹坑处、管道与金属(如钉子或螺栓)的摩擦区域，以
及钢管管端。影响疲劳裂纹的因素主要包括：
- 　静应力幅值(管道上货物的质量)
- 　循环应力频率(由于船舶上的波浪作用)
- 　循环应力幅值(由于船舶上的波浪作用)
- 　支撑面或接触点的硬度和给定值
- 　凹坑的大小和等级

　　腐蚀性大气等环境条件会加速疲劳开裂。疲劳裂纹通常起源于初始应力点，
在管道的内表面和外表面都能看到这些裂纹。如果管道在涂敷前通过水运方式运
输，在 FBE 涂敷厂，对抛丸除锈后的钢管通过目视即可检查出是否存在疲劳裂纹。

　　对于硬质且与金属能够形成良好粘接的涂层，如 FBE，与其他许多涂层材料
相比，该类涂层的一个优点是金属疲劳裂纹更容易导致涂层破坏。因此，如果涂层
管道在运输过程中出现了疲劳裂纹，相比而言 FBE 涂层管道上的裂纹更容易被检
测到。在管道安装前，金属裂纹的迹象可以通过肉眼看到或通过漏点检测仪发现。

　　本章其他章节中涉及搬运和堆放的注意事项也适用于 FBE 涂层管道的海运，
如图 10.9 所示。当在船内储存时，管道可以在船舱内横向或纵向堆设。为便于装
卸且不损坏管道，管端和船壁或其他货物之间的间隙应至少达到 30cm。管垛必
须仔细支撑且良好固定，以确保管垛不会因船舶在恶劣天气中的晃动而移动。船
舶的内务应严格管理。曾发生过因内务管理不善导致钉子和垃圾掉进管堆而造成
涂层破损的事故[7]。

　　舱口的尺寸应足够大，以便管道水平通过。为了从货舱排出积水，舱底的水
泵应始终保持工作状态。

　　垫块和支撑条用于防止管道与船体接触。应确保每根管道在整个长度方向上
都与相邻管道的隔条或木块接触。此外，为了减少管道的水平移动，可能还需要
额外的木块来进行固定。

　　支撑条的宽度应至少为 7cm，应保持充足间隔使得应力集中和金属的运输疲
劳降到最低。除非 API RP 5LW 中规定了应使用更多数量的支撑条，每根管道应
至少使用 4 根支撑条[5]。

　　带填充埋弧焊钢管的焊缝不应与相邻管道或垫块接触。对于压缝式堆放的管
道，焊缝应位于 12 点或 6 点钟位置。对于用水平支撑条间隔的管道，焊缝应与
垂直方向呈 45°夹角。由于电阻焊(ERW)管道没有外部焊缝填充，因此海运中关
于焊缝的要求对此并不适用[2,5]。

　　API RP 5LW 建议，所有海洋运输应采用斜线堆放法[5]。斜线堆放的压缝式管

运输：水路运输

图 10.9 涂层管道搬运一般注意事项：隔条、垫块、支撑条适用于远洋和内陆运输。舱口应足够大，以允许管道水平通过(照片由 3M 公司和佛罗里达州巴拿马城 eb 管道涂层公司提供)

道布局如图 10.10 所示。应在船体的两边放置木块，以防止管道移动。对于内陆航道运输，管道可以采用斜线堆放，也可以在连续的管层之间使用隔条。

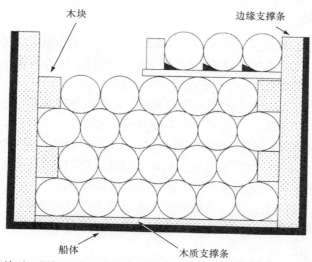

图 10.10 斜线堆放时，层间不使用支撑条或隔条，管道是压缝式放置。但每隔一层，在船体的两边都应放置木块以防止管道移动(图纸由 J. P. Kehr 在 API RP 5LW 标准的基础上提供)

10.3.5　静载荷应力

API RP 5LW 提供了一种计算静载荷应力的方程式，如方程(10.1)所示[5]。运输过程中管子上所产生的动应力大小取决于浪高、船速、船体长度和钢管沿船体轴线的布置等因素。计算一般采用一个数值为 0.4 的 g(重力加速度)因子，以考虑可能的动应力。实际的 g 因子也可根据实际情况取值，但不应小于 0.2。该方程假定每一根管道在整个管道长度上都与相邻的管道或木块完全接触。

$$\sigma_s = 0.426\left(\frac{D}{t}\right)n\left[\left(0.152\frac{L-BW}{B}\right)+1\right] \tag{10.1}$$

式中：σ_s 为静载荷应力，psi；n 为管道层数；D 为管道外径，英寸(in)；t 为钢管壁厚，英寸(in)；L 为管道长度，英尺(ft)；W 为支撑条宽度，英尺(ft)；B 为平的支撑条的数量。如果轮廓支撑条与管道接触时的夹角至少为 30°时，支撑条的数量最多可减少至方程中数量的一半。

对于内陆航道运输，计算出的最大静载荷应力应不超过管道的最低屈服强度。对于海洋运输，应不超过 $\sigma_s/(1+g)$，如方程(10.2)所示。

$$\sigma_{x(海运)} = \frac{\sigma_s}{1+g} = \frac{\sigma_s}{1+0.4} \tag{10.2}$$

式中：g 为重力系数，取值为 0.4(安全系数考虑了海洋船舶的动应力)。

货物应水平放置在木质甲板上。若使用金属支柱，应在支柱和钢管之间衬垫木质或致密的橡胶支承条，以保护管道和涂层。装载链条和绳索需要使用橡胶条等衬垫与钢管隔开。运输期间，需每天检查装载绳索和链条的拉力。

10.3.6　铁路运输

许多相同的影响因素同样适用于各类运输方式。API RP 5L1《管线钢管的铁路运输推荐规程》中有关于铁路运输的指南[8]。同样，推荐规程也没有区分涂层管道和未涂敷钢管。图 10.11 是管道采用铁路运输方式的示例。

应避免管道与平板车上的制动手轮接触。为避免管道从叉车上卸载时涂层损坏，敞篷车应采用吊装方式装载，而不应使用叉车[2]。

通常使用钢质扁平捆扎带进行管道固定。不应使用垫块，因为垫块可能会被压缩，导致装载物松开[9]。应检查金属捆扎带，确保其无毛刺，且宽度至少为35mm。

钢质捆扎带上的氧化层经常会剥落，沾染到钢管涂层上。这有可能会被误认为是涂层破损，实际上它很容易被擦掉，露出下面完好的涂层[2]。如果有疑问，也可以通过漏点检测的方式来确定管道涂层是否真正有破损。

10.3.7　卡车运输

为了避免桩式拖车对管道涂层的损坏，金属竖桩应加设木材或致密橡胶衬垫。对于杆式拖车，车轮必须有挡泥板，以防止碎石飞起对管道造成损坏。使用防水帆布(油毡)也能有效地保护杆式拖车上的管道底面，使其免受卡车车轮抛起的石块碎片的损伤。另外，在其他运输方式中的注意事项对于卡车运输也同样适用，如图 10.12 所示。

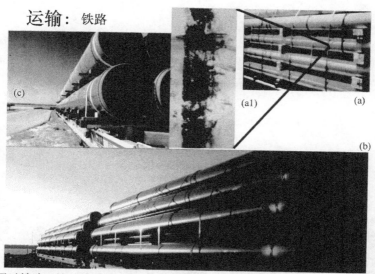

图 10.11　通过铁路运输的管道可采用压缝式堆放、木质隔条隔开堆放(c)，也可两种方式都有(b)。通常使用金属捆扎带用于管道固定(a、b)。有时钢质捆扎带的氧化层会剥落沾染到钢管涂层上(al)。这是正常的，并非涂层破损的迹象(照片由作者和 3M 公司提供)

图 10.12　支撑条(a) 可以保护车厢内管道和涂层免受损伤。(b) 垫块在管道层间起到支撑和隔离保护的作用。管道堆放可采用木质隔条和木块(b，c) 的方式，也可采用压缝堆放的方式(d)。或者在顶部采用两种组合的方式(照片由作者提供)

10.4 储　存

10.4.1　堆放

管道应堆放在防滑基座或泥土护堤上。在任何情况下，管道都必须高于院子或堆场的防水位。这能够防止泥浆进入管道内部，且便于叉车操作，如图 10.13 所示。堆放时，在水平方向需有轻微的坡度，以确保管道内的水可以自行排出。

图 10.13　堆放在防腐厂院子或安装前中转场的管道应避免与地面接触。这不仅能够方便搬运，还可防止泥浆进入管道内部，同时还能避免土壤中的石头或凸起碎石造成涂层损坏(照片由作者提供)

堆放前，需检查木材基座是否有钉子、石头或其他可能导致涂层或管道损坏的铁屑。泥土护堤不应有石头和金属杂物。应仔细对管道堆场表面的碎石进行筛选，来尽量降低车辆通过时将碎石抛入管堆的风险。这一问题当管道堆场位于风口和炎热干燥地区时尤为突出，因此必须对管道堆场内的车速进行控制[7]。

10.4.2　堆放高度

实践经验表明，管道的堆放高度取决于安全方面的考虑和管道的椭圆度变形，并非装运或储存期间 FBE 管道涂层的损坏风险，如图 10.14 所示。

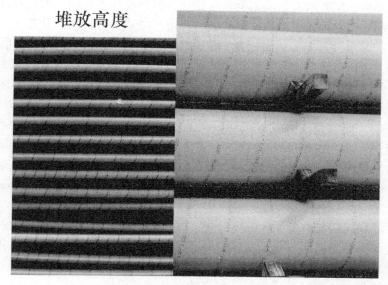

图 10.14　实践经验表明，在管道装运和储存期间，堆放高度并不是影响 FBE 涂层损坏的主要
因素。堆放高度并不是导致 FBE 涂层损坏的主要原因。更应考虑堆放高度对安全性、管道变
形或损坏所带来的风险(照片由作者提供)

10.4.3　紫外线照射：粉化

(1) 粉化。当 FBE 涂层暴露在潮湿环境中，紫外线(UV)辐射时会导致聚合物
降解，被称为粉化。大多数埋地或水下应用的 FBE 管道涂层容易发生粉化，形
式表现为外观光泽度降低，涂层表面有浅色粉末状残留物。这些粉末状残留物具
有保护阻隔作用，可防止 FBE 涂层的进一步降解。但在如下雨、风沙等气候或
物理摩擦下，原有的粉化层会被清除。随后，新暴露出的涂层表面在紫外线辐射
下会继续发生粉化。

> 粉化：涂层暴露于潮湿环境的紫外线照射下，表面会形成松散的粉末残
> 留物。

粉化程度和效果取决于以下几个因素：
- 特定 FBE 配方对紫外线辐射的敏感性
- 直接暴露于紫外线下
- 紫外线辐射强度和时间
- 涂层表面水分的可利用性(如露水)

　　如前所述，FBE 管道涂层是为埋地管道防腐性能的优化而设计的，并非为了防太阳光照射。尽管所有材质都会发生粉化，但程度各不相同。阳光直接照射是粉化过程的一个必要条件。堆放在地面的管道，12 点钟方向的粉化最为严重，其次是 3 点和 9 点钟方向的侧面位置，管道底部粉化很少或几乎没有。尽管阳光强度是一个主要因素，但水分同样也是粉化过程的必要因素。管道表面的水分通常来自于每天清晨的露水。紫外线的辐射强度和水分的可用性会直接影响涂层粉化开始和重新开始的速度。涂层厚度的损失主要取决于原有粉化层的清除情况。现场经验表明，厚度损失速度的差异很大，往往取决于特定的地理位置。Cetiner等[10]最近的一项研究显示，管道在美国北部和加拿大南部堆放大约一年后，12点方向的涂层厚度减少了约 20μm。更多的日常观察结果表明，涂层的厚度损失通常在 9～18 个月内开始。这个过程一旦开始，会使涂层厚度每年大约降低 10～40μm。

　　只要涂层厚度没有发生大幅度降低，气候对 FBE 涂层性能的影响就很小。针对在美国涂敷之后运至中东安装的一条管道，研究表明，管道堆放 3 年后，测试时未出现弯曲失效问题[11]。短期阴极剥离试验(65℃，3%NaCl，48h)的结果为8mm，该结果与涂敷环节质量保证程序的试验结果相似。

　　Cetiner 等的研究表明，尽管 48h 耐阴极剥离性能或热水附着力的试验结果没有测量到变化，但依据加拿大标准协会的 FBE 弯曲试验方法进行测试时，涂层在−30℃下的柔韧性有所降低，所测试的两种 FBE 涂层之间也存在差异[12]。

　　他们的结论是，当储存超过一年时，应对管道进行防紫外线辐射保护。通常是在太阳光和涂层管道中间增设一道屏障，可以是防水布、塑料或者抗紫外线的涂料。

　　对于短期防护，大多数类型的涂层都可用作屏障涂层，但更推荐使用诸如乳胶之类的透水性涂料，这是因为即使屏障涂层附着力差，也不会导致阴极保护屏蔽。对于长期或永久的地上管道防护，涂层选择和表面处理就更为重要。涂敷前必须彻底清除残留的粉化物。还需采用砂纸或轻度喷砂的方法使表面变粗糙，这可提高紫外线屏蔽涂层的长期粘接性能。脂肪族聚氨酯以其在紫外线长时间照射后的光泽和色泽保持度而闻名，这对 FBE 管道涂料的抗紫外线老化非常有效。

10.5　安　　装

10.5.1　漏点检测

　　管道安装后，若涂层上有孔(漏点)，将会增加阴极保护电流的需求量。因此在安装前，需要采用漏点测试仪来检测涂层的损坏点或不连续点，并进行修补。

如果涂层存在漏点，当高压经过时就能击穿空气间隙使电流导通，并触发指示装置，通常会发出声音或灯光报警。

现场储存时，FBE 涂层会吸湿，将导致其介电强度降低。由于现场测试的目的是查找搬运过程中产生的涂层缺陷点，因此，只要能够找到漏点，可以使用比防腐厂更低的电压对涂层检测。

漏点测试的目的是找到涂层真正的薄弱点，而不是创造新的薄弱区域。涂层的薄弱点包括裂纹、针孔、涂层中夹杂的导电物质和延伸至管道表面上方的铁屑[13]。漏点检测的目的不是测量电阻率、涂层厚度、粘接度、孔隙率、物理特性，也不是测量涂层的整体质量。

试验过程中，若设定的检测电压对于涂层厚度而言过高，则可能会产生新的漏点[14]。为了找到漏点，必须选择可击穿涂层外表面和钢管基材之间空气间隙电气强度的电压。尽管空气间隙主要的电气强度由距离(涂层厚度)所决定，但温度和湿度等因素也会有一定影响，如图 10.15 所示。

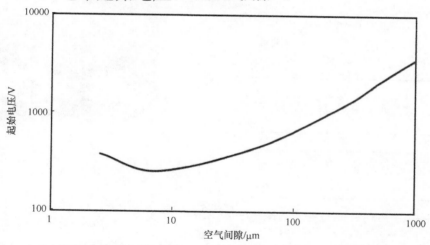

图 10.15　平面空气间隙的电晕起始电压取决于空气间隙的厚度[13]

漏点检测的原理基于电晕放电。当空气与固态绝缘体(如 FBE 管道涂层)连通时，施加电压空气被电离，进而引发电晕放电。涂层检漏是根据漏点或金属微粒能够形成低电阻通路及涂层中的过薄点会产生电击穿的原理发出报警来进行检测的。所设定的检漏电压是以击穿与涂层厚度相同空气间隙所需电压为依据得到的。将探测电极沿涂层表面移动进行检漏，并保持探测电极和涂层表面紧密接触。当探测电极经过涂层漏点或厚度过薄位置时，空气间隙所能承受的电压低于检测电压，发生电击穿，进而触发检漏仪的报警传感器。

　　绝缘击穿电压(V/μm)可能会导致涂层失效，也就是说，通过以下几种机制所查找到的漏点并不是真正想查找的漏点[13]：

- 环境空气的电晕电离对表面的侵蚀
- 介质加热
- 超过 FBE 涂层固有的电气强度

　　同一管段经历过多次检漏时，可能会发生前两种情况的误判。如果存在如图 10.16 所示的涂层薄弱区域，重复进行漏点检测时，就有可能被击穿。涂层过薄以及存在金属微粒涂层的区域，涂层实际承受的击穿电压将远高于涂层的平均绝缘击穿电压。

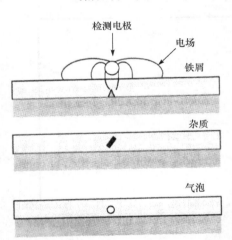

图 10.16　漏点检测的目的是找到涂层中真实存在的漏点，而不是通过击穿涂层厚度薄弱的区域而产生新漏点。例如，延伸至管道表面上方的氧化皮、涂层内夹杂的导电物质或小气泡(照片由 B. Brobst 提供，图片由 J. P. Kehr 在 Olyphant 的基础上绘制[13])

　　如果只有少量涂层覆盖在铁屑上，这时氧化皮占据涂层厚度的很大比例，因此在薄涂层区域可能会出现高的电应力。而在厚涂层上的氧化皮只占涂层厚度的很小比例，因此实际所采用的检漏电压通常要小于厚涂层区域的计算值。FBE 涂层漏点检测电压可用线性方程快速估算。快速估算的经验值见式(10.3)和式 (10.5)。NACE 推荐的规程 RP0490 中提供了更精确的计算公式[16]，公制和英制单位计算公式如式(10.4)和式(10.6)所示。

公制单位：

$$V_{粗略估算}=5T_{\mu m} \tag{10.3}$$

$$V_{\text{NACE RP0490}}=104\sqrt{T_{\mu m}} \tag{10.4}$$

英制单位：

$$V_{粗略估算}=125T_{mil} \tag{10.5}$$

$$V_{\text{NACE RP0490}}=525\sqrt{T_{mil}} \tag{10.6}$$

式中：V 为检漏电压；T 为涂层厚度。

例如，如果 FBE 涂层的厚度为 625μm，计算基于公制单位，使用式(10.4)计算时，检漏电压为 $104 \times \sqrt{625} = 104 \times 25 = 2600$ V。或者基于英制单位，涂层厚度为 25mil，使用式(10.6)计算时，电压为 $525 \times \sqrt{25} = 525 \times 5 = 2625$V。

漏点检测仪的实际电压设置取决于接地连接的有效性，应每天进行现场校准。校准时，在管道涂层上钻一个直径约为 0.8 mm 的孔，露出钢基材。使用正常的接地、电极配置、沿管道移动速度以及根据上述方程式确定的检漏电压，对已知漏点进行检测。如果检测仪没有报警，则增加检测电压后再次进行测试。也可使用更好的接地连接。操作设备增加检测电压，并一直重复上述测试步骤，直到漏点检测仪报警。

(1) 漏点检测仪。检漏仪可以是高压检漏仪或低压湿海绵检漏仪。由于高压检漏仪能够快速且经济地检测更大面积的表面，常被用于管道检漏。高压检漏仪是一种用于检测 FBE 涂层局部不连续缺陷的电子设备。它由电源、电极和与指示器连接的接地线组成。当检测到涂层中有缺陷孔或不连续点时，它会发出电流信号。探测电极应与涂层表面连续接触。探测电极需始终保持清洁，应无绝缘性污染物[15]。在工厂中，经常使用橡胶探测电极。这是因为当电火花将电极和管道之间的气隙导通时，它会留下黑色残留物。这使得涂层漏点位置更容易被确定。现场所用的电极通常是弹簧式的。由于刷式电极不太容易留下空气间隙，因此对现场涂层漏点的检测更为有效。

高压检漏仪可分为以下两类：

• 连续直流(DC)电压检漏仪

• 脉冲直流电压检漏仪

连续直流检漏仪使用连续、不间断的电压，对被测管道施加等效的微电流。当管道涂层表面存在潮气时，不应使用连续直流检漏仪。它们更适合干燥土壤和沙土地区，也就是难以获得良好接地的地区。

脉冲直流检漏仪是以短时脉冲的方式对被测导电基体涂层表面施加一定量

的脉冲高压和微电流(如每次脉冲持续 0.0002s，每秒施加 30 次)。脉冲直流检漏仪可用于湿涂层或干涂层，在 FBE 管道涂层领域被广泛使用[16]。对于这类检漏仪，在确定检漏线速度时需考虑脉冲速率。

低压检漏仪需要使用导电电解液来浸湿针孔，渗透湿海绵检漏仪与外露钢材之间的间隙。大多数低压检漏仪用电池供电，设定电压为 67.5V 或 90V。

(2) 接地连接。良好的接地连接至关重要。所有的计算都假定检测仪和管道之间具有良好的电气连接。如果土壤潮湿，接地连接可能非常充分。如果土壤干燥，管道的接地线可以连接到与地面有良好金属接触的重型机械上，例如履带式推土机[17]。或者，也可以将钢桩打入地面以下 60cm 或更深的位置，作为接地线的连接点。将其打入注水孔中可改善接地连接[18]。如果土壤电阻率过高或是岩石地段，则可能需要将管道的金属基材和漏点检漏仪的接地线直接连接。如果附近有未焊接的管道或接地连接柱，也可以将接地线夹在那里。

10.5.2 修补

使用双组分修补材料或修补棒对损坏的涂层进行修补[19]。工艺步骤如下：

- 依据 SSPC-SP 1 中的指南，清除破损区域中的所有油脂和其他污染[20]
- 通过钢丝刷、打磨或喷砂的方式去除受损区域的锈蚀
- 确保表面干燥：加热有助于干燥
- 沿破损区域四周，对约 2.5cm 范围内的涂层进行打磨，为修补材料提供粗糙的锚和表面：对于双组分环氧树脂修补材料，仅需将粉化的涂层打磨掉。通常规定其能提供与原涂层相当的性能。
- 刷掉或擦除打磨掉的松散材料
- 如果使用修补棒，可使用便携式火炬预热涂层破损区域，直到表面温度足以熔化修补棒
- 使用双组分修补材料或修补棒进行修补

使用修补棒时必须非常小心。成功的修补需要先对待修补的 FBE 涂层表面进行预热。如果仅对修补棒进行加热，或对修补棒和 FBE 涂层表面同时加热但不对 FBE 涂层表面预热，就无法使修补棒与涂层形成良好粘接。修补时，建议使用便携式丁烷火炬。不应使用焊枪，因为它的火焰温度太高，可能会烧焦 FBE 涂层。当修补棒贴压在被加热的涂层上有残留物时，涂层表面的预热温度就足够了。然后，使用火炬加热维持涂层温度并熔化修补棒。加热后，允许涂层出现轻微发黄，但不应出现烧焦或起泡。修补涂层应与完好的原涂层至少搭接12mm，如图 10.17 所示。

当使用双组分修补体系时，合适的配比和涂敷前的充分混合最为关键。此外，管道基材温度还应满足修补体系的最低固化温度要求。如果温度过低，则必须在

修补前对管道进行加热，或者使用火炬加热修补区域来加速硬化。

修补：修补棒

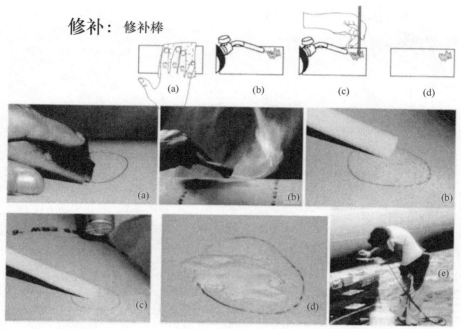

图 10.17　采用修补棒修补时，为达到良好的粘接效果，两个步骤至关重要。首先，必须对涂层表面进行粗糙化处理：用 80 目或 120 目砂纸打磨，然后用干净的布擦去打磨的残留物(a)。其次，原涂层表面必须预热到修补棒在接触面可留下残留物(b)。然后，在使用火炬熔化修补棒并保持管道涂层温度的同时，修补棒在待补区域上以圆周运动方式摩擦(c)。使用修补棒完成现场维修(d)。(e)现场修补(照片由 3M 公司和作者提供，图片由 3M 公司提供[21])

　　对于双组分液体环氧修补体系，合适配比和充分混合至关重要。漏点周围区域必须处理干净且干燥。如果是新涂敷涂层且未发生粉化，就不需使用砂纸进行粗糙化打磨了。如果涂层表面发暗，打磨处理有助于确保良好粘接。然而，现场的质控人员经常会提出对新涂层也需要进行轻微打磨的要求，从而提高现场应用的可靠性，这样的要求往往是没有必要的。

　　胶筒系统是确保双组分混合比例最为可靠的方法。它包括一个手持式活塞分配器，可与装有液体环氧树脂和硬化剂(固化剂)的胶筒相匹配。使用与胶筒连接的静态混合器既可确保合适配比，又可实现完全混合，如图 10.18 所示。由于固化剂和环氧树脂的黏度不同，可能需要舍弃第一毫升或从静态混合器流出的涂料。将混合后组分注射覆盖漏点区域，均匀涂抹，形成一个连续修补涂层。修补涂层需与原涂层至少形成 12mm 搭接。对于光滑涂层表面上的小漏点，可以将环氧树脂/固化剂直接注射到管道上进行原位混合，如图 10.19 所示。

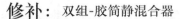

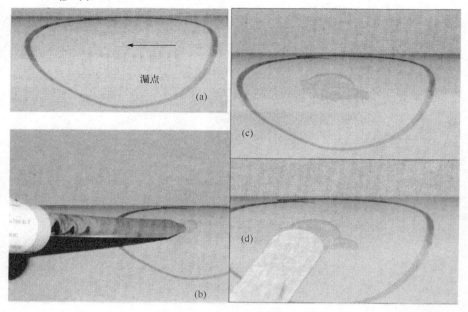

图 10.18 对于双组分液体环氧修补体系，合适配比和充分混合至关重要。(a) 漏点周围区域必须处理干净且干燥。如果是新涂敷涂层且未发生粉化，就不需使用砂纸进行粗糙化打磨。如果涂层表面发暗，打磨处理有助于确保良好粘接。然而，现场的质控人员经常会提出对新涂层也需要进行轻微打磨的要求，从而提高现场应用的可靠性，这样的要求往往是没有必要的。(b) 带静态混合器的胶筒系统可提供最精确的配比，并实现充分混合。将混合后组分注射覆盖漏点区域(c)，均匀涂抹，形成一个连续修补涂层(d)。它与原涂层应至少形成 12mm 搭接(照片由作者提供)

当需要进行大面积破损区域修补或大量小面积区域的快速修补时，可将双组分液体环氧先在容器中预混合，如图 10.20 所示。可按质量比或体积比准确混合，或使用不带静态混合器的双组分胶筒来实现精确配比。

10.5.3 弯曲

涂层的柔韧性对管道弯曲操作至关重要。涂层的柔韧性取决于涂层本身的性能和弯曲时的环境温度。实际弯曲极限通常由钢材的弹性性能所决定，ASME B31.4 和 B31.8 中给出了响应的极限值[22,23]，如表 10.3 所示。

修补： 双组分-原位混合

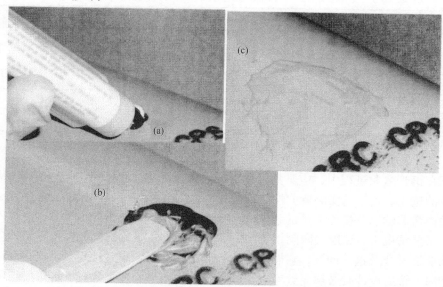

图 10.19　对于光滑涂层上很小的针孔,可以将合适配比的环氧各组分直接注射到管道表面(a),
　　　　　然后在漏点处小心混合(b)。(c)修补完成(照片由作者提供)

修补： 双组分-预混合

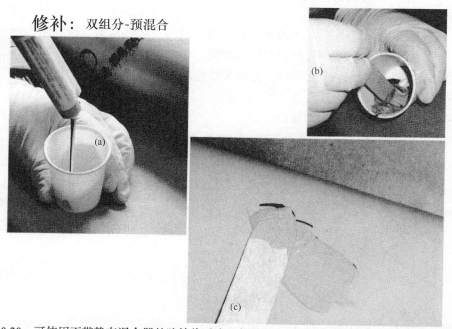

图 10.20　可使用不带静态混合器的胶筒将适当比例的固化剂和环氧树脂注入到容器中(a),混
合(b),然后涂敷到受损区域及周围的原涂层上(c)。如果没有自动配比系统可用,混合前各组
　　　　　分的准确称量或体积测量至关重要(照片由作者提供)

表 10.3　ASMEB31.4 和 B31.8 规定了油气输送用钢管的冷弯极限[22,23]

公称管规格(NPS)	用管道直径表示的弯管最小半径	弯曲度/(°/PD)
≤12	18D	3.2
14	21D	2.7
16	24D	2.4
18	27D	2.1
≥20	30D	1.9

注：D 为管道直径。

　　在钢管弯曲过程中，应避免管道出现破裂、开裂、蛋形(椭圆形)或其他机械损坏的迹象。钢管的实际弯曲性能取决于壁厚、壁厚与直径的比值、延展性、使用的内弯芯轴以及操作人员的技能。

　　某些情况下，涂层会限制钢管的弯曲极限，耐高温或抗机械损伤等特殊应用的涂层通常涉及这一问题，它们可能比一般用途的涂层限定性更高。当存在这一问题时，管道设计时必须充分考虑更低的弯曲极限值。弯头和弯管等管件可能需要在制造完成后再进行涂层涂敷。弯管机可分为以下两类[24]：

- 牵引式模板弯管机
- 垂直液压弯管机

　　牵引式模板弯管机适用于较小直径管道的冷弯。现场弯曲过程如图 10.21 所示。弯曲时，使用与管道直径相对应的不同尺寸的模具。垂直液压弯管机适用于全系列 API-5L 等级管道的弯曲。有几个专业术语用于定义管道的弯曲程度，如式(10.7)～式(10.9)[25]：

　　单倍管径(PD)与弯管半径：

$$R/d = (R_{\mathrm{d}} + \tfrac{1}{2}d)/d \tag{10.7}$$

　　中轴线单位管径长度的弯曲度数：

$$弯曲角度 = 360/[(2\pi R)/d] = 57.3/(R/d) \tag{10.8}$$

　　钢管弯曲外表面的伸长率：

$$\begin{aligned} s &= (d/2)/R \\ &= [2\pi(R + d/2) - 2\pi R]/2\pi R \\ &= 50/(R/d) \end{aligned} \tag{10.9}$$

　　式中：R 为弯曲后中轴线的半径，即芯轴半径加上管道外径的一半；R_{d} 为弯曲模具或芯轴的半径；d 为管道的外径；s 为弯曲应变(或伸长率)的百分比。

弯管机

图 10.21 通过弯管机对管道进行分节弯曲，来实现整根钢管的弯曲。弯曲时，用刚性下模把管子推至预定角度的弯曲模具上。然后将刚性下模撤回，管道向前步进(图中为从左到右)，然后进行下一次弯曲。不应对管道末端进行弯曲，该末端称为切线。通常使用单倍管径长度弯曲的度数来定义管道的弯曲程度(°/PD)(照片由 3M 公司提供；图片由作者在 Varughese 的基础上提供[24])

图 10.22 为实验室的弯曲过程和相关计算。弯曲时，内侧将承受压缩应变，该应变大小与弯曲半径外侧的拉伸应变大致相等。由于在实际弯曲过程中，中轴线会随着压缩侧变厚和拉伸侧变薄而发生偏移，所以应变量是一个近似值。因此，实际的拉伸应变会大于计算值，而压缩应变则小于计算值。如果弯曲过程中，管道横截面变成了椭圆形，则两种应变都会减小[26]。

现场管道以"咬合"或"推进"的方式进行弯曲，也就是说，整个管道长度上的弯曲是以许多较小的增量来实现的。例如，如果外径为 1m，长度为 12m 的管道需要实现 6°弯曲，就需要通过一系列的弯曲操作来实现。如果管道末端的切线长为 3 m，则意味着整个弯管必须位于中心 6m 范围。如果弯曲是在 6m 长度上均匀进行，则该管道的弯曲度为 1°/m 或 1°/PD，该弯曲度满足 ASME B31.4 和 B31.8 中规定的 1.9°/PD 限值范围。

计算时应考虑管道实际的伸长率，这一点非常重要。如果咬合长度为 0.5m，但实际上仅在该管道长度中的一部分发生了弯曲，这将导致该处的实际弯曲大于平均

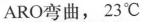

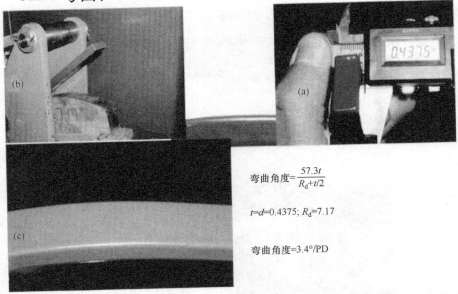

弯曲角度=$\frac{57.3t}{R_\mathrm{d}+t/2}$

$t=d=0.4375$; $R_\mathrm{d}=7.17$

弯曲角度=3.4°/PD

图 10.22　使用平板试件进行耐磨(更坚硬)涂层(ARO)现场弯曲性能的实验室模拟测试。为便于计算，设定试件厚度(t)与管道直径(d)相等。试验在室温条件下进行，涂层承受 3.3°/PD 的弯曲后，试件基本没有发生回弹。当在−45℃温度下重复该试验时，涂层能够通过计算弯曲度为 1.7°/PD的测试，但试件回弹后的永久形变为 1.4°/PD。因此，在计算要求的弯曲度和确定涂层性能时，必须考虑试件的回弹。测试时，(a) 试件厚度测量时，必须包括涂层厚度。(b) 在已知曲率半径的芯轴上进行试件弯曲。(c) 检查弯曲后的试件是否有开裂[24,25](照片由作者提供)

弯曲。涂层和管道承受的伸长和压缩是实际弯曲的结果，而不是整个弯曲的平均值。

　　如果每次咬合长度为 0.5m，每次管道弯曲所形成的永久形变为 0.5°/PD。由于管道弯曲后通常会有回弹，因此对管道施加的弯曲度必须超过预期的永久形变。这是评估涂层性能的一个重要因素，因为涂层将承受完全"回弹"后的弯曲状态。

　　弯曲过程中的最后一个影响因素是管道装卸。弯管机的接触面，如弯曲模具、卡钳和刚性下模，均需要使用聚氨酯等材料衬垫。弯曲模具的入口和出口处的毛刺和其他凸起物应打磨光滑。为避免损坏涂层或钢管，管道和弯管机内不得有石块或其他碎屑。

10.5.4　焊接

　　FBE 涂层管道的焊接方法与其他有机涂层钢管相似。应对涂层进行保护以避免焊渣损伤，如图 10.23 所示。大多数规范要求应至少保留 25mm 的焊接预留区。由于 FBE 涂层是热固性材料，当与焊缝距离较近时，焊接时的钢管温度也不会导致涂层熔化。高温短时间暴露，不会造成 FBE 涂层损伤。

焊接

图 10.23　FBE 涂层管道成功焊接的关键是避免焊渣飞溅对涂层造成损伤。最简单的方法是，
焊接时在焊缝附近使用隔热垫(图片由《管道和天然气》期刊提供[27])

10.5.5　现场切割

现场管道切割时，切口处 1～5cm 范围内的环氧涂层将会被碳化或烧焦。烧焦量取决于切割设备和钢管壁厚。通常，正常焊接过程中释放的有毒物质要比涂层释放的多。但还应在这些区域采取通风措施，尤其是在管沟底部几乎没有空气流动的连接处。环氧树脂烧焦时有一股"甜味"，有些人对这个味道可能会比较反感。防腐厂可提供有关 FBE 系统的相关信息，如有疑问，可以咨询粉末生产商。

10.5.6　施工作业带

(1) 沿施工作业带的管道堆放。最底层管道应以适当间隔架放在用不含碎石泥土堆起且覆盖有聚乙烯膜(或其他保护层)的护堤或木材基座上，使管道架起一定距离，这可使涂层免受损坏。应对底层管道进行固定，来防止管道滚动造成损伤。FBE 涂层管道在北极至赤道的任何环境条件下储存时，均未发生过冷流、收缩、开裂或裂纹等损伤。当 FBE 管道在阳光直射条件下储存时，通常会在涂层表面形成一层薄薄的白色粉化层。具体可详见本章的运输、储存和粉化部分。

用于焊接和安装施工作业带布设的管道应放置于支架上，如图 10.24 和图 10.25 所示。但应注意需将支架上可能损坏管道或涂层的石块和碎屑清除干净。

图 10.24　(a) 装运和储存规范同样适用于施工作业带管道的堆放和布管。(b 和 c) 焊接或准备焊接时，最好将管道放在支架上(照片由 3M 公司、B. Brobst 和作者提供)

10.5.7　补口

有关补口的安装方法和材料信息，详见"第 7 章 补口涂层与内涂层"。

10.5.8　沟下安装

使用尼龙吊索、绳带或辊架可将管道从施工作业带转移到开挖管沟中。应确保辊架的辊轴上涂敷有聚氨酯，以保护管道涂层不受损坏。辊架与沿线移动设备应配合良好。

如果管沟开挖的土壤中没有碎石，则可直接将管道铺设在管沟中。如果土壤中有石头或碎屑，管道通常需要铺设在泡沫垫块、沙袋或泥土垫层上，如图 10.26 所示。然后，使用沙土或将不含沙砾或碎石的土壤回填至管沟，进行管道填埋。有专门的设备可对管沟挖出土壤进行筛分，来清除大块石头，以得到满足要求的回填土。在进行地表土和现场植被恢复前，可将未通过筛分的剩余材料置于回填土上方。

图 10.25　沿施工作业带布设的管道应支撑放置，不应与地面直接接触。可使用吊索将管道从支架转移到管沟内。下沟时，采用辊架与沿线移动设备配合的方式进行安装是非常有效的(照片由 D. Cordes 和 B. Brobst 提供)

　　为避免涂层或管道在回填过程中的损坏，可采用岩石保护材料提供额外保护。这些保护材料包括塑料垫块，它有类似于华夫饼状的网格。其中，最为重要的问题是要使用非阴保屏蔽材料。如果使用高介电性材料，就必须提供水分穿透衬垫结构的路径。对于特别恶劣的环境，例如岩石上爆破的管沟，可在 FBE 涂层上增设混凝土外层。混凝土不会对阴极保护造成屏蔽[28]。

　　需要特别注意的是，涂层管道不能与管沟壁擦碰，特别是大口径管道。即使是轻微的擦碰也会产生涂层漏点。如果发生了擦碰，应立即停止下沟并将管道移出，并在最终安装前完成涂层修补[7]。

10.5.9　定向钻穿越

　　定向钻穿越安装工艺为管道穿越河流、铁路和公路等区域提供了解决方法，该工艺不会对水渠或道路造成破坏[29]。该工艺过程如图 10.27 所示。

图 10.26　管沟底部通常使用沙袋、泥土垫层或泡沫塑料垫块来提供支撑和隔离。然后使用大小合适的回填土覆盖管道，以保护涂层并为管道提供额外的支撑。有专门的设备可对管沟挖出的土壤进行筛分，来清除大块石头，并用特定尺寸的回填土直接埋埋管道。可用岩石衬垫材料为涂层提供额外的保护，避免涂层受到岩石损伤。所用的岩石衬垫材料不能屏蔽管道的阴极保护。对于像岩石爆破这样恶劣环境的管沟，通过施加混凝土外护层能为涂层提供更好的保护(照片由 3M 公司和 Ozzie 定向钻公司提供)

　　首先，通过钻孔或喷射方式沿预定路线钻一导向孔。采用钻孔方式可穿透坚硬的地质层，而喷射方式可有效地穿透软土层[30]。导向孔的尺寸取决于土壤类型和钻机尺寸等因素。一般情况下，导向孔能够达到 25cm。钻孔液可通过钻杆、喷射器或钻头泵入。

　　钻孔液的作用是润滑钻杆并将岩屑带回到地面。根据定向钻穿越长度，钻导向孔的过程可能需要几天时间。

　　下一步是将导向孔扩大至适合管道安装的尺寸。将扩孔器固定到钻杆上，然后旋转拖入或拉入导向孔。接下来，通过钻杆将钻孔液泵入钻孔，并将挖出的泥土带回地面。

　　根据土壤条件和最终扩孔直径的要求，可能需要进行多次扩孔。例如，为完成 1m 直径的扩孔，中间可能要经历 0.3m、0.5m、0.85m 等多次扩孔过程，最后达

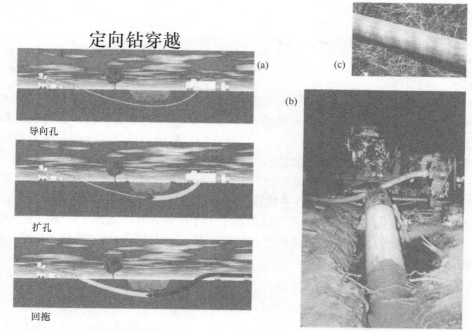

图 10.27　(a) 定向钻穿越管道安装工艺包括以下几个步骤[29]。首先，按照管道安装路线钻一个导向孔。其次，进行多次扩孔。最后，将管道回拖穿过充满泥浆的通道。(b) 正在运行的回拖设备。(c) 管道已完成穿越安装过程。耐磨外涂层上有划痕，但没有延伸至防腐底层(图片由 Ozzie 定向钻公司提供，照片由 B. Brobst 提供)

到 1m。扩孔器的两侧都安装有钻杆。扩孔过程可能也会需要好几天时间。

下一步是形成泥浆通道，确保穿越孔内没有挖出的物料，并充满泥浆。泥浆可形成一个内壁平滑且润滑的回拖通道。泥浆的润滑作用可减少回拖过程管道涂层的摩擦和损坏。

在最后回拖之前，需要在管道上焊接一个管帽，并在钻杆和管道之间安装一个旋转接头，以防止管道旋转。根据钢管壁厚和管径的不同，可以将水泵入管道以保持中性浮力。这可有效防止管道在泥浆中的漂浮，从而避免过度摩擦和涂层破损。

最后，将管道从充满泥浆的扩孔中回拖拉出。然后将其连接到管道的其余部分。通常情况下，可采用附加的坚硬耐磨防护层来保护管道的防腐层。在进行补口防腐之前，应将环形焊缝的凸起打磨光滑，以保护该区域涂层在回拖过程中免受损坏。当管道和焊缝有足够的厚度时，这种方法比较合适，管道的完整性不会因金属打磨而受损[7]。

10.5.10 驳船安装

驳船安装主要有两种类型，如图 10.28 所示。

- 卷筒驳船
- 铺管驳船

卷筒驳船安装时，当管道弯曲围绕卷筒的中心轮毂时，涂层通常会产生最大应变。伸长率取决于轮毂直径和管道直径，详见式(10.9)。对于大多数的铺设和卷筒驳船而言，平均伸长率为 1.5%～2.5%[31,32]。同时，也存在压缩应变，这可能会导致厚的热塑性涂层出现褶皱。

通用铺管驳船安装时，有两种铺设方法，每种方法对涂层产生应变的程度是不同的。J 形铺管法在竖直位置完成管线连接后直接入水(J 形塔可以调整倾角，以改变入水角度)。S 形铺管法使管道以近乎水平位置入水。术语"J"和"S"来自于管道离开铺管船、入水并沉到海底时的形状。尽管安装方法不同，但涂层应变都接近于下述值[32]：

图 10.28 驳船安装过程中，造成装运损伤的主要因素是管道需要经历多次装卸，每个步骤都有可能造成涂层的机械损伤。其次是管道的弯曲应变，包括管道弯曲以匹配卷筒驳船安装过程中的轮毂直径，以及在 J 形或 S 形铺管中产生的管道变形(照片由《管道和天然气》期刊和 Torch Offshore 公司提供)

- J 形铺管法涂层伸长率≈1.0%
- S 形铺管法涂层伸长率≈1.5%

　　驳船安装中，造成涂层损伤的最大因素是管道必须经历多次装卸，每个步骤都有可能造成涂层损坏。

10.6　本 章 小 结

　　合适的装卸作业能够在最大程度上减少防腐管道在装载、运输和安装过程中的损伤。尽管 FBE 和三层聚烯烃外防腐涂层都具有一定的韧性和抗损伤性，但也无法承受野蛮作业。采取合理的操作程序进行钢管和防腐涂层保护，可以最大程度上减少管道下沟铺设前的修补量。此外，这也会最终影响管道防腐蚀需要的阴极保护电流量。

10.7　参 考 文 献

[1] R.F. Strobel, B.C. Goff, "Fusion Bonded Epoxy Pipeline Coatings-A Review," BHRA Third International Conference on the Internal and External Protection of Pipes, London, Sep. 5-7, 1979.

[2] C.M. Herndon, "Pipe Loading/Unloading/Inspection" MQ-320, Dec. 16, 1987 (Houston, TX: Tenneco Gas Pipeline Group).

[3] P. Mayes, Bredero Shaw Australia, email to author, Apr. 2,2002.

[4] Specification UC-200, "Plant Applied External Fusion Bonded Epoxy Pipe Coating," (Houston, TX: Tenneco Gas), January 1990.

[5] API RP 5LW, Recommended Practice for Transportation of Line Pipe on Barges and Marine Vessels (Washington, D. C.: American Petroleum Institute, 1996).

[6] T.V. Bruno, "How to Prevent Transit Fatigue to Tubular Goods," Pipe Line Industry 68, 7 (1988): pp. 31-34.

[7] P. Venton, Venton & Associates, email to author, Mar. 17,2002.

[8] API RP 5L1, Recommended Practice for Railroad Transportation of Line Pipe (Washington, D. C.: American Petroleum Institute, December 1996).

[9] D.R. Sokol, "Storage, Shipping, & Handling of Coated Pipe," NACE Tech Edge, Using Fusion Bonded Powder Coating in the Pipeline Industry, Jun. 5-6,1997, Houston.

[10] M. Cetiner, P. Singh, J. Abes, "Stockpiled FBE-Coated Pipe Can be Subject to UV Degradation" Oil Gas J. 99 (2001): pp. 58-60.

[11] Surf cote Bulletin, "Case History of Fusion Bonded Coated Pipe Shipped to Middle East" Houston, TX, Winter 1979/80.

[12] CSA Z245.20-98, "External Fusion Bond Epoxy Coating for Steel Pipe," (Etobicoke, Ontario,

Canada: Canadian Standards Association, April 1998).

[13] M. Olyphant, Jr., "Corona Breakdown as a Factor in Jeeping Pipeline Coatings," MP 4,9 (1965).

[14] L.M. Smith, "Fundamentals of Holiday Detection," Protective Coatings Europe 6,3 (2001).

[15] NACE RP0188-90, Standard Recommended Practice, "Discontinuity (Holiday) Testing of Protective Coatings" (Houston, TX: NACE, 1990).

[16] NACE RP0490-95, Standard Recommended Practice, "Holiday Detection of Fusion Bonded Epoxy External Pipeline Coatings of 250 to 760 μm (10 to 30 mils)," (Houston, TX: NACE, 1995).

[17] D.R. Sokol, "Holiday Detectors: Use and Calibration," MQ-860, Apr. 16, 1990 (Houston, TX: Tenneco Gas Pipeline Group).

[18] C.M. Herndon, D.R. Sokol, "Pipe Storage/Jeeping/Repair," MQ-502, Dec. 15, 1987 (Houston, TX: Tenneco Gas Pipeline Group).

[19] ASTM G 55-98, "Standard Method for Evaluating Pipeline Coating Patch Materials," (West Conshohocken, PA: ASTM, 1998).

[20] SSPC-SP 1, "Cleaning of Uncoated Steel or a Previously Coated Surface Prior to Painting or Using Other Surface Preparation Methods" (Pittsburgh, PA: SSPC).

[21] "Scotchkote Hot Melt Patch Compounds - 206P and 226P Instructions," (Austin, TX: 3M, 2000).

[22] ASME B31.4-1992, "Liquid Transportation Systems for Hydrocarbons, Liquid Petroleum Gas, Anhydrous Ammonia, and Alcohols," (New York, NY: American Society of Mechanical Engineers, 1992), Section 406.2.

[23] ASME B31.8-1995, "Gas Transmission and Distribution Piping Systems," (New York, NY: American Society of Mechanical Engineers, 1995), Section 841.231.

[24] K. Varughese, "Pipeline Coatings—1: Mechanical Properties Critical to Pipeline Project Economics," Oil Gas J. 94,37 (1996).

[25] D.R. Sokol, C.M. Herndon, "Coating Bend Tests," MQ-852 (Houston, TX: Tenneco Gas, Feb. 5,1988).

[26] D. Sokol, Sokol Consultancy, Houston, TX, email to author, Feb. 11,2002.

[27] Pipeline and Gas Journal 208, 5 (1981).

[28] A. Purves, "Comparison of Pipe Coating Protection Options," Technical Seminar 2001 (Calgary, Alberta: Shaw Pipe Protection Limited, 2001).

[29] "Equipment Description and Use," www.ozzies.com/ozzies/drilproc.htm (Jun. 25, 2001).

[30] I. Fotheringham, P. Grace, "Directional Drilling: What Have They Done to My Coating? " Corros. Mater. 22, 3 (1997): pp. 5-8.

[31] R. Rigosi, G. Guidetti, P. Goberti, "Bendability of Thick Polypropylene Coating," Pipeline Protection, BHR 13th International Conference on Pipeline Protection, ed. J. Duncan (BHR Group: London, 1999), pp. 41-52.

[32] M.J. Wilmott, J.R. Highams, "Installation and Operational Challenges Encountered in the Coating and Insulation of Flowlines and Risers for Deepwater Applications," CORROSION/2001, paper no. 01014 (Houston, TX: NACE, 2001).

第11章 FBE涂层与阴极保护的协同应用

11.1 本章简介

➢ 阴极保护：历史、原理、防腐蚀
➢ 阴极保护：对防腐涂层的要求和保护准则
➢ 阴极保护：保护电流用量与成本计算

通常，管道外防腐系统由防腐涂层与阴极保护两部分所组成[1]。采用熔结环氧粉末(FBE)涂层时，阴极保护(CP)电流和防腐涂层的结合应用，就能构成一个性能优越、经济高效的防腐体系。防腐涂层系统是抵御环境侵蚀的第一道基本屏障。阴极保护系统是防止钢管外防腐涂层损伤部位金属腐蚀的第二道屏障[2]。防腐涂层用于保护大部分金属表面，而阴极保护系统则主要针对防腐涂层完整性受到损害的部位。

11.2 阴极保护历史

1823年，Humphry Davy爵士提议用锌皮和铁皮包层来防止铜底船的腐蚀[3,4]。在后来发展起来的"电化学作用理论"中，包括了使用锌块防止汽船锅炉腐蚀的应用[5]。

11.3 阴极保护原理

按照Mears和Brown的见解，当金属表面、电解质或者两者存在差异都会造成该金属不同区域电位的差异[6,7]。这个差异导致电流会在不同区域之间流动。电负性较小区域(阴极)极化，并且，来自电负性较大区域(阳极)的电荷流过电解质，使电负性较小区域(阴极)得到保护而不发生腐蚀[8]。假如阴极被外部电流极化直至其电位与那些阳极的电位等同，那么在整个金属表面就不存在任何阳极区了。此时，该金属不同能级的区域之间，就没有任何电流流动，也就没有腐蚀发生了[6]。

11.3.1 腐蚀

当电子从钢管表面(氧化)阳极区的金属流出，然后在阴极与氧气或者氢气(还原)

发生反应而被消耗，那么腐蚀就发生了[9]。要发生腐蚀，必须同时具备以下条件[10]：

- 阳极
- 阴极
- 连接阳极与阴极的导电金属通道
- 浸没阳极和阴极的离子导电性电解质

管道上的阳极区(正在腐蚀的)和阴极区(受到保护的)通常处于同一表面，但是，在显微镜下观察，它们则是分开的，通常间隔几厘米或者几米。导致腐蚀的原因可能是多种多样的，例如[9]：

- 氧浓差电池
- 不同土壤
- 新管道与老管道(电偶对)
- 氧化皮

(1) 氧浓差电池：管道可能发生氧浓差电池腐蚀的一个例子是穿越公路的管道。铺有路面的道路在路面下是压实的土壤，它减少了到达管道的氧气量。但邻近路面排水沟附近的土壤却是通气有氧的。这将导致路面下方的管道缺氧管段会发生腐蚀。

(2) 不同土壤：土壤的化学和电特性都会影响金属的电位。管道通过不同类型土壤时，沿管道长度方向的电位是有差异的。导致在导电性较强(电阻率较低)的土壤里形成阳极区，而在导电性较差(电阻率较高)的土壤里形成阴极区，进而导致在土壤电阻率较低区域里，钢管发生腐蚀。当管道通过有细微差别的土壤时，也可能会形成许多很小的腐蚀电池[9]。

(3) 新管道与老管道：在任何电解质中，崭新铮亮的新钢材比已经氧化的旧钢材具有更强的反应活性。在炼钢厂，需要使用大量热能才能将混合组分炼成钢材，因此，新钢材要比旧钢材具有更高的能级。所以，当新钢材与旧钢材连接在一起并接触电解质时，新钢材就会发生腐蚀，释放出能量使之回到更加稳定的矿石状态。用一根新钢管更换一段管道时，此新钢管就将成为阳极。之后，新钢管就会发生腐蚀，使此条管道的旧管段部分得到保护。同理，操作工具使锈蚀的钢管损伤而露出新的钢材。外露的钢材部位会变成阳极并发生腐蚀，直至与其连接管段的电位达到平衡。

(4) 氧化皮：在土壤电解质中，氧化皮的电位比钢低，会成为阴极，而钢材将成为阳极。在导电性较强(电阻率较低)的土壤里，氧化皮与管道钢材之间的电位差会造成管道的严重腐蚀[9]。

11.3.2　电化学腐蚀

了解电化学腐蚀是理解阴极保护的基础。表 11.1 所示是金属在中性土壤与水中的实际电势序。腐蚀是电化学过程。化学反应如方程(11.1)～方程(11.3)所示[11]。

表 11.1 金属在中性土壤与水中的实际电势序

——以硫酸铜作为参比电极(CSE)实测的电位 ᴬ

金属	电位/V CSE
铂	0～−0.1
钢材上的氧化皮	−0.2
低碳钢：在混凝土中	−0.2
低碳钢：锈蚀的	−0.2～−0.5
低碳钢：清洁的	−0.5～−0.8
铝：商业级纯	−0.8
铝：合金(5%锌)	−1.05
锌	−1.1
镁：合金(6%铝、3%锌、0.15%锰)	−1.6
镁：商业纯	−1.75

(A) 正常值：结果存在差异，并取决于土壤与水电解质化学[13]。

(1) 阴极：

$$O_2 + 2H_2O + 4e^- \longrightarrow 4OH^- \tag{11.1}$$

$$2H^+ + 2e^- \longrightarrow H_2 \tag{11.2}$$

(2) 阳极：

$$Fe \longrightarrow Fe^{2+} + 2e^- \tag{11.3}$$

(3) 极化：极化的定义是因电流的流动导致电极偏离其开路电位[12]。这是一种电化学现象，能够减少一段时间里腐蚀电池发生的腐蚀量。它由两部分组成，即活化极化和浓差极化。浓差极化是离子在阴极积累的结果，其通过限制氧气扩散，或限制氢离子到表面的迁移，来抑制还原反应，因此阳极上的腐蚀就会减少。

11.4 阴极保护方法

11.4.1 牺牲阳极的阴极保护

通过牺牲阳极来实施阴极保护，是防止管道腐蚀行之有效的实用方法[14]。此方法应用的基本条件是形成一个有效的腐蚀电池：阳极、阴极、导电通道、阳极与阴极之间的电势能差和电解质。对于典型的埋地设施，电解质就是土壤里的水分。阳极是负电性电位比钢材更大的材料，可以参照电势序进行选择。通常，选用的材料包括铝、锌、镁或者它们的合金。用这些材料做阳极时，例如锌或者镁，阳极应有附着导线以便与钢管进行机械连接，这样，钢管就变成了阴极。随后，电流流过，阳极发生腐蚀并提供电子来保护此管道。

阴极保护并不能消除腐蚀，而只是用牺牲阳极的腐蚀代替了钢管的腐蚀[15]。由于驱动电压(在腐蚀电池中阳极与阴极连接在一起时，阳极与阴极之间的电位差)受到所用牺牲阳极的限制，能够输出的保护电流量往往会比较低。牺牲阳极通常用在电阻率比较低的土壤里，为拥有优异防腐涂层的管道提供所需的保护电流。并且，铝或锌这类牺牲阳极，往往也被用于海底管道的阴极保护[16-20]。

11.4.2　强制电流的阴极保护

强制电流的阴极保护并不依靠金属之间存在的自然电位差来提供保护电流。一个强制电流阴极保护系统采用一个阳极床(或称"地床")和一个外部电源，将保护电流强行送到管道上。如图 11.1 所示，此系统包括整流器(rectifier)和辅助阳极(anode)[21,22]。

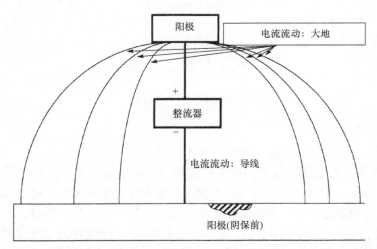

图 11.1　强制电流阴极保护系统是利用地床和一个外部电源来对管道施加电流保护[15](J. P. Kehr 在 Brown 等的基础上提供[28])

(1) 电源：正常情况下，通过使用整流器将商业供电系统的交流电转换成直流电。在偏远地区，当没有可用的交流电时，有多种替代电源可供使用，例如[23]：
- 柴油发电机
- 涡轮式发电机

- 热电发电机
- 太阳能供电系统
- 电池组
- 风力发电机
- 燃气透平
- 燃料电池

(2) 地床：地床对强制电流阴极保护系统的有效性是很重要的[24]。它将来自电源(整流器)的保护电流通过大地传输，与管道构成完整的保护电路。最常见的地床之一是水平式地床，一般用反向铲将辅助阳极安装在冻土层以下的土壤里。如果管道沿线用地受到限制或者表层土壤电阻率相当高，就应采用 10～20m 这种半深的阳极地床或者 60～100m 的深井阳极地床[25-27]。为了给管道提供均匀的保护电流，需要根据当地的实际条件设计阳极与管道的偏置方位。

(3) 辅助阳极材料：辅助阳极可以用多种材料制成，例如硅-铬-铁、石墨、混合金属氧化物、镀铂钛或者镀铂铌。阴极保护实施过程中，这些辅助阳极会被慢慢消耗掉。硅-铬-铁阳极的消耗速率约为 0.45kg/a，而镀铂阳极的消耗速率通常小于 10mg/a[25]。

(4) 阳极回填料：正常情况下，这些辅助阳极周围要填充低电阻率的回填料，如焦炭(炭)或者煅烧石油焦。使用这些回填料的目的是增加辅助阳极与周围土壤的接触面。这也将有助于这些辅助阳极被均匀地消耗。

11.5　实施阴极保护对管道防腐涂层的要求

实施阴极保护的管道，防腐涂层应满足以下要求[4,29-37]：
- 有效的电绝缘体：但不屏蔽
- 有效的湿气阻隔
- 能够耐受装卸和回填过程中的损伤并能长时间阻止漏点发展
- 良好的附着力与抗阴极剥离特性

11.5.1　有效的电绝缘体：但不屏蔽

如果已发生剥离的防腐涂层只是与管道表面距离非常近，但并没有附着在管道上，那么，土壤里的水分就可能沿着管道的金属表面流动。图 11.2 形象地描述了管道绝缘层的屏蔽作用[40]。管道上应当有粘接完好的防腐涂层。如果环绕管道防腐涂层存在高介电强度这样的绝缘层屏障，土壤、水分或者两者的混合物就有可能进入防腐管道与绝缘层屏障之间的空隙。在绝缘层屏障以外的防腐涂层缺陷部位容易获得阴极保护电流，而在绝缘层屏障下面的防腐涂层缺陷部位几乎无法获得阴极保护电流，这样，绝缘层屏障就阻止了阴极保护电流到达钢管的金属表面。

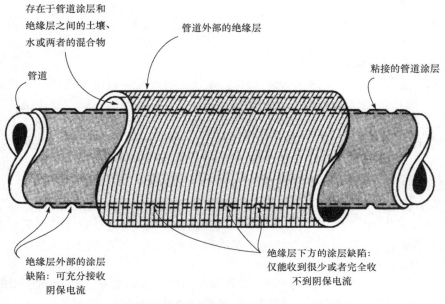

图 11.2　管道上的屏蔽绝缘涂层(示意图由 NACE 提供)

　　有许多检测技术可以用来测量阴极保护系统的有效性。但是，如果发生了屏蔽，检测技术就无法正常工作了[38]。阴极保护电流只能在发生剥离的高介电涂层下面传输很短的距离。粗略估计，与管道和剥离涂层之间缝隙的宽度相比，阴极保护电流对剥离涂层下钢管的保护距离大约是缝隙宽度的 3～10 倍[39]。对于 0.5mm 的剥离缝隙，就意味着从涂层边缘算起，阴极保护电流只能传输 1.5～5mm 的距离。

　　影响阴极保护电流在剥离涂层下传输的因素包括[41]：

- 涂层类型
- 涂层厚度与电阻率
- 裹挟水的组成与电导率
- 是否存在腐蚀产物

　　许多教科书和文献都要求与阴极保护结合使用的防腐涂层应具有较高的介电强度[29,42]。但为了消除屏蔽效应，涂层电阻必须足够高来尽量减小流过涂层的电流量，但同时又要足够低以允许足够的电流穿过涂层，以实现涂层发生剥离或者起泡时，阴极保护电流依然可以有效保护钢管。如果涂层特别厚并且电阻率也很高，就很有可能会造成阴极屏蔽。

　　FBE 涂层能够很好地平衡这些特性。当水分饱和时，室温下典型 FBE 涂层的体积电阻率大约为 $10^{13}\Omega \cdot cm$,如图 11.3 所示(简单来说,体积电阻率就是单位面积的电阻除以涂层厚度的所得值)[43]。

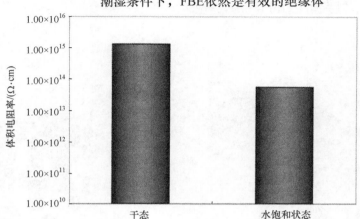

图 11.3　潮湿条件下熔结环氧粉末涂层依然是有效的绝缘体。钢板试件涂有 300μm 厚 FBE 涂层。将测试筒固定在试板上并加入 3%的 NaCl 溶液。其中一组试件没有极化,而另外两组试件极化到+6V 或者–6V。在 22℃条件下浸泡 40 天后进行电阻率测量。发现试件并没有因为极化而出现明显差异。尽管平均体积电阻率已经下降了大约两个数量级,但是,依然大于 $10^{13}\Omega \cdot cm$ [44]。测量是按照 ASTM D257 标准进行的[43]

11.5.2　有效的湿气阻隔

包括 FBE 在内的所有有机涂层都会吸收水分而降低其电阻。但是,当存在水分和阴极保护电流时,FBE 涂层依然会维持其绝缘特性。图 11.3 说明即使在潮湿条件下,FBE 涂层依然是有效的绝缘体。测试时,将涂有 300μm 厚 FBE 涂层的钢板试件,在 22℃室温下的 3%NaCl 电解质中浸泡 40 天。其中一组试件没有极化,而另两组试件极化到+6V 或者–6V。浸泡完成后进行电阻率测量,发现试件并没有因为极化而出现明显差异。所有测试样品的体积电阻率均大于 $10^{13}\Omega \cdot cm$[44]。后面的成本计算章节证实,即使体积电阻率发生与吸收水分有关的变化,FBE 涂层依然可以有效减少保护电流的流动。

11.5.3　能够耐受装卸和回填过程中的损伤并能长时间阻止漏点发展

防腐管装卸应倍加小心,特别是在管道施工安装期间,可以最大程度减小对管道防腐涂层的损伤,这是减少管道防腐涂层破损的关键,如图 11.4 所示。由于涂层漏点处会发生阴极剥离并随时间的延长而逐渐扩展,因此在管道施工安装期间通过加强涂层漏点的检测与修补,这对减少裸露金属的面积非常重要。参见"第

10 章　管道装卸与安装"。

涂层漏点的扩展

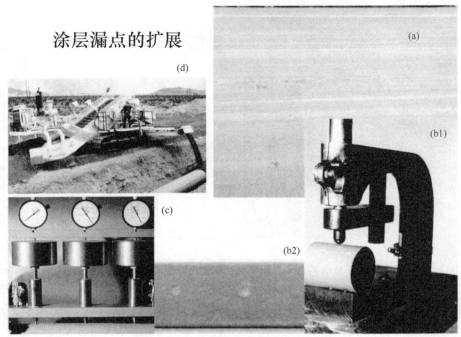

图 11.4　对于所有类型的涂层而言，管道装卸和安装过程是降低涂层漏点的关键。在管道安装和之后的回填过程中，已经证实 FBE 涂层具有卓越的抗机械损伤能力。图中是真实的管道样品和实验室测试，包括(a) 单层 FBE 涂层，水平定向钻施工后管道涂层虽有划痕但并未被划透；(b1) 抗冲击试验，双层 FBE 涂层(b2) 比单层 FBE 涂层具有更好的抗冲击性能；(c) FBE 涂层具有很强的抗压强度和抗压痕能力；(d) 实际经验表明在受控的施工安装过程中涂层的损伤非常有限(照片由 3M 公司 B. Brobst、本书作者以及 Ozzie 定向钻公司提供)

　　对于许多管道防腐涂层而言，土壤应力是管道埋地后涂层漏点扩展的主要原因。实验室研究和现场经验已经证实，FBE 涂层能够有效抵御土壤应力的损伤[45]。管道埋地后，防腐涂层漏点扩展的另一个主要原因是，当管道与回填土或者管沟底部尖锐的石块接触时，会导致涂层被石块刺破。管道投产运行后，温度的变化导致钢管热胀冷缩，使管道发生蠕动，这也会导致防腐涂层的损坏。实验室试验和现场经验已经证实，FBE 涂层具有良好的抗压痕和耐划伤能力。管道埋地后，如果防腐涂层发生了严重破损，就会显著增加所需的阴极保护电流量。图 11.8 表明，FBE 涂层并未发生这样的问题。

11.5.4　良好的附着力与抗阴极剥离特性

　　图 11.8 表明，大多数情况下阴极保护电流量的增加可能是由于涂层发生了阴

极剥离。尽管普通 FBE 涂层的性能也是很好的，但正如图 11.5 所示，实验室测试结果表明，市场上能够买到的 FBE 管道涂层，它们的抗阴极剥离性能差异很大[46]。

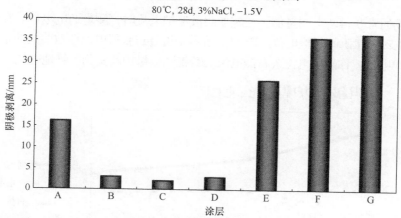

图 11.5　尽管 FBE 涂层通常都具有良好的抗阴极剥离性能，但加速测试表明，目前已经商品化的 FBE 管道涂层抗阴极剥离性能差异巨大[46]

11.6　阴极保护准则与过保护

11.6.1　电位测量：电极

有许多参比电极可以用于阴极保护电位的测量：
* 标准氢电极(SHE)
* 饱和甘汞电极(SCE)
* 用于海水的银-氯化银(Ag/AgCl)参比电极
* 饱和铜-硫酸铜($Cu/CuSO_4$)参比电极(CSE)

现场最常用的是饱和铜-硫酸铜参比电极，而标准氢电极和甘汞电极(SCE)一般用于实验室研究。每种类型参比电极都会得出不同的测量值，所以，进行测量时，确定参比电极的类型是很重要的。例如，规定标准氢电极的电位为 0.000V。与之相比，饱和甘汞电极的电位是+0.241V，饱和铜-硫酸铜参比电极的电位是+0.300V[9]。

本书中，如果文中没有提及参比电极的类型，那就意味着现场使用饱和铜-硫酸铜参比电极，实验室使用饱和甘汞电极。显示在阴极剥离测试结果图表中的电位是用饱和甘汞电极作为参比的测量结果。

阴极保护系统设计的目标是以最小的电位来实现阴极保护目标。保护电位高于设计值会增加成本，并使防腐涂层受到更大的电应力作用(电位降)，这也会加剧防腐涂层的阴极剥离问题。

11.6.2　电位测量：现场

现场通常获得两类测量值。在施加阴极保护电流时，测量通电电位。在电流中断后，立刻测量瞬间断电电位。图 11.6 所示是沿管道获得电位读数曲线的示例。自然(native)电位或称静态电位或腐蚀电位是实施阴极保护前实测的管地电位。

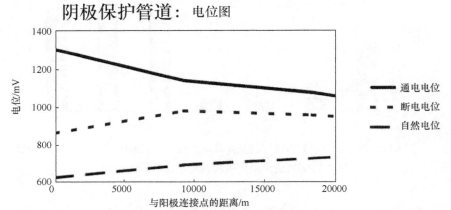

图 11.6　沿管道获取的电位读数曲线。自然电位或称静态电位或腐蚀电位是实施阴极保护前实测的管地电位。断电电位(off)是保护电流中断后立刻测量的电位，它是管道极化的量值。通电电位(on)是正在施加阴极保护电流时实测的电位，其包括电流通过土壤电解质所造成的电压降[47,53]

假如操作不当，所有电位测量值都可能出现差错。测量通电电位时，需要将参比电极尽量靠近构筑物，由此减小保护电流通过土壤电解质所造成的电压降误差。施加的电流越大、离接受测试构筑物的距离越远或者土壤电阻率越高，那么电压降的误差就越大[47]。

测量瞬间断电电位(极化电位)的目的是减小或者消除电压降[48]。如果管道有多个强制电流电源或者阳极连接线，往往很难进行这样的断电电位测量。在这种情况下，必须同时关断所有连接线，但是，在有转换阀门等这样无法隔断的长距离管道上，这确实是项很难完成的任务。电流关断后(一般在 1s 以内)迅速测量电位是非常重要的，因为管道上的极化会立刻开始衰减。有完好防腐涂层的管道，这样的衰减会更快[25]。

NACE RP0169 标准概括叙述了管道阴极保护的三项基本准则[47,49]。

- 施加阴极保护电流后，相对于铜-硫酸铜参比电极的电位要比−850mV 更负[50]，在此已经考虑到了可能存在的电压降(IR)误差，但跨越构筑物和电解质边界的情况除外。

- 相对于铜-硫酸铜参比电极的极化电位(瞬间断电电位)比–850mV 更负。
- 与自然电位相比建立起 100mV 极化电位，或者与瞬间断电电位相比发生了衰减[51,52]。

11.6.3　过保护问题

许多技术规范和研究报告都强调要关注过保护问题，也就是施加了过高电位进行管道保护的问题。假如阳极地床间隔距离太大，高电位就会给管道带来麻烦。为了保护离地床较远的管道，阳极附近就需要施加更高的电位。

当防腐涂层差的管段与防腐涂层完好的管段连接时，也会发生高电位问题。因为防腐涂层质量差，因此就需要更高的电流密度才能使该段管道得到保护，导致与之连接的有完好涂层的管道上也施加了很高的电位。

人们对于过保护影响的判定基准，应当是根据"通电电位"还是"断电电位"来确定，一直争论不休。争议最多的是伴随过保护发生的氢气生成问题。实际上发生这种情况时，实际的电位取决于多个因素，如电解质的 pH 值等，但是，相对于铜-硫酸铜参比电极，通常可接受的电位值是–1170mV[25]。实验室测试表明，存在的氢气泡对阴极剥离速率的影响很小或几乎没有。人们关注氢气生成的一个原因是可能发生的氢脆问题，特别是使用高强度钢材时[54]。短期实验室测试表明，随着施加电压的增加，剥离速率仅仅略有增加，如图 11.7 所示。

许多公开出版的研究报告和评述，将有助于理解阴极剥离的机理[56-64]。一项可能的机理是基于钢管涂层漏点在实施阴极保护期间，钢材与涂层界面的 pH 值会增加的现象。从长远来看，电位与阴极剥离速率之间是有关系的。有关剥离机理的深入探讨，可以参见"第 13 章　涂层失效、原因分析及预防"。

不管什么机理，普遍的共识是过量电位对任何管道涂层的使用寿命都是有害而无益的[65]。在技术规范中，常见的极化电位(瞬间断电电位)上限是–1050～–1200mV。通常，将通电电位限制为最大–1200mV，"假如需要时"，可以偏离到–1500mV[25,27,47,53]。无论如何，管道必须得到保护。现场与实验室的测量值都表明，FBE 涂层具有良好的耐阴极剥离性能，并能够经受电位增加的影响。图 11.7 和图 11.8 是示例。

通常，瞬间断电电位不可能超过–1100～–1200mV[66]。通过减小阳极地床间隔距离，能够有效防止管道上出现过电位问题。计算机或者手工计算时，应当考虑多个因素，例如管道电阻、土壤电阻率、涂层电导、电位限值，来确定阳极地床的间隔距离，以在满足管道阴极保护准则的情况下，不会在阳极地床附近发生过电位问题[27]。此外，也许还有必要将涂层质量差的管段与涂层完好的管段进行隔开处理。恰当的阴极保护设计应当能够最大程度减小过保护问题。

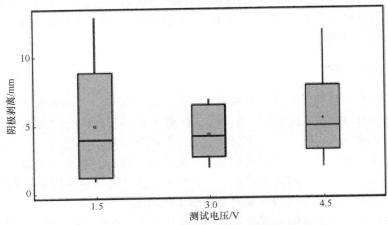

图 11.7　尽管在理论上增加阴极剥离测试电压会加速涂层的阴极剥离，但是针对测试周期(24~72h)、温度(52~79℃)和电压的短期试验表明，当电压介于–1.5V 与–4.5V 之间时，剥离结果没有统计学上认可的明显差别[55]。对于箱形图，箱子代表中间 50%的数据。穿过箱子的线条代表中位数。箱子中央的圆点代表数据的平均值。从箱子延伸出的线条(须状)代表上下各25%的数据(剔除异常值)

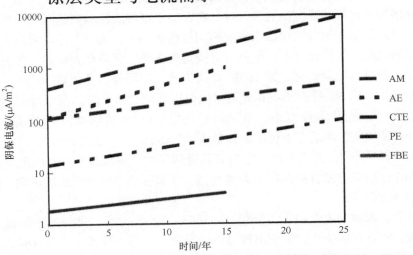

图 11.8　加拿大某大型天然气公司针对管道需要的阴极保护电流量实测结果显示，各类涂层管道的阴极保护电流需求量是显著不同的。所测试的涂层类型包括沥青玛蹄脂(AM)、沥青瓷漆(AE)、煤焦油瓷漆(CTE)、聚乙烯胶黏带(PE)、熔结环氧粉末(FBE)涂层[70,71]

11.7　阴极保护成本

11.7.1　阴极保护示例计算：性能良好 FBE 涂层(无漏点)保护电流需求量

防腐涂层良好的管道比较容易实施阴极保护。如表 11.2 所示，即使有大量涂层漏点而降低了涂层系统的总电阻时，减少了保护电流对管道的保护依然是有效的。表 11.2 是基于 400μm 厚优质 FBE 涂层的计算结果。

表 11.2　即使管道涂层漏点很多，减少管道的阴极保护电流后依然有效 A

管径为 36in，长 10mile 的管道		管径为 1m，长 14.7km 的管道	
有效涂层电阻/(Ω/ft^2)	保护电流需要量/A	有效涂层电阻/(Ω/m^2)	保护电流需要量/A
裸管：$1mA/ft^2$	500	裸管：$10.8mA/m^2$	500
10000	15	1000	15
100000	1.5	10000	1.5
1000000	0.15	100000	0.15
优质(无漏点)涂层(FBE)	6.2×10^{-6}	良好涂层(FBE)	6.2×10^{-6}

(A) 涂层质量非常差，电阻仅有 $100000\Omega/ft^2$，阴极保护电流需要量仍可以从 500A 减少到 1.5A[15,67]。

(1) 假定。

FBE 涂层的体积电阻率如下。饱和水时：$5.6\times10^{13}\Omega\cdot cm$(涂层厚度为 400μm，在 3%NaCl 溶液中浸泡 960h，如图 11.3 所示)。

管道长度：14.7km(14700m)。

管径：1m。

管道与远地点之间的电位降：0.3V。

(2) 计算：方程(11.4)~方程(11.9)。

400μm 厚 FBE 涂层的电阻：

$$1m^2(10000cm^2)\text{的涂层电阻} = \frac{\text{厚度}}{\text{面积}}\times\text{体积电阻率}$$

$$= \frac{0.04cm}{10000cm^2}\times5.6\times10^{13}\Omega\cdot cm \qquad (11.4)$$

$$= 2.2\times10^9\Omega$$

$$\text{钢管表面积}(m^2) = \pi\times\text{管径}\times\text{长度}$$

$$= 3.14\times1m\times14700m \qquad (11.5)$$

$$= 46158m^2$$

$$电流 = 电压/电阻 \tag{11.6}$$
$$I = E/R$$

或者

$$电流 = (1/\rho_{膜}\delta_{膜})(V - V_{corr}) \tag{11.7}$$

式中[68,69]：$\rho_{膜}$ 为涂膜(涂层)电阻率；$\delta_{膜}$ 为涂层厚度。

根据方程(11.6)计算：

$$每平方米涂层电流 = (0.3V)/(2.2 \times 10^9 \Omega) = 1.34 \times 10^{-10} A/m^2 \tag{11.8}$$

$$
\begin{aligned}
保护管道的电流 &= 管道表面积 \times 每平方米涂层电流 \\
&= 46158\ m^2 \times 1.34 \times 10^{-10}\ A/m^2 \\
&= 6.2 \times 10^{-6}\ A\ (整根管道)
\end{aligned}
\tag{11.9}
$$

上述计算是基于涂层无漏点且被水饱和的 FBE 涂层，保护 14.7km 长整条管道需要的总电流量大约为 6μA。即使 FBE 涂层不会屏蔽阴极保护电流，无漏点涂层的能源成本也是非常小的。

施工安装过程中，任何防腐涂层都难免会受到损伤。管道投产运行后，由管道的蠕动或者回填土里存在石块引起的刮擦，也会导致管道涂层损伤。随着时间的推移，预计所有防腐涂层管道需要的保护电流量都会有所增加。

那么，FBE 涂层需要的阴极保护电流是多少呢？与其他涂层系统相比，它对阴极保护成本的影响如何呢[72]？

图 11.8 给出的研究结果表明，管道使用 15 年后，FBE 涂层的平均阴保电流需求是 4μA/m²。在一条单一涂层管道上进行的另一项研究表明，使用几年后，FBE 涂层管道需要的阴极保护电流量大约为 14μA/m²[27]。因为需要的保护电流相对比较低，所以，电费在保护 FBE 涂层管道中的成本占比是很低的。参见方程 (11.10) 的计算。

此项研究没有包括三层聚烯烃涂层，因为当时该公司输气管道尚未使用该类涂层。由于阴极保护系统使用的设备非常少，FBE 管道需要的保护电流也都非常低，三层聚烯烃防腐涂层管道的阴极保护总成本与 FBE 涂层管道应该大体相同[73]。

11.7.2　阴极保护计算示例：实际 FBE 涂层的成本

1. 假设

电流需要量：25μA/m²(用较高值是因为考虑到上述两个参考示例之外可能的材料老化或者安装不当)。

管道：100km(100000m)，管径 900mm(0.9m 即 NPS 36)。

整流器电路电阻[74]：$10\Omega = 10V/A$。

达到保护要求，相对"远地点"测量，估计的电位偏移量：$-0.3V$。

整流器效率=27%。

电费$(kW \cdot h)$=0.12 美元。

2. 计算

根据方程(11.5)，管道表面积 $= \pi \times (0.9m) \times 100000m = 282600m^2$

根据方程(11.9)，电流需求 $= 282600m^2 \times 0.000025A/m^2 = 7.1A$

$$
\begin{aligned}
每年电费 &= \frac{(I^2R/1000) \times 24h/天 \times 365天/年 \times 0.12美元/(kW \cdot h)}{整流器效率} \\
&= \frac{A^2(10V/A) \times 24h/天 \times 365天/年 \times 0.12美元/(kW \cdot h)}{27\%} \\
&= \frac{[7.1 \times 7.1 \times 10 \times (0.3/7.1)/1000] \times 24 \times 365 \times 0.12}{0.27} \\
&= 82美元/年
\end{aligned}
\tag{11.10}
$$

计算不同涂层系统的阴极保护电流成本是比较容易的。假定计算以示例中同一管道为基础，电费成本与每平方米需要的保护电流成正比。假如保护电流需求量用 $500\mu A/m^2$ 代替 $25\mu A/m^2$，那么每年的电费成本就从 82 美元增加到 1640 美元。而且还需要更多的阳极地床来提供增加的保护电流。

此外，假设防腐涂层失效，如果管道系统依然需要连续的保护电流分布，那么阴极保护成本就会增加十倍以上。上述示例中，如果防腐涂层失效，若要确保总的功率要求不变，就需要增加更多的阳极。

基于一些人的观点，当新建地床、维修保养和电费成本过高时，就说明管道或者防腐涂层需要更换了。有关决定管道防腐涂层修复的准则，可以参见"第 6 章 定制涂层和管道修复涂层"。

实际的阴极保护成本包括多个因素，如[75]：

- 电费，见上文
- 监测整流器数据的费用(法规强制要求)
- 年度杂项开支(更换保险丝、二极管等)
- 设计寿命期间估计的折旧成本

上述费用差别会很大，某示例的费用是每年每安培 90 美元。对于上述示例中已使用多年的 100km 熔结环氧粉末涂层管道，如果管道需要的保护电流为 $25\mu A/m^2$，那么，费用按 7.1×90 美元计算，每年阴极保护的费用大约为 640 美元。假定防腐涂层失效后每平方米钢管表面积需要 $500\mu A$ 保护电流，也就是需要

141A，那么，每年阴极保护费用大约为 12700 美元。

11.7.3　衰减对阳极地床数量的影响

　　构成阴极保护系统成本的第二大因素，是与保护管道需要的阳极地床数量有关的基本投资费用。在管道与阳极的连接部位、线电流、钢管表面的电流密度以及管地电位都是最大的[76]。随着与这个连接点距离的增加，这些数值都会衰减。为实施有效的阴极保护，优先考虑的是维持整条管道防腐所需的电位。

　　已知随着距离增加，电位会按衰减函数降低。对于无限长的管道，可用式 (11.11) 表达：

$$\Delta E_x = \Delta E_0 e^{-\alpha x} \tag{11.11}$$

式中：ΔE_x 为与接触点距离 x 处，管地电位的变化；ΔE_0 为接触点处管地电位的变化；e 为自然对数的底数，2.718；α 为衰减常数，与钢管的纵向电阻以及整条管道对远地点的电阻有关；x 为与接触点的距离。

　　为维持管道足够的防腐保护，需要确定阳极地床的数量以及与管道的距离。因此，衰减是一个重要的影响因素。图 11.9 形象地说明了随着距离增加，保护电位下

涂层对阴极保护设计的影响

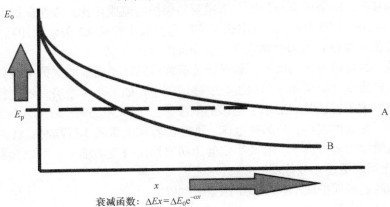

衰减函数：$\Delta E x = \Delta E_0 e^{-\alpha x}$

α：衰减常数(涂层导电性和管道阻抗的函数)

A曲线：优异涂层　　　　　B曲线：差涂层

E_p：需要的阴极保护电位

图 11.9　衰减使管地电位随距离增加而下降。衰减受到多个因素的影响，例如钢材的电阻(钢管的电子传导)、土壤电阻率、涂层的有效性等。因为钢材的电阻与横断面的厚度成反比，所以，厚壁钢管比薄壁钢管更易于实现长距离保护。与较多漏点的管道涂层相比，具有良好电阻并且几乎没有漏点的管道涂层，配备单一阳极地床就能实现更长距离管道的有效保护。但需要注意的是，如果涂层的电阻非常高，就有可能发生阴保屏蔽[70]

降的状况。图中涂层 A 代表缺陷最少并能有效阻止电流流动的涂层。正因如此，才有可能有效保护离阳极地床距离很远的管道。图中涂层 B 代表质量很差的涂层，因为发生了涂层剥离或者损伤，有效电阻很低。在这种情况下，就需要更多的阳极地床。

如果按另一种方式观察图 11.9，假设涂层 A 代表新安装的管道，那么涂层 B 就可以代表投产运行多年并且涂层已经退化变质的老管道。图 11.8 证实某些管道涂层在安装时就需要比较高的保护电流，并且随着时间推移会需要更多的保护电流。这意味着前期规划时，就需要安装更多的阳极地床。或者，当涂层退化变质后，可以另外加装新的单独电源。后期增加新的地床可能需要更大的投资，所以，如果能够在项目开始时就设计预留提供足够的保护电流就更为明智了。

11.8　本章小结

阴极保护应用腐蚀电化学原理来实现管道保护。它把产生电流的设备与绝缘组件结合在一起。在这种互补关系中，FBE 涂层系统已经被证明具有卓越的防腐特性。虽然市售的熔结环氧粉末涂料性能各有差异，但是，总体上来讲，它们都是经济效益很好的涂料，能够适应优化的阴极保护系统。

11.9　参考文献

[1] A. Osella, A. Favetto, "Effects of Soil Resistivity on Currents Induced on Pipelines," J. Appl. Geophys. 44,4 (2000): pp. 303-312.

[2] J.D. Davis, Kinder Morgan, Inc., email to author, Feb. 15,2002.

[3] "Davy, Sir Humphry," Microsoft Encarta Encyclopedia (Redmond, WA: Microsoft, 1999).

[4] A.C. Toncre, "The Relationship of Coatings and Cathodic Protection for Underground Corrosion Control," Underground Corrosion, ASTM STP 741, ed. E. Escalante (West Conshohocken, PA: ASTM, 1981), pp. 166-181.

[5] W.J. Norris, "Corrosion in Steam Boilers," Naval Architects 23 (1882): pp. 151-162.

[6] R.B. Mears, R.H. Brown, "A Theory of Cathodic Protection," Transactions of the Electrochemical Society 74 (1939): pp. 512-539.

[7] H.D. Holler, "Corrosiveness of Soils with Respect to Iron and Steel," Ind. Eng. Chem. 21, 8 (1929): pp. 750-755.

[8] S.C. Dexter, L.N. Moettus, K.E. Lucas, "On the Mechanism of Cathodic Protection," Corrosion 41, W (1985): pp. 598-607.

[9] J.A. Beavers, "Fundamentals of Corrosion," Control of Pipeline Corrosion, eds. A.W. Peabody, R.L. Bianchetti, 2nd ed. (Houston, TX: NACE, 2001), pp. 297-317.

[10] W.R. Whitney, "The Corrosion of Iron" J. Amer. Chem. Soc. 25 (1903): pp. 394-406.

[11] T.P. Hoar, "The Electrochemistry of Protective Metallic Coatings," Journal of Electrodepostors

Technical Society 14 (1938): pp. 33-46.

[12] M. Zamanzadeh, Mateo Associates, Inc., fax to author, Apr. 30,2002.

[13] J.A. Beavers, "Fundamentals of Corrosion," Control of Pipeline Corrosion, eds. A.W. Peabody, R.L. Bianchetti, 2nd ed. (Houston, TX: NACE, 2001), Table 16.3, p. 304.

[14] J.B. Bushman, "Corrosion and Cathodic Protection Theory," 10,000 Lakes Pipeline Corrosion Control Seminar (Houston, TX: NACE, Feb. 16-17,2000).

[15] J.A. Beavers, "Cathodic Protection - How it Works," Control of Pipeline Corrosion, eds. A.W. Peabody, R.L. Bianchetti, 2nd ed. (Houston, TX: NACE, 2001), pp. 21-47.

[16] F.L. LaQue, T.P. May, "Experiments Relating to the Mechanism of Cathodic Protection of Steel in Sea Water," MP 21,5 (1982): pp. 18-22.

[17] D. I. van Oostendorp, C.W. Berry, R.W. Stephens, "Corrosion Protection Must be Designed for Specific Project," Offshore Pipe Line Technology, April 1999, pp. S-21-S-25.

[18] L. Manian, "Galvanic Protection of an Offshore Loading Pipeline in the Baltic Sea," CORROSION/00, paper no. 00668 (Houston, TX: NACE, 2000).

[19] M. Surkein, S. Leblanc, S. Richards, J.P. La Fontaine, "Corrosion Protection Program for High Temperature Subsea Pipeline," CORROSION/2001, paper no. 01500 (Houston, TX: NACE, 2001).

[20] J.P. La Fontaine, T.G. Cowin, J.O. Ennis, "Cathodic Protection Monitoring of Subsea Pipelines in the Arctic Ocean," CORROSION/2001, paper no. 01502 (Houston, TX: NACE, 2001).

[21] NACE International Publication 10A196, "Impressed Current Anodes for Underground Cathodic Protection Systems," (Houston, TX: NACE, 1996).

[22] R.D. Webster, Colt Engineering Corporation, email to author, Mar. 25, 2002.

[23] J.A. Beavers, "Cathodic Protection with Other Power Sources," Control of Pipeline Corrosion, eds. A.W. Peabody, R.L. Bianchetti, 2nd ed. (Houston, TX: NACE, 2001), pp. 201-210.

[24] NACE Standard RP0572-2001, "Design, Installation, Operation, and Maintenance of Impressed Current Deep Groundbeds," (Houston, TX: NACE, 2001).

[25] D.R. Gratton, "Transmission Pipeline Cathodic Protection: an Overview," CORROSION/91 (Sydney, NSW: Australasian Corrosion Association, 1991).

[26] Staff report, "Alliance Selects Four-Tiered Pipe Protection Program," Pipe Line and Gas Industry, October 2000, pp. 69-70.

[27] L. Carlson, J. Schramuk, J.H. Fitzgerald III, R.D. Webster, "Design of Cathodic Protection for 1,900 miles (3,050 Kilometers) of a Proposed 36-Inch (914 mm) Natural Gas Line in the United States and Canada Using Computer Aided Technology," CORROSION/00, paper no. 00740 (Houston, TX: NACE, 2000).

[28] R.H. Brown, R.B. Mears, "Cathodic Protection," Transactions of the Electrochemical Society 81 (1942): pp. 455-483.

[29] R.N. Sloan, "Pipeline Coatings," Control of Pipeline Corrosion, eds. A.W. Peabody, R.L. Bianchetti, 2nd ed. (Houston, TX: NACE, 2001), pp. 7-20.

[30] J.M. Leeds, "Interaction Between Coatings and CP Deserves Basic Review," Pipe Line and Gas Industry 78,3 (1995): pp. 21-26.

[31] R.E. Rodriguez, C.A. Palacios, "A Study of the Effectiveness of External Corrosion Control in Lake Maracaibo," CORROSION/00, paper no. 00669 (Houston, TX: NACE, 2000).

[32] C.G. Munger, R.C. Robinson, "Coatings and Cathodic Protection," MP 20, 7 (1981): pp. 46-52.

[33] C.N. Steely, "The Effects of Overvoltage when Applied to a Dielectric Film to Evaluate Cathodic Disbondment and Potential Performance by Means of Accelerated Laboratory Test Conditions," CORROSION/90, paper no. 251 (Houston, TX: NACE, 1990).

[34] J.H. Payer, K.M. Fink, J.J. Perdomo, R.E. Rodriguez, I. Song, B. Trautman, "Corrosion and Cathodic Protection at Disbonded Coatings," International Pipeline Conference 1, 1996, ASME, pp. 471-477.

[35] US Department of Transportation Pipeline Safety Regulations (Title 49 CFR), Part 192, "Transportation of Natural or Other Gas by Pipeline: Minimum Federal Safety Standards (External Corrosion Control: Cathodic Protection)," (Washington, DC: OPS, 1998), p. 56.

[36] NACE International Publication 6A100, "Coatings Used in Conjunction with Cathodic Protection," (Houston, TX: NACE, 2000).

[37] N.G. Thompson, K.M. Lawson, J.A. Beavers, "Exploring the Complexity of the Mechanism of Cathodic Protection," CORROSION/94, paper no. 580 (Houston, TX: NACE, 1994).

[38] Coatings Roundtable, "The Use of Coatings in Rehabilitating North America's Aging Pipeline Infrastructure," Pipeline and Gas Journal, 2001, pp. 24-30.

[39] A.W. Peabody, R.L. Bianchetti, ed. Corrosion Control of Pipeline Corrosion, 2nd ed. (Houston, TX: NACE, 2001), p. 34.

[40] J.A. Beavers, "Cathodic Protection — How it Works," Control of Pipeline Corrosion, eds. A.W. Peabody, R.L. Bianchetti, 2nd ed. (Houston, TX: NACE, 2001), Figure 3.7, p. 34.

[41] T.R. Jack, G. Van Boven, J. Wilmott, R.L. Sutherby, R.G. Worthingham, "Cathodic Protection Potential Penetration Under Disbonded Coating," MP 33, 8 (1994): pp. 17-21.

[42] C.G. Munger, L.D. Vincent, Corrosion Protection by Protective Coatings, 2nd ed. (Houston, TX: NACE, 1999), p. 319.

[43] ASTM D 257-93, "DC Resistance or Conductance of Insulating Materials," (West Conshohocken, PA: ASTM, 1993).

[44] J.A. Kehr to R.F. Strobel, internal report, "FBE Properties: Russian project," 1977 (Austin, TX: 3M).

[45] D.G. Temple, K.E.W. Coulson, "Pipeline Coatings, Is It Really a Cover-up Story? Parts 1 and 2," CORROSION/84, paper no 355 and 356 (Houston, TX: NACE, 1984).

[46] "Laboratory Evaluation of Seven Fusion Bonded Epoxy Pipeline Coatings," (Edmonton, Alberta, Canada: Alberta Research Council, Dec. 23,1998), Table 8.

[47] J.A. Beavers, K.C. Garrity, "Criteria for Cathodic Protection," Control of Pipeline Corrosion, eds. A.W. Peabody, R.L. Bianchetti, 2nd ed. (Houston, TX: NACE, 2001), pp. 49-64.

[48] J. Banach, SPC Specialty Polymer Coatings, Inc., email to author, Mar. 27, 2002.

[49] NACE RP0169-96 Control of External Corrosion on Underground or Submerged Metallic Piping Systems (Houston, TX: NACE, 1996).

[50] L. Oelker, "Ensuring Corrosion Control Integrity after 30 Years," MP 40, 8 (2001): pp. 34-36.

[51] J.A. Beavers, K.C. Garrity, "100 mV Polarization Criterion and External SCC of Underground Pipelines," CORROSION/2001, paper no. 01592 (Houston, TX: NACE, 2001).

[52] J.L. Didas, "Applying the 100 Millivolt Polarization Criterion to Older and Bare or Ineffectively Coated Transmission Pipelines," CORROSION/2001, paper no. 01584 (Houston, TX: NACE, 2001).

[53] M.E. Parker, E.G. Peattie, Pipe Line Corrosion and Cathodic Protection, 3rd ed. (Houston, TX: Gulf Publishing, 1995), Figure 4.2, p. 40.

[54] NACE Roundtable, "Cathodic Protection: Looking Back and Moving Forward," MP 40, 8 (2001): pp. 18-23.

[55] M.D. Smith internal technical report to J.A. Kehr, "Protective Coating Quality Control: Time Temperature and Voltage Dependence of the Cathodic Disbondment Test," Aug. 13, 1991 (Austin, TX: 3M, 1991).

[56] J.L Skar, U. Steinsmo, "Cathodic Disbonding of Paint Films - Transport of Charge," Corros. Sci. 35,5-8 (1993): pp. 1385-1389.

[57] H. Leidheiser, ed., Corrosion Control by Organic Coatings (Houston, TX: NACE, 1981).

[58] M. Kendig, et al., "Mechanisms of Disbonding of Pipeline Coatings," GRI-95/059 (Chicago, IL: Gas Research Institute, 1995).

[59] D. Greenfield, J.D. Scantlebury, "The Protective Action of Organic Coatings on Steel: A Review," J. Corros. Sci. Eng. 3, paper no. 5, http://www.CP.umist.ac.uk/JCSE/ (Aug. 9, 2000).

[60] J.F. Watts, J.E. Castle, "The Application of X-Ray Photoelectron Spectroscopy-to-Metal Adhesion: The Cathodic Disbondment of Epoxy Coated Mild Steel," J. Mater. Sci. 19 (1984): pp. 2259-2272.

[61] A.B. Darwin, J.D. Scantlebury, "The Behavior of Epoxy Powder Coatings on Mild Steel under Alkali Conditions," J. Corros. Sci. Eng. 2, Extended Abstract 9, http://www.CP.umist.ac.uk/JCSE/ (Aug. 26,1999).

[62] D. Neal, Fusion-Bonded Epoxy Coatings: Application and Performance (Houston, TX: Harding and Neal, 1998), p. 58.

[63] C.G. Munger, L.D. Vincent, Corrosion Protection by Protective Coatings, 2nd ed. (Houston, TX: NACE, 2000), p. 339.

[64] H. Leidheiser, W. Funke, "Water Disbondment and Wet Adhesion of Organic Coatings on Metals: A Review and Interpretation," JOCCA, 5 (1987): pp. 121-132.

[65] F.E. Rizzo, "Corrosion Prevention by Cathodic Protection," 10,000 Lakes Pipeline Corrosion Control Seminar, Feb. 17-18,1999 (Houston, TX: NACE, 1999).

[66] R.D. Webster, "Compensating for the IR Drop Component in Pipe-to-Soil Potential Measurements," MP 26,10 (1987): p. 39.

[67] A.W. Peabody, "Cathodic Protection," Good Painting Practice 1, sr. ed. J.D. Keane (Pittsburgh, PA: Steel Structures Painting Council, 1982), pp. 362-376.

[68] J.M. Esteban, M.E. Orazem, K.J. Kennelley, R.M. Degerstedt, "Mathematical Models for Cathodic Protection of an Underground Pipeline with Coating Holidays," CORROSION/95, paper no. 347 (Houston, TX: NACE, 1995).

[69] M.E. Orazem, K.J. Kennelley, L. Bone, "Current and Potential Distribution on a Coated Pipeline with Holidays: 2. A Comparison of the Effects of Discrete and Distributed Holidays," CORROSION/92, paper no. 380 (Houston, TX: NACE, 1992).

[70] J. Banach, "FBE: an End-User's Perspective," NACE Tech Edge, Using Fusion Bonded Powder Coating in the Pipeline Industry, Jun. 5-6,1997 (Houston, TX: NACE).

[71] J.L. Banach, "Evaluating Design and Cost of Pipe Line Coatings: Part 1," Pipe Line Industry, March 1988, pp. 62-67.

[72] "Laboratory Evaluation of Seven Fusion Bonded Epoxy Pipeline Coatings," (Edmonton, Alberta, Canada: Alberta Research Council, Dec. 23,1998), Table 8.

[73] J. Kallis, CorrPro Australia, personal communication, November 1999.

[74] "NACE Companion to the Peabody Book" CD-ROM, Control of Pipeline Corrosion, eds. A.W. Peabody, R.L. Bianchetti, 2nd ed. Revision 1.1 M, Oct. 26, 2000 (Houston, TX: NACE, 2001).

[75] J.D. Davis, Kinder Morgan, Inc., email to author, Mar. 4, 2002.

[76] M.E. Parker, E.G. Peattie, Pipe Line Corrosion and Cathodic Protection, 3rd ed. (Houston, TX: Gulf Publishing, 1995), Appendix D, pp. 36-58.

第 12 章　技术规范与标准

12.1　本 章 简 介

➢ 总结了技术规范的组成部分
➢ 通过最终用户文件示例的摘录，讨论了技术规范的组成要素及要求

12.2　技术规范综述

技术规范是有沟通性质的技术文件，阐述了希望的结果、预期和要求[1-3]。精心编制的技术规范有助于项目的顺利完成，遇到疑问时，可基于技术规范来解决问题。假如采纳已被认可的国际标准，例如 NACE RP0394，其具有通用性，可减少新项目重新编制相应技术规范的需要[4-6]。应用这些国际上认可的标准，可以缩短项目技术规范的篇幅，简化细节，仅仅增加一些特殊的要求即可[7]。精心编制的技术规范也减少了执行中可能遇到的疑问和异议。

有两种类型的技术规范：
- 有关性能要求的技术规范
- 有关测试方法的技术规范

有关性能要求的技术规范规定了最终产品必须满足或者超过的特定性能指标。管道防腐承包商可以参照此技术规范要求选择材料和操作程序。然而，假如一家每天可涂敷 500～1000 根 12m 长防腐钢管的防腐厂，若产品未达到技术规范要求，那么，无论是防腐管的返工还是由此造成项目延迟的费用，工厂都将为此付出非常高的代价。因此，许多 FBE 管道涂层的技术规范中，都包含规定的检测方法和具体的性能要求，给出了管道涂层原料的特定要求。根据涂敷经验和以往的使用性能或者根据第三方综合性试验和评价结果，对原料做出相应的选择。

12.3　技术规范的基本构成

大多数 FBE 涂层和三层聚烯烃管道防腐涂层的技术规范通常包括下列章节：

- 范围
- 规范、标准和定义
- 一般要求
- 材料
- 涂敷程序
- 质量控制检验
- 涂层修补
- 不合格防腐管
- 标记和装卸
- 安全与环境保护
- 测试程序

不同的技术规范，章节的总数是不一定的，取决于项目的需要以及技术规范编制人员的经验。注意：下文引用的示例是不完整的，并不包括技术规范的全部内容。有些示例中，可能存在一些序列跳过的情况。

12.3.1 范围

范围部分确定了该项技术规范的目的和所涵盖材料的类型。还可以包含协议中的特定项目信息(时间进度、地点、影响材料选择的细节)，例如，陆上管道、海底管道用卷筒式铺管船施工、定向钻穿越管段等。

1.0 范围

 1.1 本技术规范规定了材料选择和防腐厂钢管外表面涂敷熔结环氧粉末涂层的最低要求。包括了材料、表面处理、涂敷、检验和测试的具体要求。

 1.2 依据本技术规范涂敷的钢管主要用于浸没用途(埋地或者海底)。

12.3.2 规范、标准和定义

本节列出了技术规范编制人员采用的全部参考文献。其包括专用试验方法(如 ASTM 厚度测量)和标准(NACE RP0394 标准)[6,8]。还包含了针对不常用的特定术语或短语的定义。

2.0 规范和标准要求

 2.1 执行本技术规范应遵循的规范和标准。除了本技术规范中所修订的内容外，下列规范和标准最新批准的版本应当构成本技术规范不可分割的一部分。

> • ASTM G 14-88《管道涂层抗冲击性(落锤试验)》
> • NACE RP0394-94《工厂涂敷的熔结环氧粉末外防腐涂层的涂敷、性能与质量控制》中的如下章节：
> 附录 B —— 相对密度的测定
> 附录 D —— 胶化时间的测定
> 2.2 定义
> 2.2.1 涂层：涂敷在底材或者其他涂层之后形成的保护膜。
> 2.2.2 涂层材料：熔结环氧粉末(FBE)。

12.3.3 一般要求

本节包罗万象(通常依据最终用户的经验)，增加有关特殊条款或者工作的详细要求，以便涂敷承包商达到技术规范的规定。还可以包括设备能力方面的要求，如测试设备、实验室设施和涂敷工艺专用设备。如可包括：

- 喷砂除锈能力
- 预热能力
- 压缩空气的质量

本章还可以叙述检验需要的仪器以及编制文件的要求。

> **3.0 一般要求**
> 3.1 承包商应当按照技术规范的要求，提供钢管清理、表面处理、涂敷和检验所必要的所有人员、材料与设备。
> 3.2 承包商应当满足本技术规范的所有要求，应使用能够满足这些要求的设备，应进行所有必要的检验确保成品合格。

12.3.4 材料

技术规范能将不合格的涂料排除在外，但并没有区分出哪种才是最为理想的涂层材料。图 12.1 给出了市场上能够买到的管道涂层材料性能的差异性。合格供应商所提供的产品可以商品名称列出，也可按照性能要求提供清单。为确保有竞争力的价格，清单中一般会包括多种管道涂层材料。在有些情况下，如果需要满足某种特定性能或者一些性能时，合格的产品清单中可能仅仅只有一种材料可供选择。

阴极剥离测试

FBE涂层性能对比
28d，80℃，−1.5V，3%NaCl

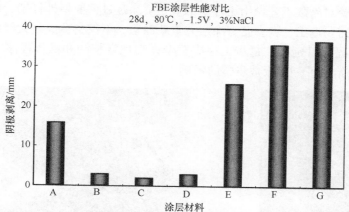

图 12.1　技术规范能将不合格的涂料排除在外，但并没有区分出哪种才是最为理想的涂层材料。某技术规范中列出了根据其他准则确定可采用的七种熔结环氧粉末涂料，根据测试发现只有产品 B、C、D 的抗阴极剥离性能是可取的[9]

4.2　涂层材料

4.2.1　未经甲方书面批准，不得擅自使用替代品。

4.2.2　储存与装卸

4.2.2.1　所有涂层材料应按照制造商推荐做法进行储存和装卸。应严格按照涂料制造商的推荐，对各涂层材料进行时间、温度、湿度的管控。

4.2.3　FBE 涂层的质量测试

4.2.3.1　承包商应当从涂料制造商那里获得每批熔结环氧粉末涂料如下性能的测试数据：

- 胶化时间
- 湿含量
- 密度
- 热特性(差示扫描量热仪)

材料选择还包括对进厂钢管的装卸和检验。技术规范可能需要规定粉末涂料的储存条件和进厂质量控制测试项目。还可能包括喷砂磨料等其他易耗品的要求。

12.3.5　涂敷程序

本节应包括涂敷工艺每步工序的要求：

- 表面清理
- 加热

- 涂敷

　　往往需要对涂敷工艺做出更详尽的规定。涂敷过程要格外仔细，如果因为涂敷不合格而需要返工，剥去已有涂层并重新涂敷，不仅会造成重大经济损失，而且会造成工程项目延期。每步工序应至少详细规定装卸和操作程序或者预期结果。图 12.2 给出了一个涂敷步骤的示例。

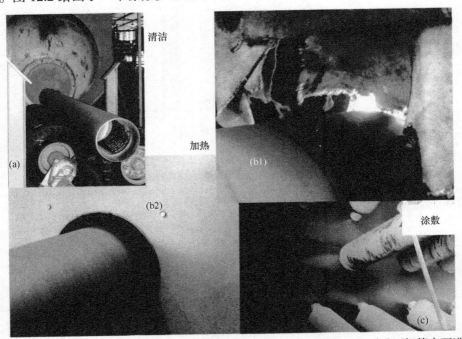

图 12.2　大多数技术规范都提供了涂敷程序中每步工序的详细要求。(a) 对进厂钢管表面进行磨料喷砂清洁；(b1) 用高强度隧道加热炉进行钢管加热；(b2) 用感应线圈进行钢管加热；(c) 在高温钢管上进行环氧粉末静电喷涂。大多数防腐厂更喜欢只规定预期结果，而不是列出每个步骤方法的程序细节(照片由作者提供)

　　大型管道项目可能需要在开始实际涂敷生产之前，先期进行程序合格验证试验(PQT)。这样管道防腐厂才能对确定的涂敷工艺更有信心，确保生产出符合或者优于要求的防腐管。防腐管必须按时交付，以满足施工安装进度的安排。

5.0 涂敷程序

　　5.2 表面处理

　　5.2.5 应当选择适宜磨料，使钢管表面锚纹深度达到 40～100μm。为使钢管表面始终如一达到规定的粗糙度，应当频繁加入少量新的钢砂或者钢丸，保持磨料混合物的有效性。要避免一次性加入大量新磨料。应当用空气清洁分离器等机械设备维持磨料的清洁度，确保喷砂设备连续高效工作。

　　5.4　加热

　　5.4.1　涂敷前，钢管应被加热至规定温度。温度应符合涂料制造商技术规范的要求。应当用满足要求的燃气加热炉或者电感应加热设备连续均匀加热。

12.3.6　质量控制检验

　　检验工作应包括工艺过程的观察与测试，应包括观察钢管和工艺的每步工序，如压缩空气品质检测和喷砂磨料的评估。钢管表面清理和涂敷过程的温度测量应规定清楚。图 12.3 是某些工序测试的示例，包括工艺过程中的检测、最终检验和破坏性试验。

图 12.3　大部分规范均规定了最低测试要求，既包括过程观察也包括最终测试。(a) 喷涂熔结环氧粉末前瞬间用测温蜡笔测量管体温度；(b) 下线防腐管涂层厚度测量；(c) 喷砂清理后钢管表面用铁氰化钾检测有无盐分污染；(d) 漏点检测前用红外枪测量涂层温度；(e) 漏点检测。有些规范还需要裁切管环试件进行破坏性试验：(f) 阴极剥离试验后的样品照片；(g) 涂层横断面孔隙度评价；(h) 喷砂磨料水萃取样品(照片由作者提供)

　　涂敷后，最终测试包括厚度测量、目测检查和漏点检测。有些技术规范还包括检查防腐管上涂层附着力这样的破坏性试验。

　　为了确保涂层长期性能，从防腐管上切割下环形试件，应进行更多预测性的性能试验，例如阴极剥离试验和热水浸泡附着力试验。为确保防腐管道在工程上的应用，还要进行其他破坏性试验，如弯曲试验和冲击试验。

6.0 质量控制、检验与测试

6.1 一般规定

6.1.1 承包商应对履行所有工作的质量负责，应符合技术规范要求。当工艺条件对工作质量可能会产生不利影响时，承包商应负责停止操作。

6.1.5 本节规定的质量控制检验和测试是最低的要求。如果检验结果不合要求或出现其他问题时，可能需要进一步进行测试。

6.2.3 喷砂前的检查工作

即将开始喷砂清洁前，应目测检查每根钢管有无油脂、盐类、松散附着的沉积物或者其他污物。只有目测检查钢管表面完全没有上述污染物时，方可以开始喷砂清洁。

12.3.7 涂层修补

本节介绍了适合一定破损程度涂层的修补系统类型，并规定了应采用的修补方法，如钢管表面清理和损坏部位周围原有涂层的处置。图 12.4 是修补涂层漏点的示例。

7.0 涂层修补

7.1.1 应当选用熔结环氧粉末涂料制造商可以接受的修补涂料。如果肉眼没有发现裸露金属，可以使用热熔修补棒进行修补。如果发现存在金属裸露，应当使用双组分液体环氧修补涂层。应当严格按照制造商技术规范储存、混合和使用修补涂料。当修补涂料超过保质期时，必须重新检测合格后方可使用。

7.1.4 用热熔修补棒修补时，应首先使用砂布或者干湿型砂纸打磨修补区域。然后加热钢管表面，至钢管表面热量能够熔化热熔修补棒。待涂层上形成光滑的胶层后使之冷却。

12.3.8 不合格防腐管

本节详细规定因为涂层不合格而拒收的防腐管的处置、标记和装卸。确保不合格的防腐管不被误混入施工现场是非常重要的。

8.0 不合格防腐管

8.1 任何不符合本技术规范准则的管子必须拒收。

8.2 不合格的管子上应有清晰标记，并与合格管道分开存放。

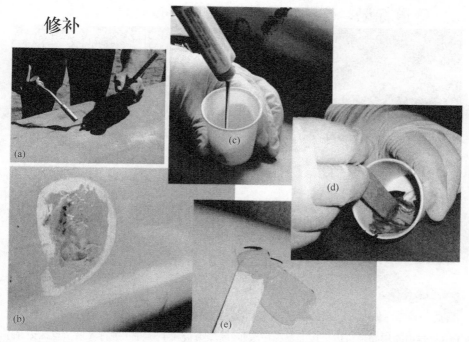

图 12.4　图中详细给出了承包商进行修补时应遵循的操作程序。(a) 修补前，先对熔结环氧粉末涂层表面进行预热；(b) 修补完成；(c) 胶筒系统能够实现双组分液体修补涂料按规定准确配比；(d) 将双组分液体修补涂料在杯中混合。(e) 用双组分液体涂料对 FBE 涂层进行修补(照片由 3M 公司和作者提供)

12.3.9　标记和装卸

防腐管可以用多种方法来标记识别身份。如图 12.5 所示，可以使用连续的油墨滚轮来标记下述常用信息：

- 管道防腐厂身份识别代码
- 管径和钢号
- 管道项目身份识别代码
- 生产线涂敷日期
- 涂层材料识别信息

沿管道长度方向，螺旋印刷的身份识别信息便于质量控制跟踪。也可以在防腐管两端用模板印刷或者人工书写方式标记信息。有些管道规范要求所用材料可以全程跟踪，可能会要求管道防腐厂在涂敷过程中暂时除去钢管制造厂的识别代码并保存好相关信息，之后在防腐管子上重新标记钢管制造厂的识别代码。有些管道业主还要求在整个涂敷过程中用条形码加强识别和跟踪管理[10]。

管道标记：模板和/或螺旋

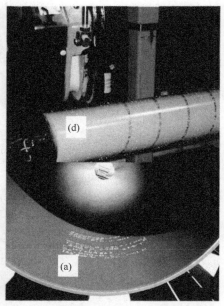

图 12.5　每根涂层管道可以采用油墨标记滚轮、喷涂模板或手写方式进行身份信息标记。(a) 内用模板；(b) 外用模板；(c) 印刷识别代码的油墨标记滚轮；(d) 螺旋状印刷身份信息的标记滚轮。此外，防腐厂往往用条形码标记，以便全程跟踪生产线上每根管子的状况(照片由作者提供)

　　恰当的防腐管装卸，可以最大程度减少涂层的损伤。本节应当包括最基本的装卸作业注意事项。例如，在防腐管之间必须用隔条消除运输过程中的磨损和碰撞，堆管方式、垫块规格及设备空隙填充材料等要求也需规定清楚。

9.0 标记和装卸

9.1 标记

　　9.1.1 每根防腐管上应当有如下身份识别标记：

- 管道防腐厂名称
- 甲方管道工程名称
- 防腐管编号
- 单根管道长度
- 生产涂敷日期
- 要求的其他标记

9.2 装卸

　　9.2.1 经检验合格 FBE 防腐管之间应立即安装隔条以防装卸时损伤涂层。

隔条可采用硬质橡胶、绳子或者耐受太阳暴晒和雨淋的类似材料。隔条应绕
管子安装,且受到钢管压紧后应能至少保持 13 mm 的厚度。隔条上不应有易
损伤涂层的凸起物。

12.3.10 安全和环境保护

尽管承包商应对员工的安全和环境保护负责,但技术规范仍应给出最基本的
指导意见。

10.0 安全和环境
10.1 本技术规范要求所实施的各项工作应当按照适用于指定工作场所
的所有安全与环境保护法规执行。

12.3.11 测试程序

测试程序章节列出了规范文件中参考的一系列特定测试方法。并且还包括常
用工业标准中不易找到的特殊测试程序方法。

11.0 测试程序
11.2 钢管上可溶性亚铁盐的测试
11.2.1 范围
钢管表面喷砂清洁和涂敷之前,可以采用下列程序检查钢管表面是否存
在盐分污染
11.2.2 制备
11.2.2.1 将 5%溶液(质量分数)工业级铁氰化钾溶解在蒸馏水或者去离子
水里。

12.4 本 章 小 结

一份综合性的技术规范应当是由业主、防腐厂、质量检验部门,可能还包括
咨询机构通力合作的结果。如果能够得到粉末涂料制造商的指导建议,这也是很
有用的,他们的经验有助于解决将来可能遇到的问题[1]。

即使选择了最好的涂料,也未必能够保证最终生产的防腐管是最好的。一份
好的技术规范,还需要形成介绍熔结环氧粉末原料供粉与涂敷工艺的书面要求[2]。
所制定的技术规范必须严格执行。

12.5 参 考 文 献

[1] A. Szokolik, "The Making of a Qualified Specification Writer" J. Prot. Coatings Linings 13, 4 (1996): pp. 64-71.

[2] J. Lichtenstein, "Good Specifications - The Foundation of a Successful Coating Job," MP 40, 4 (2001): pp. 46-49.

[3] C.G. Munger, L.D. Vincent, Corrosion Prevention by Protective Coatings, 2nd ed. (Houston, TX: NACE, 1999), pp. 429-439.

[4] J. Sterling, "Going Global," ASTM Standardization News 29, 6 (2001): pp. 26-27.

[5] S.B. Shivak, "The Importance of NACE and Industry Standards," NACE Tech Edge, Using Fusion Bonded Powder Coating in the Pipeline Industry, Jun. 5-6,1997 (Houston, TX: NACE).

[6] NACE Standard RP0394-94, "Application, Performance, and Quality Control of Plant-Applied, Fusion-Bonded Epoxy External Pipe Coating," (Houston, TX: NACE).

[7] P. Mayes, Bredero Shaw Australia, email to author, Apr. 6,2002.

[8] ASTM G 12-83 (latest revision), "Nondestructive Measurement of Film Thickness of Pipeline Coatings on Steel," (West Conshohocken, PA: ASTM).

[9] "Laboratory Evaluation of Seven Fusion Bonded Epoxy Pipeline Coatings," (Edmonton, Alberta, Canada: Alberta Research Council, Dec. 23,1998), Table 8.

[10] P. Venton, Venton & Associates, email to author, Apr. 13,2002.

第 13 章　涂层失效、原因分析及预防

13.1　本 章 简 介

➢ 涂层失效：定义和机理
➢ 应力腐蚀开裂和涂层
➢ FBE 和三层聚烯烃涂层失效如何避免？
➢ 涂层失效、失效预防及涂层和阴极保护权衡的实用总结

13.2　管道保护概述

管道的外部防腐系统由阴极保护(CP)和防腐涂层构成，详见"第 11 章 FBE 涂层与阴极保护的协同应用"以及特定涂层的相关章节。从本质上讲，阴极保护是一种电化学过程，能够将管道变成电化学电池的阴极[1]。在电化学电池中，电子从阳极(发生腐蚀)流向阴极(避免腐蚀)。施加阴极保护，除了能够通过改变管道与土壤的电压来降低腐蚀速率外，与钢接触的电解质水溶液由于反应消耗氧气，碱性会更强，腐蚀性将更小[2]。

涂层是管道与外部腐蚀性环境之间的屏障，能够有效覆盖管道表面 99%以上的区域[3]。作为防腐系统的一部分，涂层能够通过减少金属和电解质之间的通路(接触)来降低保护管道所需总电流量。此外，涂层还能使阴保电流分布更为均匀，并能实现快速极化[4]。

13.2.1　涂层失效的定义

在定义涂层失效之前，有必要先阐述涂层的作用。Schwenk 认为："防腐涂层能够在金属与周围环境之间形成屏障，来避免金属表面发生腐蚀……只要水泡内部或剥离涂层下方的溶液不具有腐蚀性，涂层就不会因形成封闭水泡或粘接失效而失去防腐保护。"[5]

Karyakina 和 Kuzmak 认为："保护涂层的性能和作用发挥首先要取决于其限制金属被破坏的能力。"[6]Munger 给出了几种确认涂层有效防腐的基本特性：耐水性、介电强度、对离子传输的阻碍、耐化学性、适当的附着力和耐磨性[7]。

许多文献对涂层失效的定义大都是基于地面构筑物防腐涂层和外观考虑的。

例如，Seagren 将外观变化视为涂层失效的一部分判据，"油漆失效可能被定义为涂层系统恶化，或未达到正常预期时间就出现了构筑物的腐蚀"[7, 8]。

在大气腐蚀环境下，无法施加阴极保护，因此涂层是地面以上构筑物唯一的腐蚀防线，所以之前探讨防腐失效问题时并没有考虑阴极保护的影响。对于地上构筑物涂层而言，粘接损失(是腐蚀发生的前奏)、起泡、龟裂、变色等经常被用来描述涂层失效。对于汽车外涂层，涂层分解会导致外观发生不可接受的变化，因此更集中于使用肉眼观察的外观变化来定义涂层的失效。所以，对于涂层失效的定义要根据具体的应用场景来确定。

Partridge 给出了更接近于管道腐蚀控制体系的涂层失效描述，定义如下："所有涂层失效的基本因素是在可接受的时间内，涂层没有达到预期的性能要求。"[9]管道涂层的预期作用是通过提高阴极保护系统的腐蚀迁移特性来尽可能降低需要保护的金属面积。

Neal 直接定义了管道系统涂层失效，他指出：当维持阴极保护系统不再经济的时候，埋地管道的涂层就失效了[10-12]。维护经济成本的增加包括额外增加阳极地床、阴保耗电量增加、需要增加检查频次或进行作业坑或开挖点的涂层维修。Neal 定义的附加条款还必须包括涂层不会造成阴极保护屏蔽，也不存在导致管道发生应力腐蚀开裂(SCC)的环境[13]。

基于此，涂层失效可能是由自身恶化或与钢之间的粘接失效造成的，这可能会导致出现阴保屏蔽或 SCC 的情况。对于埋地管道而言，充分认识阴极保护和涂层粘接之间的相互影响至关重要。应将水对涂层性能的影响和阴保碱性环境对涂层性能的影响相结合。因此，通常使用耐水浸泡试验和阴极剥离试验来评估水和阴极保护对涂层粘接性能的影响[14]。

13.2.2　管道失效

当管道本身因泄漏或破裂而发生失效时，就是最终失效。艾伯塔省能源资源保护委员会(ERCB)将管道失效定义为"管道已无法控制所输送的液体"[15]。1991年，针对 208000km 管道的研究发现：在 1975～1991 年之间，平均每年会发生600 次泄漏。在所有管道中，天然气管道占比为 60%，但 75%的泄漏发生在输水管道和多相流管路。管道泄漏为主要失效方式，约是破裂次数的 4.5 倍。在此期间，除内腐蚀外，大多失效原因占比大致相当。内腐蚀失效所引起的泄漏，从 1980年的每年不到 200 次逐渐增加到 1990 年的一年 400 多次[16]。在这 11 年间，内腐蚀失效占比高达 46%，外腐蚀失效占比为 14%，如图 13.1 所示。

对于同时使用涂层和阴极保护的天然气管道，外部腐蚀所导致的管道失效次数很少，平均每年少于 15 起。到目前大多数与腐蚀相关的管道失效报告集中于要么未使用防腐涂层，要么未施加阴极保护，或者两者都没有的管线上。

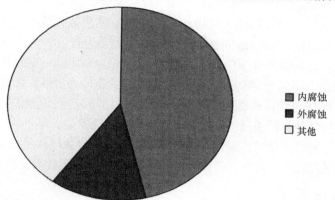

图 13.1　艾伯塔省能源资源保护委员会(ERCB)在 1991 年的一项研究发现：60%的管道泄漏是由管道内部或外部腐蚀所造成的。所有管道中，天然气管道占比约为 60%，但 75%的泄漏是发生在输水管道和多相流管路。对于同时使用涂层和阴极保护的天然气管道，外部腐蚀导致的失效次数很少，平均每年少于 15 起。到目前为止与腐蚀相关的管道失效报告大都集中于未使用涂层或未施加阴极保护的管线上。其他的失效原因还包括管道建设、第三方破坏、阀门/接头失效和焊缝破裂[15]

13.2.3　腐蚀机理

当水、氧和离子存在于金属表面时可能会发生腐蚀[17]。阳极是发生腐蚀时铁原子被氧化的部位，$Fe \longrightarrow Fe^{2+}+2e^-$，所释放的电子通过金属流向腐蚀电池的阴极。

阴极会发生消耗电子的还原反应。通常金属表面会发生氧还原反应：

$$H_2O+1/2O_2+2e^- \longrightarrow 2OH^-$$

氧气与水反应产生碱性的氢氧根离子。有关铁腐蚀化学反应的更多介绍，见式(13.1)～式(13.5)。

阳极和阴极反应点可以距离很近也可以很远。它们的位置通常会沿金属表面移动，导致全面腐蚀。当使用牺牲阳极的阴极保护系统时，腐蚀会发生在牺牲阳极上一个较远的位置。

发生腐蚀，需要具备四个先决条件[18]：

(1) 阳极点。

(2) 阴极点。

(3) 能够在阳极和阴极间形成金属通路(用于传导电子)。

(4) 阳极和阴极点处于同一电解质溶液中(对于管道而言，电解质为土壤或海水)。

13.2.4　涂层失效：早期管道涂层

Jack 等总结了一些早期用于管道腐蚀防护涂层的失效模式[19]。其中最主要的是涂层失效所导致的阴保屏蔽问题，其次是涂层失效为管道应力腐蚀开裂创造了外部环境。在应力和腐蚀环境的共同作用下就会发生 SCC。早期使用的沥青和煤焦油涂层，随着时间的推移会逐渐变脆。这类涂层具有透水性，通过现场调研发现，经常存在涂层与管道表面分离的情况，导致电解质与钢管表面直接接触。涂层良好的渗透特性使得阴极保护系统能够有效防止腐蚀发生。旱季时，土壤电阻率急剧上升，将导致可用于管道保护的电流量减少。但此时涂层依然处于潮湿状态，将无法阻止腐蚀的发生。此外，管体表面的电解质也会为 SCC 发生创造外部环境。

1. 阴保屏蔽

当非金属绝缘层能够阻止电流流动时，就会发生一种形式的阴保屏蔽[1]。当高介电强度涂层从管道表面剥离时，就会发生这一情况。尽管水分子可以渗透到已剥离涂层的下方，但是阴保电流可能还无法顺利进入到已剥离涂层和钢管表面之间狭窄的缝隙之中。

加拿大天然气公司的 20000km 管道中，38%的管道完整性问题源于管线所使用的胶带防腐层所导致的外腐蚀。防腐胶带利用胶黏剂层来实现与金属的粘接。微生物腐蚀、老化以及胶黏剂降解会降低甚至消除胶带与管体的粘接性，导致涂层出现"空鼓"，就有可能发生沿焊缝区域的腐蚀。"空鼓"是一个专业术语，用于描述涂敷于焊缝区域的涂层只有焊缝顶部形成了粘接，但没有在焊缝两侧形成有效粘接。空鼓可能在防腐层涂敷时就出现了，也可能是由于后期土壤应力作用导致。如果空鼓是土壤应力所致，其最常发生在潮湿的黏土地质区域。高温将增加涂层空鼓出现的可能性，压缩机出口管道温度越高，出现的问题也越多[19]。

高介电性涂层或胶带剥离后依然可以紧紧贴在管道上，剥离后所形成的缝隙允许土壤中的水分沿管道金属表面流动。根据电解质溶液载流能力的不同，阴保电流只能在涂层下方传输一小段距离。粗略估计，阴保电流在高介电性剥离涂层下方的传输距离约为缝隙高度的 3~10 倍[20]。也就是说，如果剥离涂层与金属之间的缝隙为 1mm，那么从破损点算起，阴保电流对金属的最大保护距离为 10mm。

剥离涂层下方的实际电压受多种因素影响，例如钢管表面的氧化物含量(钢管表面越清洁，沿距离的电压降就越小)[21]。Payer 等研究了剥离涂层下方钢管表面的化学和电化学状态等其他因素的影响，测试了剥离涂层区域的电压、pH 值和氧浓度等参数[22]。

因此，如果高介电性涂层剥离后出现了空鼓或在涂层和钢管之间形成了缝隙，阴保电流可能无法对涂层下方的金属起到有效保护。如果局部形成了腐蚀电池，就会发生生锈和点蚀。在焊缝和其他应力区域，SCC 可能是需要重点关注的问题[23]。

影响剥离涂层下方阴极保护能力的因素主要包括[24]：

- 涂层类型
- 涂层下方水溶液电导率
- 水溶液组成
- 表面存在的腐蚀产物

许多文章和文献建议施加阴极保护管道的涂层应具备高介电性[25, 26]。但经验表明适当的介电性更为有效。涂层电阻足够高，是为了尽可能降低流经涂层的电流消耗。电阻足够低，是为了确保涂层发生脱层或起泡时电流能够穿透涂层对金属形成有效保护。如果电阻过低，可能会在金属表面或涂层下方形成钙质沉积物，导致击穿。当涂层含有大量金属填料时，可能会降低涂层的介电性，导致钙质沉积物的形成[25]。

2. 应力腐蚀开裂

当前，应力腐蚀开裂可以分为以下两种类型[27]：

- 近中性 pH 值应力腐蚀开裂[19]
- 高 pH 值应力腐蚀开裂[28]

1996 年 11 月，加拿大国家能源委员会(NEB)发表了一份关于加拿大管道 SCC 的综合研究报告[29]。该报告总结了导致管道发生 SCC 的特征，如表 13.1 所示。

表 13.1 管道近中性 pH 值和高 pH 值 SCC 的特征[29]

影响因素	近中性 pH 值 SCC	高 pH 值 SCC
位置	• 65%发生在压缩机出口下游 0～30 km 范围内 • 12%发生在 1 号和 2 号阀室之间 • 5%发生在 2 号和 3 号阀室之间 • 18%发生在 3 号阀室之后 • 与干湿土壤条件和高黏土有相关，这些土壤产生的土壤应力容易造成涂层剥离	• 更多发生在压缩机出口下游 20km 内，这段管道的温度更高 • 与干湿土壤条件和高黏土有相关，这些土壤产生的土壤应力容易造成涂层剥离
温度	• 未见明显相关	• 随着温度增加，SCC 速率呈指数增长
电解质	• pH 在 5.5～7.5 范围内的碳酸氢盐稀溶液 • 似乎与地下水中的 CO_2 的浓度有关。温度低会增加 CO_2 的溶解度。低温环境下容易出现这样的情况	• 碳酸盐-碳酸氢盐浓溶液 • pH>9.3
电化学电位	• 自由腐蚀电位–760～–790 mV(Cu/CuSO₄ 参比) • 阴极保护未达到的管道表面区域，容易发生 SCC	• 阴极保护测量在–600～–750mV (Cu/CuSO₄ 参比)
开裂路径与形态	• 主要是穿晶型开裂 • 宽裂纹，裂缝壁上有腐蚀痕迹	• 主要是颗粒间开裂 • 窄裂纹 • 裂缝壁无腐蚀的痕迹

发生 SCC 必须同时具备三个条件：特定的管道表面环境、管道的敏感性和拉伸应力。

1) 特定的管道表面环境

特定的管道表面环境如表 13.1 所示。

- 涂层类型和当前状态(剥离)：涂层越厚，介电强度越高，就越容易产生 SCC，如图 13.2 和图 13.3 所示。

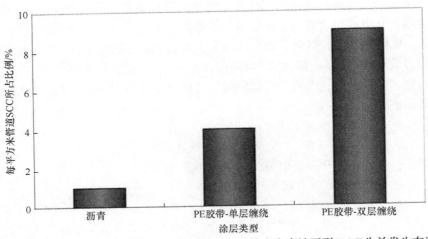

图 13.2 在 1996 年 NEB 的研究中, 73%的近中性 pH 值应力腐蚀开裂(SCC)失效发生在采用聚乙烯胶带涂层防腐的管道上。涂层电阻率似乎起到了重要的影响：每平方米双层缠绕管道的 SCC 开裂面积几乎比单层缠绕管道高了 2 倍[31]

涂层类型与SCC失效占比分布

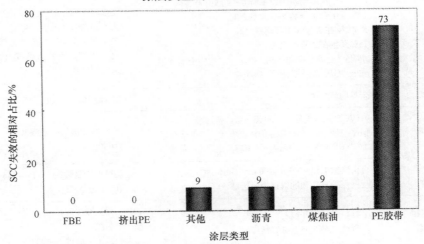

图 13.3 未见有 FBE 或挤出 PE 涂层管道的 SCC 失效报道[31]

- 土壤状况(湿干交替、土壤应力作用、干燥期间高电阻率、CO_2 水平)：土壤湿/干交替变化容易导致 SCC。
- 温度：温度越高，越有利于 SCC 发生。
- 阴极保护的电流水平：更高的阴保电流可能降低 SCC 的发生，但即使阴保电流达到相对很高的水平时，SCC 仍可能发生。加拿大采用胶带防腐的管道上发现了显著的 SCC，认为管道已经发生了阴保电流屏蔽的问题[23, 30]。

2) 管道的敏感性
- 管道类型/来源：双面埋弧焊(DSAW)焊缝管道存在粗粒度的热影响区，可能会加速裂纹增长
- 所有屈服等级的钢均存在敏感性：高屈服强度钢的敏感性可能会更高
- 对于近中性 pH 值 SCC 而言，需要局部微小的塑性形变
- 铁屑的存在似乎与 SCC 有关

3) 拉伸应力
(1) 制造应力：焊接、牵引、弯曲等形成的残余应力。
(2) 运行压力。
- 工作压力
- 循环负载
- 应变速率
- 二次加载

初始 SCC 发展前存在一定的时间依赖性，加拿大在报告中给出的主要失效案例大多发生在管道安装后 20 年内。但 FBE 涂层自 1960 年使用至今，未见有 SCC 失效案例报道，如图 13.3 和图 13.4 所示。理论上讲，FBE 能够抵抗 SCC 的发生主要基于钢管的抛丸清洁和对阴保的非屏蔽性。
- 抛丸清洁可去除大部分铁屑，清洁和粗糙表面能够促进涂层与金属间形成良好粘接
- 抛丸清洁能够通过加工硬化将压缩应力引入钢管表面

在研究报告的最后，加拿大能源管道协会(CEPA)给出结论：对于新建管道，高性能涂层与有效的阴极保护系统相结合是降低钢管 SCC 敏感性的最佳方法。除 FBE 涂层外，挤出聚乙烯、多层聚烯烃系统、液体环氧树脂和液体聚氨酯都能满足上述涂层定义。他们对涂层有效防止 SCC 发生给出的结论是[32]：
- 涂层与钢管间必须保持粘接状态，确保使钢管与发生 SCC 的外部化学环境分开。
- 当涂层粘接失效时，必须允许电流通过。
- 通过涂敷过程来改变钢管表面状态从而降低 SCC 的敏感性(通过抛丸处

理来提高清洁度、粗糙度，去除铁锈，引入压缩应力等)。

加拿大研究：SCC失效分析与服役时间

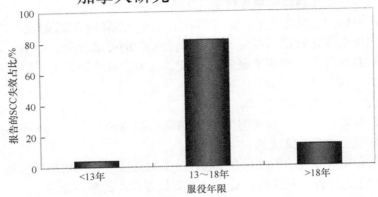

图 13.4　现场经验表明，从 SCC 发生到扩展需要时间[31]。但 FBE 涂层自 1960 年应用至今，
未见有 SCC 发生的报道

4) 小结：避免 SCC 的发生

对于新建管道,降低 SCC 敏感性最有效的方法是使用涂层将管道与发生 SCC 的化学环境隔离开。此外，当涂层失效时，还必须允许电流通过。还可通过涂敷过程中的抛丸处理来提高表面清洁度、粗糙度，去除铁锈以及引入应力来降低钢的 SCC 敏感性。必须实现直管道、焊缝补口区域、管件及修补区域的全覆盖，并与有效的阴极保护联合使用。

13.2.5　粘接失效、起泡和阴极剥离：未施加阴极保护

本节将讨论未施加阴极保护管道涂层的变化机理。因为实际中存在 FBE 在未施加阴极保护环境下(如管道内涂层)应用的情况，因此进行这样的讨论是很有必要的。此外，不管是否施加阴极保护，许多发生在涂敷钢管上的电化学过程都会发生，其差异主要在于电化学反应驱动力的来源以及由此产生的电子流向。在没有阴极保护的情况下，驱动力来自金属的局部腐蚀。在施加阴极保护的情况下，驱动力是远处的阳极或感应电流。未施加阴极保护时，阳极和阴极点可以距离很近(可以在涂层很小的漏点范围之内)，也可相隔几米。施加阴极保护时，阴极点在管道上，但阳极点在距离阴极很远的地方[3]。

1. 湿态粘接失效：涂层无漏点

(1) 水的去粘接作用。Leidheiser 和 Funke 针对经常看到的水浸泡后涂层粘接性能降低的现象提出了一个假设[33]。浸泡后涂层粘接性能降低以及涂层厚度对粘

接性能衰减程度的影响如图 13.5 所示。大家经常将这种情况称为湿态粘接，使用"水的去粘接作用"这一专业术语可更为准确地描述这一现象。

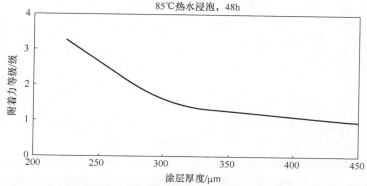

热水浸泡测试

粘接强度与涂层厚率

85℃热水浸泡，48h

图 13.5　对于短期热水浸泡测试，FBE 涂层厚度对浸泡后涂层粘接性能的保留起着重要的作用。图中，附着力等级按 1 到 5 级划分，其中 5 级表示可以将涂层很容易从基材上剥离，1 级表示涂层浸泡后的粘接性能与浸泡前的粘接性能相当，很难被翘拨[34]

Leidheiser 和 Funke 对钢管表面物质进行了描述：包括带羟基的氧化物层、分散分布的污染物(如含碳材料、离子盐、嵌入表面的磨料等)，根据表面处理和涂层涂敷过程不同，污染程度也不同。污染物、抛丸处理程序和晶界导致钢管表面形成了低表面能区域和亚微观尺度上的裂缝，导致涂敷时涂层无法形成完全润湿。

涂层湿润(涂层非常充分地流动进入错综复杂的钢表面)过程对粘接非常重要。图 13.6 给出了增加润湿性对提高 FBE 涂层抗阴极剥离性能的影响。

1987 年，Leidheiser-Funke 给出的假设如下[33]：

- 水分子能够通过聚合物涂层扩散。
- 更多的水分子由于浓度梯度被驱使到金属与涂层界面，渗透力、温度、金属氧化物的化学或物理吸水特性可能导致水分子在粘接界面的积聚。
- 水分子在金属表面的亚微观剥离区域形成聚集。
- 水所导致的剥离从金属/涂层界面形成水膜开始，在浓度梯度的驱动下，从剥离区域向外侧扩展。

(2) 粘接性能恢复。上述粘接性能的衰减速度和程度取决于多种因素，主要包括涂层本身性能、基材表面状态和污染程度以及测试条件。使用去离子水会导致涂层的粘接性能衰减更快，这可能是因为与离子含量较高的水相比，去离子水在涂层和金属基材之间形成的浓度梯度更大。尽管测试方法中使用蒸馏水或去离子水并不能预测涂层的现场适用性，但更有可能证明试板表面存在的污染问题。

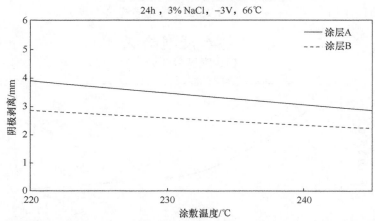

图 13.6　随着涂敷温度的增加，FBE 涂层具有更加优异的抗阴极剥离性能。这是由于涂敷温度越高，熔体黏度越低，润湿性(涂层非常容易且充分流入错综复杂的钢表面)就越好，从而形成了更好的粘接[35, 36]

提高测试温度将加快并加剧涂层的粘接失效。

　　针对涂层的粘接恢复问题，大多数观点都集中在水分子从聚合物/金属粘接界面移除和涂层材料本身湿含量的降低这些解释上[33, 38, 39]。Rouw 观察到将试件浸入 55℃的水中，涂层存在显著的粘接性能衰减，但涂层干燥后出现性能恢复的现象，如图 13.7 所示[37]。Rouw 推测水是涂层粘接性能性降低的原因。聚合物基体

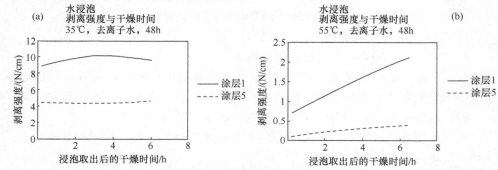

图 13.7　在 Rouw 的研究中，涂层的化学结构在粘接性能衰减和恢复中起着主要作用。如图(a)和(b)所示，与涂层 1 相比，浸泡试验后涂层 5 初始粘接性能的衰减程度更大。涂层在 55℃去离子水中浸泡 24h 后的衰减程度比在 35℃浸泡 48h 后的更大。短时间干燥后，55℃浸泡涂层粘接性能的恢复程度更大，而 35℃浸泡涂层仅有很小的恢复。由此可以看出，高温浸泡时涂层的粘接失效机理不同[37]

吸水后，水分子将起到增塑作用，导致涂层玻璃化温度(T_g)降低[40, 41]。当试件在55℃浸泡时，该温度能够提高聚合物分子链的运动性，导致附着力降低。尽管涂层干燥后确实能恢复一定程度的附着力，但无法达到涂层最初的粘接强度。相比而言，当同样的试件浸泡于35℃水中时，涂层粘接性能的丧失要更小一些，干燥后性能恢复也非常小。在实验室浸泡后，观察到涂层粘接性能可恢复和永久损失(不可恢复)同时存在的情况非常普遍[3]。

　　实际上，在进行现场涂层问题分析时，认识到涂层粘接性能恢复是非常重要的。现场经常会发现作业坑中新开挖管道存在FBE涂层粘接性能恢复的情况，如图13.8所示。管道刚挖出来后，立即使用小刀翘拨时发现涂层的初始粘接性能较差或者有所降低，但第二天在同一区域再次测试时，涂层粘接性能又非常好了。对于水浸泡之后随即测量粘接强度时发现的粘接性能损失，应将潜在的粘接恢复考虑进去。

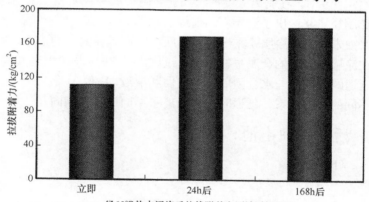

图 13.8　FBE 涂层干燥后粘接强度能够恢复。为了说明这一现象，采用商用的环氧粉末进行钢板试件涂敷。然后将试件浸入 65℃热水中 24h 之后取出，表面擦干，粘接拉拔试柱。对比试件在刚取出、空气中放置 24h 和 1 周后同一区域拉拔强度的变化。从图中可以发现，干燥 24h 后粘接强度即有实质性恢复

2. 漏点周边涂层的粘接失效

　　当涂层被穿透破损时(出现漏点)，水存在的情况下，在金属/电解质的界面将会发生电化学反应。这些反应将加剧涂层与金属的剥离，最终导致原来涂层与金属接触的界面变成金属与电解质溶液和电解质溶液与聚合物涂层两个新的界面。随着涂层下方电化学反应的继续进行，将导致剥离区域进一步向外延伸[42]。

　　为了研究涂层的剥离机理，Darwin 和 Scantlebury 使用透明 FBE 涂层，在未施加阴极保护的碱性环境中进行试验[43]。试验所使用的金属板未进行钝化处理，涂层

厚度为 100μm，缺陷孔直径为 3.0mm。通过测试存在氯化物和不存在氯化物溶液浸泡后涂层的剥离速率来评估不同离子溶液的影响。他们发现在涂层分离开始前有一段延迟时间，从几天到几周不等。LiOH/LiCl 溶液的延迟时间为几天，NaOH(pH 值 13.2)、NaOH/NaCl 和 KOH/KCl 等溶液的延迟时间为几周。根据观察得出了以下结论：

- 延迟时间之后，径向剥离速率与浸泡时间的平方根呈线性关系。即剥离速率随着时间的增加而降低。
- 腐蚀区的剥离速率比钝化区高。
- 腐蚀区涂层剥离的延迟时间往往会更短。
- 开路状态测试，钝化溶液中浸泡的涂层出现了涂层剥离。
- 在对数坐标图上，钝化区中涂层的剥离速率常数随 pH 值线性增加。
- 在 pH 值低于 13.0 时，未出现涂层剥离。如在 pH 值为 12.0 的溶液中浸泡 6 个月后，未发现涂层剥离。
- 在腐蚀区中，在剥离涂层前缘和前缘附近有一片明亮、未腐蚀的金属区域。图 13.9 给出了涂层剥离前缘的示例。
- 腐蚀未发生在涂层暴露出的金属区域，而是在漏点的边缘。
- 在涂层剥离后的金属基材上，通过肉眼及 SEM 均未发现残留的 FBE。
- 延迟时间似乎与水合阳离子流动性和溶液 pH 值无关。
- 不同的腐蚀体系，延迟时间因阳离子不同而各不相同。

活性腐蚀电池：开路

阳极：腐蚀点

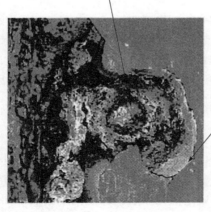 

阴极前端：光亮金属

图 13.9　照片(垂直尺寸约为 50mm)是未施加阴极保护海洋环境中 FBE 涂层的起泡。在开路腐蚀试验中，在紧邻剥离区域的前缘出现了明亮且未腐蚀区域。由此可以推断涂层分离不是由阳极作用引起的。一般认为，涂层剥离是由阴极反应引起的(照片由作者提供)

(1) 延迟时间机理。其他研究表明，涂层剥离开始的延迟时间随着涂层厚度的增加而增加[44, 45]。这很可能与涂层的传输机理有关。Watt 和 Castle 研究发现环氧涂层中钠离子的吸收量很少，他们认为离子通过聚合物的传输不太可能是导致涂层最终分层的原因[46]。因此，延迟时间应该是由于氧气或水分子传输需要时间。对于未破损涂层，Feser 的研究表明尽管氧的可控传输速率(氧气还原)是较低的，但仍远高于聚合物涂敷钢的腐蚀速率，因此氧气的传输不会限制电化学的反应性。据此可推断水的传输速率至关重要[42, 47-50]。

对于已经认识到的延迟时间问题，一个似乎合理的解释就是涂层剥离正以非常缓慢的速率进行着，以至于无法观察到。当水最终扩散至基材表面时，将削弱环氧树脂与钢的粘接，从而加速涂层的剥离[51]。

(2) 剥离速率机理。从漏点开始，沿涂层/基体界面到剥离前端的传输过程决定着 FBE 的剥离速率[43, 52]。剥离前缘呈光亮的金属光泽表明腐蚀电池导致的剥离是阴极反应引起的，而非阳极反应现象。如果涂层的剥离速率取决于介质穿透涂层的传输过程，那么涂层沿径向的剥离速率将与时间呈线性关系。但实际是呈抛物线关系(剥离速率与时间的平方根呈线性关系)，由此可见剥离速率的控制参数可能是沿着涂层/基材界面的路径传输。因此，水合阳离子从漏点开始沿着涂层/基材粘接界面进入阴极区的传输通道很可能是伴随着腐蚀基体的涂层剥离速率的控制步骤。整个传输过程需要始终保持电荷平衡，电化学反应在形成氢氧根的同时还会分解出氢离子。

由于腐蚀区的剥离速率比钝化区更高，因此两者剥离速率的决定步骤可能不同，并与阴极反应相关。如上所述，当剥离速率与 pH 值的对数成正比，羟基与涂层/基体粘结键断裂之间的关系(比例)并不是一一对应的。因此，通过皂化反应导致涂层剥离是不可能的。当剥离速率与羟基浓度成正比时，钝化区剥离速率的控制因素是羟基沿涂层/金属界面的传输。

3. 起泡

通常涂层起泡被认为是一种涉及水分子传输的渗透过程[53]。作为阻隔的涂层系统吸水速度相对较快。如果涂层/金属界面存在可溶性污染物，渗透至界面的水分子能够将其溶解并形成浓差电池[54]。可溶盐溶解形成的渗透压将驱动更多的水分子通过涂层渗透至金属表面，这时的涂层是一种半渗透膜[55,56]。如图 13.10 所示，涂层起泡经常伴随着附近金属腐蚀点的产生。这种情况下，由于电流有助于驱动水穿透涂层，所以电渗透将加速涂层起泡[57]。

涂层厚度在增加抗起泡能力，延缓起泡时间方面起着一定的作用。如图 13.11 所示。

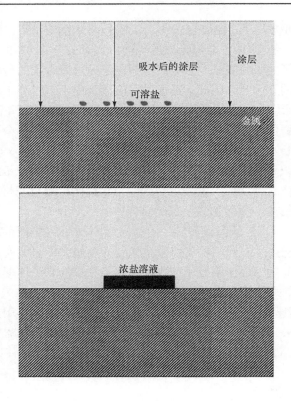

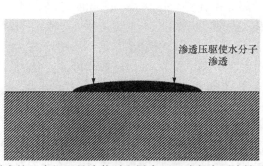

图 13.10　涂层水泡形成的一个机理是涂装时金属表面上残留有可溶性无机盐。涂层吸收的水分到达粘接界面时，溶解污染物，形成浓差电池，从而驱动更多的水分子通过涂层渗透至金属表面(图片由 J. P. Kehr 在 Greenfield 的基础上提供)

　　另一种形式的起泡是由于井下油管内涂层对 H_2S 和 CO_2 气体的吸附增加了溶解度。当液体被驱使通过涂层到达金属基体时，将导致涂层粘接性能降低，进而加速吸附过程。当高压迅速释放时，会发生涂层起泡和溶胀问题。这可以通过液体和气体介质环境下的高温高压试验来模拟，当测试室快速泄压时，就可能会导致涂层起泡。

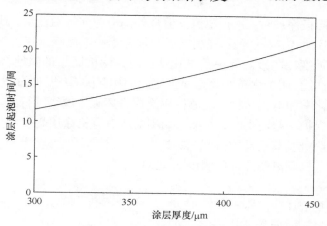

涂层起泡时间与涂层厚度：85℃热水浸泡

图 13.11　增加 FBE 涂层厚度将提高涂层的抗起泡能力[58]

使用高玻璃化温度(T_g)的 FBE 涂层或与酚醛环氧底漆配合使用，能够增加该服役环境下涂层的抗起泡能力。

4. 阴极剥离

阴极剥离是腐蚀部位附近涂层粘接性能丧失的一种表现形式。这种情况下，涂层剥离的电动势来自腐蚀本身，如图 13.9 所示。盐存在时的电化学反应如下所示[55, 59]：

阳极：

$$Fe \longrightarrow Fe^{2+} + 2e^- \tag{13.1}$$

$$Fe^{2+} + O_2 + H_2O \longrightarrow Fe_xO_y + H_2 \tag{13.2}$$

阴极：

$$H_2O + 1/2O_2 + 2e^- \longrightarrow 2OH^- \tag{13.3}$$

$$2H^+ + 2e^- \longrightarrow H_2(强酸环境) \tag{13.4}$$

$$Fe^{3+} + e^- \longrightarrow Fe^{2+} \tag{13.5}$$

在腐蚀电池中，铁与氧气和水发生反应，形成氧化铁和电子，详见式(13.1)和式(13.2)。电子通过金属流到阴极，与水和氧气发生反应，形成羟基，详见式(13.3)。羟基的形成增加了阴极区域裸露金属附近环境的 pH 值。

在高酸性条件下和/或高电化学势(阴极保护电流过度)的情况下，能够析出氢气或将三价铁还原至二价铁，分别如式(13.4)和式(13.5)所示[23]。

13.2.6　粘接失效、起泡和阴极剥离：施加阴极保护

　　管道施加阴极保护时，保护电流能够从外部电源向管道流动。阴保施加方式有牺牲阳极(如锌、铝或镁等)和强制电流两种方式。电流经土壤流向管道将使钢管上裸露的区域变成阴极。但由于电化学反应，阴极区域的碱性将增加。Payer等阐述了涂层性能、阴极保护和管道腐蚀之间的相互关系[22]。通过案例研究表明，钢管上存在的化学和电化学状态能够控制涂层剥离和金属腐蚀行为。

　　当与阴极保护一起使用时，在漏点周围的所有有机涂层均会发生剥离。目前已有许多关于阴极剥离机理的研究和综述[3, 7, 11, 43, 46, 49, 55, 60-62]。这些研究给出了导致涂层从金属剥离的几种可能侵蚀模式[55]：

　　(1) 碱性侵蚀。
- 聚合物破坏或溶胀
- 聚合物界面分离
- 聚合物/金属界面剥离[63]

　　(2) 空气形成的氧化物溶解，在金属界面上形成水合氧化层来代替。
　　(3) 因氧化物更脆弱，易发生内聚失效，导致涂层下的氧化物生长[55]。
　　(4) 机械作用打破了聚合物和金属之间的键接，导致涂层下的氧化物生长。
　　(5) 剥离区域前端盐沉积。机械作用破坏了聚合物和金属之间的结合。
　　(6) 损坏部位的涂层应力。
　　(7) 阴极/碱性环境导致表面动力学的变化。
　　(8) 过氧化物对聚合物涂层的攻击[22, 64]。
　　(9) 剥离前端区域氢气的逸出。

　　人们普遍认为，阴极区域会产生高 pH 值，并且溶液 pH 值对涂层的剥离过程发挥着一定作用[65]。各涂层系统的剥离机理可能不尽相同。有些聚合物涂层受到碱性攻击可能会变成多孔状态，将从根本上快速改变阴极部位的动力学[66]。

　　随着时间推移，涂层的剥离机理也会发生变化。一些研究人员已经证实了在可观察到的涂层剥离开始之前有一段诱导时间。Watts 和 Castle 在针对 FBE 涂层早期的研究中提出了一个三阶段过程理论，每一过程都有自己的剥离速率控制机理[46]：
- 缺陷处金属氧化物的还原
- 裂缝扩展，提供高 pH 值介质进攻聚合物/金属键的外部条件
- 最终，线性剥离速率仅取决于路径长度。路径长度则与基体的表面锚纹有关

　　阴极剥离试验(电解质为氯化钠溶液)结束后，将缺陷孔周围剥离的 FBE 涂层去除，能够观察到缺陷孔周围 1～2mm 范围内有一圈银色光晕。这一圈光晕并不

会因钢板表面粗糙度不同而变化，如图 13.12 所示。但它与缺陷孔的几何形状有关，缺陷孔大或缺陷孔存在斜面边缘将导致光晕增大。他们提出的理论认为缺陷处的阴极反应将形成高的 pH 环境，从而导致 FBE 涂敷前金属加热所形成氧化物层被还原而减少，进而形成一圈光晕(有光泽、无氧化物的金属表面)[67]。漏点的形成将在涂层中产生应力。当应力释放时，FBE 被从基体上翘起一小段距离，剥离逐步由脱开的氧化层向氧化层/环氧层界面扩展。

阴极剥离涂层下的区域划分

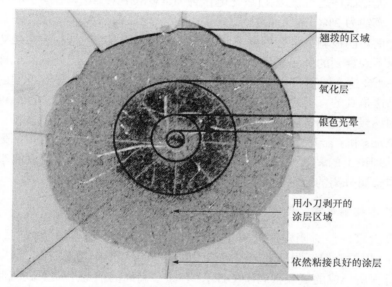

翘拔的区域

氧化层

银色光晕

用小刀剥开的
涂层区域

依然粘接良好的涂层

图 13.12　剥离涂层下方观测到的离散区域能够为阴极剥离机理提供线索(照片由 3M 公司提供)

通过氧化还原反应产生的缝隙，为 pH 值增加到足以侵蚀聚合物/金属粘接界面提供了外部环境。Watts 和 Castle 的研究表明，中间阶段的剥离速率是对数函数，取决于氢氧根离子的产生速率，而氢氧根离子的产生速率则取决于阴极的表面积。

最后阶段的剥离速率与涂层下方的路径长度呈线性关系。通过抛丸清洁处理(FBE 涂敷工艺的标准做法)在金属表面形成了粗糙且扭曲的迂回路径，使得涂层的剥离时间更长。据此推断，氢氧根离子沿剥离面的产生和迁移以及平衡电荷阳离子(正电荷离子)的运动是涂层剥离速率的控制因素。

随后，Kendig 等的研究表明光晕效应是由于裂隙中阴极电压降低而不是应力作用[62]。产生光晕时裂隙中的 IR 降(只要存在局部电位，氧化物就会被还原)比 Fe^{2+} 反应的可逆电压更负[68]。他们通过对 FBE 涂层试板的研究为涂层可能的阴极剥离机理提供了其他信息：

- 涂层涂敷时的加热环节,导致钢管表面形成了厚度约为2000Å的氧化物层。
- 未涂敷钢板暴露于–1.44V(SCE)电解质溶液中,表面氧化物层厚度降低。
- 在相同电位下,远离缺陷孔剥离涂层下方的氧化物膜似乎没有减少,反而还有增加的迹象。
- 但当剥离涂层暴露于–2.00V(SCE)时,氧化物有所减少。
- 电化学阻抗谱(EIS)给出的数据显示,无论试件是否被极化[极化电位为–1.4V(SCE)],涂层吸水率均无明显差异,扩散系数约为$1 \times 10^{-8}\text{cm}^2/\text{s}$。
- 无论试件是否被极化[极化电位为–1.4V(SCE)],30天后涂层的体积吸水率约为2%(未起泡试件)。

与之前对阴极剥离机理理解不同的是,他们提出的观点是基于在–2V或更负电位情况下观察到的金属氧化膜失稳这一现象。这是对涂层阴极剥离机理的一个新的认识[62]。这表明通过增加电压以加速阴极剥离试验可能会导致不同的剥离机理。如果这是真的,实验室测试中通过增加电压来加速涂层剥离速率,可能会导致令人困惑或与现场实际情况不相关的试验结果。

与Watts和Castle的观点相同,Kendig认为一旦最初的氧化还原阶段(在这个过程中,理论上的剥离机理是金属表面氧化层的溶解)结束,涂层剥离很可能是聚合物与金属分离的脱粘过程[46, 62]。

1. 速率控制步骤：传输路径

尽管大家已经对阴极区域发生的化学反应达成了普遍共识，如式(13.1)～式(13.5),但关于控制阴极剥离速率和程度这一问题仍未达成一致[55]。阴极区的氧还原过程所形成的氢氧根离子(OH^-),在涂层剥离的前缘形成了高碱性环境。整个反应通常需要氧气、水和电子。但当施加的电位足够高时,反应可以在没有氧气的情况下进行：水分解释放出氢气($H_2O + e^- \longrightarrow 1/2H_2 + OH^-$)。电解质溶液中的氧含量在很大程度上影响着涂层的剥离速率[65]。

反应需要的电子可从阳极腐蚀电池或阴极保护系统获得。水和氧气可能是通过涂层渗透进入后参与反应,也可能是沿着FBE涂层和基体之间的缝隙传输。在一些涂层系统中,沿粘接界面的氧气输送可能是剥离速率的控制因素[66]。

整个反应过程中都需要保持电荷平衡,并且必须保持电荷中性。因此,影响电荷平衡的因素同样会影响电化学反应速率和涂层剥离速率。为了使反应继续进行,最后需要的反应物是保持电荷平衡的反离子。由于剥离前缘的pH值很高,质子(H_3O^+)不太可能是电荷平衡的主要来源。更可能是碱性阳离子,如Na^+。Leidheiser和Wang发现,剥离速率因阳离子不同而异：$CsCl > KCl > NaCl > LiCl$[69]。Castle和Watts认为钠离子可能是沿着粘接界面移动[70]。由于剥离面积与涂层厚度之间呈线性关系,并且涂层/金属粘接界面上确认存在阳离子,Skar

和 Steinsmo 推测阳离子是通过涂层扩散到达剥离区域的[60]。

　　然而，Watts 和 Castle 通过 X 射线光电子能谱(XPS)和电子探针显微分析(EPMA)发现，实验采用 NaCl 电解质时，涂层的内表面和外表面存在钠离子，但 FBE 涂层本体中则没有[46]。他们还发现剥离涂层的外表面存在大量氯离子，在涂层与金属的粘接界面上存在大量的钠离子，这表明存在穿过涂层的部分平衡电荷。

　　总之，对于特定的涂层系统，初始剥离阶段后的速率控制机理可能是沿 FBE 涂层和金属粘接界面离子(如 Na^+)的传输。

　　2. 阴极保护条件下的涂层起泡

　　阴极起泡是由阴极区的碱性环境所造成的。它削弱了涂层的附着力，并在涂层/金属界面上产生了具有渗透性的活性物质[55]。通常，起泡会在涂层破损区域周围形成，并含有高 pH 值的液体。在一次作业坑检查中，所发现的涂层起泡中 99%都与漏点有关[11]。管道开挖后，经常会在漏点附近发现涂层起泡。

　　3. FBE 涂层系统：涂层剥离和剥离速率的影响因素

　　(1) FBE 涂层配方。尽管前面所讨论的相关研究成果和结论能够为解释阴极剥离速率提供很好的支持，但大多都是基于单一涂层的单次测试。实际中，相同测试条件下，不同 FBE 涂层的阴极剥离结果可以完全不同，如图 13.13 所示。在进行涂层剥离速率机理研究时，还必须考虑涂层配方这一因素。

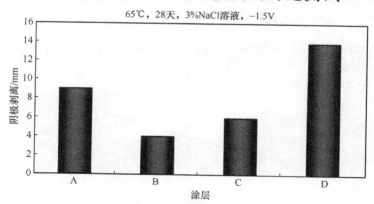

图 13.13　采用相同的测试方法，不同 FBE 涂层的阴极剥离结果差异显著。影响剥离速率的机理分析必须考虑涂层配方这一因素

　　测试装置不同，可能导致阴极剥离测试结果出现很大差异。需要特别注意测试单元布局和测试参数设置的一致性。有关阴极剥离测试参数的讨论，请参阅"第 9 章

FBE 管道涂层涂敷过程中的质量保证：厂内检查、测试和误差"。为了得到统计上更有意义的数据，应尽量减少测试变化对结果的影响，可采用多次平行样测试的方法。

（2）表面污染。除了特定涂层化学结构固有的抗阴极剥离性能外，出现剥离半径过大的主要原因可能是在涂敷时对钢板基体的污染。图 13.14 给出了无机污染物和有机污染物对阴极剥离测试结果的影响。

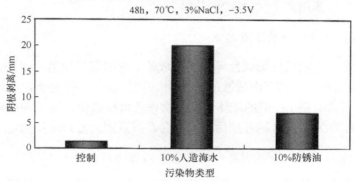

图 13.14　可溶性无机盐(如氯化钙或硫酸钠)或有机污染物(如油)能够显著加快涂层的阴极剥离速率。在这些实验中，首先将钢板抛丸清理至白色金属光泽。一组试板涂上类似于海水的盐溶液，另一组试板涂刷了含油的水溶液，并立即使用吹风机吹干以消除腐蚀。然后将所有试板放在烘箱中加热至涂敷温度并保持 45min 左右，喷涂 FBE。最后进行两天的阴极剥离对比测试

阴极剥离试验是防腐厂涂层质量控制计划的主要组成部分。通过测试还能看出试板氯离子含量和涂层剥离程度的关系，如图 13.15 所示。

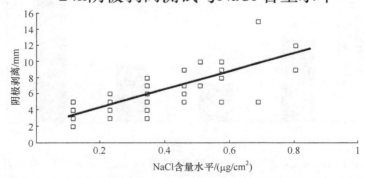

图 13.15　FBE 防腐厂进行的阴极剥离测试给出了氯化物污染程度与涂层阴极剥离之间的关系
本例中使用的提取技术并没能去除所有的氯化物痕迹。通过沸水萃取可能会在样品中发现 5～10 倍甚至更多的氯离子。氯离子的测量是在管道抛丸清理之后，加热之前进行的

需要注意的是，图 13.15 所示的测试中测得的氯化物含量是相对值，实际含量可能是测试结果的 5～10 倍。氯离子测试时，首先采用瓶装去离子水对管道表面 1000cm² 的区域进行喷洒润湿，然后收集，并测试氯化物含量。由于冲洗时间短，所以去离子水只能溶解管道表面的部分氯化物。但作为质量评估测试，它有效地指示管道上存在的污染物。若只进行氯化物测试，就存在可能会忽略掉其他可溶性盐的风险，这些盐也会加速涂层的阴极剥离。

涂层粘接性能的降低可能是由于管道上存在低含量的可溶性污染物(如氯化物等)，如图 13.16 所示。随着涂层/金属粘接强度的降低，阴极剥离速率会增加。

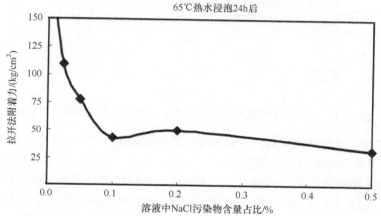

图 13.16　污染物对涂层附着力的影响。首先将钢板抛丸清洁处理至白色金属光泽。然后用不同浓度的氯化钠溶液进行涂刷，并立即干燥以防止腐蚀，之后加热并喷涂 FBE。经过 65℃热水浸泡 24h 后取出擦干，并粘接拉拔试柱。拉开测试表明，热水浸泡后，非常少量的污染物都将导致涂层粘接性能的显著降低

(3) 厚度。涂层厚度对短期试验的阴极剥离速率有显著影响。图 13.17 的测试表明，随着双层 FBE 涂层厚度的增加，涂层的剥离程度会逐渐降低。另外，无论是单独增加面层还是底层的厚度，剥离程度都会随之降低。对于单层 FBE 管道涂层，当涂层厚度增加时，也观察到了相同的变化趋势。

某项研究中，Kendig 等在二甲苯溶液中使用羟基封端的聚丁二烯合成了一种模型涂层聚合物，研究了聚合物钢表面水取代有机聚丁二烯溶液的润湿张力与电位差的关系[62]。粘接张力高说明表面更有利于水将聚合物从基体表面取代。他们发现在大约 -0.570V(SCE)电压下，润湿张力能够迅速转换，这表明电压能够为水取代聚合物提供良好的环境。

阴极剥离

30d，66℃，–3V，3%NaCl

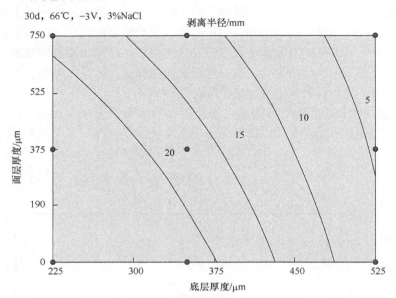

图 13.17　增加涂层厚度显著降低了阴极剥离速率(图由 3M 公司提供)

　　一些研究报告指出从测试开始至涂层出现剥离有一个延迟时间[43, 46]。一种可能是由于外部环境对氧化物层侵蚀产生缝隙的速度比较缓慢，但另一种可能是水穿透涂层到达粘接界面的速度慢。图 13.5 给出了涂层厚度对短期高温热水浸泡试验的影响。涂层经 85℃热水浸泡 2 天后，较厚 FBE 涂层的附着力等级明显较低。

　　一些研究人员基于阳离子通过涂层迁移所得出的可能错误的结论，也许能够通过涂层厚度和附着力损失的影响来进行解释。实际上通过涂层迁移的物质更可能是水，而不是阳离子。这可能是由于水分子的体积相对较小，而大多数阳离子的物理尺寸较大[23]。尽管阴极剥离测试前通常并不先进行预浸泡，但预浸泡可以降低延迟时间的影响[3]。

　　(4) 温度。管道的操作温度对涂层的阴极剥离影响显著。实验室进行涂层样品测试时发现，测试温度对涂层的剥离速率有很大影响，如图 13.18(b)所示。涂层剥离程度会随着时间的延长而增加，如图 13.18(a)所示。上述研究表明，随着时间的延长，涂层的剥离速率会放缓。

　　(5) 电压(电位)。尽管测试结果表明，电压在 FBE 涂层短期阴极剥离测试中只起次要作用，如图 13.18(c)所示，但一般认为，测试电压过高将增加涂层的阴极剥离。测试中如果产生了氢，可能会导致氢敏感金属的破坏[72, 73]。基于同样的考虑，对 FBE 管道涂层所施加的阴极保护电压通常会进行限制。对于 FBE 管道涂层系统而言，电压过高可能并不是最为关键的。这是基于管道实际服役情况所得出的结论(图 13.6)，实际上涂层起泡和剥离下方的管道依然被保护着，并且电压对剥离速率的影响程度也相对较小。

阴极剥离测试

影响：试验周期、试验温度和测试电压

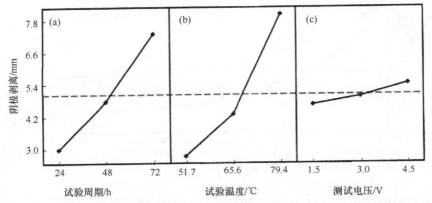

图 13.18　尽管实验室短期阴极剥离测试并不一定能够很好地预测涂层的长期性能，但它们确实能够提供与涂层性能有关的重要信息。试验周期(a)和试验温度(b)是影响涂层阴极剥离性能的主要因素。测试电压(c)对测试结果也有影响，但程度较小[71](照片由得克萨斯利文斯顿 Enspect Technical Services 提供)

高阴保电压对涂层性能的影响需要同时考虑工程实际和经济因素。阳极地床之间的间距会影响管道沿线的电压分布，设计确定该距离需综合考虑多种因素。其一是涂层性能，电压的衰减水平在很大程度上取决于涂层的整体阻抗。其二是阴极保护系统设计时所允许的最高电压。图 13.19 给出了涂层性能对电压衰减的影响。

有时候，新管道必须与已经存在涂层老化的旧管道一起进行阴极保护。这就意味着需要采用高电压来为旧管道提供足够的阴保电流。这种情况下，新管道涂层抵抗电压损坏的能力也是需要考虑的一个重要因素。

(6) 小结：FBE 涂层剥离和剥离速率的影响因素。目前，已有大量且越来越多的研究关注于如何更好地理解阴极保护对破损涂层的保护机理。虽然这些机理依然存在一些争议，但提供的相关信息有助于未来涂层系统的发展以及现有管道

涂层性能的预测。同时，也提供了许多切实可行的实际做法，能够通过使用阴极保护来显著提高管道的涂层性能。其中包括选择具有良好抗阴极剥离性能的涂层，控制涂敷过程以确保管道表面的污染达到最低，以及优化涂敷温度和涂层厚度等因素。最后，管道设计时应尽量降低管线的工作温度。阴极保护电压也可能是影响性能的一个因素，应设定在确保防腐保护的最低水平。

涂层对阴极保护设计的影响

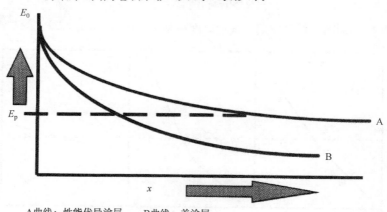

A曲线：性能优异涂层　　B曲线：差涂层

E_p：需要的阴极保护电位

图 13.19　许多因素会影响阴极保护地床之间距离的设计[74]。其一是涂层的整体阻抗(包括损坏)以及随着时间的推移保持这种阻抗的能力。其二是最大允许电压。最大电压将出现在离地床最近的位置。尽管 FBE 涂层与其他涂层一样也有阴保电压限制，但实验室测试表明，电压在对涂层阴极剥离速率的影响中仅起次要作用(图片由作者在 Banach 基础上绘制)

13.3　FBE 涂层和失效

13.3.1　FBE 涂层：涂层性能改变

随着涂层老化，有许多特性都会发生变化。大部分性能改变往往取决于管道所服役的外部环境。

(1) 粉化。紫外线(UV)辐照会导致聚合物的降解，这被称为粉化[75, 76]。大多数专门为埋地或水下管道而设计的 FBE 涂层都容易发生粉化问题。这种现象会造成涂层外观失去光泽，并在涂层表面形成浅色粉末状残留物。粉化层能够作为保护屏障来阻止涂层进一步降解，直到被雨水、风沙或打磨清除掉。粉化层被去除后，新暴露出的涂层还会被 UV 辐照而继续降解。

粉化程度以及粉化造成影响主要取决于以下因素：

- 　特定 FBE 配方涂层对紫外线辐照的敏感性
- 　直接暴露在紫外线下
- 　紫外线辐射的强度和持续时间
- 　涂层表面水的情况

如前所述，针对太阳光直接辐照导致的涂层粉化问题，通过对 FBE 管道涂层的性能优化能够尽可能降低涂层粉化程度。暴露在阳光下是涂层发生粉化的必要条件，地面储存管道 12 点位置 FBE 涂层的粉化程度最为严重，从上往下粉化程度逐渐降低，直到管道最底部涂层无粉化。尽管阳光强度对粉化起着关键作用，但还必须存在湿气这一重要因素。管道表面的湿气通常来自早晨管道表面的露水。

上述因素对涂层开始粉化和更新速度有一定的影响。厚度损失主要取决于粉化层被去除的情况。厚度损失的速度存在很大差异，并与位置有关。Cetiner 等最近的一项研究表明，在美国北部和加拿大南部露天未遮挡存放近一年的管道，12 点钟位置的涂层减少了约 20μm[77]。大量的观测数据表明，能够获得可测量的厚度损失通常需要 9～18 个月。一旦粉化开始，厚度损失率通常为每年 10～40μm。

紫外线照射对涂层的其他性能通常只有很小的影响。一项针对在美国涂敷，在中东安装管道的研究表明管道储存了 3 年后，施工时依然不存在弯曲时涂层开裂问题[78]。短期阴极剥离测试(65℃、3%NaCl，48h)中，涂层的剥离半径为 6～8mm，与管道涂敷时 QA 生产测试的结果相近。

Cetiner 的研究表明经 48h 阴极剥离或耐热水浸泡测试后，涂层的性能没有显著变化。但在-30℃条件下，依据 CSA 的 FBE 涂层标准进行弯曲测试时，涂层的抗弯曲性能还是有所降低。测试对比了两种不同的涂层，结果存在差异，由此可证明 FBE 涂层配方很重要[79]。

他们给出的结论是当储存期超过一年时，应对管道进行防紫外线保护。通常可采用在太阳和管道涂层之间设置屏障的方式，可以是遮盖物，如篷布或塑料，也可以是油漆。

短期存放时，几乎任何涂料都可以作为 UV 阻隔涂层。但长期存放或永久在地上使用时，防护涂层的选择和表面处理就非常重要。在对 FBE 涂层涂刷之前，必须将残留的粉化物清除干净。然后使用砂纸打磨或轻微喷砂的方式对 FBE 表面进行粗糙化处理，来提高 UV 阻隔涂层的长期粘接性能。脂肪族聚氨酯已被证实能为 FBE 涂层提供抗紫外线的有效保护，同时还能保持颜色和光泽。另外，如果管道要在户外储存很长一段时间，还可通过增加 FBE 涂层厚度的方法，提前将储存时涂层粉化导致的厚度降低考虑进去，来代替覆盖或刷漆的保护方法[80]。

(2) 吸水率。与大多数有机涂料一样，FBE 是一种半渗透膜。换句话说，也就是它能够吸收水，并允许它从涂层中通过，如图 13.20 所示。室温下，涂层浸泡测试时，在前两天就能达到最大吸水量，通常低于 1%。将涂层在室温水中浸泡 20000h 后，涂层的吸水率不到 2%。增加浸泡温度能够提高涂层的吸收速率和吸收总量。

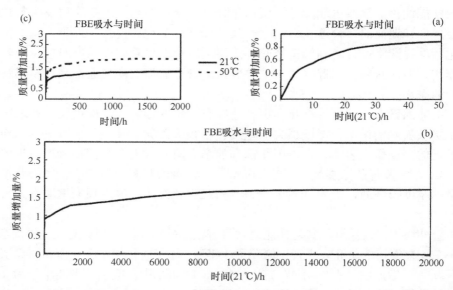

图 13.20　与其他有机涂料一样，FBE 涂层也能吸收水分。室温条件下，在涂层浸泡开始的前 2 天它就会吸收大部分水分，通常会低于 1%(a)。将样品在室温水中浸泡 20000h 后，FBE 涂层的质量增加不到 2%(b)。提高水温能够提高涂层吸收速率和吸收总量(c)

关于涂层吸水产生的一些影响，已在前面关于阴极剥离和起泡的章节中进行了一些讨论。另外，吸水也会改变涂层的电阻率，如图 13.21 所示。图 13.21(a)显示了 49℃时，涂层阻抗随时间的变化。使用银漆作为一个电极，涂层钢板作为另一个电极，进行干态下的阻抗测量。在无漏点涂层上粘接塑料测试筒，然后在测试筒内加入 3%的 NaCl 溶液和铂电极。测量铂电极和钢板之间湿态下的阻抗。电极和涂层之间的距离为 9cm。涂层面积为 81cm^2，忽略溶液自身的电阻，涂层的体积电阻率值约是电阻测量值的 270 倍。图(b)给出了氯化物溶液与极化电位(+6V、−6V 和无极化)对 FBE 涂层电阻的影响。未发现因极化电位不同而引起的显著差异。平均来看，涂层的阻抗从最初的 $7.5×10^9\Omega/cm^2$ 下降到了 $1.6×10^9\Omega/cm^2$。

(3) 涂层吸水对 DSC 测试的影响。如前所述，吸水后的塑化效应能够降低涂层的玻璃化温度[40]。这就意味着，当对接触水后的管道涂层使用 DSC 进行分析时，需要考虑吸湿对测试结果的影响，所得到测试结果可能无法准确评估涂层的固化情况[41]。

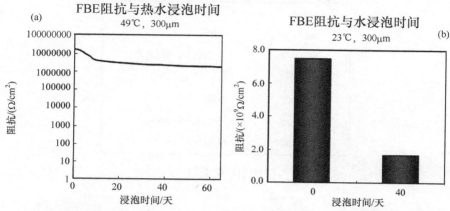

热水浸泡后FBE涂层阻抗的保持

图 13.21 经水浸泡后，FBE 涂层的阻抗会降低。图(a)显示了 49℃浸泡时，电阻随时间的变化。使用银漆作为一个电极，涂层钢板作为另一个电极，进行涂层干态时的阻抗测量。在无漏点涂层上粘附塑料测试单元筒，然后在测试筒中装入 3%的 NaCl 溶液和铂电极，测量铂电极和涂层钢板之间湿态下的阻抗。电极与涂层的距离为 9cm[81]。图(b)给出了氯化物溶液与极化电位(+6V、−6V 和无极化)对 FBE 涂层电阻的影响。未发现因极化电位不同而引起的显著差异。平均来看，涂层阻抗从最初的 $7.5×10^9Ω/cm^2$ 下降到了 $1.6×10^9Ω/cm^2$[82]。测试依据 ASTM D257 进行[83]

涂层面积为 81cm², 忽略溶液自身的电阻，涂层的体积电阻率值是电阻测量值的 270 倍

13.3.2 FBE 涂层：案例分析

FBE 自 1960 年作为管道涂层首次使用以来，已经有了很长的应用历史。FBE 涂层已成为北美和世界许多地区石油和天然气管道的首选涂层。虽然 FBE 涂层的整体性能非常出色，但也曾经出现过涂层粘接失效、起泡和阴极剥离的情况。以下介绍的一些案例展示了涂层的预期或可接受性能，也有一些案例发生了前几节提到的失效特征。

1. 达到预期性能的案例

(1) 案例 85。在明尼苏达州北部安装后的三年里，每年都对该 FBE 涂层管道进行检查。管道直径为 DN900mm，埋深低于地下水位，始终处于持续潮湿状态。在每次调查中均进行了多项测量，包括土壤特性(电阻率和 pH 值)。涂层的粘接性能测试首先沿管道将涂层划开间距为 3mm 的平行线，涂层划透至金属，然后

用刀子从基体上进行翘拨。历次进行所有粘接性测试，涂层均呈现了很好的粘接性能，都能达到 2～2.5 级(共分为 5 级)，这与涂层经 24h 热水浸泡后 QA 的测试结果相当。并且自管道安装时起，涂层外观没有发生明显变化，无明显破损，也没有涂层起泡问题。如图 13.22 和表 13.2 所示。

案例 85	
测试结果	非常好
服役环境	天然气管线 FBE 外涂层
服役时间	3 年
评价地点	现场
管径大小	NPS36 (DN900mm)
工作温度	埋地环境

FBE案例85

图 13.22　针对埋地 FBE 涂层管道进行了连续三年的开挖测试，管道埋设于地下水位之下。在研究结束时，报告指出：FBE 涂层粘接性能良好，外观与安装时比没有变化，并且没有出现涂层起泡。(a)管道埋设于地下水位以下。(b、c)管土电位测量。(d)现场观察和取样(照片由作者和 3M 公司提供)

表 13.2　案例 85 的测试表明涂层性能达到了预期

测试项目	第 1 年	第 2 年		第 3 年	
		开挖点 1	开挖点 2	开挖点 1	开挖点 2
管道温度/℃	22～23	26	24	—	—
土壤电阻率/(Ω/cm)	1500～2000	2000	2000	1100～2000	1000～1500
管土电位/V	-1.64	-1.70	-1.95	-1.61	-1.83～-1.90
涂层厚度/μm	375～425	350～425	325～400	—	—
开挖后水的 pH 值	—	—	—	7.45	7.28
粘接等级 1～5 级，1 级表示粘接最好	2.5	2	2	2	2

评价：涂层外观良好，未发生变化，粘接性能优异，无起泡。

　　(2) 案例 123。对裁切的一小段管道进行分析。该管道已经在潮湿的黏土中连续服役了 7 年多。管道铺设时，通过漂浮方式进行安装。开挖后，外涂层没有出现明显变化，在管沟内测量时涂层粘接性能依然很好，这一结果在实验室的测试中也得到了证实。管道内涂层也采用了相同的 FBE，尽管涂层外观略有变暗，但附着力和柔韧性依然很好。照片和测试数据如图 13.23 所示。

　　注意：实际中往往会因各种原因进行管沟开挖，因此当有机会时，应对管道涂层进行仔细检查。大多数观察可确认涂层依然处于良好服役状态，之后可对管道重新进行回填。

涂层案例 123	
测试结果	非常好
服役环境	天然气管线 FBE 内外涂层
服役时间	7 年
评价地点	服役现场和实验室测试
管径大小	未知
工作温度	埋地环境

2. 未达到预期性能的案例

　　在管道铺设前，有时会观察到涂层出现了起泡或粘接性能显著降低的情况。下面将对现场发现的一些案例进行介绍。

　　(1) 案例 970721。FBE 涂层管道(DN 1050mm)在服役 8 年后增加清管区作业时进行了涂层检查。开挖后发现涂层表面有一些起泡。起泡类型可分为以下几种情况：

- 大到中型起泡，无漏点，金属光亮

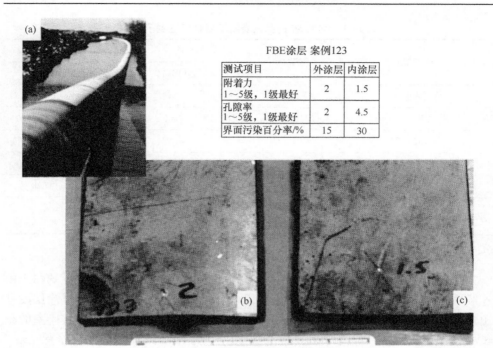

FBE涂层 案例123

测试项目	外涂层	内涂层
附着力 1～5级，1级最好	2	1.5
孔隙率 1～5级，1级最好	2	4.5
界面污染百分率/%	15	30

图 13.23　(a)在案例 123 中，管道已经在潮湿的黏土中连续服役了 7 年以上。施工时采用了浮动方式进行管道铺设。(b)现场测试时发现涂层外观无明显变化，外涂层附着力依然良好，这在后续的实验室测试时也得到了证实。(c)管道内涂层也采用了相同的 FBE，尽管涂层外观略有变暗，但附着力和柔韧性依然很好(照片由 3M 公司和作者提供)

- 中到大型起泡，涂层下方的金属发暗
- 小型起泡，涂层下方有液体

案例 970721	
测试结果	起泡，无腐蚀
服役环境	天然气管线 FBE 外涂层
服役时间	8 年
评价地点	现场
管径大小	NPS 42
工作温度	大气环境

开挖以后，待管道暴露了一段时间之后才进行涂层性能测试，所以很可能起泡下面的水已经干了，但是涂层依然是溶胀的。随后，对起泡涂层下方的金属采用去离子冲洗并对冲洗液进行分析，结果如表 13.3 所示。

表 13.3　案例 970721：起泡涂层下方的金属表面存在污染物含量(ppm)

污染物	光亮金属起泡	发暗金属起泡	光亮金属起泡附近的土壤	FBE 涂膜去离子水浸泡	FBE 起泡涂层去离子水浸泡
硫酸盐	33	95	10	<5	<5
硝酸盐	<1	<1	<1	<1	<1
氯化物	34	96	6	<5	<5
钠盐	36	122	10	1	2
钙盐	4.5	40	44.5	1.5	6.6
镁盐	—	50	6.4	<0.5	<0.5
磷酸盐	<1	<1	<1	<1	<1

分析表明，金属区域冲洗后的溶液中含有大量的钠盐、氯化物和硫酸盐。相比而言，起泡涂层下方的发暗金属区域的污染物含量大约是光亮金属区域的 3 倍，如图 13.24 所示。

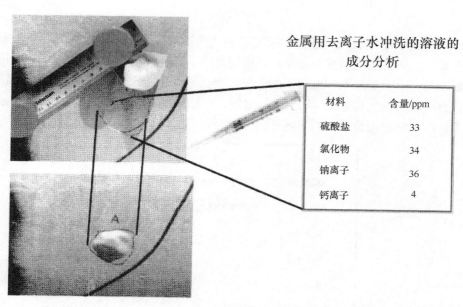

图 13.24　案例 970721：对起泡涂层下方的金属表面用去离子水冲洗。通过分析发现，基体表面存在污染物(照片由 3M 公司提供)

小型起泡下方溶液的 pH>13，这说明阴极保护依然在发挥作用。管道任何地方都没有发现点蚀。

　　在一些区域，漏点上方发现了钙沉积。漏点周围出现了起泡。涂层下方的金属存在黑暗和有光泽的区域。涂层背面出现了相应的变色，如图 13.25 所示。

　　结论(案例 970721)：涂敷时，钢管表面的污染为涂层创造了易于起泡的外部环境。但涂层和阴极保护相结合依然有效防止了管道腐蚀。

金属和涂层背面起泡

沉积钙盐分析

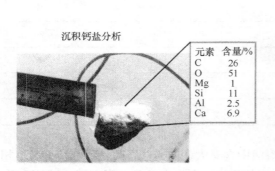

元素	含量/%
C	26
O	51
Mg	1
Si	11
Al	2.5
Ca	6.9

图 13.25　案例 970721：某些漏点上方形成了钙沉积。漏点周围存在起泡和剥离区域。剥离涂层下方有光亮和发黑的区域，但没有发生点蚀。涂层背面(与钢粘接的一面)也存在黑色污点(照片由 3M 公司提供)

　　(2) 案例 97。管道涂敷时，许多 QC 剥离测试都基本达到了规范要求的上限。现在看来，那可能是钢材表面存在污染的迹象。管道服役几年后，在 DN 900mm 管道上发现了涂层起泡和大面积的阴极剥离区域。在接下来的几年里进行了周期性检查。最后一次检查前 18 个月的时候，在涂层的完好区域设置了人为涂层缺陷点，以此来确定涂层的剥离速率。

案例 97	
测试结果	出现了大面积剥离区域，无腐蚀
服役环境	气管线 FBE 外涂层
服役时间	6 年
评价地点	现场
管径大小	NPS 36
工作温度	埋地环境

　　将管沟重新开挖后发现每一个人为缺陷孔上都出现了钙沉积。将发生剥离的涂层去除后发现，钢管表面呈金属光泽且无腐蚀。所有 FBE 涂层与钢管之间

的起泡内均含有液体，且呈碱性(pH>10)。涂层的剥离半径为 80～100mm，如图 13.26 所示。最初施工时涂层受损区域剥离的程度仅略有增加，已有新的管道区域被暴露出来了。当多个漏点的剥离区域连到一块时，总体面积要大于单个剥离面积的加和。

管道涂层漏点导致的剥离

图 13.26　案例 97。管道服役几年后，在某 DN 900mm 管道上发现了涂层起泡和大面积的阴极剥离区域。随后开展了周期性检查，为了测试表面污染管道涂层的剥离速率，在涂层上制造了人为缺陷孔。18 个月后发现涂层剥离面积与建设期涂层破损所形成的剥离基本相同。涂层早期的剥离速率非常快，但随着服役时间延长会逐渐降低。有可能涂敷时，管道就已经被污染了(照片由 3M 公司提供)

该地区阴保给出的管土电位为–1.13V，整条管线的最高电位为–1.2V(CSE)。

结论(案例 97)：涂敷时管道被污染将导致漏点周围涂层的初始阴极剥离速率很快。但最后阶段的剥离速率会大大减缓。阴极保护和 FBE 涂层相结合，能够有效防止管道腐蚀。

测试安排：

- 任何管道开挖后，应先检查涂层漏点或其他异常。
- 将其中一个涂层起泡挑开，测试并记录 pH 值、剥离面积大小以及剥离涂层下方钢管的表面状况。然后用双组分环氧树脂对该缺陷区域进行修复。但不要对未挑开的起泡区域进行修复。
- 监控管道阴极保护电流变化，如果出现了电流需求增加，就需在该地区开挖做进一步检查。

(3) 案例 132。1965 年建成的某 DN400mm 管线，回填土使用的是硬珊瑚壳和沙子的混合物。管道埋深低于地下水位。土壤电阻率在 $3000\sim4000\Omega\cdot cm$ 之间。管道服役 20 年后，管道需要的阴保电流约为 $10\mu A/m^2$[84]。根据标准规定指标，业主认为该涂层性能良好。

案例 132	
测试结果	涂层粘接性能差，钢管表面光亮但有黑色斑点，无点蚀，阴保电流低
服役环境	气管线 FBE 外涂层
服役时间	20 年
评价地点	现场
管径大小	NPS 16
工作温度	埋地环境

由于机场扩建，因此需要管道改线。其中有一段管道样品被取出后送到实验室进行检测。通过测试发现，涂层外观很好，也没有起泡的迹象。管道表面只存在轻微的擦伤，但没有划透涂层至金属表面，这很有可能是在管道挖掘和裁切过程中造成的，如图 13.27 所示。

图 13.27　案例 132。1965 年建成的某 DN400mm 管线，回填土使用的是硬珊瑚壳和沙子的混合物。管道埋深低于地下水位。土壤电阻率在 $3000\sim4000\Omega\cdot cm$ 之间。管道服役 20 年后，需要的阴保电流约为 $10\mu A/m^2$。涂层外观良好，仅有轻微擦伤，无起泡迹象(照片由 3M 公司提供)

　　进一步测试发现，涂层已经几乎没有附着力了，沿四周将涂层切透至管道表面，所有涂层都可以被成片地去除，如图 13.28 和表 13.4 所示。剥离后，钢管表面依然是光亮的，除了偶尔存在的小黑色斑点外，无点蚀发生。

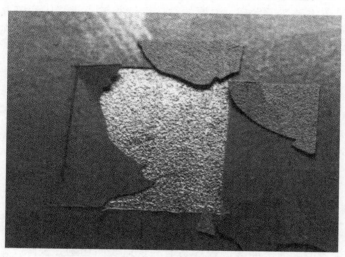

图 13.28　案例 132。虽然涂层外观和阴极保护的测量结果很好，但测试显示涂层已经几乎没有附着力了。沿四周将涂层切透至管道表面，所有涂层都可以被整片去除。管道表面除了偶尔有黑色的小斑点外，整个裸露的钢管表面都是光亮的。钢管表面和剥离涂层的背面均可看到污物的存在。在 60 倍放大镜下观察，发现它们是一层非常薄的脆性材料，用剃刀可以很容易地从钢管表面刮掉。涂层或钢管表面没有肉眼可见的穿透或侵蚀(照片由作者提供)

表 13.4　案例 132：实验室测试发现，涂层的粘接强度非常低

性能	测试结果
粘接性能：1～5 级，1 级最好	5
背面污染率/%	5
断面孔隙率	无
界面孔隙度	无
涂层厚度/μm	200～250

　　钢管表面和涂层背面都存在大量肉眼可见的污物。在 60 倍放大镜观察，它们是一层非常薄的脆性材料，很容易用剃刀从钢管表面刮除。但涂层和钢管表面都没有肉眼可见的穿透或侵蚀。

　　结论：很有可能，在管道铺设之后不久涂层就失去了附着力。但即使涂层附着力非常低，由钢管表面呈现的金属光泽来看，涂层和阴极保护已经为管道提供

了所需的保护。涂层提供了足够的绝缘性，可最大程度上降低管道对阴保电流的要求。

(4) 案例 BHR 2001：三层管道涂层。某三层聚乙烯(PE)管道大约投产 4 年后，在管道遭受第三方破坏后发现，涂层的粘接性能很差，能够从管道上剥除[85]。随后对 21 处开挖点和 6 个地上管线位置以及库存管进行了测试，发现埋地管道普遍存在上述问题，但地上管道则没有。

案例 BHR 2001	
测试结果	涂层粘接性能很差，管体无点蚀，但有褐色斑点
服役环境	3PE 外涂层
服役时间	4～5 年
评价地点	现场和实验室
管径大小	NPS36
工作温度	埋地环境

研究结果表明，涂层能够被很容易地从管道表面切割并去除，并不需要明显外力。尽管没有发现可观察到的表面腐蚀，但钢管表面有一些褐色斑点。在放大镜下观察发现钢管表面锚纹为圆形，并不带棱角。此外，FBE 涂层厚度低于规定的 50 μm，并存在大量漏点。另外，PE 是低密度聚乙烯。

基于此，针对之后 3PE 管道涂敷，建议提高钢管表面的清洁度，将 FBE 涂层厚度提高至 150～200μm，并使用中密度或高密度聚乙烯。由于管道表面无腐蚀迹象，因此没有制定涂层修复计划，但针对之后的腐蚀调查和内检测提出了要求。

(5) 案例分析小结。自 1960 年以来，FBE 作为埋地管道防腐层已被广泛应用且效果良好。涂层成功应用的关键是能够与阴极保护配合使用来阻止管道腐蚀。对于管道涂层(至少应使用非屏蔽材料)而言，最实用的测量管道输送系统性能的方法是将管道阴极保护电流的需求降至最低。加拿大某大型天然气公司的测量显示 FBE 涂层管道埋地服役 15 年后，对阴极保护电流的需求依然较低。图 13.29 给出了不同类型防腐层服役年限与阴保电流需求的对比，FBE 涂层随时间的变化趋势与其他涂层类似，但给出了 FBE 涂层预期寿命更长的有力支持[74]。

没有人认为粘接失效和/或起泡是管道涂层将预期发生的状况。在绝大多数管道中，并不会经常看到 FBE 涂层出现上述状况。但是，即使 FBE 涂层出现粘接失效和/或起泡时，依然能够继续提供防腐保护，并且不会妨碍阴极保护系统按预期设计正常运行。基于此，一些人将 FBE 涂层称为"失效安全"。

3. FBE 涂层：失效安全

FBE 涂层通常被称为"失效安全"。其含义是，即使 FBE 涂层没有达到预期的涂层性能(如保持良好的附着力和涂层无起泡)，只要阴极保护系统工作良好，管道本身就不会发生腐蚀。针对这一现象已有许多可能的解释。大体可分为如下三类：

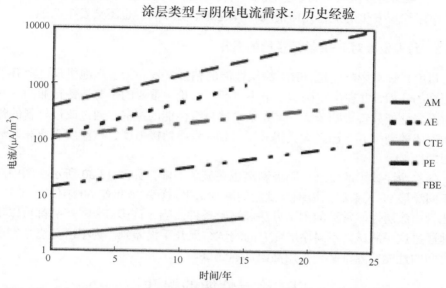

涂层类型与阴保电流需求：历史经验

图 13.29　对于管道涂层(至少应使用非屏蔽材料)而言，最实用的测量管道输送系统性能的方法是能否将管道阴极保护电流的需求降至最低。加拿大某大型天然气公司的测量表明，FBE涂层管道埋地服役 15 年后，对阴保电流的需求依然很低。FBE 涂层随时间的变化趋势与其他涂层类似，但给出了 FBE 涂层预期寿命更长的有力支持。聚乙烯胶带的结果很可能不能代表管道实际的电流要求，因为在某些情况下，该类防腐层会导致管道产生阴保屏蔽并发生腐蚀[74]。AM：沥青玛蹄脂；AE：沥青磁漆；CTE：煤焦油磁漆；PE：聚乙烯胶带；FBE：熔结环氧粉末(图片由作者在 Banach 基础上绘制)

- 情景 1：如果涂层的阻抗足够高，且起泡或剥离涂层上没有缺陷孔，腐蚀由金属与直接接触溶液的自由腐蚀条件(无阴极保护)决定。这主要由溶液中的氧浓度控制。氧浓度水平越低，腐蚀速率就越慢。例如，沸水经脱氧后可用于金属内壁保护。氧气在 FBE 涂层的传输速率非常慢，裂缝溶液中的任何氧气都会被腐蚀反应消耗掉，然后停止反应[68, 86]。
- 情景 2：FBE 涂层吸湿导致涂层阻抗降低，使得阴保电流能够穿透涂层并对钢管形成保护。通过测试发现起泡中溶液呈高 pH 值，这是合理的现象，可参阅涂层案例部分。

- 情景 3：完整的 FBE 涂层导电性并不高，但当它失效时，所形成的裂缝或孔隙能够为电流传输提供通道。其被称为 FBE 涂层"失效友好"。尽管阴保电流无法通过封闭式水泡(无法穿透)传导，但因为氧气的输送基本上都被阻塞了，所以封闭水泡的腐蚀性是非常低的。对于开放式水泡，当出现裂缝或微通道能够使电流进行传导时，阴极保护就能够发挥有效作用[3]。

对于涂层发生的上述任何情况，管道都不受影响，也不会发生腐蚀。

13.3.3　行业发展对 FBE 涂层性能的提升

目前，针对影响管道 FBE 涂层性能的粘接失效和涂层起泡机理已经有了一定程度的认识，并在本章机理一节中进行了讨论。重要的是要清楚行业的哪些发展对涂层性能改善影响最大。首先是涂层自身性能的提高。通过改进材料的化学结构形成的新配方，已经大大提升了 FBE 涂层粘接强度、抗涂层剥离和起泡等方面的性能。

随着涂层技术的发展，阴极剥离也在显著下降，如图 13.30 所示。图中对比了不同涂层 90 天室温阴极剥离试验的测试结果。这是 20 世纪 60 年代和 70 年代，对比管道涂层性能常见的测试方法和试验条件。当今许多 FBE 产品都可以很轻松地通过这一测试，不同涂层配方的测试结果几乎没差别。为了区分当今管道涂层之间的性能差异，必须采用高温加速测试。

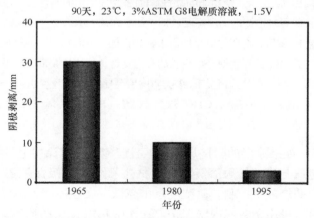

图 13.30　关于 FBE 涂层的大部分长期历史数据都是基于涂层的早期配方。尽管至今它们的性能依然表现良好，但通过改进环氧的化学组成能够显著提高涂层的性能。该图给出了 90 天不同年代涂层阴极剥离测试的对比结果,20 世纪 60 年代和 70 年代经常采用室温阴极剥离测试。

根据测试结果，新的涂层系统已经明显比早期管道涂层性能更加优异

与配方密切相关的第二个主要影响因素是 FBE 的生产工艺。各粉末生产商在改进和控制产品质量方面取得了重大进展，以始终如一地满足更高涂层性能和新的涂敷要求。这些预期要求需要通过业主的技术规范来体现，规范中对涂层试件的柔韧性、粘接强度和阴极剥离性能的测试提出了严格的要求。

提高涂层性能的第三个主要因素是对涂敷工艺的改进。20 世纪 70 年代初引入的全面质量保证测试程序有助于证明涂敷过程中各操作步骤的重要性[87]。有关内容的详细介绍，请参阅"第 8 章 FBE 涂敷工艺"和"第 9 章 FBE 管道涂层涂敷过程中的质量保证：厂内检查、测试和误差"。图 13.7 给出了通过改进涂敷工艺来提升涂层性能的例子：提高管道涂敷温度。

任何涂层(包括 FBE)现场出现问题的主要原因是涂敷时钢管表面残留的污染物，见图 13.14～图 13.16。管体表面的污染物将直接影响涂层的粘接性能，并导致涂层起泡。实施质量保证程序能够确保钢管表面达到合适的处理状态，这对提升涂层粘接性能很有利。

一些腐蚀专家认为 FBE 比其他涂料对污染物更加敏感。这种假设至少有一部分是基于性能预期和定义。将 FBE 涂敷在被污染的钢板表面，如果其拉开法附着力能够达到 $50kg/cm^2$，通常认为这样的结果是很不好的。但如果胶带的粘接性能可以达到这样的水平，就已经是非常出色了。环氧涂层的内聚强度高使得评价它与基材之间的粘接性能很容易。如果以 $50kg/cm^2$ 相同的力才能将胶黏剂分开，其粘接性能已经很高了。由于 FBE 涂层厚度相对较薄，当出现起泡时，很容易就能看到。

一些厚涂层，表面看上去完好无损，但实际上已从管道上剥离，并造成了阴保屏蔽，可能并不会发生涂层的起泡现象。

13.3.4　涂层粘接失效该如何处理？

当发现 FBE 涂层出现起泡和粘接性能不良时，采取什么纠正措施是首先需要考虑的问题。即使涂层已经发生了粘接性能丧失，但还没有出现开裂，水泡依然是封闭状态时，FBE 涂层仍然可以作为保护涂层发挥作用，在外部环境和钢管之间形成阻隔屏障。由于涂层的粘接性能非常重要，一旦发现涂层起泡，就必须加强对阴极保护系统的监控和维护。

应采取的其他处理步骤：

- 在管道重新回填前，应先将开挖过程中产生的涂层漏点或破损修补好，对回填作业可能导致破裂的大尺寸起泡(通常大于 50 mm)也需进行修补。如果是小水泡且完好无损，则不需要切开或修补，它们仍然能够起到保护作用，并在重新回填后可能依然能够保持完好。
- 建立一个涂层检查程序，一有机会就对管道涂层进行观察。

- 如果发现涂层起泡，打开其中一个，检查确保管道未发生腐蚀，且液体 pH 值呈碱性。
- 监控阴极保护电流，如果出现了显著增加的情况，表明是时候进行管道开挖并进行更加仔细的检查了。

应避免使用阴保屏蔽涂层进行管道修复。

13.4　三层管道涂层和失效

影响 FBE 涂层性能的各种因素也同样会影响三层结构聚烯烃涂层的性能，因为两者与管道形成粘接的基础均为 FBE。因此，表面清洁度、FBE 涂层厚度和涂敷温度等涂敷因素都会影响三层结构涂层的粘接性能。与 FBE 相比，两者之间也存在差异。由于聚烯烃涂层的整体涂层厚度较高且水蒸气渗透率低，因此受水分子渗透性影响涂层性能的(如阴极剥离)发展速率会更低。与 FBE 涂层相比，通过短期热水浸泡和阴极剥离测试，往往更难发现三层聚烯烃管道涂层在表面处理和涂敷工艺方面的问题。

另一个重要的影响因素是聚烯烃材料是一种高绝缘性材料，这将导致阴保电流不容易传导。如果涂层发生粘接失效，理论上讲，剥离涂层下方的金属会因涂层的阴保屏蔽而无法得到有效保护。

13.4.1　什么是失效?

站在实际角度来看，Neal 给出了严格的失效定义，并提供了一个工作模型："当继续维持阴极保护不再经济时，地下管道涂层就失效了。"[10.11]例如，若每 2km 都需要布设一个地床才能保持足够的阴极保护，此时维持阴极保护就不再经济了。

另外一个失效发生的定义是："性能预期没达到。"在管道设计阶段就必须明确预期的服役寿命。例如，如果管道设计寿命为 15 年，而涂层在 25 年后才失效，就不应称为失效[80]。

"失效"的发生推动了管道涂层行业一直向前发展。对材料性能和配套涂敷工艺的不满，使得大家在认知、材料开发、工艺能力和质量保证程序上不断进行改进和提升。

因此，失效未尝不是一种学习和改进的机会。

13.4.2　后建管道的提升计划

为了实现管道防腐系统中涂层的高质量，需要重点关注以下因素：

- 材料选择：具有防腐性能且可靠的涂层体系
- 全面的技术规范体系，包括目标测试方法和适用准则
- 严密设计的质量保证程序
- 合适的涂层涂敷工艺

(1) 材料选择。图 13.29 中的数据显示，所调查的各类涂层体系，多个 FBE 涂层的平均性能远远优于其他涂层体系。图 13.30 支持这一论点：市场上所有 FBE 管道涂料的性能都明显优于 20 世纪 60 年代初的涂料。但图 13.13 给出的数据表明，即使同一类型，各涂料之间仍然存在显著的性能差异。短期的 QC 测试不能用来确定涂层是否能够满足要求。

当今对个人和环境安全的要求，以及腐蚀事故的道德和经济成本，远超出最低规范要求。越来越多的管道在更恶劣的条件和更高的温度下运行。实际服役年限往往会远超最初的设计寿命预期。阴保系统的能耗和维护成本也在持续攀升。

正如 FBE 使用章节中所述，已经有越多来越多的特定 FBE 涂层被设计用于特定用途。对于特定用途，也有多种涂层材料可用。正如 Temple 和 Coulson 在 1984 年所说，"并非所有的 FBE 涂层都是一样的"[88]。如果要实现涂层特定条件的最佳性能，就必须注意各方面性能的平衡。虽然某些性能比其他性能更重要，例如附着力和柔韧性，但也必须评估其他性能对涂层整体性能的贡献。

通常需要提供通用规范或可接受材料清单，但有时仅需要根据供应商的建议进行材料选择。具体如何操作需慎重考虑。为了区分不同涂层供应商和材料性能的差异，历史性能表现和彻底测试均不可或缺。否则今天省了一点费用，将来就有可能付出惨重的代价。

(2) 技术规范。除了前面提到的可接受涂层材料清单外，还应考虑涂层性能的其他方面，如涂层厚度。Bacon 等证明了增加涂层厚度能够改善长期电阻保持性，这一性能与涂层系统类型无关[89]。随涂层厚度的增加，当前 FBE 涂层的性能同样也有所提高，如图 13.5、图 13.11 和图 13.31 所示。

质量是管道业主和涂敷方应共同承担的责任。详细说明的技术规范提出了高质量涂层的要求，应奖励有能力满足额外或更严格要求的涂敷商[91]。

(3) 涂敷厂完善的管理体系。在全球范围内，大多数 FBE 和三层涂层涂敷企业的成熟度和能力都在不断提高。但在能力和实践经验方面仍然存在差异，这看上去似乎是一个节省成本的机会，实际则不然。应牢牢记住如果开始涂敷就没做好，后期安装或操作成本的增加将远高于当初低价涂敷所节省的成本[91]。在过去十年中，涂敷商质量控制的一个指标是获得 ISO 9000 质量管理体系认证。

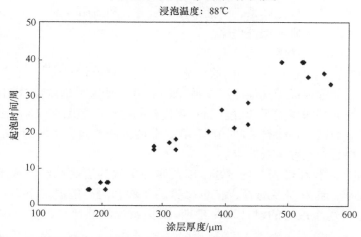

图 13.31　增加 FBE 涂层厚度能够提高涂层各方面的性能，包括涂层的抗起泡性[90](图片由 3M 公司提供)

13.5　本 章 小 结

施加阴极保护(CP)的新建管道，通过如下操作可显著提高涂层的性能：

- 选择具有良好抗阴极剥离性能的涂层
- 控制管道涂敷过程：清除表面污染物(化学清洗)、形成良好的表面粗糙度、优化涂敷温度和涂层厚度
- 最大程度降低管道的运行温度
- 在达到安全防腐的前提下，尽可能将阴极保护电压降至最低

上述要求意味着选择时应权衡经济因素和实际情况。例如，降低管道运行温度的成本可能非常昂贵(尤其是对于海上深水管道)，这时找到能够应对挑战的特定涂层和/或通过增加涂层厚度而不是降低管道运行温度可能更合乎逻辑。因此，在做出决定前，设计方必须充分考虑到所有的环境、安装和操作条件。

当通过维护高的阴极保护电压来弥补涂层缺陷时，也同样需要进行权衡。例如，当新管段连接到旧管道时，新管段可能会承受不必要的高阴极保护电压。通过管土电位测量发现，尽管新管段阴保电流要求低，但旧管段部分可能需要更高的阴极保护电位来实现薄弱区域的保护。因此，同时使用新旧管道涂层的整条管道，就需要施加同样高电位水平的阴极保护。

另外，管道建设时可能会尽可能降低阳极地床的大小或数量。为了弥补这一问题，就需要已建的阳极地床能够提供更多的阴保电流，从而导致新建管道承受

不必要的高电位。这可能是选择具有更好抗阴极剥离性能或增加涂层厚度的另一因素。

13.6 参 考 文 献

[1] J.A. Beavers, "Cathodic Protection - How it Works," Corrosion Control of Pipeline Corrosion, eds. A.W. Peabody, R.L. Bianchetti, 2nd ed. (Houston, TX: NACE, 2001), p. 21.

[2] R.E. Rodriguez, B.L. Trautman, J.H. Payer, "Influencing Factors in Cathodic Disbondment of Fusion Bonded Epoxy Coatings," CORROSION/00, paper no. 00166 (Houston, TX: NACE, 2000).

[3] J.H. Payer, Case Western Reserve University, email to author, Apr. 23, 2002.

[4] U. Steinsmo, M. Bjordal, O. Knudsen, T. Solem, "Coating Quality in CP Systems - Comparison of Accelerated Test and Long Time Exposure," CORROSION/OO, paper no. 00680 (Houston, TX: NACE, 2000).

[5] W. Schwenk, "Adhesion Loss of Organic Coatings: Causes and Consequences for Corrosion Protection," Corrosion Control by Organic Coatings, ed. H. Leidheiser (Houston, TX: NACE, 1981), p. 110.

[6] M.I. Karyakina, A.E. Kuzmak, "Protection by Organic Coatings: Criteria, Testing Methods, and Modelling," Prog. Org. Coatings 18 (1990): p. 352.

[7] C.G. Munger, L.D. Vincent, Corrosion Prevention by Protective Coatings, 2nd ed. (Houston, TX: NACE, 1999), p. 339.

[8] G.W. Seagren, Causes and Prevention of Paint Failure, Steel Structures Painting Manual (Pittsburgh, PA: SSPC, 1966), Ch. 18, Vol. 1.

[9] P.E. Partridge, "Photomicrography in Coating Failure Analysis," CORROSION/94, paper no. 94 (Houston, TX: NACE, 1994).

[10] D. Neal, "Pipeline Coating Failure - Not Always What You Think It Is," CORROSION/00, paper no. 00755 (Houston, TX: NACE, 2000).

[11] D. Neal, Fusion-Bonded Epoxy Coatings: Application and Performance (Houston, TX: Harding and Neal, 1998), p. 58.

[12] D.P. Werner, S.J. Lukezich, J.R. Hancock, B.C. Yen, "Results of the GRI Survey on Pipeline Anti-Corrosion Coating Selection and Use," CORROSION/92, paper no. 366 (Houston, TX: NACE, 1992).

[13] "Public Inquiry Concerning Stress Corrosion Cracking on Canadian Oil and Gas Pipelines," National Energy Board, MH-2-95 (Calgary, Alberta, 1996), pp. 22-27.

[14] J.H. Payer, D.P. Moore, J.L. Magnon, "Performance Testing of Fusion Bonded Epoxy Coatings," CORROSION/00, paper no. 00168 (Houston, TX: NACE, 2000).

[15] "Pipeline Performance in Alberta," Energy Resources Conservation Board (ERCB), 91-G (Calgary, Alberta, 1991).

[16] "Pipeline Performance in Alberta," Energy Resources Conservation Board (ERCB), 91-G

(Calgary, Alberta, 1991), Figure 5.

[17] J.M. Pommersheim, P.G. Campbell, M.E. McKnight, "Mathematical Models for the Corrosion Protective Performance of Organic Coatings," National Bureau of Standards Technical Note 1150 (Washington, DC: U.S. Printing Office, 1982), pp. 5-6.

[18] J.A. Beavers, "Introduction to Corrosion," Corrosion Control of Pipeline Corrosion, eds. A.W. Peabody, R.L. Bianchetti, 2nd ed. (Houston, TX: NACE, 2001), pp. 1-3.

[19] T.R. Jack, M.J. Wilmott, R.L. Sutherby, R.G. Worthingham, "External Corrosion of Line Pipe - a Summary of Research Activities Performed since 1983" CORROSION/95, paper no. 354 (Houston, TX: NACE, 1995).

[20] J.A. Beavers, "Cathodic Protection - How it Works," Corrosion Control of Pipeline Corrosion, eds. A.W. Peabody, R.L. Bianchetti, 2nd ed. (Houston, TX: NACE, 2001), p. 34.

[21] R.R. Fessler, A.J. Markworth, R.N. Parkins, "Cathodic Protection Levels Under Disbonded Coatings," Corrosion 39,1 (1983): pp. 20-25.

[22] J.H. Payer, I. Song, T. Trautman, J.J. Perdomo, R.E. Rodriguez, K.M. Fink, "Interrelationships Among Coatings, Cathodic Protection and Corrosion of Pipelines," Proceedings of CORRO-SION/97, Research Topical Symposium (Houston, TX: NACE, 1997).

[23] K. Tator, KTA-Tator, Inc., email to author, Apr. 20,2002.

[24] T.R. Jack, G. Van Boven, J. Wilmott, R.L. Sutherby, R.G. Worthingham, "Cathodic Protection Potential Penetration Under Disbonded Coating," MP 33, 8 (1994): pp. 17-21.

[25] C.G. Munger, L.D. Vincent, Corrosion Prevention by Protective Coatings, 2nd ed. (Houston, TX: NACE, 1999), p. 319.

[26] R.N. Sloan, "Pipeline Coatings," Corrosion Control of Pipeline Corrosion, eds. A.W. Peabody, R.L. Bianchetti, 2nd ed. (Houston, TX: NACE, 2001), pp. 7-20.

[27] C. Argent, K. Prosser, A. Clyne, P. Boothby, "Pipeline Cracking Causes and Impact on Operations," BHR 14th International Conference on Pipeline Protection, ed. J. Duncan (London: BHR Group, 2001).

[28] T.J. Barlo, R.R. Fessler, "Stress-Corrosion Cracking in Buried Pipelines," American Gas Association Transmission Conference (Salt Lake City, May 6,1980).

[29] "Stress Corrosion Cracking on Canadian Oil and Gas Pipelines," National Energy Board, MH-2-95 (Calgary, Alberta, 1996), p. 16.

[30] J.A. Beavers, K.C. Garrity, "100 mV Polarization Criterion and External SCC of Underground Pipelines," CORROSION/2001, paper no. 01592 (Houston, TX: NACE, 2001).

[31] "Stress Corrosion Cracking on Canadian Oil and Gas Pipelines," National Energy Board, MH-2-95 (Calgary, Alberta, 1996), pp. 21-27.

[32] "Stress Corrosion Cracking on Canadian Oil and Gas Pipelines," National Energy Board, MH-2-95 (Calgary, Alberta, 1996), p. 56.

[33] H. Leidheiser, W. Funke, "Water Disbondment and Wet Adhesion of Organic Coatings on Metals: A Review and Interpretation," J. Oil Colour Chem. Assoc. 5 (1987): pp. 126-130.

[34] J.A. Kehr, internal report, "Adhesion Retention after Exposure to Hot Water," Jan. 18, 1983 (Austin, TX: 3M, updated 2002).

[35] J.A. Kehr, M. Vang, internal report, "Cathodic Disbondment Test: Designed for Fusion Bonded Epoxy Quality Control," October 1987 (Austin, TX: 3M, 1987).

[36] G. Hiebert, 3M, email to author, Apr. 12, 2002.

[37] A.C. Rouw, "Model Epoxy Powder Coatings and Their Adhesion to Steel," Prog. Org. Coatings 34 (1998): pp. 181-192.

[38] T. Nguyen, E. Byrd, D. Bentz, C. Lin, "In Situ Measurement of Water at the Organic Coating/ Substrate Interface," Prog. Org. Coatings 27 (1996): pp. 181-193.

[39] O. Negele, W. Funke, "Internal Stress and Wet Adhesion of Organic Coatings," Prog. Org. Coatings 28 (1996): pp. 285-289.

[40] G.P. Bierwagen, et al., "The Use of Electrochemical Noise Methods (ENM) to Study Thick, High Impedance Coatings," Prog. Org. Coatings 29 (1996): pp. 21-29.

[41] J. Dunn, I.D. Sills, R. Pleysier, "Moisture Affects Bonded Epoxy Line Coating," Oil Gas J. 84, 9 (1986): pp. 63-67.

[42] A. Leng, H. Streckel, M. Stratmann, "The Delamination of Polymeric Coatings from Steel. Part 1: Calibration of the Kelvinprobe and Basic Delamination Mechanism," Corros. Sci. 41 (1999): pp. 547-578.

[43] A.B. Darwin, J.D. Scantlebury, "The Behavior of Epoxy Powder Coatings on Mild Steel under Alkali Conditions," J. Corros. Sci. Eng. 2, Extended Abstract 9, http://www.cp.umist.ac.uk/ JCSE/ (Aug. 26,1999).

[44] H. Leidheiser, W. Wang, L. Igtoft, "The Mechanism for the Cathodic Delamination of Organic Coatings from a metal Surface," Prog. Org. Coatings 11 (1983): pp. 19-40.

[45] T. Nguyen, J.B. Hubbard, G.B. McFadden, "A Mathematical Model for the Cathodic Blistering of Organic Coatings on Steel Immersed in Electrolytes," J. Coatings Technol. 63, 794 (1991): pp. 43-52.

[46] J.F. Watts, J.E. Castle, "The Application of X-Ray Photoelectron Spectroscopy-to-Metal Adhesion: The Cathodic Disbondment of Epoxy Coated Mild Steel," J. Mater. Sci. 19 (1984): pp. 2259-2272.

[47] N.L. Thomas, "The Barrier Properties of Paint Coatings," Prog. Org. Coatings 19 (1991): pp. 101-121.

[48] C.H. Hare, "The Permeability of Coatings to Oxygen, Gases, and Ionic Solutions" J. Prot. Coatings Linings 14,11 (1997) pp. 66-80.

[49] R.A. Cottis, "The Influence of Coating Disbondment on the Corrosion of Coated Reinforcement -a Numerical Model", CORROSION/98, paper no. 654 (Houston, TX: NACE, 1998).

[50] R. Feser, M. Stratmann, Werkst. Korros. 42, p. 187.

[51] H. Leidheiser, W. Funke, "Water Disbondment and Wet Adhesion of Organic Coatings on Metals: A Review and Interpretation," J. Oil Colour Chem. Assoc. 5 (1987): pp. 121-132.

[52] J.H. Payer, K.M. Fink, J.J. Perdomo, R.E. Rodriguez, I. Song, B. Trautman, "Corrosion and Cathodic Protection at Disbonded Coatings," Proceedings of the International Pipeline Conference 1, ASME, 1996, pp. 471-477.

[53] R.T. Ruggeri, T.R. Beck, "Determination of the Effect of Composition, Structure and Electro-

chemical Mass Transport Properties on Adhesion and Corrosion Inhibition of Paint Films," (Alexandria, VA: Defense Technology Information Center, December 1980), p. 2.

[54] J.M. Pommersheim, P.G. Campbell, M.E. McKnight, "Mathematical Models for the Corrosion Protective Performance of Organic Coatings," National Bureau of Standards Technical Note 1150 (Washington, DC: U.S. Printing Office, 1982), pp. 22-26.

[55] D. Greenfield, J.D. Scantlebury, "The Protective Action of Organic Coatings on Steel: A Review," J. Corros. Sci. Eng. 3, paper no. 5, http://www.cp.umist.ac.uk/JCSE/ (Aug. 9,2000).

[56] C.H. Hare, "Blistering of Paint Films on Metal, Part 1: Osmotic Blistering," J. Prot. Coatings Linings 14,12 (1997): pp. 74-81.

[57] J.E.O. Mayne, "The Blistering of Paint Films: Part II - Blistering in the Presence of Corrosion," J. Oil Colour Chem. Assoc. 32,12 (1950): pp. 538-547.

[58] N. Daman, 3M, email to J.A. Kehr, October 1998.

[59] C.H. Hare, "Metallic Corrosion," J. Prot. Coatings Linings 15,2.

[60] J.I. Skar, U. Steinsmo, "Cathodic Disbonding of Paint Films - Transport of Charge," Corros. Sci. 35,5-8 (1993): pp. 1385-1389.

[61] H. Leidheiser, ed., Corrosion Control by Organic Coatings (Houston, TX: NACE, 1981).

[62] M. Kendig, et al., "Mechanisms of Disbonding of Pipeline Coatings," GRI-95/059 (Chicago, IL: Gas Research Institute, 1995).

[63] E.L. Koehler, "The Influence of Contaminants on the Failure of Protective Organic Coatings," Corrosion 33, 6 (1977): pp. 209-217.

[64] J.H. Payer, B. Trautman, D. Gervasio, "Chemical and Electrochemical Processes of Cathodic Disbonding of Pipeline Coatings," CORROSION/93, paper no. 579 (Houston, TX: NACE, 1993).

[65] N. Kamalanand, G. Gopalakrishnan, S.G. Ponnambalam, J. Mathiyarasu, R.N. Natarajan, P. Subramaniam, N. Palaniswamy, N.S. Rengaswamy, "Role of Hydrogen and Hydroxyl Ion in Cathodic Disbondment," Anti-Corrosion Methods and Materials 45, 4 (1998): pp. 243-247.

[66] J.D. Sharman, et al., "Cathodic Disbonding of Chlorinated Rubber Coatings from Steel," Corros. Sci. 35, 5-8 (1993): pp. 1375-1383.

[67] J.H. Payer, B. Trautman, D. Gervasio, I. Song, "Role of Coating/Oxide/Steel Interfaces on Cathodic Disbonding of Pipeline Coatings," Polymer/Inorganic Interfaces, eds. R.L. Opila, R.J. Boerlo, A.W. Czanderna, Materials Research Society Symposium Proceedings 304 (Pittsburgh, PA: Materials Research Society, 1993), pp. 21-26.

[68] D. Enos, 3M, discussion with author, December 2001.

[69] H. Leidheiser, W. Wang, "Rate Controlling Steps in the Cathodic Delamination of 10 to 40 μm Thick Polybutadiene and Epoxy Polyamide Coatings from Metallic Substrates," Corrosion Control by Organic Coatings, ed. H. Leidheiser (Houston, TX: NACE, 1981), pp. 70-77.

[70] J.E. Castle, J.F. Watts, "Cathodic Disbondment of Well Characterized Steel/Coating Interfaces" Corrosion Control by Organic Coatings, ed. H. Leidheiser (Houston, TX: NACE, 1981), pp. 78-86.

[71] M.D. Smith internal technical report to J.A. Kehr, "Protective Coating Quality Control: Time

Temperature and Voltage Dependence of the Cathodic Disbondment Test," Aug. 13, 1991 (Austin, TX: 3M, 1991).

[72] J.A. Beavers, "Cathodic Protection - How it Works," Control of Pipeline Corrosion, eds. A.W. Peabody, R.L. Bianchetti, 2nd ed. (Houston, TX: NACE, 2001), pp. 21-47.

[73] J.A. Beavers, K.C. Garrity, "Criteria for Cathodic Protection," Control of Pipeline Corrosion, eds., A.W. Peabody, R.L. Bianchetti, 2nd ed. (Houston, TX: NACE, 2001), pp. 49-64.

[74] J. Banach, "FBE: an End-User's Perspective," NACE Tech Edge, Using Fusion Bonded Powder Coating in the Pipeline Industry, Jun. 5-6,1997 (Houston, TX: NACE, 1997).

[75] C.G. Munger, L.D. Vincent, Corrosion Prevention by Protective Coatings, 2nd ed. (Houston, TX: NACE, 1999), p. 388.

[76] D.G. Temple, K.E.W. Coulson, "Pipeline Coatings, Is It Really a Cover-up Story? Part 1," CORROSION/84, paper no. 355 (Houston, TX: NACE, 1984), Table 4, p. 13.

[77] M. Cetiner, P. Singh, J. Abes, A. Gilroy-Scott, "Stockpiled FBE-Coated Pipe Can be Subject to UV Degradation," Oil Gas J. 99,16 (2001): pp. 58-60.

[78] Surfcote Bulletin, "Case History of Fusion Bonded Coated Pipe Shipped to Middle East," Winter 1979/80, Houston, TX.

[79] CSA Z245.20-98, "External Fusion Bond Epoxy Coating for Steel Pipe," (Etobicoke, Ontario, Canada: Canadian Standards Association, 1998).

[80] K. Coulson, Jotun, telephone conversation with author, Apr. 29,2002.

[81] B.C. McCurdy to J.A. Kehr, internal report, "Insulation Resistance," Mar. 29, 1982 (Austin, TX: 3M, 1982).

[82] J.A. Kehr to R.F. Strobel, internal report, "FBE Properties: Russian project," 1977 (Austin, TX: 3M).

[83] ASTM D 257-93, "DC Resistance or Conductance of Insulating Materials," (West Conshohocken, PA: ASTM, 1993).

[84] J.A. Kehr, internal report, "Log 132: Case History - Scotchkote 202 on Florida Gas Transmission 16 in," Mar. 10,1986 (Austin, TX: 3M, 1986).

[85] K.K. Tandon, G.V. Swamy, G. Saha, "Performance of Three Layer Polyethylene Coating on a Cross Country Pipeline - a Case Study," BHR 14th International Conference on Pipeline Protection, ed. J. Duncan (London: BHR Group, 2001).

[86] J.H. Payer, Case Western Reserve University, email to author, July 2001.

[87] R.T. Bell, "Fusion Bonded Epoxy: What Constitutes a Failure? " NACE CORROSION/83, paper no. 111 (Houston, TX: NACE, 1983).

[88] D.G. Temple, K.E.W. Coulson, "Pipeline Coatings, Is It Really a Cover-up Story? Part 2," CORROSION/84, paper no. 356 (Houston, TX: NACE, 1984), p. 1.

[89] R.C. Bacon, J.J. Smith, F.M. Rugg, "Electrolytic Resistance in Evaluating Protective Merit of Coatings on Metals, " Ind. Eng. Chem. 40,1 (1948): p. 165.

[90] H. Mitschke, Shell, email to author, Jan. 10, 2002.

[91] D.R. Sokol, P.L. Faith, "Quality Assurance of Plant-Applied Pipe Coatings: Practices and Cost Analysis for Application of Fusion Bonded Epoxy," CORROSION/87, paper no. 474 (Houston, TX: NACE, 1987).

附录 A 标准、程序和测试方法

A.1 美国腐蚀工程师协会(NACE)

美国得克萨斯州休斯敦南溪大道 1440 号，邮编：77084-4906。
电话：281-228-6200；传真：281-228-6300；网址：http://www.nace.org/。

NACE No. l/SSPC-SP 5 "White Metal Blast Cleaning" (1994).

NACE No. 2/SSPC-SP 10 "Near-White Metal Blast Cleaning" (1994).

NACE Standard RP0169-96 Standard Recommended Practice, "Corrosion on Underground or Submerged Metallic Piping systems" (1996).

NACE RP0188-90 Standard Recommended Practice, "Discontinuity (Holiday) Testing of Protective Coatings" (1990).

NACE RP0190-95 "External Protective Coatings for Joints, Fittings, and Valves on Metallic Underground or Submerged Pipelines and Piping Systems" (1995).

NACE RP0274-98 "High-Voltage Electrical Inspection of Pipeline Coatings Prior to Installation"(1998).

NACE RP0287-95 "Field Measurement of surface Profile of Abrasive Blast Cleaned steel surfaces Using a Replica Tape" (1995).

NACE RP0291-96 "Care, Handling, and Installation of Internally Plastic-Coated Oilfield Tubular Goods and Accessories, " NACE International Book of Standards Volume 1(2000).

NACE Standard RP0394-94 "Application, Performance, and Quality Control of Plant-Applied, Fusion-Bonded Epoxy External Pipe Coating" (1994).

NACE Standard RP0490-95 "Holiday Detection of Fusion-Bonded Epoxy External Pipeline Coatings of 250 to 760 m (10 to 30 mils)" (1995).

NACE Standard RP0572-2001 "Design, Installation, Operation, and Maintenance of Impressed Current Deep Groundbeds" (2001).

NACE publication 1G188 "Internally Plastic Coated Oilfield Tubular Goods and Accessories: Current Practices in Material Selection, Coating Application, Inspection, quality Control, Care, Handling, and Installation."

NACE Standard TM0183-93 "Evaluation of Internal Plastic Coatings for Corrosion

Control of Tubular Goods in an Aqueous Flowing Environment."

NACE Standard TM0185-93 "Evaluation of Internal Plastic Coatings for Corrosion Control of Tubular Goods by Autoclave Testing."

A.2　美国材料与试验协会(ASTM)

美国宾夕法尼亚州西康舍霍肯市巴尔港口大道 100 号，邮箱 C700，邮编：19428-2959。

电话：610-832-9585；传真：610-832-9555；网址：http://www.astm.org/。

ASTM B 117-97 "Standard Practice for Operating Salt Spray (Fog) Apparatus" (1997).

ASTM C 748-98 "Standard Test Method for Rockwell Hardness of Graphite Materials"(1998).

ASTM D 16-00 "Standard Terminology for Paint, Related Coatings, Materials, and Applications" (2000).

ASTM D 149-97a "Standard Test Method for Dielectric Breakdown Voltage and Dielectric Strength of Solid Electrical Insulating Materials at Commercial Power Frequencies"(1997).

ASTM D 256-00 "Standard Test Methods for Determining the Izod Pendulum Impact Resistance of Plastics" (2000).

ASTM D 257-93 "DC Resistance or Conductance of Insulating Materials" (1993).

ASTM D 522-93a (latest revision) "Standard Test Methods for Mandrel Bend Test of Attached Organic Coatings. "

ASTM D 543-95 (latest revision) "Standard Practices for Evaluating the Resistance of Plastics to Chemical Reagents."

ASTM D 638-01 "Standard Test Method for Tensile Properties of Plastics" (2001).

ASTM D 714 "Standard Test Method for Evaluating Degree of Blistering of Paints"(1998).

ASTM D 695-96 "Standard Test Method for Compressive Properties of Rigid Plastics"(1996).

ASTM D 696-98 "Standard Test Method for Coefficient of Linear Thermal Expansion of Plastics Between $-30℃$ and $30℃$ With a Vitreous Silica Dilatometer" (1998).

ASTM D 746-98 "Standard Test Method for Brittleness Temperature of Plastics and Elastomers by Impact" (1998).

ASTM D 785-98 "Standard Test Method for Rockwell Hardness of Plastics and Electrical Insulating Materials" (1998).

ASTM D 790-00 "Standard Test Methods for Flexural Properties of Unreinforced and Reinforced Plastics and Electrical Insulating Materials" (2000).

ASTM D 792-00 "Standard Test Methods for Density and Specific Gravity (Relative Density) of Plastics by Displacement" (2000).

ASTM D 968-93 (latest revision) "Standard Test Methods for Abrasion Resistance of Organic Coatings by Falling Abrasive."

ASTM D 1002-01 "Standard Test Method for Apparent Shear Strength of Single-Lap-Joint Adhesively Bonded Metal Specimens by Tension Loading (Metal-to-Metal)" (2001).

ASTM D 1125-95 "Standard Test Methods for Electrical Conductivity and Resistivity of Water" (1999).

ASTM D 1238-01 "Standard Test Method for Melt Flow Rates of Thermoplastics by Extrusion Plastometer" (2001).

ASTM D 1248-00a "Standard Specification for Polyethylene Plastics Extrusion Materials For Wire and Cable" (2000).

ASTM D 1434-82 (latest revision) "Determining Gas Permeability Characteristics of Plastic Film and Sheeting."

ASTM D 1474-98 "Standard Test Methods for Indentation Hardness of Organic Coatings" (1998).

ASTM D 1505-98 "Standard Test Method for Density of Plastics by the Density-Gradient Technique" (1998).

ASTM D 1525-00 "Standard Test Method for Vicat Softening Temperature of Plastics"(2000).

ASTM D 1652-97 "Standard Test Methods for Epoxy Content of Epoxy Resins" (1997).

ASTM D 2240-02 "Standard Test Method for Rubber Property - Durometer Hardness"(2002).

ASTM D 2370-98 "Standard Test Method for Tensile Properties of Organic Coatings"(1998).

ASTM D 2440-99 "Standard Test Method for Oxidation Stability of Mineral Insulating Oil" (1999).

ASTM D 2583-95 (latest revision) "Standard Test Method for Indentation Hardness of Rigid Plastics by Means of a Barcol Impressor."

ASTM D 2794-93 (latest revision) "Standard Test Method for Resistance of Organic Coatings to the Effects of Rapid Deformation (Impact)."

ASTM D 3012-00 "Standard Test Method for Thermal-Oxidative Stability of Propylene Plastics Using a Specimen Rotator Within an Oven" (2000).

ASTM D 3359-97 "Standard Test Methods for Measuring Adhesion by Tape Test"(1997).

ASTM D 3985-95 "Oxygen Gas Transmission Rate Through Plastic Film and Sheeting Using a Coulometric Sensor" (1995).

ASTM D 4060-95 "Standard Test Method for Abrasion Resistance of Organic Coatings by the Taber Abraser" (1995).

ASTM D 4138-94 "Standard Test Methods for Measurement of Dry Film Thickness of Protective Coating Systems by Destructive Means" (2001).

ASTM D 4212-99 "Standard Test Method for Viscosity by Dip-Type Viscosity Cups"(1999).

ASTM D 4414-95 "Standard Practice for Measurement of Wet Film Thickness by Notch Gages" (2001).

ASTM D 4417-93 "Standard Test Methods for Field Measurement of Surface Profile of Blast Cleaned Steel" (1999).

ASTM D 4940-98 "Standard Test Method for Conductimetric Analysis of Water Soluble Ionic Contamination of Blasting Abrasives" (1998).

ASTM E 28-99 "Standard Test Methods for Softening Point of Resins Derived from Naval Stores by Ring-and-Ball Apparatus" (1999).

ASTM E 96-00 "Standard Test Methods for Water Vapor Transmission of Materials"(2000).

ASTM E 337-84 "Standard Test Method for Measuring Humidity with a Psychrometer (the Measurement of Wet- and Dry-Bulb Temperatures)" (1996).

ASTM F 372-99 "Standard Test Method for Water Vapor Transmission Rate of Flexible Barrier Materials Using an Infrared Detection Technique" (1999).

ASTM G 8-96 "Standard Test Methods for Cathodic Disbonding of Pipeline Coatings"(1996).

ASTM G 11-88 "Standard Test Method for Effects of Outdoor Weathering on Pipeline Coatings" (1996).

ASTM G 12-83 (latest revision) "Method for Nondestructive Measurement of Film Thickness of Pipeline Coatings On Steel."

ASTM G 14-88 (latest revision) "Impact Resistance of Pipeline Coatings (Falling

Weight Test)."

ASTM G 17-88 (latest revision) "Standard Test Method for Penetration Resistance of Pipeline Coatings (Blunt Rod)."

ASTM G 18-18 "Standard Test Method for Joints, Fittings, and Patches in Coated Pipelines" (1998).

ASTM G 19-18 "Sta ndard Test Method for Disbonding Characteristics of Pipeline Coatings by Direct Soil Burial" (1996).

ASTM G 20-88 "Standard Test Method for Chemical Resistance of Pipeline Coatings"(1996).

ASTM G 21-96 "Standard Practice for Determining Resistance of Synthetic Polymeric materials to Fungi" (1996).

ASTM G 42-96 "Standard Test Method for Cathodic Disbonding of Pipeline Coatings Subjected to Elevated Temperatures" (1996).

ASTM G 55-98 "Standard Method for Evaluating Pipeline Coating Patch Materials"(1998).

ASTM G 62-87 "Standard Test Methods for Holiday Detection in Pipeline Coatings"(1998).

ASTM G 70-98 "Standard Method for Ring Bendability of Pipeline Coatings(Squeeze Test)" (1998).

ASTM G 80-88 (latest revision) "Standard Test Method for Specific Cathodic Disbonding of Pipeline Coatings."

ASTM G 95-87 (latest revision) "Standard Test Method for Cathodic Disbondment Test of Pipeline Coatings (Attached Cell Method)."

ASTM G 115-98 "Standard Guide for Measuring and Reporting Friction Coefficients"(1998).

A.3　美国石油学会(API)

美国华盛顿哥伦比亚特区西北区马萨诸塞大道 200 号 1100 室,邮编:20001-5571。电话: 202-682-8000; 网址: http://www.api.org/。

API 5L "Line Pipe" (2000).

API RP 5L1 "Recommended Practice for Railroad Transportation of Line Pipe"(December 1996).

API RP 5LW "Recommended Practice for Transportation of Line Pipe on Barges and

Marine Vessels" (1996).

A.4 美国国家标准学会(ANSI)

美国华盛顿哥伦比亚特区西北区 L 街 1899 号 11 层，邮编：20036。

电话：202-293-8020；传真：202-293-9287；网址：http://www.ansi.org/。

A.5 美国水工协会(AWWA)

美国科罗拉多州丹佛市昆西大道 6666 号，邮编：80235。

电话：1-800-926-7337 或 303-795-2114；网址：http://www.awwa.org/。

ANSI/API 5L7-88 "Recommended Practices for Unprimed Internal Fusion Bonded Epoxy Coating of Line Pipe" (1988).

ANSI/AWWA C213-96 "Fusion Bonded Epoxy Coating for Interior and Exterior of Steel Water Pipelines" (1996).

A.6 国际标准化组织(ISO)

瑞士日内瓦 Vernier1214 号。特投邮编 56，CH-1211。

电话：＋41-22-749-01-11；传真：＋41-22-733-34-30；邮箱：central@iso.org；网址：http://www.iso.org/。

ISO 1133: 1997 "Plastics—Determination of the melt mass-flow rate (MFR) and the melt volume-flow rate (MVR) of thermoplastics" (1997).

ISO 2409: 1992 "Paints and Varnishes-Buchholz hardness test,"(replaces DIN 53153)(1973).

ISO 4577: 1983 "Plastics—Polypropylene and Propylene-Copolymers—Determination of Thermal Oxidative Stability in Air—Oven method" (1983).

ISO 4624: 1978 "Paints and varnishes—Pull-off test for adhesion" (1978).

ISO 6252: 1992 "Plastics—Determination of Environmental Stress Cracking (ESC)-Constant-Tensile-Stress Method" (1992).

ISO 7253: 1996 "Paints and Varnishes—Determination of Resistance to Neutral Salt Spray (fog)" (1996).

ISO 8501-1: 1988 "Preparation of Steel Substrates Before Application of Paints and Related Products—Visual Assessment of Surface Cleanliness—Part 1: Rust Grades and Preparation Grades of uncoated steel substrates and of steel substrates after overall removal of previous coatings" (1988).

ISO 8502-2: 1992 "Preparation of Steel Substrates Before Application of Paints and Related Products — Tests for the Assessment of Surface Cleanliness — Part 2: Laboratory Determination of Chloride on Cleaned Surfaces" (1992).

ISO 8502-3: 1992 "Preparation of Steel Substrates Before Application of Paints and Related Products — Tests for the Assessment of Surface Cleanliness — Part 3: Assessment of Dust on Steel Surfaces Prepared for Painting (Pressure-Sensitive Tape Method)" (1992).

ISO 8502-6: 1995 "Preparation of Steel Substrates Before Application of Paints and Related Products — Tests for the Assessment of Surface Cleanliness — Part 6: Extraction of Soluble Contaminants for Analysis—The Bresle Method" (1995).

ISO 8502-9: 1998 "Preparation of Steel Substrates Before Application of Paints and Related Products—Tests for the Assessment of Surface Cleanliness—Part 9: Field Method for the Conductometric Determination of Water-Soluble Salts" (1998).

ISO 8503-1: 1988 "Preparation of Steel Substrates Before Application of Paints and Related Products — Surface Roughness Characteristics of Blast-Cleaned Steel Substrates — Part 1: Specifications and Definitions for ISO Surface Profile Comparators for the Assessment of Abrasive Blast-Cleaned Surfaces" (1988).

ISO 8503-2: 1988 "Preparation of Steel Substrates Before Application of Paints and Related Products — Surface Roughness Characteristics of Blast-Cleaned Steel Substrates — Part 2: Method for the Grading of Surface Profile of Abrasive Blast-Cleaned Steel—Comparator Procedure" (1988).

ISO 8503-4: 1988 "Preparation of Steel Substrates Before Application of Paints and Related Products — Surface Roughness Characteristics of Blast-Cleaned Steel Substrates—Part 4: Method for the Calibration of ISO Surface Profile Comparators and for the Determination of Surface Profile—Stylus Instrument Procedure" (1988).

ISO 8504-2: 2000 "Preparation of Steel Substrates Before Application of Paints and Related Products — Surface Preparation Methods — Part 2: Abrasive Blast-Cleaning"(2000).

A.7　美国防护涂装协会(SSPC)

美国宾夕法尼亚州匹兹堡市 24 街 40 号 6 层，邮编：15222-4656。

电话：877-281-7772(美国免费)，电话：412-281-2331，412-281-9992(行政/技术问题)，412-281-9993(认证/会议)，412-281-9995(出版物/会员)；网址：http://www.sspc.org/。

SSPC-PA 2 "Measurement of Dry Coating Thickness With Magnetic Gages," (1996).

SSPC-SP 1 "Cleaning of Uncoated Steel or a Previously Coated Surface Prior to Painting or Using Other Surface Preparation Methods."

SSPC-SP 2 "Hand Tool Cleaning" (2000).

SSPC-SP 3 "Power Tool Cleaning" (2000).

SSPC-SP 11 "Power Tool Cleaning to Bare Metal" (2000).

A.8　美国机械工程师协会(ASME)

美国纽约派克大街三号，邮编：10016-5990。

电话：800-843-2763(美国/加拿大)，95-800-843-2763(墨西哥)，973-882-1167(北美以外)；网址：http://www.asme.org/。

ASME B31.4-1992 "Liquid Transportation Systems for Hydrocarbons, Liquid Petroleum Gas, Anhydrous Ammonia, and Alcohols" (纽约，美国机械工程师协会，1992 年)，第 406.2 节.

ASME 831.8-1995 "Gas Transmission and Distribution Piping Systems"(纽约，美国机械工程师协会，1995 年)，第 841.231 节.

A.9　德国标准化协会(DIN)

德国柏林市 10772 号。

电话：030-2601-0；传真：030-2601-1260；网址：http://www2.beuth.de/。

DIN 30670 "Polyethylene Coatings for Steel Pipes and Fittings" (1991.04).

DIN 30678 "Polypropylene Coatings for Steel Pipes" (1992.10).

DIN 53383-2 1983 年第 6 版，"Pryüfung von Kunststoffen; Prüfung der Oxidation-sstabilitat durch Ofenalterung; Polyethylen hoher Dichte (PE-HD); Infrarotspek-troskopische (IR) Bestimmung des Carbonyl-Gehaltes" (1983).

DIN 53151 Cross-cut test—replaced by EN ISO 2409, ASTM D 3359 uses the same equipment.

A.10 法国标准化协会(AFNOR)

法国圣但尼拉普兰弗朗西斯·德·普雷斯登大街 11 号，邮编：93571。

电话：33(0)1 41 62 80 00；传真：33(0)1 49 17 90 00；网址：http://www.Afnor.fr/。

NF A 49-711 "Steel Tubes Three-Layer External Coating Based on Polypropylene Application by Extrusion" (1992.11).

NF A 49-710 "Steel Tubes—External Coating with Three Polyethylene Based Coating Application through Extrusion" (1988.03).

A.11 国际自动机工程师学会(SAE)

美国宾夕法尼亚州沃伦代尔市联邦大道 400 号，邮编：15096-0001。

电话：724 / 776-4841；传真：724/776 – 5760；网址：http://www.sae.org/。

SAE Standard J444 "Cast Shot and Grit Size Specifications for Peening and Cleaning" (1993.05).

SAE Standard J857 "Csat Steel Shot" (1990.05).

A.12 文档自动化及制作服务

美国宾夕法尼亚州费城罗宾斯大道 700 号 4 楼 D 座，邮编：1911-5094。

网址：http://www.dodssp.daps.mil。

MIL-STD-810F(1) "Insulating Compound, Electrical, Embedding, Epoxy" (2000.11.1).

MIL-STD-16923H "Insulating Compound, Electrical, Embedding, Epoxy" (1991.08.13).

A.13 美国保险商实验室(UL)

美国伊利诺伊州诺斯布鲁克普鲁斯顿路 333 号，邮编：60062-2096。

电话：+1 847272-8800；传真：+1 847272-8129；邮箱：northbrook@us.ul.com。

UL 746b "Polymeric Materials - Long Term Property Evaluations" (2000).

附录 B 与腐蚀有关术语的缩写、首字母缩写和符号

(附录由美国腐蚀工程师协会提供，来自《NACE 指南》附录 E)

英文	缩写、首字母缩写和符号	中文
absolute	abs	绝对值
academic degrees	M.S., Ph.D.，等	学位
aboveground storage tank	AST	地上储罐
acoustic emission	AE	声发射
acrylonitrile butadiene styrene polymer	ABS	丙烯腈-丁二烯-苯乙烯聚合物
all volatile treatment (boiler treatment)	AVT	所有挥发性处理(锅炉处理)
alternating current	AC	交流电
American Wire Gauge	AWG	美国线规
American Zinc Gauge	AZG	美国锌规
Ampere	A	安培
ampere · hour	A · h	安时
ampere(s) per square meter	A/m²	安培/米²
ampere-year(s) per kilogram	A · a/kg	安培·年/千克
angstrom	Å	埃
ante meridian	a.m.	上午
antilogarithm	antilog	真数
approximate	approx	近似
atmosphere	atm	大气
atomic absorption	AAS	原子吸收光谱
atomic weight	at. wt.	原子量
average	avg	平均值
barrel (oil), 42 gal U.S.	bbl	石油桶(1bbl=42 加仑, US)
barrel(s) per day	bpd	桶/天

续表

英文	缩写、首字母缩写和符号	中文
biological oxygen demand	BOD	生物需氧量
Birmingham Wire Gauge	BWG	伯明翰线规
body-centered cubic	bcc	体心立方
boiler feed water	BFW	锅炉给水
boiling point	bp	沸点
boiling water reactor	BWR	沸水反应堆
Brinell hardness	HB	布氏硬度
British Thermal Unit	BTU	英国热量单位
calorie(s)	cal	卡路里[1cal=1cal$_{IT}$(国际蒸汽表卡)=4.1868J；1cal$_{mean}$(平均卡)=4.1900J；1cal$_{th}$(热化学卡)=4.184]
carbon steel	CS	碳钢
cathodic protection	CP	阴极保护
Celsius	℃	摄氏度
centimeter(s)	cm	厘米
chemical oxygen demand	COD	化学需氧量
chlorinated polyvinyl chloride	CPVC	氯化聚氯乙烯
coefficient	coeff	系数
cold-rolled	CR	冷轧
compilation, compiled by compiler	comp.	编译，由编译器编译
constant	const	常数
constant extension rate test	CERT	恒定拉伸速度测试
conversion electron Mossbauer spectroscopy	CEMS	穆斯堡尔光谱转换电子
cooling water	CW	冷却水
copper/copper sulfate electrode	CSE (Cu/CuSO$_4$)	铜/硫酸铜电极
Corporation	Corp.	公司
corrosion data acquisition	CDA	腐蚀数据采集
corrosion fatigue	CF	腐蚀疲劳
corrosion resistant alloy	CRA	耐蚀合金

续表

英文	缩写、首字母缩写和符号	中文
Coulomb	Coul	库仑
crevice-corrosion index	CCI	缝隙腐蚀指数
critical crevice-corrosion temperature	CCT	临界缝隙腐蚀温度
critical pitting potential	E_{cp} 或 E_P	临界点蚀电位
critical pitting temperature	CPT	临界点蚀温度
critical stress intensity factor	K_{1C}	临界应力强度因子
cubic centimeter(s)	cm^3	厘米³
cubic foot (feet)	ft^3	英尺³ ($1ft^3 = 2.831685 \times 10^{-2}m^3$)
cubic inch(es)	in^3	英寸³ ($1in^3 = 1.63871 \times 10^{-5}m^3$)
cubic foot (feet) per minute	cfm	英尺³/分
cubic foot (feet) per second	cfs	英尺³/秒
cubic meter(s)	m^3	米³
cubic millimeter(s)	mm^3	毫米³
cubic yard(s)	yd^3	码³ ($1yd^3 = 0.7645536m^3$)
curie(s)	Ci	居里
current density	CD	电流密度
cycle(s) per minute	cpm	循环次数/分
cycle(s) per second	Hz (Hertz)	循环次数/秒
day(s)	d	天
decade	DEC	年代
decibel(s)	db	分贝
decimeter	dm	分米
degree(s)	°	度
department	dept.	部门
diameter (in figures and tables only)	dia	直径(仅以数字和表格表示)
differential thermal analysis	DTA	差热分析
direct current	DC	直流电
direct imaging mass analyzer	DIMA	直接成像质谱分析仪

续表

英文	缩写、首字母缩写和符号	中文
displacement per atom	dpa	单位原子位移
dissolved oxygen	DO	溶解氧
distilled water	DW	蒸馏水
division	Div.	除法
dollar	$	美元
double-cantilever-beam test	DCB	双悬臂梁试验
ductile iron	DI	球墨铸铁
dye penetrant test	PT	着色渗透试验
edition, editor, edited by	ed.	版本，编辑，由……编辑
electric resistance welded	ERW	电阻焊
electrical resistance	ER	电阻
electrochemical impedance spectroscopy	EIS	电化学阻抗谱
electrochemical noise technique	ELN	电化学噪声技术
electrochemical potentiokinetic reactivation	EPR	电化学动电位再活化法
electromotive force	emf	电动势
electron beam microprobe analysis	EBMA	电子束微探针分析
electron energy loss spectrum	EELS	电子能量损失谱
electron probe microanalysis	EPMA	电子探针显微分析
electron spectroscopy for chemical analysis	ESCA	用于化学分析的电子光谱学
electron volt(s)	eV	电子伏特
elongation	elong.	伸长率
energy dispersive X-ray analysis	EDXA	能量色散 X 射线光谱分析
ethylenediaminetetraacetic acid	EDTA	乙二胺四乙酸
ethylene propylene diamine elastomer	EPDM	三元乙丙橡胶
exponential	exp	指数
face-centered cubic	fcc	面心立方
fatigue crack growth rate	FCGR	疲劳裂纹扩展速率
fatigue test	S/N	疲劳试验
Fahrenheit	°F	华氏温度（$t_{°F} = \dfrac{9}{5} t_{°C} + 32$）

续表

英文	缩写、首字母缩写和符号	中文
feet per minute	ft/min	英尺/分
feet per second	ft/s	英尺/秒
fiber glass-reinforced plastic	FRP	玻璃钢
fiber-reinforced plastic	FRP	纤维增强塑料
figure(s)	fig.	图
flue gas desulfurization	FGD	烟气脱硫
fluid catalytic cracking unit	FCCU	流化床催化裂化装置
fluidized bed combustion	FBC	流化床燃烧
fluorocarbon elastomers	FPM	氟碳橡胶
fluorinated ethylene propylene polymer	FEP	氟化乙烯丙烯共聚物
foot (feet)	ft	英尺($1ft=3.048 \times 10^{-1}m$)
foot-pound(s)	ft-lb	尺·磅
for example (ex gratis)	e.g.	例如
Fourier transform infrared	FTIR	傅里叶变换红外光谱
frequency response analyzer	FRA	频率响应分析仪
furnace-cooled	FC	炉冷
fusion-bonded epoxy (coating)	FBE	熔结环氧粉末(防腐层)
gallon(s)	gal	加仑($1gal=4.55L$)
gallon(s) per minute	gpm	加仑/分
galvanized iron (gauge)	GSG	白铁(计量器)
gas metal arc welding	GMAW	气体保护金属极电弧焊
gas tungsten arc welding	GTAW	气体保护钨极电弧焊
gigapascal(s)	GPa	吉帕斯卡
gram(s)	g	克
hardness, Brinell	HB	布氏硬度
hardness, Knoop	HK	努氏硬度
hardness, Rockwell, C	HRC	洛氏硬度
hardness, Vickers	HV	维氏硬度
heat-affected zone	HAZ	热影响区

英文	缩写、首字母缩写和符号	中文
heat exchanger	HX	热交换器
heat-treated	HT	热处理
hectare(s)	ha	公顷
Hertz	Hz	赫兹
high frequency	hf	高频率
high-level liquid waste (nuclear)	HLLW	高放射性废液(核废液)
high-purity water	HPW	高纯度水
high-strength low-alloy (steel)	HSLA	高强度低合金(钢)
high voltage	HV	高电压
horsepower	hp	马力(1hp=745.700W)
hot-rolled	HR	热轧
hot-rolled, aged	HRA	热轧钢
hour(s)	h	小时
hydrogen embrittlement	HE	氢脆
hydrogen-induced cracking	HIC	氢致开裂
hydrogen ion concentration(index of)	pH	氢离子浓度(指数)
hydrogen stress cracking	HSC	氢应力开裂
Illinois State Water Survey corrosion tester	ISWS	伊利诺伊州水质测量腐蚀测试仪
impressed current cathodic protection	ICCP	强制电流阴极保护
inch(es)	in	英寸(1in=2.54cm)
inch(es) per second	in/s	英寸/秒
infrared	—	红外
inorganic zinc (coating)	IOZ	无机富锌(涂料)
inside diameter	ID	内径
institute	—	研究所
intergranular attack	IGA	晶间侵蚀
intergranular corrosion	IGC	晶间腐蚀
intergranular stress corrosion cracking	IGSCC	晶间应力腐蚀开裂

续表

英文	缩写、首字母缩写和符号	中文
intermediate frequency	IF	中频
International Critical Tables	ICT	国际参数表
ion microprobe mass analyzer	IMMA	离子微探针质谱分析仪
ion scattering spectroscopy	ISS	离子散射谱
iron pipe size	IPS	铁管管径
Joule(s)	J	焦耳
Kelvin	K	开尔文
kilocalorie(s)	kcal	千卡
kilogram(s)	kg	千克
kilogram(s) per ampere-year	kg/(A·a)	千克/(安培·年)
kilohertz	kHz	千赫
kilohm(s)	kΩ	千欧
kilojoule(s)	kJ	千焦
kilometer(s)	km	千米
kilometer(s) per hour	km/h	千米/小时
kilopascal(s)	kPa	千帕
kilovolt(s)	kV	千伏
kilovolt-ampere(s)	kV·A	千伏特·安培
kilowatt(s)	kW	千瓦
kilowatt hour(s)	kW·h	千瓦·时
Knoop hardness	HK	努氏硬度
Langelier saturation index	LSI	朗格利尔饱和指数
light water reactor	LWR	轻水反应堆
linear variable differential transformer	LVDT	线性差动变压器
liquid metal cracking	LMC	液态金属开裂
liter(s)	L	升
low-alloy steel	LAS	低合金钢
magnetic particle inspection	MT	磁粉探伤

续表

英文	缩写、首字母缩写和符号	中文
Manufacturer's Standard (gauge)	MSG	制造商的标准 (计量器)
maraging steels	MAS	马氏体时效钢
maximum	max.	最大值
megaohms	MΩ	兆欧
mega pascal(s)	MPa	兆帕
metal-matrix composite	MMC	金属基复合材料
meter(s)	m	米
microbiologically influenced corrosion	MIC	微生物腐蚀
micrometer(s)	μm	微米
milligram(s)	mg	毫克
milliliter(s)	mL	毫升
millimeter(s)	mm	毫米
millisecond(s)	ms	毫秒
millivolt(s)	mV	毫伏
mil(s) per year	mpy	密耳/年(1mil=0.0254mm)
minimum	min.	最小值
minute(s)	min	分
molar	mol	摩尔
mole(s) per year	mol/y	摩尔/年
mole percent	mol%	摩尔分数
month	—	月
multiple crevice assembly	MCA	多个裂缝集合
nanometer	nm	纳米
Newton	N	牛顿
nominal pipe size	NPS	公称管径
normal (concentration)	N	正常(浓度)
nommal hydrogen electrode	NHE	标准氢电极
normalized and tempered	NT	正火和回火

续表

英文	缩写、首字母缩写和符号	中文
not detected	ND	未检测到
nuclear grade	NG	核级
nuclear magnetic resonance	NMR	核磁共振
number	no.	数量
ocean thermal-energy conversion	OTEC	海洋热能转换
Ohm(s)	Ω	欧姆
Ohm-centimeter(s)	$\Omega \cdot cm$	欧姆·厘米
oil-country tubular goods	OCTG	石油专用管
oil-quenched	OQ	油淬
organic zinc (coating)	OZ	有机锌(涂料)
ounce(s)	oz	盎司(1oz=28.349523g)
outside diameter	OD	外径
page	p.	页面
pages	pp.	页面
part(s) per billion	ppb	十亿分之一
part(s) per million	ppm	百万分之一
part(s) per thousand	ppt	千分之一
Pascal(s)	Pa	帕
perfluoroalkoxy (polymer)	PFA	全氟烷氧基(聚合物)
polarization resistance	PR	极化电阻
polybutylene	PB	聚丁烯
polycarbonate	PCBT	聚碳酸酯
polyethylene	PE	聚乙烯
polymer-modified portland cement	PC	聚合物改性硅酸盐水泥
polypropylene	PP	聚丙烯
polytetrafluorethylene	PTFE	聚四氟乙烯
polythionic acids	PTA	对苯二甲酸
polyurethane	PU	聚氨酯
polyvinyl acid	PVA	聚乙烯酸

续表

英文	缩写、首字母缩写和符号	中文
polyvinyl chloride	PVC	聚氯乙烯
polyvinylidene chloride	PVDC	聚偏二氯乙烯
polyvinylidene fluoride	PVDF	聚偏二氟乙烯
post meridian	p.m.	下午
postweld heat-treated (heat treatment)	PWHT	焊后热处理(热处理)
potential difference	PD	电位差
potential of zero charge	PZC	零电荷电势
pound(s)	lb	磅(1lb=0.453592kg)
pound-foot (torque)	lb · ft	磅·英尺(扭矩)
pound(s) per cubic foot	lb / ft^3	磅/英尺^3 (1ft^3=2.831685×10^{-2}m^3)
pound(s) per square foot	lb / ft^2	磅/英尺^2 (1ft^2=9.290304×10^{-2}m^2)
pound(s) per square inch(absolute)	psia	磅/英寸^2 (绝对值)(1 in^2=6.451600 × 10^{-4}m^2)
pound(s) per square inch (gauge)	psig	磅/英寸^2 (计量器)
power factor	PF	功率系数
pressurized water reactor	PWR	压水反应堆
quality assurance	QA	质量保证
quality control	QC	质量控制
quart	qt	夸脱
quenched and tempered	QT	淬火加回火
radio frequency	rf	无线电频率
reference	—	参考
reinforced thermoset plastics	RTP	增强热固性塑料
relative humidity	RH	相对湿度
revolution(s) per minute	rpm	转/分
revolution(s) per second	rps	转/秒
Rockwell hardness, C scale	HRC	洛氏硬度
room temperature	RT	室温
root mean square	rms	标准差

续表

英文	缩写、首字母缩写和符号	中文
spectroscopy atomic percent	at%	原子分数
Ryzner saturation index	RSI	饱和指数
saturated calomel electrode	SCE	饱和甘汞电极
scanning Auger microscopy	SAM	扫描俄歇显微镜
scanning electron microscopy	SEM	扫描电子显微镜
scanning reference electrode	SRE	扫描参比电极
scanning transmission electron microscopy	STEM	扫描透射电子显微镜
second(s)	s	秒
secondary-ion mass spectroscopy	SIMS	二次离子质谱法
slow strain rate	SSR	慢应变速率
slow strain rate test	SSRT	慢应变速率试验
solution-annealed	SA	溶剂退火
solution-treated and aged	STA	溶剂处理和老化
solution-treated and quenched	STQ	溶液处理和淬火
solvent-refined coal	SRC	溶剂精制煤
spark-sources mass spectroscopy	SSMS	火花源质谱法
specific gravity	SG	相对密度
specified minimum yield strength	SMYS	规定的最小屈服强度
square centimeter(s)	cm^2	厘米^2
square foot (feet)	ft^2	英尺^2
square inch(es)	$In.^2$	英寸^2
square meter(s)	m^2	米^2
square millimeter(s)	mm^2	毫米^2
stainless steel	SS	不锈钢
standard hydrogen electrode	SHE	标准氢电极
standard temperature and pressure	STP	标准温度和压力
Standard Wire Gauge (British)	SWG	标准线规(英国)
stress corrosion cracking	SCC	应力腐蚀开裂
stress relief-annealed	SRA	泄压-退火

续表

英文	缩写、首字母缩写和符号	中文
styrene-butadiene rubber	SBR	丁苯橡胶
submerged arc-welded	SAW	埋弧焊
submerged metal arc-welded	SMAW	水下金属电弧焊
substitute seawater	SSW	替代海水
sulfate-reducing bacteria	SRB	硫酸盐还原菌
sulfide stress cracking	SSC	硫化物应力开裂
Systeme Internationale d'Unites (metric)	SI	国际单位制(公制)
tetrafluoroethylene	TFE	四氟乙烯
that is (id est)	i.e.	即(也就是)
thermogravimetric analysis	TGA	热重分析
thousand pound(s) per square inch	ksi	千磅/英寸^2
time-temperature-precipitation (diagram)	TTP	时间-温度-降水(图)
time-temperature-sensitization (diagram)	TTS	时间-温度-敏化(图)
time to failure	TTF	失效时间
ton(s)	t	吨
total dissolved solids	TDS	可溶性固体总量
total hardness	TH	总硬度
trace	tr	痕迹
transgranular stress corrosion cracking	TGSCC	穿晶应力腐蚀开裂
translated by, translation, translator(s)	trans.	由……翻译，翻译，翻译家
transmission electron microscopy	TEM	透射电子显微镜法
trisodium phosphate	TSP	磷酸钠
tungsten inert-gas welding	TIG	钨极惰性气体保护焊
ultimate tensile strength	UTS	极限抗拉强度
ultrahigh frequency	UHF	超高频率
ultrahigh purity	UHP	超高纯度
ultrasonic test	UT	超声波测试
ultraviolet	UV	紫外线
ultraviolet light	UVL	紫外光

续表

英文	缩写、首字母缩写和符号	中文
ultraviolet spectroscopy	UVS	紫外光谱法
underground residential distribution	URD	地下住宅配电
underground storage tank	UST	地下储罐
U.S. Standard Plate (gauge)	USG	美国标准感光(计量器)
vacuum tube voltmeter	VTVM	真空管电压表
vapor phase inhibitor	VPI	气相缓蚀剂
versus	vs	与……相比
Vickers hardness	HV	维氏硬度
volatile corrosion inhibitor	VCI	挥发性缓蚀剂
volatile organic compound	VOC	挥发性有机化合物
volt(s)	V	伏特
volume (publication)	vol.	卷(出版物)
volume percent	vol%	体积分数
water-cement ratio	w/c	水灰比
water-cooled reactor	WCR	水冷反应堆
water-quenched	WQ	水淬
Watt	W	瓦特
wavelength dispersive X-ray analysis	WDXA	波长色散 X 射线分析
wedge opening load	WOL	楔形打开负载
week(s)	W	周
weight	wt	质量
weight percent	wt%	质量分数
wet fluorescent magnetic particle inspection	WFMT	湿荧光磁粉探伤
X-ray diffraction	XRD	X 射线衍射
X-ray photoelectron spectroscopy	XPS	X 射线光电子能谱
X-ray test or gamma ray test	RT	X 射线检查或伽马射线检查
yard(s)	yd	场区
year(s)	y	年
yield strength	YS	屈服强度

英文	缩写、首字母缩写和符号	中文
zero-resistance ammeter	ZRA	零电阻安培表
zinc-rich paint	ZRP	富锌涂料

附录 C 术语和缩略词

AC 交流电

advanced powder 已发生提前反应的粉末

因老化或在热的环境下暴露，导致粉末不再具备流动性。尽管在高涂敷温度下，粉末可快速发生化学反应，但粉末储存在较低温度时，同样的反应也会缓慢进行

API 美国石油学会

ARO 耐磨涂层

为抵抗定向钻穿越管道安装过程中的损坏而设计的双层 FBE 系统

BPA 双酚 A 树脂

以双酚 A 二缩水甘油醚为基础合成的树脂，是 FBE 管道涂料中最常用的环氧树脂之一

CD 阴极剥离

CDT 阴极剥离试验

CEPA 加拿大能源管道协会

CMPP 化学改性聚丙烯

CP 阴极保护

CSA 加拿大标准协会

CSE 用于阴极保护电位测量的铜/饱和硫酸铜参比电极

cure 固化

环氧树脂与固化剂进行交联反应的过程

cure time 固化时间

在一定温度下，涂层达到性能要求经历的交联反应时间

DC 直流电

DGEBA 双酚 A 二缩水甘油醚，常用于 FBE 和液体管道涂料生产的一类环氧树脂

DeI 去离子水

Delta H (ΔH) 由差示扫描量热法测定的放热量

Delta T_g (ΔT_g) DSC 扫描前后玻璃化转变温度的变化，用于指示 FBE 涂层的固化程度

DSAW 双面埋弧焊

DSC 差示扫描量热技术

EDXA (EDX analysis) 能量色散 X 射线光谱分析

EIS 电化学阻抗谱

electrode 电极

用于测量电化学过程和阴极保护电压的各类电极：CSE 指铜/饱和硫酸铜电极，SCE 指饱和甘汞电极，SHE 指标准氢电极。在本书中，除非另有说明，一般 CSE 用于现场测量，SCE 用于实验室测试

ERCB 加拿大能源资源保护委员会

EPDM 三元乙丙橡胶

乙烯、丙烯以及二烯烃的三元共聚物的缩写形式(ASTM 术语)

EPMA 电子探针显微分析

ERW 电阻焊

利用电流通过管材及焊接接触面间所产生的电阻热，将焊接处管材加热至塑性或局部熔化状态，再施加压力形成的具有一条纵向焊缝的钢管

functional coating 功能性涂料

主要为防腐设计的涂料体系

gel time 胶化时间

涂层发生交联化学反应由能流动的液态转变成固体凝胶所需的时间

GRI 美国天然气研究所

HDD 水平定向钻穿越

holiday 漏点

涂层上的不连续处

HRC 洛氏硬度

HS&E 健康、安全和环境

HSS 热收缩带/套

HWS 耐热水浸泡

一种评价涂层性能衰减的实验室测试方法，以便进行粘接性能试验

IMPU 注塑成型聚氨酯

IR 红外

JCSE《腐蚀科学与工程学报》，http://www.CP.urnist.ac.uk/JCSE/

JOCCA Journal《油脂和颜料化学家协会杂志》

JPCL《防护涂层和内衬层杂志》

LEL 爆炸下限

粉末在空气中的浓度(体积比)。低于该浓度时混合气体不会发生爆炸

MCL 多组分液体

MEK 甲基乙基酮溶剂

MI 熔融指数(MI 或 I2)

190℃条件下，施加 2.16kg 载荷，在 10min 内流过直径为 2.095mm 圆管的熔融聚合物的质量。它可以指示高分子的平均分子量

MDI 4,4′-亚甲基双(异氰酸苯酯)

Melt flow ratio 见 MFR

Melt index 熔融指数，见 MI

MFR 熔融指数

利用 21.6kg 和 2.16kg 两种载荷下的熔融指数比值，用于指示聚烯烃树脂的分子量分布

mm 剥离距离

在阴极剥离试验中，通常指从缺陷孔边缘到完整涂层边缘的距离。有些规范是从缺陷孔中心开始测量的

MWD 分子量分布

NEB 加拿大国家能源委员会

NMR 核磁共振

NPS 公称管径

管径的无量纲参数。NPS 12 和更小尺寸管道的实际外径比 NPS 值更大(以 in 为单位)。例如，NPS 2 管道的实际外径为 2.375in。而 14in 和更大尺寸的管道的 NPS 值与外径是相同的，如 NPS 14

OD 管道外径

OHTC 总传热系数

Pc 峰值计数

轮廓仪的检测项目之一

PD 见 PDL

PDL 管径长度

描述弯曲量的常用术语，表示方式为度/单倍管径长度

PEG 聚乙二醇

PHR 树脂中添加剂百分含量

在涂料系统中计量添加剂的一种简便方法。对于 100g 的树脂样品，添加剂为 2g 时表示为 2PHR

PMDI 异氰酸酯

PQT 工艺评定试验

在重大项目开始前进行的工厂试验和测试

PTFE 聚四氟乙烯

PU 聚氨酯

PVC 聚氯乙烯

QA 质量保证

QC 质量控制

RH 相对湿度

R_{max} 轮廓仪扫描取样长度等分为 5 段, 每段的最大轮廓峰高和最大轮廓谷深之和

R_z 轮廓仪取样长度内, 5 个最大的轮廓峰高的平均值与 5 个最大的轮廓谷深的平均值之和。为了确定这个数字, 计算长度被分成五个等长段。每段的 R_{max} 测量值取平均值

ROW 管道施工作业带

RPM 转/分

SAE 汽车工程师协会

SCC 应力腐蚀开裂

SCE 测量电位的饱和甘汞电极, 在本书中, 除非另有说明, 一般用于阴极剥离试验的实验室测量

SEM 扫描电子显微镜

SHE 测量电位的标准氢电极

SI 国际单位制

SPU 复合聚氨酯

Syntactic 包括玻璃或发泡陶瓷在内的隔热保温结构

TDI 甲苯二异氰酸酯

TDS 溶解性固体总量

thermoplastic 热塑性

涂层与热的钢管接触时可熔化, 冷却时又会凝固。如果重新加热管道, 涂层会再次熔化。这被称为 "热塑性", 如聚烯烃材料

thermosetting 热固性

当一种涂层通过化学反应从液体变成固体时, 被称为 "热固性"。反应完成后, 再加热时涂层不会熔化。包括 FBE 和双组分液体涂料, 如环氧树脂或聚氨酯

T_g 玻璃化温度

tonne 吨

1000kg, 2204.623lb

UV 紫外辐射

VOC 挥发性有机化合物

wet out 润湿

涂层非常亲密地流动进入错综复杂的钢表面

XPS X 射线光电子能谱法

索　引